Βιβλία από τον Τζέιμς ΝτεΜέο

Σαχαρασία: Η Προέλευση της Βίας Εναντίον Παιδιών, της Σεξουαλικής Καταπίεσης, των Εχθροπραξιών και της Κοινωνικής Βίας, στις Ερήμους της Αφρικής και της Ασίας που ξεκίνησε πριν 4000 χρόνια, Δεύτερη Αναθεωρημένη Έκδοση, Εργαστήριο Ερευνών στη Βιοφυσική της Οργόνης, Άσλαντ, Όρεγκον, 2006.

Σε Υπεράσπιση του Βίλχελμ Ράιχ: Η Αντίκρουση της 80-χρονης Εκστρατείας Δυσφήμισης των Μέσων Ενημέρωσης Ενάντια σε έναν από τους πιο Λαμπρούς Ιατρούς και Φυσικούς Επιστήμονες του 20^{ου} Αιώνα, Natural Energy Works, Άσλαντ Όρεγκον, 2013.

Προκαταρκτική Ανάλυση Μεταβολών στον Καιρό του Κάνσας που Συμπίπτει με Πειραματικές Επιχειρήσεις με ένα Νεφοδιαλυτή του Ράιχ: Από ένα Ερευνητικό Πρόγραμμα του 1979, Εργαστήριο Ερευνών στη Βιοφυσική της Οργόνης, Άσλαντ, Όρεγκον, 2010.

(Εκδότης) Το Σημειωματάριο του Αιρετικού: Συναισθήματα, Πρωτοκύτταρα, Ολίσθηση του Αιθέρα και Κοσμική Ζωική Ενέργεια, με Νέες Έρευνες που Υποστηρίζουν τον Βίλχελμ Ράιχ, Εργαστήριο Έρευνας στη Βιοφυσική της Οργόνης, Άσλαντ, Όρεγκον, 2002.
(Συνεκδότης με τον Μπερντ Σενφ)Nacho Reich: Neue Forschungen zur Orgonomie: Sexualokonomie, Die Entdeckung der Orgonenergie, Zweitausendeins, Verlag, Frankfurt, 1997.

(Εκδότης) Σχετικά με τον Βίλχελμ Ράιχ και την Οργονομία, Εργαστήριο Έρευνας στη Βιοφυσική της Οργόνης, Άσλαντ, Όρεγκον, 1993.

Για καινούργιες πληροφορίες σχετικά με τον Συσσωρευτή Οργόνης πέρα από ότι βρίσκεται στο παρόν Εγχειρίδιο, επισκεφτείτε την ιστοσελίδα:

www.orgonelab.org/orgoneaccumulator

ΕΓΧΕΙΡΙΔΙΟ
ΣΥΣΣΩΡΕΥΤΗ ΟΡΓΟΝΗΣ

Οι Ανακαλύψεις και τα Θεραπευτικά Εργαλεία του Βίλχελμ Ράιχ σχετικά με την Ζωική Ενέργεια για τον 21ο Αιώνα μαζί με Οδηγίες Κατασκευής

Από τον
Δρ. Τζέιμς ΝτεΜέο.

Τρίτη Αναθεωρημένη και Εκτεταμένη Έκδοση με Νέα Κεφάλαια σχετικά με το *Ζωντανό Νερό,* και τον *Κοσμικό Αιθέρα του Σύμπαντος.*

Μαζί με πολλές Συνδέσεις του Διαδικτύου για Πρόσθετες Πληροφορίες.

Μετάφραση: Θανάσης Μανταφούνης

Ερευνητικό Εργαστήριο στη Βιοφυσική της Οργόνης (OBRL)
OBRL Greensprings Center / Natural Energy Works
Ashland, Oregon, USA
www.naturalenergyworks.net

Δικαιώματα Δημοσίευσης και Διανομής σε όλο τον κόσμο:

OBRL / Natural Energy Works
OBRL Greensprings Center
PO Box 1148, Ashland, Oregon 97520 USA
www.naturalenergyworks.net
email: info@naturalenergyworks.net
Διαθέσιμο και από το Lightning Source/Ingram Distribution

ISBN: 978-0980231694   0980231698   131029

Τρίτη Αναθεωρημένη και Διευρυμένη Έκδοση, 2013

Αριθμός Κάρτας στον Κατάλογο του Κογκρέσου: 89-90975

Εξώφυλλο: Φωτογραφία αστροναύτη της NASA από το διαστημόπλοιο Apollo 12 που περπατάει στην επιφάνεια της Σελήνης (Δες το Περιοδικό Life, 12 Δεκ. 1969). Το ενεργειακό πεδίο της οργόνης του σώματός του φωτοβολεί ελαφρά με μια γαλάζια λάμψη στο σεληνιακό κενό, πιθανόν λόγω διέγερσης από τις συσκευές επικοινωνίας ραδιοκυμάτων υψηλής συχνότητας που έφερε. Αυτός ο γαλάζιος χρωματισμός του ενεργειακού πεδίου στη φωτογραφία, που έχει φανεί και σε ορισμένες ακόμα σεληνιακές εικόνες αστροναυτών (που όμως συχνά διαγράφεται από τις δημοσιευμένες εκδόσεις τους) έχει αγνοηθεί συστηματικά ή έχει δοθεί μια «ερμηνεία» ότι είναι αποτέλεσμα της «σεληνιακής σκόνης», των «υδρατμών» ή «μουτζούρες» του φακού της φωτογραφικής μηχανής». Στην πραγματικότητα είναι μια ορατή έκφραση του ανθρώπινου οργονικού (ζωικού) ενεργειακού πεδίου. Για περισσότερες πληροφορίες δείτε: http://www.orgonelab.org/astronautblues.htm

Οπισθόφυλλο: Διέγερση του συσσωρευτή οργόνης σε φασόλια (mung beans) που βλασταίνουν, πείραμα του συγγραφέα, δες σελ.162

iv

Ευχαριστίες

Αυτό το βιβλίο είναι προϊόν πολύχρονων πειραματικών ερευνών και μελέτης των ερευνητικών ευρημάτων του Δρ. Βίλχελμ Ράιχ και άλλων αφοσιωμένων ιατρών, θεραπευτών και επιστημόνων, χωρίς τις προσπάθειες των οποίων δεν θα ήταν δυνατόν να γραφτεί. Ο αναγνώστης θα βρει τα ονόματά τους και τις δημοσιεύσεις τους στο τμήμα της Βιβλιογραφίας που υπάρχει στο βιβλίο αυτό. Έχω επικοινωνήσει με πολλούς από αυτούς τους ερευνητές για χρόνια και έμαθα πολλά απ' αυτούς. Ιδιαίτερα, ευχαριστώ την Δρ. Εύα Ράιχ και την Γιούτα Εσπάνκα για τις εποικοδομητικές κριτικές τους στην Πρώτη έκδοση αυτού του εγχειριδίου. Επιπροσθέτως, ευχαριστώ τους σοφούς δασκάλους μου, Ρόμπερτ Μόρις, Δρ. Ρόμπερτ Νάνλεϊ και Δρ. Ρίτσαρντ Μπλάσμπαντ, από κάθε ένα από τους οποίους έμαθα διαφορετικά πράγματα για την ενέργεια της ζωής. Ευχαριστώ την Τέρι Κουκ και τον Ντον Μπιλ, έμπιστους φίλους που έχουν βοηθήσει στην πρόοδο των ερευνών μου με πολλούς τρόπους και επίσης τον Τζέιμς Μάρτιν για τις αρχικές ιδέες του και την ενθάρρυνση να αναθεωρήσω το αρχικό μικρό μου εγχειρίδιο σε μια πιο λεπτομερή έκδοση. Ο Τζέιμς επίσης ετοίμασε την στοιχειοθέτηση και τα περισσότερα σχήματα των πρώτων εκδόσεων, δίνοντας πολλές χρήσιμες ιδέες κατά την διάρκεια της ετοιμασίας. Ευχαριστώ τον Θανάση Μανταφούνη για την υλοποίηση της μετάφρασης στα Ελληνικά της αναθεωρημένης έκδοσης του βιβλίου. Ευχαριστώ επίσης τους διάφορους ερευνητές και γιατρούς στην Γερμανία, οι οποίοι σήμερα εργάζονται ανοιχτά με τον συσσωρευτή με ένα τρόπο που προς το παρόν είναι δύσκολος στις Η.Π.Α. Από αυτούς έμαθα για τις δυνατότητες και τους περιορισμούς της φυσικής θεραπείας με συσσωρευτή οργόνης. Επίσης ευχαριστώ τον Βινς Γουάιμπεργκ, για τις απλές και φθηνές μεθόδους ανίχνευσης ηλεκτρομαγνητικών διαταραχών, που παρουσιάζονται εδώ. Επίσης θέλω να αποδώσω την μεγάλη μου εκτίμηση στην σύζυγό μου Ντανιέλα – Σαμπίνα, για την πολύτιμη βοήθεια στον έλεγχο και τη μετάφραση πολλών εγγράφων από τη Γερμανική γλώσσα στην Αγγλική. Και τελικά, Σ' *Ευχαριστώ Βίλχελμ Ράιχ*, για την ανακάλυψη της οργονικής ενέργειας και του συσσωρευτή οργόνης.

Δρ. Τζέιμς ΝτεΜέο
Γκρίνσπρινγκς, Όρεγκον
1989 (Αναθεώρηση 2013)

«Θεωρούμε την ανακάλυψη της οργονικής ενέργειας ως ένα από τα μεγαλύτερα γεγονότα στην ιστορία του ανθρώπου» - από ένα γράμμα προς την Αμερικανική Ιατρική Εταιρεία, υπογεγραμμένο από 17 γιατρούς το 1949.

«Ο ΣΥΣΣΩΡΕΥΤΗΣ ΟΡΓΟΝΗΣ ΕΙΝΑΙ Η ΠΙΟ ΣΠΟΥΔΑΙΑ ΑΝΑΚΑΛΥΨΗ ΣΤΗΝ ΙΣΤΟΡΙΑ ΤΗΣ ΙΑΤΡΙΚΗΣ, ΧΩΡΙΣ ΚΑΜΙΑ ΕΞΑΙΡΕΣΗ» - Δρ. Θίοντορ Π. Γουλφ, γιατρός, από το άρθρο *Η Συναισθηματική Πανούκλα Εναντίον της Βιοφυσικής της Οργόνης*, 1948.

«Μπορούμε να υποστηρίξουμε ότι η ανακάλυψη της οργονικής ενέργειας και των ιατρικών της εφαρμογών μέσω του συσσωρευτή οργόνης, του εκπομπού οργόνης, των βιόντων γης και του νερού οργόνης έχουν ανοίξει μία πληθώρα νέων και όπως φαίνεται, εκπληκτικά θετικών προοπτικών.» - Βίλχελμ Ράιχ, Ιατρός, από το βιβλίο *«Η Βιοπάθεια του Καρκίνου (Η Ανακάλυψη της Οργόνης, Τόμος 2)»*, 1948.

«Τι θα λέγατε εδώ για τους κορυφαίους φιλοσόφους στους οποίους έχω προτείνει χίλιες φορές να τους δείξω τις μελέτες μου, αλλά που με την οκνηρή ξεροκεφαλιά ενός ερπετού που μόλις έχει καλοχορτάσει, ποτέ δεν δέχθηκαν να κοιτάξουν τους πλανήτες, την σελήνη, ή στο τηλεσκόπιο; Για αυτούς τους ανθρώπους η φιλοσοφία είναι ένα είδος βιβλίου... στο οποίο η αλήθεια δεν πρέπει να αναζητηθεί στο Σύμπαν ή στη φύση, αλλά (χρησιμοποιώ τις δικές τους λέξεις) μέσω σύγκρισης κειμένων». - Γαλιλαίος, Ιταλός Αστρονόμος του 17ου αιώνα που απέδειξε ότι η Γη, κινείται στον ουρανό, λίγο πριν κυνηγηθεί και απειληθεί με βασανισμό από την Καθολική Εκκλησία. Από ένα γράμμα στον Κέπλερ, στις 19 Αυγούστου 1610.

«... η οργονική ενέργεια δεν υπάρχει» - Δικαστής Τζον Ντ. Κλίφορντ, από μια απόφαση δικαστηρίου των Η.Π.Α. του 1954 με βάση την οποία όλα τα βιβλία και ερευνητικά περιοδικά του Δρ. Ράιχ απαγορεύθηκαν και διατάχθηκε, να καούν σε κλιβάνους, ο δε Ράιχ, αργότερα κλείσθηκε σε ομοσπονδιακή φυλακή, όπου πέθανε.

ΠΕΡΙΕΧΟΜΕΝΑ

viii

ΜΕΡΟΣ III: Κατασκευαστικά Σχέδια για Συσκευές Συσσώρευσης Οργόνης

Εισαγωγικό Σημείωμα του Συγγραφέα

Τα χρόνια μετά τη δημοσίευση του βιβλίου *Εγχειρίδιο Συσσωρευτή Οργόνης* στην Αγγλική γλώσσα το 1989, έχει παρατηρηθεί μια αργή αλλά σταθερή αύξηση του ενδιαφέροντος για τις ανακαλύψεις του Βίλχελμ Ράιχ. Η θεραπεία με τη χρήση Συσσωρευτή Οργόνης έχει διαδοθεί σε όλο τον κόσμο, μετά από ένα ταπεινό ξεκίνημα από τον Δρ. Ράιχ και ένα μικρό κύκλο μαθητών του, τώρα εφαρμόζεται από ασκούντες επαγγέλματα υγείας κάθε ειδικότητας, αλλά και για αυτοθεραπεία από απλούς ανθρώπους. Επιπρόσθετα, η σύγχρονη έρευνα που γίνεται στο ζήτημα του θανάτου των δασών που βρίσκονται κοντά σε πυρηνικές εγκαταστάσεις και στην τοξική φύση της επίδρασης των εγκαταστάσεων αυτών, των ηλεκτρομαγνητικών πεδίων από τις γραμμές μεταφοράς, καθώς και από κεραίες μικροκυμάτων και ραδιοσυχνοτήτων ακόμα και όταν έχουν χαμηλή ισχύ, έχει επιβεβαιώσει με εμφατικό τρόπο τα ευρήματα του Ράιχ που αναπτύσσονται με τον όρο *φαινόμενο Όρανουρ* (δες Κεφάλαια 8 & 9). Αυτό το βιβλίο δεν είναι ο χώρος για μια πλήρη ανάπτυξη αυτών των ζητημάτων, αλλά υπογραμμίζει την ανάγκη για όποιον μελετά τις λειτουργίες της οργονικής ενέργειας στη φύση, να γνωρίσει καλύτερα τους περιβαλλοντικούς παράγοντες. Παρ' όλ' αυτά, μια κριτική στις προηγούμενες εκδόσεις στην Αγγλική που ίσως έχει κάποια βάση, είναι ότι δόθηκε μεγάλη έμφαση στην προσοχή που πρέπει να επιδειχτεί στους πιθανούς κινδύνους από τη χρήση του συσσωρευτή σε μολυσμένο περιβάλλον.

Για παράδειγμα, στο κείμενο ο αναγνώστης πληροφορείται ότι δεν είναι ορθό να χρησιμοποιεί έναν συσσωρευτή σε μια ακτίνα 50 ως 80 χιλιομέτρων από ένα πυρηνικό εργοστάσιο, ή σε απόσταση «λίγων χιλιομέτρων» από καλώδια μεταφοράς υπερυψηλής τάσης και από κεραίες εκπομπής ραδιοφώνου και τηλεόρασης. Αν οι άνθρωποι ήταν ήδη κάπως αγχωμένοι με τον συσσωρευτή, μου είπαν, αυτές οι προειδοποιήσεις ίσως τους αποτρέψουν τελείως από την προοπτική να τον δοκιμάσουν. Αυτή η επιφύλαξη ίσως να μην είναι δικαιολογημένη. Στη Γερμανία, για παράδειγμα, οι γιατροί κουράρουν τους ασθενείς με συσσωρευτές που βρίσκονται σε μέρη που στο παρελθόν θα τα θεωρούσα «πολύ μολυσμένα», όπως σε δωμάτια ή υπόγεια σε κτίσματα που βρίσκονται σε μεγάλες πόλεις. Όταν ζει κανείς στη Δυτική Ακτή των ΗΠΑ, σε ένα σχετικά καθαρό και φυσικό περιβάλλον με δάσος, αποκτά διαφορετική οπτική από εκείνους που ζουν στο κέντρο των πόλεων, οι οποίοι δεν θέλουν να χάσουν τα ωφελήματα ενός συσσωρευτή, παρά το επιβαρυμένο περιβάλλον που ζουν. Από αυτές τις εποικοδομητικές κριτικές έμαθα ότι ο συσσωρευτής μπορεί να χρησιμοποιηθεί με θετικά αποτελέσματα ακόμα και σε περιβάλλον λιγότερο ευνοϊκό όπως τα προαναφερθέντα.

Από την άλλη, τα τελευταία χρόνια έχουμε δει ότι συνέβη μια έκρηξη στη χρήση της ακτινοβολίας μικροκυμάτων όπως από κινητά τηλέφωνα και κεραίες κινητής τηλεφωνίας, ασύρματα δίκτυα wi-fi και κάθε είδους «ασύρματη» τεχνολογία, τα μακροπρόθεσμα αποτελέσματα των οποίων στην ζωική ενέργεια και την υγεία κανείς δεν μπορεί να προβλέψει με ακρίβεια. Όταν δεν είναι κανείς σίγουρος, είναι προτιμότερο να πάρει τους μετρητές ηλεκτρομαγνητικών πεδίων και τους ανιχνευτές πυρηνικής ακτινοβολίας[§] για να κάνει προσωπικές εκτιμήσεις του μέρους όπου θα τοποθετηθεί και χρησιμοποιηθεί ο συσσωρευτής οργόνης – καθώς και του μέρους που ζει, κοιμάται ή δουλεύει, για τον ίδιο λόγο, καθώς όλοι μας αποτελούμαστε από ζωική ενέργεια – ή να συμβουλευτεί κάποιο που έχει αυτού του τύπου την εξειδίκευση. Έχω παρατηρήσει επίσης, ότι μερικά από τα πιο ευαίσθητα πειράματα με την οργονική ενέργεια δίνουν αναμφίβολα καλύτερα αποτελέσματα όταν εφαρμόσει κανείς τις πιο αυστηρές περιβαλλοντικές οδηγίες. Εντέλει, αν κάνω λάθος, αυτό θα προέρχεται από την αυξημένη προσοχή που επιδεικνύω.

Αν και δεν έχω αλλάξει το αρχικό κείμενο σε αυτά τα ζητήματα και εξακολουθώ να θεωρώ τα *μέτρια ή τα ισχυρά* ηλεκτρομαγνητικά πεδία ή την πυρηνική μόλυνση ως μια αντένδειξη για την χρήση του συσσωρευτή, ο αναγνώστης θα πρέπει να αντιμετωπίσει την εστίασή μου στα μέτρα προστασίας ως μια πρόσκληση για να αξιολογήσει το περιβάλλον που ζει. Υπάρχουν πολυάριθμες δυνατότητες για προσωπική χρήση και πειραματισμό και ακόμα και σε κάπως μολυσμένο περιβάλλον ένας συσσωρευτής οργόνης μπορεί να καθαριστεί με νερό, να τοποθετηθεί σε μια βεράντα ή σε ένα αεριζόμενο δωμάτιο ή υπόγειο χώρο και να παρέχει μια υγιή, ισχυρή ενεργειακή φόρτιση (δες το Κεφάλαιο 9).

Έχω επεκτείνει την Εισαγωγή για να συμπεριλάβω τις *Νέες Πληροφορίες σχετικά με τη Νομική Δίωξη και το Θάνατο του Ράιχ*, για να προσδιορίσω τους κυριότερους δράστες που οι περισσότεροι αγνοούν. Το Κεφάλαιο 9 περιλαμβάνει τώρα μια Φασματοσκοπική

[§] Για παράδειγμα, δείτε την ιστοσελίδα: www.naturalenergyworks.net

Σύγκριση Διάφορων Ηλεκτρικών Λαμπτήρων με το Ηλιακό Φως, από μια εκτίμηση που διεξήχθη στο Ινστιτούτο μου, το Εργαστήριο Έρευνας στη Βιοφυσική της Οργόνης (OBRL), η οποία πραγματικά θα σας «ανοίξει τα μάτια», ειδικά αν υποφέρετε από την επίδραση των νέων και άσχημων συμπαγών λαμπτήρων φθορισμού, που έχουν χαρακτήρα αρνητικό προς τη ζωή. Το Κεφάλαιο 10 έχει αναθεωρηθεί για να δοθεί έμφαση στο ερώτημα του *Ζωντανού Νερού*, το οποίο είναι ένα σημαντικό παρεπόμενο της χρήσης του συσσωρευτή οργόνης από τον άνθρωπο. Ένα νέο Παράρτημα παρέχει πρόσθετες λεπτομέρειες και νέα ευρήματα στο ζήτημα του *Κοσμικού Αιθέρα του Σύμπαντος*. Περιέλαβα επίσης μια ανασκόπηση πειραμάτων χρήσης συσσωρευτή οργόνης σε ποντίκια με καρκίνο, στο Κεφάλαιο 11. Μια επιπλέον ανάλυση δίνεται στο τμήμα των Ερωτήσεων, σχετικά με το τι *δεν είναι* η οργονική ενέργεια, για να παρουσιαστεί μια αυξανόμενη τάση μυστικιστικής καταστροφής των ανακαλύψεων του Ράιχ από διάφορους γυρολόγους του διαδικτύου. Το τμήμα των Ερωτήσεων προσφέρει επίσης μια ανάλυση των των *ψυχικών θεραπειών*, οι οποίες απαιτούν ένα είδος μέσου μετάδοσης παρόμοιου ή και πανομοιότυπου με την οργονική ενέργεια. Έχουν προστεθεί πολλά νέα διαγράμματα και εικόνες, που αντικατοπτρίζουν νεότερα ερευνητικά ευρήματα στο OBRL, αν και για πλήρεις επιστημονικές και πειραματικές λεπτομέρειες, ο αναγνώστης πρέπει να συμβουλευτεί τις πρωτότυπες δημοσιεύσεις όπως αναφέρονται στο τμήμα της Βιβλιογραφίας. Γενικά, οι επιστημονικές, ιστορικές και θεραπευτικές αναλύσεις έχουν περιοριστεί σημαντικά, δεδομένου ότι υπάρχει πληθώρα νέων ευρημάτων. Στις περισσότερες περιπτώσεις, ωστόσο, αναμένω ότι ο αναγνώστης θα διψά για περισσότερες λεπτομέρειες. Για αυτό το λόγο, έχω παραθέσει πολλές διαδικτυακές συνδέσεις και παραπομπές.

Αυτή η επικαιροποίηση ήταν απόλυτα απαραίτητη και έπρεπε να είχε γίνει νωρίτερα. Πιστεύω ότι καθιστά το βιβλίο καλύτερο, περισσότερο βοηθητικό και ακριβές.

Δρ. Τζέιμς ΝτεΜέο
Γκρίνσπρινγκς, Όρεγκον, ΗΠΑ
Απρίλιος 2010

1. Πρόλογος

Επιτέλους, τριάντα δύο χρόνια μετά το θάνατο του Βίλχελμ Ράιχ το 1957, οι άνθρωποι μπορούν να αρχίσουν να μελετούν την οργονομία όπως οποιοδήποτε άλλο χώρο γνώσης, βοηθούμενοι από το *Εγχειρίδιο του Συσσωρευτή Οργόνης*.

Αυτό το περιεκτικό και ενημερωτικό βιβλίο περιέχει με λίγα λόγια μία συμπυκνωμένη, σαφή εξιστόρηση της ανακάλυψης, που μπορεί να χρησιμοποιηθεί από όλους όσους ενδιαφέρονται για την κοσμική ζωική ενέργεια. Στο βιβλίο αναφέρονται: ο επιστημονικός ορισμός της οργονικής ενέργειας· η εξιστόρηση του τρόπου που τα συγκεκριμένα βήματα παρατήρησης, πειραματισμού και βαθιάς θεωρητικής ενόρασης οδήγησαν τον Ράιχ σε πρακτικές εφαρμογές· οι αρχές για την κατασκευή και τις πειραματικές χρήσεις του συσσωρευτή οργονικής ενέργειας, με λεπτομερείς υποδείξεις για τα απαιτούμενα υλικά, τα στρώματα, και τις διαστάσεις· και τελικά μια πολύ χρήσιμη λίστα παραπομπών. Ο καθηγητής Τζέιμς ΝτεΜέο δείχνει την γνώση που έχει για το θέμα, το οποίο μέχρι τώρα έχει απαγορευτεί και παραλειφτεί από τα ακαδημαϊκά προγράμματα του 20ού αιώνα, εκτός από μερικές πρωτοποριακές σειρές διαλέξεων (στη Νέα Υόρκη και το Δυτικό Βερολίνο).

Ο Βίλχελμ Ράιχ είπε ότι αν και η ενέργεια της ζωής, ήταν γνωστή για χιλιάδες χρόνια, κατάφερε να την κάνει εύκολη στη χρήση με συγκεκριμένο τρόπο και ότι η εποχή των εφαρμογών της μόλις είχε αρχίσει. Εν τούτοις αυτό το *Εγχειρίδιο* είναι το πρώτο έντυπο υλικό στα τελευταία χρόνια, εστιασμένο στον τρόπο συγκέντρωσης της ενέργειας από την ατμόσφαιρα της Γης. Είναι χρήσιμο για εργαστηριακά μαθήματα πάνω στο θέμα της κοσμικής ενέργειας της ζωής. Αυτό το υλικό μπορεί να γίνει κατανοητό από ευφυείς μαθητές του λυκείου ή πανεπιστημιακούς φοιτητές. Είναι η απάντηση στην ελπίδα που είχα εδώ και πενήντα χρόνια, να συμπεριληφθούν τα δεδομένα που αφορούν την ενέργεια της ζωής στις γνώσεις που θα έπρεπε να διδάσκονται στα σχολεία κατά την εκπαίδευσή τους όλοι οι μορφωμένοι άνθρωποι στη Γη.

Σ' ευχαριστώ Τζέιμς ΝτεΜέο.

Εύα Ράιχ, Ιατρός.
(Δυτικό) Βερολίνο, Μάρτιος 1989

1

Εγχειρίδιο του Συσσωρευτή Οργόνης

Βίλχελμ Ράιχ, Ιατρός 1897-1957

2

2. Εισαγωγή του Συγγραφέα

Όταν ήμουν 12 ετών ένας αγαπημένος θείος μου πέθανε υποφέροντας από πόνους καθώς έπασχε από καρκίνο του πνεύμονα. Οι γιατροί είχαν αφαιρέσει τον έναν από τους πνεύμονές του και επί μερικούς μήνες παρέμενε στο μεταίχμιο ζωής και θανάτου, ανίκανος να μιλήσει ή να κινηθεί αρκετά, βιώνοντας πολύ δυνατούς πόνους. Οι θείες μου δεν επέτρεπαν στα παιδιά να τον δουν σε μια τόσο αξιοθρήνητη κατάσταση, εκτός από μια φορά, όταν είχε ντυθεί με τα καλά του για χάρη ολόκληρης της οικογένειας, που είχε συγκεντρωθεί για να του πει ήσυχα αντίο. Λυπήθηκα πολύ όταν πέθανε. Όταν ήμουν 15 ετών έγινε διάγνωση στη μητέρα μου ότι είχε καρκίνο του μαστού. Ήμουν κοντά της στο κρεβάτι του νοσοκομείου όταν συνήλθε από την εγχείριση και της είπαν ότι το στήθος της είχε ακρωτηριασθεί με ριζική μαστεκτομή. Δε θα ξεχάσω ποτέ την έκφραση του προσώπου της. Επέζησε από την εγχείριση, αλλά η σεξουαλική λίμνωση και η συγκινησιακή παραίτηση που είχε μέσα της, η οποία προηγήθηκε του καρκίνου της κατά αρκετές δεκαετίες, ποτέ δεν διαγνώσθηκε, ποτέ δεν συζητήθηκε. Φίλοι της οικογένειας μας είχαν παροτρύνει να κοιτάξουμε μερικές εναλλακτικές θεραπείες για τον καρκίνο, αλλά όλοι πίστευαν ότι οι γιατροί του νοσοκομείου ήξεραν καλύτερα. Στους καταλόγους των στατιστικών για τον καρκίνο, η μητέρα μου καταγράφηκε ως «επιζήσασα», ωστόσο συνεχώς χειροτέρευε μετά την εγχείριση και πέθανε περίπου οκτώ χρόνια αργότερα, αφού αρνήθηκε να υποστεί και δεύτερη εγχείριση.

Οι εμπειρίες μου με συγγενείς που πέθαναν από καρκίνο δεν είναι ασυνήθιστες, μιας και οι εκφυλιστικές ασθένειες έχουν φθάσει τώρα σε επίπεδα επιδημίας. Οι στατιστικές σήμερα αποδεικνύουν ότι «ο πόλεμος εναντίον του καρκίνου» έχει χαθεί, και ότι παρ' όλες τις ριζικές χειρουργικές επεμβάσεις, τα φάρμακα και την αγωγή με ακτινοβολία, οι ασθενείς σήμερα δεν επιζούν περισσότερο ή σε μεγαλύτερο ποσοστό από ότι στη δεκαετία του 1950. Πράγματι, οι εκφυλιστικές διαταραχές έχουν σήμερα εξαπλωθεί σε πληθυσμιακές ομάδες μικρής ηλικίας στις οποίες κάποτε ήταν σπάνιες. Δεν υπάρχουν επιστημονικές αποδείξεις που να υποστηρίζουν τον ισχυρισμό ότι χειρουργικές επεμβάσεις, ακτινοβόληση και χημειοθεραπεία είναι αποτελεσματικές μορφές αγωγής του καρκίνου και ο σεβασμός σε ζητήματα πρόληψης της ασθένειας που δείχνει η παραδοσιακή ιατρική σήμερα είναι κατ' ουσία υποκριτικός. Αυτά τα ανησυχητικά γεγονότα γίνονται ακόμα πιο ανησυχητικά όταν κανείς αρχίσει να μελετά τις

3

Εγχειρίδιο του Συσσωρευτή Οργόνης

διάφορες εναλλακτικές, μη-επιθετικές και μη-τοξικές θεραπείες του καρκίνου. Περιφρονημένες επί δεκαετίες ως «αγυρτείες» από την οργανωμένη ιατρική, οι περισσότερες από αυτές φαίνονται να είναι αρκετά ή ακόμα και εξαιρετικά αποτελεσματικές. Οι υποστηρικτές τους ή εκείνοι που τις εφαρμόζουν έχουν συχνά εκτεθεί σε μεγάλους κινδύνους για να δώσουν αυτές τις αγωγές σε άρρωστους ανθρώπους για τις οποίες πιστεύουν ότι είναι ασφαλείς και αποτελεσματικές. Οι μέθοδοι αυτές, μάλιστα, συχνά λειτουργούν ως πρόληψη για εκφυλιστικές ασθένειες. Η οργανωμένη ιατρική κοινότητα, έχοντας οικονομικούς δεσμούς με την φαρμακευτική βιομηχανία, δεν έχει ενδιαφερθεί να εξετάσει σοβαρά αυτές τις μεθόδους. Αντ' αυτού, οι μέθοδοι αυτές έχουν υποστεί αδικαιολόγητες επιθέσεις και έχουν δεχτεί ψεύτικους ελέγχους, με προβλέψιμα αποτελέσματα: οι θεραπείες καταγγέλλονται, οι κλινικές κλείνουν βίαια από τις αστυνομικές δυνάμεις, μετά από έκδοση δικαστικών αποφάσεων· ιατρικά αρχεία και ερευνητικά πρωτόκολλα κατάσχονται για να αποκλειστεί η δυνατότητα να μάθει το κοινό τα θετικά αποτελέσματά τους και εφαρμόζονται ποινές φυλάκισης. Επίσης, καίγονται βιβλία. Μέσα σ' αυτά τα πλαίσια έχει διαπραχθεί μια μεγάλη απάτη εις βάρος του Αμερικανικού λαού, των δικαστηρίων και του νομικού μας συστήματος από τις μεγαλύτερες οργανωμένες ιατρικές ενώσεις και τους αντίστοιχους κυβερνητικούς γραφειοκρατικούς μηχανισμούς.

Σ' αυτό το μικρό *Εγχειρίδιο* δεν μπορώ να δώσω μια εξιστόρηση αυτών των αντιεπιστημονικών και ανήθικων συμπεριφορών, παρά μερικά άρθρα και βιβλία που έχουν γραφεί για το ζήτημα και αναφέρονται στο τμήμα της Βιβλιογραφίας. Είναι φανερό ότι ένας κύριος λόγος για την ανικανότητα της σύγχρονης ιατρικής να αντιμετωπίσει τις εκφυλιστικές ασθένειες βρίσκεται στο γεγονός ότι η οργανωμένη ιατρική κοινότητα έχει χρησιμοποιήσει τακτικές αστυνομικού κράτους για να καταπνίξει σπουδαία νέα ευρήματα καθώς και τον ανορθόδοξο θεραπευτή, ανεξάρτητα από τις επιστημονικές αποδείξεις που υπάρχουν. Στην πραγματικότητα, οι πιο καλά τεκμηριωμένες και πιο αποτελεσματικές ανορθόδοξες θεραπείες έχουν υποστεί τις πιο έντονες επιθέσεις.

Σήμερα παρατηρούμε και ένα νέο φαινόμενο: ομάδες παλαιών υπέρμαχων των κοινωνικών μεταρρυθμίσεων οι οποίες κάποτε ήταν αντίθετες στα αυταρχικά μέτρα της κυβέρνησης, συνεργάζονται και υπερασπίζονται δεσποτικούς ιατρικούς γραφειοκρατικούς μηχανισμούς. Έτσι, δέχονται μεγάλη υποστήριξη από τα κατεστημένα Μέσα Μαζικής Ενημέρωσης, που κλίνουν προς τα αριστερά και επίσης είναι υποχρεωμένα στη φαρμακοβιομηχανία εξαιτίας ακριβών και συχνά τρελών διαφημίσεων για νέα φάρμακα – των οποίων οι παρενέργειες χρειάζονται διπλάσιο χρόνο για να αναγνωστούν από ότι

4

Εισαγωγή του Συγγραφέα

τα υποτιθέμενα οφέλη τους. Τα κατεστημένα Μέσα Ενημέρωσης όπως ακριβώς και η κατεστημένη επιστήμη, υποστηρίζουν και κομπάζουν για κάθε νέο φάρμακο ή εγχειρητική τακτική – άσχετα με το πόσο τοξική ή μακάβρια μπορεί να είναι – ενώ όπως αναμένεται σφυροκοπούν με περιφρόνηση κάθε είδος φυσικής θεραπευτικής μεθόδου που θα θελήσει κανείς να δοκιμάσει, η οποία δεν απαιτεί συνταγή γιατρού.

Το κίνητρο σε αυτές τις περιπτώσεις μοιάζει να είναι περισσότερο η κατασκευή μιας ακόμα μεγαλύτερης κυβερνητικής γραφειοκρατίας, με την οποία «θα μας κανονίζουν τη ζωή μας μέχρι και τα εσώρουχα που φοράμε» (ένα συνηθισμένο παράπονο των Ανατολικογερμανών που ζούσαν σαν φυλακισμένοι στην Κομμουνιστική ουτοπία) και η κατασκευή μιας κυβερνητικής εξουσίας που θα εξυπηρετεί τον εαυτό της. Πλέον, δεν πρόκειται μόνο για την ιατρική και την ιατρική φροντίδα. Σε αυτή τη διαδικασία η αλήθεια έχει άσχημα ποδοπατηθεί και έχουν αγνοηθεί οι επιστημονικές μέθοδοι.

Το πιο καθαρό και διδακτικό παράδειγμα του πως αυτές οι κοινωνικές δυνάμεις συνδυάζονται για να σκοτώσουν μια νέα ανακάλυψη και αυτόν που την έκανε, είναι η περίπτωση του Δρ. Βίλχελμ Ράιχ και του συσσωρευτή της οργονικής ενέργειας. Ο Ράιχ ήταν ένας από τους νεότερους συνεργάτες του Φρόιντ και απ' τους κύριους κινητήριους μοχλούς στην αρχική ψυχαναλυτική κίνηση της Βιέννης και του Βερολίνου. Εν τούτοις, οι ιδέες του ήταν πιο επαναστατικές από εκείνες των παλαιότερων ψυχαναλυτών. Υποστήριζε έντονα ότι η ανθρώπινη δυστυχία και οι πνευματικές ασθένειες ήταν το αποτέλεσμα *πραγματικών τραυμάτων* που προέρχονταν από καταπιεστικές κοινωνικές και οικογενειακές συνθήκες, οι οποίες μπορούσαν να αλλάξουν για να προληφθούν οι νευρώσεις.

Ο Ράιχ έγραψε σειρά κειμένων για τα ζητήματα αυτά στις δεκαετίες του 1920 και του 1930, και απέδωσε τις ρίζες και του Εθνικοσοσιαλιστικού και του Διεθνούς Σοσιαλιστικού (Κομμουνιστικού) κινήματος (τα οποία αποκαλούσε *Μαύρο Φασισμό* και *Κόκκινο Φασισμό* αντίστοιχα) στη γερμανική και τη ρώσικη οικογενειακή δομή που απαιτούσαν υπακοή, ήταν πατριαρχικές, κακομεταχειρίζονταν τα παιδιά και ήταν αρνητικές προς την σεξουαλικότητα.[1] Για τα αντιφασιστικά γραπτά και διαλέξεις του που έθεταν τόσο το ζήτημα της ανθρώπινης σεξουαλικότητας όσο και τη

---

1. Δείτε για παράδειγμα, τα βιβλία του, *Η Μαζική Ψυχολογία του Φασισμού, Άνθρωποι σε Μπελάδες, Η Σεξουαλική Επανάσταση* και *Ο Ράιχ Μιλά για τον Φρόυντ*. Πλήρεις αναφορές δίνονται στο τμήμα των Παραπομπών.

Εγχειρίδιο του Συσσωρευτή Οργόνης

φυσική ανάγκη για ελευθερία και αυτορρύθμιση, ο Ράιχ χαρακτηρίστηκε σχεδόν από κάθε ισχυρή ομάδα και οργάνωση ως «ταραχοποιός». Αν και θαύμαζε κάποιες απόψεις της Μαρξιστικής σκέψης (ποτέ δεν διάβασε τα πιο βίαια και απάνθρωπα γραπτά του Μαρξισμού) και χρησιμοποιώντας για μερικά χρόνια το Κομμουνιστικό Κόμμα ως εφαλτήριο για να διαδώσει τις απόψεις του για την σεξουαλική μεταρρύθμιση, εργαζόμενος μαζί με τους Κομμουνιστές ενάντια στο Χιτλερισμό, αργότερα τόνισε κατ' επανάληψη ότι ποτέ δεν ήταν Μαρξιστής ή Κομμουνιστής.[2] Είναι αλήθεια ότι οι Γερμανοί Κομμουνιστές σύντομα έδιωξαν τον Ράιχ γιατί δεν ήταν επαρκώς πειθήνιος ή αφοσιωμένος στα δόγματα του Κόμματος. Εκδιώχτηκε επίσης και από τον κύκλο των έμπιστων του Φρόιντ και από την Διεθνή Ψυχαναλυτική Ένωση, εξαιτίας της κριτικής του για τους κοινωνικούς συμβιβασμούς του Φρόιντ. Η Γερμανική ψυχανάλυση εκείνη την εποχή έκλινε προς έναν κατευνασμό των Ναζιστών και μερικοί ψυχαναλυτές, όπως ο Καρλ Γιούνγκ, συνεργάστηκαν ή έγιναν ακόμη και απολογητές των Εθνικοσοσιαλιστικών οργανώσεων.[3] Τελικά ο Ράιχ μπήκε στις λίστες θανατικής καταδίκης και του Χίτλερ και του Στάλιν στη δεκαετία του 1930, και αναγκάστηκε να διαφύγει στην Σκανδιναβία και από εκεί αργότερα στις ΗΠΑ. Τα γραπτά του απαγορεύτηκαν και ρίχτηκαν στην πυρά τόσο στην Ναζιστική Γερμανία όσο και σε περιοχές που τελούσαν υπό Κομμουνιστικό έλεγχο.

Την περίοδο που εργάζονταν στη Δανία και τη Νορβηγία ο Ράιχ έκανε πολλές ριζοσπαστικές ανακαλύψεις στο βιοφυσικό τμήμα του ανθρώπινου συναισθήματος και στις διαδικασίες αποσύνθεσης. Πραγματοποίησε ορισμένες από τις πρώτες έρευνες στον ανθρώπινο βιοηλεκτρισμό, μετρώντας το φαινόμενο της συναισθηματικής και της σεξουαλικής διέγερσης, για να κατανοήσει καλύτερα τη φύση των ψυχικών και των σωματικών διαδικασιών. Έκανε ευρείες και ακριβείς ανακαλύψεις σχετικές με το πρόβλημα της σχέσης «νου-σώματος» με ευρήματα που μόλις πρόσφατα κέρδισαν την εκτίμηση που τους άξιζε. Ο Ράιχ μελέτησε και άλλους οργανισμούς και συσχέτισε την συσταλτική-διασταλτική φύση των σκωλήκων και της αμοιβάδας στην οποία συμμετέχει ολόκληρο το σώμα, με μια παρόμοια διαδικασία στους ανθρώπους, η οποία με την σειρά της σχετίζεται με αντιδράσεις

---

2. Δείτε τις σαφείς αναφορές που έγιναν το 1952 στο βιβλίο *Ο Ράιχ Μιλά για τον Φρόυντ*, Εκδόσεις Farrar, Strauss and Giroux, Νέα Υόρκη 1967.

3. Δείτε το κεφάλαιο «Ο Γιουνγκ ανάμεσα στους Ναζί» στο βιβλίο του Τζέφρι Μέισον με τίτλο *Ενάντια στη Θεραπεία*, για αποδείξεις αυτού του ζητήματος.

6

Εισαγωγή του Συγγραφέα

ηδονής-άγχους. Στη διαδικασία αυτής της εργασίας, ανακάλυψε τα μικροσκοπικά κυστοειδή *βιόντα* και τη διαδικασία της *βιοντικής αποσύνθεσης* των κυττάρων – που στις μέρες μας ονομάζεται μηχανιστικά ως *απόπτωση* –μια ανακάλυψη που στην ουσία έδωσε απάντηση στις σχετιζόμενες ερωτήσεις που παρέμεναν από καιρό αναπάντητες σχετικά με την *προέλευση του καρκινικού κυττάρου* και της *βιογέννεσης*, την προέλευση της ίδιας της ζωής. Τα ευρήματά του ήταν πραγματικά εξαιρετικά σημαντικά, βασισμένα στις καλύτερες παραδόσεις της φυσικής επιστημονικής έρευνας. Αυτές οι ανακαλύψεις αποτέλεσαν μεγάλες επιστημονικές εξελίξεις που έθεσαν τις βάσεις για τις μετέπειτα επιστημονικές του ανακαλύψεις σχετικά με τις εκφυλιστικές βιοπαθητικές παθήσεις και την ανακάλυψη της οργονικής ενέργειας και του συσσωρευτή οργόνης. Αυτές οι ανακαλύψεις έθεσαν επίσης τις βάσεις για μεγάλο τμήμα του σύγχρονου επιστημονικού τρόπου σκέψης σχετικά με τη φύση του συστήματος του καρκίνου και άλλων εκφυλιστικών ασθενειών και στην έρευνα για το ανθρώπινο ενεργειακό πεδίο, αν και χρησιμοποιείται διαφορετική ορολογία και δεν αποδίδεται καμία αναγνώριση στον Ράιχ.

Επιβεβαιώνοντας το αξίωμα «καμία καλή δουλειά δεν θα περάσει χωρίς να τιμωρηθεί», ο Ράιχ έγινε ο στόχος επιθέσεων στις εφημερίδες της Δανίας και της Νορβηγίας εξαιτίας των ανακαλύψεών του, σε μια συντονισμένη προσπάθεια λασπολογίας από εφημερίδες και του δεξιού και του αριστερού χώρου. Το Φροϋδικό παρελθόν του Ράιχ και το ενδιαφέρον του για τους σεξουαλικούς – πολιτικούς μετασχηματισμούς, το αίτημά του για μεγαλύτερες κοινωνικές ελευθερίες, οι εργαστηριακές του έρευνες για την σεξουαλικότητα και το συναίσθημα, τα ευρήματά του για την προέλευση της ζωής αλλά και του καρκίνου – ότι και να έκανε, η δουλειά του τους έκανε σχεδόν όλους έξαλλους, αλλά για διαφορετικούς λόγους. Επιπλέον, η Εβραϊκή καταγωγή του εκείνη την εποχή εξασφάλιζε επιπρόσθετη εχθρότητα από ανθρώπους που διέθεταν φασιστικό τρόπο σκέψης. Με τα στρατεύματα του Χίτλερ και του Στάλιν να εισβάλλουν σε ολόκληρη την Ευρώπη και την αυξανόμενη δύναμη του φασισμού να καθιστά την συνέχιση της ζωή και της εργασίας του αδύνατη, ο Ράιχ πήρε ένα από τα τελευταία πλοία που έφυγαν από την Ευρώπη για τις ΗΠΑ.

Από την στιγμή που ο Ράιχ έφθασε στη Νέα Υόρκη, το 1939, η φήμη ενός σοβαρού ερευνητή που είχε κάνει νέες και σημαντικές ανακαλύψεις είχε φτάσει πριν από αυτόν και γρήγορα προσέλκυσε μία ομάδα νέων, ενθουσιωδών επιστημόνων και γιατρών για να κάνουν μελέτες μαζί του και να τον βοηθήσουν στην εργασία του. Η αμερικανική περίοδος των ερευνών του, η οποία κράτησε μέχρι το θάνατό του το 1957, ήταν ιδιαιτέρως παραγωγική, παρά την συνήθη

7

Εγχειρίδιο του Συσσωρευτή Οργόνης

βίαιη αντιμετώπισή του από Αμερικάνους δημοσιογράφους και κυβερνητικούς αξιωματούχους. Κατά τη διάρκεια αυτής της περιόδου ο Ράιχ αποσαφήνισε πειραματικά, και χρησιμοποίησε πρακτικά την βιολογική και ατμοσφαιρική ενέργεια της ζωής, που ονόμασε *οργονική ενέργεια*.

Τα πρώτα βιοηλεκτρικά ρεύματα που μέτρησε με αντικειμενικό τρόπο με μιλιβολτόμετρα αποσαφήνισαν ότι δεν ήταν παρά μια μικρή έκφραση μιας πολύ πιο ισχυρής και ευκίνητης ζωικής ενέργειας μέσα στο σώμα, η οποία εκφράζονταν στα συναισθήματα, στην σεξουαλικότητα, στην εργασία και σε κάθε είδους δραστηριότητα. Έγινε επίσης σαφές ότι ήταν η νέα ενέργεια που ακτινοβολούσαν ειδικές καλλιέργειες βιόντων που προήλθαν από θαλασσινή άμμο. Οι καλλιέργειες αυτές ακτινοβολούσαν μια ισχυρή φωτοβολούσα ενέργεια γαλάζιου χρώματος η οποία ήταν αισθητή και ορατή, σκίαζε τις φωτογραφικές πλάκες και προκαλούσε ηλεκτροστατικές και μαγνητικές επιδράσεις. Από όλα αυτά, σε μια προσπάθεια να ενισχύσει και να εγκλωβίσει την ενέργεια για να τη μελετήσει, δημιουργήθηκε ο συσσωρευτής οργόνης. Και από αυτόν ανακαλύφθηκε η *ατμοσφαιρική οργονική ενέργεια,* η οποία μπορούσε να απορροφηθεί και να εγκλωβιστεί άμεσα μέσα στον συσσωρευτή. Μια πληθώρα νέων ανακαλύψεων προέκυψαν από αυτά τα ευρήματα, «υπερβολικά πολλές» όπως σημείωσε ο Ράιχ, που απαιτούσαν να μελετηθεί και να ακολουθηθεί *η κόκκινη κλωστή της λογικής* (όπως στον μύθο της Αριάδνης) που τον οδήγησε σε διαδοχικές ανακαλύψεις. Η ζωική ενέργεια, η οργόνη, όπως την αποκαλούσε, ήταν εντελώς καινούργια και διαφορετική από όλες τις υπόλοιπες γνωστές μορφές ενέργειας. Υπάκουε σε λειτουργικούς νόμους και δεν μπορούσε να γίνει αντιληπτή ούτε με μηχανιστικούς ούτε με μυστικιστικούς τρόπους προσέγγισης. Πολύ πριν ψάξει, μάταια, ο Άλμπερτ Αϊνστάιν για την *Μεγάλη Ενοποιητική Θεωρία,* στην πραγματικότητα ο Βίλχελμ Ράιχ την είχε ανακαλύψει – μια θεωρία που αργότερα θα γνώριζε ο Αϊνστάιν σε προσωπικές συναντήσεις με τον Ράιχ. Ο Αϊνστάιν αποσβολωμένος παρατήρησε και επιβεβαίωσε την ύπαρξη της οργονικής ενέργειας που του έδειξε ο Ράιχ, με μια ειδική συσκευή. Σε επόμενα κεφάλαια, θα αναφερθώ σε αυτές τις ανακαλύψεις με περισσότερες λεπτομέρειες.

Ο Ράιχ παρατήρησε ότι η οργονική ενέργεια ήταν μια πραγματική, φυσική ενέργεια, η οποία φόρτιζε κάθε είδους έμβια και άβια ύλη: μικρόβια, ζώα, ανθρώπους, αλλά και ακτινοβολούνταν από αυτά. Μπορούσε επίσης να ενισχυθεί με απλές διατάξεις συγκεκριμένων υλικών. Για να το κατανοήσει κανείς αυτό, *πρέπει* να σκεφτεί συγκριτικά παραδείγματα, όπως, πως λειτουργεί το τηλεσκόπιο ή τα φτερά των αεροπλάνων. Και τα δύο είναι απλές αλλά πολύ

Εισαγωγή του Συγγραφέα

συγκεκριμένες διατάξεις υλικών, εμβαπτισμένες σε έναν ωκεανό φωτός ή κινούμενου αέρα αντίστοιχα. Και οι δύο συσκευές επιτυγχάνουν αξιοθαύμαστα αποτελέσματα. Ο συσσωρευτής οργόνης του Ράιχ μπορεί να αντιμετωπιστεί στα ίδια πλαίσια. Είναι σχετικά απλός, αλλά λειτουργεί στη βάση μιας ενέργειας που είναι πανταχού παρούσα στην ατμόσφαιρα και στο χώρο γύρω από αυτήν.

Πειράματα με τον συσσωρευτή έδειξαν πολυάριθμα αναπάντεχα φαινόμενα, όπως το αυθόρμητο φαινόμενο θέρμανσης, ηλεκτροστατικά φαινόμενα καθώς και μια ξεκάθαρη επίδραση στους ζωντανούς οργανισμούς. Άνθρωποι που υπέφεραν από βιοπαθητικές ασθένειες συχνά βίωναν μια ύφεση των συμπτωμάτων τους – αν και ο Ράιχ δεν υποστήριζε ότι παρείχε κάποια «θεραπεία για τον καρκίνο». Χρόνιοι πόνοι συχνά ελαττώνονταν ή εξαφανίζονταν και τα εγκαύματα επουλώνονταν με εντυπωσιακό τρόπο από την οργονική ακτινοβολία, η οποία ενίσχυε αυτό που τότε ήταν γνωστό ως *ανθεκτικότητα στην ασθένεια*, και σήμερα σύμφωνα με την καθαρά βιοχημική θεωρία, ονομάζεται *ανοσοποιητικό σύστημα*. Ο Ράιχ ανέπτυξε ένα ειδικό τεστ αίματος στο οποίο παρατηρούνταν το αίμα και ειδικά η ικανότητά του να αντιστέκεται στον εκφυλισμό σε ένα πλακίδιο μικροσκοπίου, κάτι που σήμερα επαναλαμβάνεται σε μεγάλη κλίμακα, αν και συνήθως χωρίς να γίνεται αναφορά στα αρχικά εργαστηριακά πρωτόκολλα του Ράιχ. Αποδείχτηκε ότι τα ερυθρά αιμοσφαίρια ακτινοβολούσαν ένα γαλάζιο φως (μια οπτική έκφραση αυτού που σήμερα ονομάζεται *δυναμικό ζήτα*). Ο Ράιχ υποστήριζε όλο και πιο έντονα ότι μεγάλο μέρος της γαλάζιας λάμψης του βιοφωσφορισμού αλλά και στη φύση αποτελούσαν άμεσες εκφράσεις του οργονικού ενεργειακού συνεχούς, το οποίο όπως ακριβώς και το ζωντανό πρωτόπλασμα μπορούσε να διεγερθεί σε κατάσταση *ακτινοβολούσας φωταύγειας*. Ο Ράιχ απέδειξε αργότερα πώς κινούνταν η οργόνη πάνω στην επιφάνεια της Γης με μικρότερες ή μεγαλύτερες συγκεντρώσεις, με τη μορφή ρευμάτων, ή παλμών, επηρεάζοντας με όλη αυτή τη διαδικασία τον καιρό. Υποστήριζε ότι μια παρόμοια νομοτελειακή κίνηση της κοσμικής οργονικής ενέργειας του σύμπαντος, δημιούργησε τους μεγάλους σπειροειδείς γαλαξίες και τις πλανητικές κινήσεις, καθώς και τις σπείρες των τυφώνων και των κελύφων των σαλιγκαριών. Ένα παρόμοιο κοσμικό μοτίβο κίνησης και γένεσης της ζωικής ενέργειας που μπορούσε να γίνει κατανοητό από τις ανακαλύψεις του Ράιχ, βρέθηκε χαραγμένο σε ολόκληρη την κοσμική δημιουργία, από τον μικρόκοσμο ως τον μακρόκοσμο.

Σε σχέση με τα παραπάνω, η οργονική ενέργεια του Ράιχ είναι παρόμοια με τις παλαιότερες ιδέες του *κοσμικού αιθέρα του σύμπαντος*, για τον οποίο οι αστροφυσικοί υποστηρίζουν ότι ποτέ δεν ανακαλύφθηκε (λάθος! δες το Παράρτημα), αλλά συνεχίζει να

9

Εγχειρίδιο του Συσσωρευτή Οργόνης

επανεμφανίζεται με άλλη ορολογία όπως *η θάλασσα νετρίνων, ο άνεμος της σκοτεινής ύλης, το διαγαλαξιακό μέσο, ή το κοσμικό πλάσμα.* Στο Παράρτημα και σε άλλα Κεφάλαια, υποδεικνύω τις πολλές ομοιότητες της οργονικής ενέργειας του Ράιχ με τον κοσμικό αιθέρα, την ύπαρξη του οποίου απέδειξε, μεταξύ άλλων ερευνητών, ο Ντέιτον Μίλερ με τα πειράματά του για την ολίσθηση του αιθέρα. Η Βιολογία επίσης συνεχώς σκοντάφτει πάνω στο ίδιο βιοενεργειακό και βιο-κοσμικό φαινόμενο. Αν και κάποιες παλαιότερες λιγότερο ανεπτυγμένες θεωρίες περί *ζωικού μαγνητισμού* ή *ζωικής δύναμης* έχουν σήμερα θεωρηθεί απαρχαιωμένες, η Κινέζικη ιατρική, *ο βελονισμός* και η Ευρωπαϊκή *ομοιοπαθητική* έστειλαν ξανά την ζωική ενέργεια στο κατώφλι της σύγχρονης Βιολογίας και Ιατρικής – ακόμα κι αν οι βιολόγοι και οι γιατροί προσπαθούν να κλείσουν την πόρτα με δύναμη! Όσο συχνά και αν η σύγχρονη μηχανιστική επιστήμη και ιατρική, ή ο δογματικός μυστικισμός και η θρησκεία συνεχίζουν να χτυπούν την ζωική ενέργεια, νέες αποδείξεις για την ύπαρξή της συνεχίζουν να ξεφυτρώνουν σε νεότερες ανακαλύψεις – σαν το παιδικό παιχνίδι «χτύπα τον τυφλοπόντικα», όπου κάποιος χτυπά με ένα λαστιχένιο ραβδί έναν τυφλοπόντικα για να μπει πίσω στη φωλιά του και ταυτόχρονα ένας πανομοιότυπος τυφλοπόντικας πετάγεται σε ένα άλλο σημείο. Στη διάρκεια αυτού του βιβλίου θα παρουσιάσω τις βασικές λεπτομέρειες και θα δώσω κατευθύνσεις αντλώντας από τα χρόνια που μελέτησα και ερεύνησα τα φαινόμενα αυτά.

Νέες Πληροφορίες σχετικά με τη Νομική Δίωξη Εναντίον του Ράιχ και με το Θάνατό του

Ο Βίλχελμ Ράιχ δυστυχώς έγινε ένα από τα θύματα της θανατηφόρας επίθεσης που εξαπολύθηκε από το ιατρικό και ακαδημαϊκό κατεστημένο περί τα μέσα του $20^{ου}$ αιώνα εναντίον ανορθόδοξων επιστημονικών ανακαλύψεων. Σημαντικές πολιτικές δυνάμεις έπαιξαν το ρόλο τους, αλλά όχι σύμφωνα με τις συνηθισμένες «πολιτικά ορθές» αφηγήσεις. Στις δεκαετίες μετά το θάνατό του, πολλά δημοσιεύματα διέδωσαν την λανθασμένη αντίληψη ότι ο Αμερικάνικος συντηρητισμός ήταν αυτός που κατέστρεψε τον Ράιχ, «δεξιοί Μακαρθικοί» και τα σχετικά. Η ιστορική έρευνα έχει αποδείξει ότι αυτό είναι αναληθές. Στην Ευρώπη και οι Ναζιστές και οι Κομμουνιστές τον εδίωξαν και του επιτέθηκαν. Στις ΗΠΑ, όμως, τον έβλαψε ένας συνδυασμός της *Κομιντέρν* (Κομμουνιστική Διεθνής), Σταλινικών πρακτόρων, άθλιων δημοσιογράφων και γιατρών και τελικά η Υπηρεσία Τροφίμων και Φαρμάκων (FDA) των ΗΠΑ. Τώρα πια υπάρχουν βιβλία και άρθρα σοβαρών μελετητών που αναφέρονται σε πρόσφατα δημοσιευμένους Σοβιετικούς φακέλους από αρχεία που

10

Εισαγωγή του Συγγραφέα

παρέμεναν για πολλά χρόνια κλειστά καθώς και σε εσωτερικά αρχεία από την Υπηρεσία Τροφίμων και Φαρμάκων και το FBI, που απελευθερώθηκαν κάνοντας χρήση του *Νόμου περί Ελευθερίας στην Πληροφόρηση* και από άλλες πηγές. Αυτές οι πηγές αναφέρονται στο τμήμα της Βιβλιογραφίας. Μια περίληψη όσων αποκαλύφθηκαν είναι η ακόλουθη:[4]

Κατά την περίοδο 1927-1931, ως ένας νεαρός ψυχαναλυτής και γιατρός που εργάζονταν στον στενότερο κύκλο του Φρόιντ, ο Ράιχ οργάνωνε κλινικές για ανθρώπους της εργατικής τάξης στη Βιέννη και αργότερα στο Βερολίνο. Στην προσπάθειά του αυτή, δημιούργησε συμμαχίες που διέπονταν από αμοιβαία επιφυλακτικότητα, αρχικά με το Κομμουνιστικό Κόμμα (ΚΚ) της Αυστρίας και αργότερα της Γερμανίας. Οι οργανώσεις του ΚΚ του επέτρεψαν να δίνει διαλέξεις στους χώρους τους και να πουλά τις εκδόσεις του στα βιβλιοπωλεία τους. Οι διαλέξεις του σχετικά με την σεξουαλική υγεία και τις ανάγκες των παιδιών και των οικογενειών προκάλεσαν το μεγάλο ενδιαφέρον των ανθρώπων της εργατικής τάξης και συνεχώς αποτελούσαν πόλο έλξης για περισσότερους ακροατές από τις στεγνές και κενές διαλέξεις για την Μαρξιστική οικονομική θεωρία, που έδιναν οι αξιωματούχοι του Κόμματος. Ο Ράιχ δημιούργησε το κίνημα της *Σεξ-Πολ*, το οποίο μεγάλωσε πάρα πολύ, αριθμώντας πολλές χιλιάδες ανθρώπων, στο οποίο συνεισέφεραν επιπρόσθετα εθελοντές επιστήμονες από το κίνημα της ψυχανάλυσης.

Ο Ράιχ διέβλεψε τη δυνατότητα να πετύχει την πρόληψη των νευρώσεων σε μαζική κλίμακα, διαμέσου νομικών μεταρρυθμίσεων βασισμένων στην αρχές της ψυχανάλυσης. Διαμέσου της *Σεξ-Πολ*, υποστήριξε τη νομιμοποίηση της αντισύλληψης, των εκτρώσεων και του διαζυγίου καθώς και το δικαίωμα νεαρών ανύπαντρων ατόμων σε μια υγιή σεξουαλική ζωή. Υποστήριζε επίσης τη βελτίωση των συχνά απελπιστικών οικονομικών καταστάσεων που βίωναν οι εγκαταλελειμμένες μητέρες με παιδιά. Πολέμησε το στίγμα του

---

4. Ο συγγραφέας έχει σε εξέλιξη μια μεγαλύτερη εργασία η οποία ασχολείται με μεγαλύτερη λεπτομέρεια με τα ζητήματα αυτά. Αν δεν αναφέρεται κάτι διαφορετικό, τα περισσότερα από όσα ακολουθούν προέρχονται από το βιβλίο του Τζιμ Μάρτιν *Ο Βίλχελμ Ράιχ και ο Ψυχρός Πόλεμος*, το βιβλίο του Τζέρομ Γκρίνφιλντ *Ο Βίλχελμ Ράιχ εναντίον των ΗΠΑ*, το βιβλίο του Τζον Γουάιλντερ *CSICOP, Το Περιοδικό Τάιμ και ο Βίλχελμ Ράιχ*, ή το ανέκδοτο βιβλίο του Ράιχ με τίτλο: *Συνομωσία: Μια Συναισθηματική Αλυσιδωτή Αντίδραση*. Δείτε το τμήμα της Βιβλιογραφίας, σελ. 209 για μια πλήρη σχετική λίστα. Για μια πλήρη λίστα των δυσφημιστικών άρθρων που αναφέρονται στο τμήμα αυτό, δείτε:
www.orgonelab.org/bibliogPLAGUE.htm.

11

Εγχειρίδιο του Συσσωρευτή Οργόνης

«παράνομου» παιδιού, κάτι που επέφερε σοβαρές συνέπειες στην μελλοντική εκπαίδευση και εργασία. Οι γυναίκες σύμφωνα με το νόμο ήταν υποταγμένες με πολλούς τρόπους ενώ οι σκληροί και βίαιοι σύζυγοι και πατεράδες αντιμετώπιζαν ελάχιστες κοινωνικές επιπτώσεις. Οι καταναγκαστικοί γάμοι όπου συχνά απουσίαζε η αγάπη, σε συνδυασμό με μεγάλο αριθμό γεννήσεων από μη προγραμματισμένες εγκυμοσύνες, μαζί με την κακή οικονομική κατάσταση που επακολούθησε μετά τον Πρώτο Παγκόσμιο Πόλεμο, οδήγησαν σε μια τάξη φτωχών που μόλις κατάφερναν να επιβιώσουν, με υψηλά επίπεδα νευρώσεων, συναισθηματική παραίτηση, οικογενειακή βία και αυτοκτονίες. Ο Ράιχ ασκούσε έντονη κριτική στις Βασιλικές οικογένειες και την Εκκλησία, οι οποίες διατηρούσαν τεράστια οικονομική και πολιτική εξουσία και επομένως θα μπορούσαν να επιφέρουν βελτιώσεις σε αυτές τις όψεις της ζωής των ανθρώπων. Αλλά στην πραγματικότητα, οι υπάρχοντες κοινωνικοί θεσμοί είχαν παραλύσει και έκαναν ελάχιστα πράγματα στον τομέα των κοινωνικών μεταρρυθμίσεων. Ο Ράιχ προσπάθησε να θέσει στο τραπέζι αυτές τις ανησυχίες του διαμέσου της οργάνωσης της *Σεξ-Πολ*, που είχε στόχο να βοηθήσει τους ανθρώπους να βγουν από αυτές τις απελπιστικές κοινωνικές, οικογενειακές και συναισθηματικές καταστάσεις, να ζήσουν πιο χαρούμενες και πιο παραγωγικές ζωές, έτσι ώστε να *μην χρειάζεται η ψυχαναλυτική θεραπεία*. Μπήκε στο ΚΚ και πίεσε το κόμμα να συμπεριλάβει τις θέσεις του στην ιδεολογική του πλατφόρμα.

Αν και αρχικά το Κόμμα ανέχτηκε τον Ράιχ, η δημόσια κριτική του για τις αντι-ελευθεριακές τακτικές του ΚΚ και των αφεντικών του Κόμματος, που περιλήφθηκε τόσο στις διαλέξεις όσο και στα γραπτά του, είχε ως αποτέλεσμα την κατάρρευση των σχέσεών τους. Χαρακτηρίστηκε λανθασμένα ως «Τροτσκιστής» εξαιτίας της ανοιχτής κριτικής του προς τη Μαρξιστική - Λενινιστική θεωρία και τις διαταγές του Στάλιν, υπερασπιζόμενος τις ιδέες της *Σεξ-Πολ* του. Ο Ράιχ, ουσιαστικά, κατηγόρησε τόσο το Κομμουνιστικό όσο και το Ναζιστικό Κόμμα, ως βαθύτατα ψυχοπαθητικά, ιδιαίτερα στο βιβλίο του *Η Μαζική Ψυχολογία του Φασισμού.*

Ο Ράιχ έχασε και την υποστήριξη από τον μέντορά του τον Φρόιντ, περίπου την ίδια περίοδο και αποπέμφθηκε από την Διεθνή Ψυχαναλυτική Εταιρεία (ΔΨΕ). Κορυφαίοι ψυχαναλυτές απέρριψαν τις απόψεις της Σεξ-Πολ, καθώς προσβλήθηκαν από την κριτική για το λήθαργο της ΔΨΕ εν όψει αυτών των τεράστιων κοινωνικών προβλημάτων. Θεωρούσαν επίσης τη δημόσια κριτική που ασκούσε στο Ναζιστικό κίνημα στις ομιλίες του ως μη απαραίτητη πρόκληση.

Ο Ράιχ ήταν επομένως σε μεγάλο κίνδυνο και αν παρέμενε στη Γερμανία θα είχε πολύ μικρή υποστήριξη. Δραπέτευσε στη

Εισαγωγή του Συγγραφέα

Σκανδιναβία λίγο πριν πάρει την εξουσία ο Χίτλερ και για κάποια χρόνια ήταν γραμμένος στις λίστες θανάτου τόσο της Κομιντέρν όσο και των Ναζιστών. Τα βιβλία του απαγορεύτηκαν και κατασχέθηκαν ή κάηκαν τόσο από τους Κομμουνιστές όσο και από την Γκεστάπο. Όταν έφτασε στην Σκανδιναβία, σύντομα δέχτηκε την επίθεση από Ναζιστικές και από Κομμουνιστικές εφημερίδες. Ακόμα χειρότερα, χωρίς να το γνωρίζει ο Ράιχ, τον παρακολουθούσε η NKVD (πρόδρομος της KGB(Κα-Γκε-Μπε)).

Το όνομά του αναγράφονταν σε ένα έγγραφο των Κομιντέρν/NKVD με την σήμανση *Άκρως Απόρρητο* που προσδιόριζε «*Τροτσκιστές και άλλα εχθρικά στοιχεία στην κοινότητα των μεταναστών που προέρχονταν από το Γερμανικό ΚΚ*» που βρέθηκε στα Σοβιετικά αρχεία μετά την κατάρρευση της ΕΣΣΔ[5]. Αυτό ισοδυναμούσε με ένταλμα σύλληψης από τους Σοβιετικούς και ταυτόχρονα θανατική ποινή από τις Κομιντέρν/NKVD. Αν και ο Ράιχ ποτέ δεν ήταν οπαδός του Τρότσκι, η κατηγορία από μόνη της αρκούσε για τον ίδιο και έναν από τους ανθρώπους που είχε επαφή στην Δανία και την Νορβηγία, τον Όττο Κνόμπελ, για να εμφανιστούν στην επίσημη λίστα θανάτου της NKVD αρκετές φορές. Η κατηγορία για τον Κνόμπελ ήταν ότι υπήρξε γνωστός συνεργάτης του Ράιχ, υποδεικνύοντας έτσι ότι ο Ράιχ ήταν ο βασικός τους στόχος που τους είχε ενοχλήσει. Το έγγραφο περιείχε σημειώσεις για άλλους που είχαν ήδη συλληφθεί και είχαν σταλεί είτε στη φυλακή, είτε στα γκουλάγκ της Σιβηρίας, ή είχαν εκτελεστεί. Ο Κνόμπελ αργότερα συνελήφθη από την NKVD και φυλακίστηκε ή «εξαφανίστηκε» (εκτελέστηκε).

Αν και ο χρόνος που πέρασε στην Σκανδιναβία επέτρεψε να αναπτύξει νέες ερευνητικές οδούς, ο Ράιχ δραπέτευσε στις ΗΠΑ το 1939, λίγο πριν το ξέσπασμα του Δεύτερου Παγκοσμίου Πολέμου. Στις ΗΠΑ, εκείνοι που συμπαθούσαν τους Ναζί ήταν λίγοι και κρυμμένοι και έτσι ήταν σχετικά ασφαλής από τους πράκτορές τους. Αντίθετα, η Αμερικάνικη Κομιντέρν διέθετε ένα μεγάλο δίκτυο οργανώσεων, ομάδες-βιτρίνα, υποστηρικτές, κατασκόπους της Κομιντέρν και της NKVD καθώς και *συμπαθούντες* (πράκτορες της

---

5. Δείτε το Έγγραφο 20, «*Σημείωση σχετικά με τους Τροτσκιστές και άλλα Εχθρικά Στοιχεία στην Κοινότητα των Μεταναστών του Γερμανικού ΚΚ, Τμήμα Στελεχών*», με ημερομηνία 2 Σεπτ. 1936, στα Αρχεία του Πανεπιστημίου του Γέιλ:
www.yale.edu/annals/Chase/Documents/doc20chapt4.htm
Το έγγραφο αυτό αναπαράχθηκε μερικά ως «Έγγραφο 17» στο *Εχθροί Εντός των Πυλών; Η Καταπίεση από την Κομιντέρν και τους Σταλινικούς, 1934-1939*, του Γουίλιαμ Τζ. Τσέις, Εκδόσεις Πανεπιστημίου του Γέιλ, 2001, σελ. 164-174.

13

Εγχειρίδιο του Συσσωρευτή Οργόνης

Κομιντέρν που δεν ήταν επισήμως ή δημοσίως μέλη του ΚΚ, έτσι ώστε να διεξάγουν πιο εύκολα κατασκοπεία και Σοβιετικές συνομωσίες). Αν και αρχικά αγνόησαν τον Ράιχ, οι Αμερικάνοι αριστεροί και η Κομιντέρν αργότερα θα στρέφονταν εναντίον του με μανία. Επί δύο χρόνια σχεδόν, ο Ράιχ μπόρεσε να δουλέψει ήσυχος, χωρίς να τον ενοχλήσουν.

Εγκατέλειψε τη δημόσια δουλειά με την Σεξ-Πολ από την εποχή της Βιέννης και του Βερολίνου και εστιάστηκε στη φυσική και ιατρική έρευνα που είχε αρχίσει στην Σκανδιναβία, φτιάχνοντας ένα εργαστήριο έρευνας για τον καρκίνο και τη βιοφυσική καθώς και εκπαιδευτικές εγκαταστάσεις στην περιοχή του Φόρεστ Χιλς της Νέας Υόρκης.

Μετά την Ιαπωνική επίθεση στο Περλ Χάρμπορ το Δεκέμβριο του 1941, που έφερε την Αμερική πιο κοντά στον Δεύτερο Παγκόσμιο Πόλεμο, το FBI συνέλαβε για να ανακρίνει πολλούς μετανάστες από τη Γερμανία, την Ιταλία και την Ιαπωνία. Ένας από αυτούς ήταν και ο Ράιχ και παρέμεινε έγκλειστος σε φυλακή για ένα μήνα περίπου μέχρι που το FBI βεβαιώθηκε ότι ήταν ενάντιος στον Χιτλερισμό και δεν αποτελούσε απειλή. Ο Ράιχ συνέχισε να ζει ασφαλής και παραγωγικός στις ΗΠΑ και χωρίς σημαντικές ενοχλήσεις για τα επόμενα έξι χρόνια. Συνέχισε την κλινική, βιοϊατρική και φυσική έρευνα με την οργόνη, εγκαινιάζοντας ένα νέο ινστιτούτο και εκδίδοντας περιοδικά για να δημοσιεύσει τα ευρήματά του – το *Διεθνές Περιοδικό της Σεξ-Οικονομίας και της Έρευνας για την Οργόνη* που το ακολούθησε το *Δελτίο Οργονικής Ενέργειας* και στην συνέχεια ένα άλλο με τίτλο *Η Μηχανική της Κοσμικής Οργόνης*. Οι τίτλοι των περιοδικών του αντικατόπτριζαν το αυξανόμενο ενδιαφέρον του για τη βιοφυσική της οργόνης.

Μια ομάδα Αμερικάνων γιατρών, επιστημόνων και εκπαιδευτικών μελετούσε με τον Ράιχ και ενίσχυε τις προσπάθειές του, βοηθώντας στις εργασίες που απαιτούνταν. Μετακόμισε σε ένα μεγάλο αγρόκτημα στο Ρέιντζλι του Μέιν, το οποίο ονόμασε *Όργκονον*, που περιελάμβανε ένα μεγάλο κτήριο παρατηρητήριο και ένα εργαστήριο για τους σπουδαστές. Τα πλάνα του περιελάμβαναν την κατασκευή μιας ιατρικής κλινικής με βασικό αντικείμενο τον συσσωρευτή οργονικής ενέργειας.

Τα πειράματα του Ράιχ με την οργονική ενέργεια περιστασιακά προσέλκυαν αρνητικά σχόλια από κάποιους γιατρούς της ιατρικής κοινότητας και τα γραπτά του σχετικά με την σεξουαλική ελευθερία προσέλκυαν επίσης παράπονα από κάποιους ηθικολόγους εκείνης της περιόδου. Αλλά αυτά δεν επηρέαζαν σημαντικά την δουλειά του. Τα βιβλία του όπως *Η Λειτουργία του Οργασμού*, προκάλεσαν δριμύτατες κριτικές από ιατρικά περιοδικά του κατεστημένου από το 1942, κάτι

14

Εισαγωγή του Συγγραφέα

που έδωσε το έναυσμα για μια εκστρατεία διασποράς φημών τις οποίες αντιμετώπιζε με τη διαδικασία της δημόσιας έκθεσης και αντίκρουσης στο νέο του *Περιοδικό*. Καμία νομική επίθεση ή οργανωμένη δίωξη δεν προέκυψε από αυτές τις πρώιμες ενοχλήσεις στην Αμερική. Αυτό, όμως, θα άλλαζε. Το 1946, λίγο μετά την πρώτη έκδοση στην Αγγλική γλώσσα της *Μαζικής Ψυχολογίας του Φασισμού* στις ΗΠΑ – ένα βιβλίο από τη δεκαετία του '30, που εξαιτίας του είχε μπει στις λίστες θανάτου των Ναζιστών και της Κομιντέρν στην Ευρώπη – για άλλη μια φορά άρχισε να δέχεται σοβαρές επιθέσεις από τους Κομμουνιστές.

Το περιοδικό *Νέα Δημοκρατία* είχε κεντρικό ρόλο στην αναζωπυρωμένη εκστρατεία ενάντια στον Ράιχ. Δημιουργημένο από την οικογενειακή περιουσία του Γουίλιαμ Στρέιτ, ενός Αμερικάνου τραπεζίτη που ασχολήθηκε με επενδύσεις, το *Νέα Δημοκρατία* αρχικά ήταν αριστερών-προοδευτικών αντιλήψεων αλλά υπέρ της Αμερικής. Την εποχή του Ράιχ, ωστόσο, το διοικούσε ο νεαρός Μάικλ Γουίτνι Στρέιτ, ο οποίος σύμφωνα με μετέπειτα δικές του παραδοχές είχε στρατολογηθεί σοβιετικός πράκτορας το 1935, όταν φοιτούσε στο Πανεπιστήμιο του Κέμπριτζ. Ο Στρέιτ ήταν ένας Αμερικάνος, σημαντικό στέλεχος της κατασκοπευτικής ομάδας που έγινε γνωστή ως *Οι Πέντε του Κέμπριτζ* που ελέγχονταν από την NKVD, η οποία δούλευε κυρίως από το Ηνωμένο Βασίλειο και περιελάμβανε τους διάσημους Άντονι Μπλαντ, Γκάι Μπέρτζις και Κιμ Φίλμπι. Σε συνεργασία κατάφεραν να παρέχουν στην Σοβιετική Ένωση πυρηνικά και άλλα άκρως απόρρητα μυστικά κατά τη διάρκεια του Δεύτερου Παγκοσμίου Πολέμου μέχρι περίπου το 1952 οπότε και αποκαλύφθηκαν. Ο Στρέιτ πέτυχε να αποκρύψει τις σχέσεις του με τους Σοβιετικούς μέχρι το 1962.

Σαν ιδιοκτήτης του περιοδικού *Νέα Δημοκρατία* και πράκτορας της NKVD-KGB, ο Μάικλ Στρέιτ προσέλαβε πολλούς φανερούς και κρυφούς κομμουνιστές στο προσωπικό του, όπως τον πρώην Αντιπρόεδρο των ΗΠΑ Χένρι Γουάλας (1941-1944) που προσελήφθη ως εκδότης. Οι γνωστές συμπάθειες του Γουάλας προς τους Σοβιετικούς και το ΚΚ, ο εξωραϊσμός που έκανε στα Σοβιετικά γκουλάγκ, τα στρατόπεδα θανάτου, οι ανοιχτές συναντήσεις του με μέλη της Κομιντέρν και άλλοι λόγοι ανάγκασαν τον πρόεδρο Ρούσβελτ να τον πάψει από Αντιπρόεδρο το 1944 και να τον αντικαταστήσει με τον Χάρρι Τρούμαν. Υλικό που βρέθηκε πρόσφατα στα Σοβιετικά αρχεία επιβεβαιώνει ότι ο Γουάλας στην πραγματικότητα δούλευε κρυφά για τους Σοβιετικούς.

Υπό την επίβλεψη του Στρέιτ και με τον Γουάλας εκδότη, το *Νέα Δημοκρατία* έπαιρνε τις κατευθύνσεις του από την Κομιντέρν και την KGB για να κατευθύνει τα θετικά και υγιή συναισθήματα των

15

Εγχειρίδιο του Συσσωρευτή Οργόνης

Αμερικανών αριστερών δημοκρατών, σε σκοπούς που ωφελούσαν τους Σοβιετικούς και την Κομιντέρν. Έτσι, τα χτυπήματα σε αντικομμουνιστές μαχητές της ελευθερίας όπως ο Βίλχελμ Ράιχ, ο οποίος είχε δει με τα μάτια του και είχε γράψει για το δηλητήριο του Κόκκινου Φασισμού, ήταν σίγουρα κεντρικό σημείο της αποστολής τους.

Φαίνεται, ότι η πρόσφατη κυκλοφορία της Αγγλικής έκδοσης της *Μαζικής Ψυχολογίας*, το 1946, τράβηξε την προσοχή της Κομιντέρν και του προσωπικού του περιοδικού *Νέα Δημοκρατία*, αποτελώντας το έναυσμα ενός ανανεωμένου ενδιαφέροντος να τον καταστρέψουν.

Με εκδότη τον Χένρι Γουάλας το *Νέα Δημοκρατία* πρώτα δημοσίευσε μια δυσφημιστική βιβλιοκριτική για τη *Μαζική Ψυχολογία* του Ράιχ, με συγγραφέα τον Φρέντρικ Βέρθαμ, έναν ψυχίατρο σοσιαλιστικών αντιλήψεων ο οποίος έγινε διάσημος από βιβλία και άρθρα που αποκήρυσσαν τα αρνητικά αποτελέσματα που είχαν τα βιβλία κόμικς στην Αμερικάνικη νεολαία, υποστηρίζοντας τη λογοκρισία. Το άρθρο παρουσίασε λανθασμένα τον Ράιχ ως έναν επικίνδυνο ριζοσπαστικό πολιτικό που σκόπευε να βλάψει τις ΗΠΑ, κατηγορώντας τον ότι «περιφρονούσε απόλυτα τις μάζες», έχοντας παρερμηνεύσει την κριτική του Ράιχ για τους δολοφόνους Ναζιστές και Κομμουνιστές. Ο σύντροφος Βέρθαμ κάλεσε «*τους διανοούμενους της εποχής μας ... να πολεμήσουν το είδος του ψυχο-φασισμού του οποίου το βιβλίο του Ράιχ αποτελεί παράδειγμα.*»

Αλλά η δυσφήμιση από τους Γουάλας και Βέρθαμ θα ωχριούσαν συγκριτικά με τη δημόσια εκστρατεία σεξουαλικής δυσφήμισης και κατασπίλωσης που ξεκίνησε την επόμενη χρονιά, το 1947, από την Κομμουνίστρια συγγραφέα Μίλντρεντ Μπρέιντι, ταυτόχρονα σε δύο περιοδικά, το *Χάρπερς* και το γνωστό *Νέα Δημοκρατία*. Τα δυσφημιστικά της άρθρα με τίτλους «*Η Νέα Μόδα του Σεξ και της Αναρχίας*» και «*Η Παράξενη Περίπτωση του Βίλχελμ Ράιχ*» προσέθεσαν επιπλέον αδικαιολόγητες κατηγορίες που προκάλεσαν δημοσιεύσεις παρόμοιων άρθρων σε άλλα περιοδικά, εφημερίδες και επαγγελματικές δημοσιεύσεις εκείνης της εποχής.

Το ζεύγος Μπρέιντι – η Μίλντρεντ και ο σύζυγός της Ρόμπερτ – ήταν στενά συνδεδεμένοι με το δίκτυο των φίλων των Στρέιτ και Γουάλας που ήταν φίλοι της Κομιντέρν και πράκτορες της KGB. Η ακαδημαϊκή θέση του Ρόμπερτ Μπρέιντι στην Πανεπιστημιούπολη του Μπέρκλεϊ είχε χαρακτηριστεί από το FBI ως χώρος συνάντησης για συνδέσμους και ενδιάμεσους που έφταναν ως την Σοβιετική Ένωση. Το ζεύγος Μπρέιντι είχαν επίσης μια μακρόχρονη σχέση με το μεγαλύτερο και πιο επιτυχημένο Σοβιετικό κύκλωμα κατασκόπων που εργάζονταν στις ΗΠΑ, που ιδρύθηκε από τον *Νέιθαν Γκρέγκορι Σιλβερμάστερ*, που είχε επίσης αναμιχθεί με τη μεταφορά πυρηνικών μυστικών στην Σοβιετική Ένωση. Το ζεύγος Μπρέιντι έπαιξε, μερικά

16

Εισαγωγή του Συγγραφέα

χρόνια νωρίτερα, βασικό ρόλο στην ίδρυση της οργάνωσης *Ένωση Καταναλωτών*, η οποία είχε ισχυρή επίδραση στο εσωτερικό της FDA και σε ιατρικές οργανώσεις. Ουσιαστικά, είχαν γράψει, στην πραγματικότητα, κάποιους από τους νομικούς κώδικες που χρησιμοποιήθηκαν αργότερα από το FDA για να επιτεθεί σε φυσικές μεθόδους θεραπείας, όπως τα άρθρα περί «διαπολιτειακής μετακίνησης» και «παραπλανητικής τιτλοφόρησης εμπορεύματος».

Ενώ τυπικά επέβλεπε την ασφάλεια των τροφίμων, των φαρμάκων και των καλλυντικών, ένας, ίσως, πιο σημαντικός ρόλος της FDA, ξεκινώντας από προηγούμενα χρόνια και προφανώς εν μέρει εξαιτίας των ολέθριων προσχημάτων της Κομιντέρν, ήταν να συγκεντρώνει τον έλεγχο της Ομοσπονδιακής Κυβέρνησης σε μεγάλα τμήματα της οικονομίας, της δημόσιας συμπεριφοράς και ζητημάτων που αφορούσαν την υγεία.

Το ζεύγος Μπρέιντι είχε ρόλο κλειδί στο στήσιμο αυτής της δικτατορικής υποδομής «υγείας» ακόμα και μετά την απόλυσή τους από την εργασία τους στο *Γραφείο Διεύθυνσης Τιμών* το 1941, κατά τη διάρκεια της Προεδρίας του Ρούζβελτ, εξαιτίας των φανερών συμπαθειών τους προς το Σοβιετικό ΚΚ. Η *Επιτροπή Ντάις*[6] του Κογκρέσου των ΗΠΑ είχε δημοσίως χαρακτηρίσει το ζεύγος Μπρέιντι ως πράκτορες των Σοβιετικών με αποτέλεσμα την απόλυσή τους. Ένας από τους υπαλλήλους τους στην *Ένωση Καταναλωτών* που είχαν ιδρύσει (η οποία αργότερα εξέδωσε το περιοδικό *Αναφορές Καταναλωτών*) χαρακτηρίστηκε, ομοίως, στους φακέλους του FBI ως μεταφορέας για τους Σοβιετικούς και οδηγός στο αυτοκίνητο διαφυγής του δολοφόνου του Λέον Τρότσκι στην Πόλη του Μεξικού το 1940.

Από την στιγμή που ο Ράιχ χαρακτηρίστηκε ως πιθανή απειλή για τους στόχους της Κομιντέρν στις ΗΠΑ, αυτό το δίκτυο πρακτόρων και συμπαθούντων των Σοβιετικών άρχισε να ενορχηστρώνει μια σοβαρή και θανατηφόρα επίθεση εναντίον του.

Τα δυσφημιστικά άρθρα της Μπρέιντι αποκήρυξαν τον Ράιχ βάζοντας στο στόμα του ψέματα, υπονοώντας ότι διευθύνει μια σεξουαλική απάτη και επανέλαβε κατηγορίες από παλιές Σοσιαλιστικές και Κομμουνιστικές εφημερίδες που του επιτίθονταν δέκα χρόνια νωρίτερα στην Σκανδιναβία. Η Μπρέιντι αποκήρυξε τον Ράιχ και για την κριτική που άσκησε στην Σταλινική σεξουαλική

---

6. Ο Γερουσιαστής Ντάις, ένας συντηρητικός, ήταν επικεφαλής της «Επιτροπής της Βουλής για Αντιαμερικανικές Δραστηριότητες» η οποία συστήθηκε κατά τη διάρκεια του Δεύτερου Παγκοσμίου Πολέμου για να απομακρύνει τυχόν ναζιστές από την κυβέρνηση των ΗΠΑ και μετά τον Πόλεμο καταδίωξε Σταλινικούς.

17

Εγχειρίδιο του Συσσωρευτή Οργόνης

καταπίεση – στην πραγματικότητα, οι Μπολσεβίκοι και οι μετέπειτα Σταλινική δικτατορία πρόδωσε κάθε ανθρώπινο δικαίωμα και ελευθερία που υπήρξε στην αρχική αυθεντική Ρώσικη Επανάσταση, ή ακόμα και εκείνες που διατηρήθηκαν από τις ημέρες των Τσάρων. Ως μια ταλαντούχα συγγραφέας, η Μπρέιντι, με εύσχημο τρόπο, έγραψε ψέματα σχεδόν για τα πάντα, υπονοώντας επίσης ότι ο Ράιχ διαφήμιζε τον συσσωρευτή οργόνης ως μια πανάκεια, κάτι που ήταν παντελώς λανθασμένο.

Το άρθρο της χρησιμοποίησε συνηθισμένες Σοβιετικές μεθόδους δημόσιας διασποράς ψευδών πληροφοριών, με λοιδορίες ανακατεμένες με μισές αλήθειες και ψέματα, έχοντας σκοπό να απομονώσει και να καταστρέψει τον στόχο της. Στο τέλος του άρθρου ζητούσε ανοικτά να γίνει κυβερνητική έρευνα για τη δουλειά του Ράιχ.

Οι δυσφημίσεις της Μπρέιντι αναδημοσιεύτηκαν γρήγορα από άλλα έντυπα, αυτολεξεί, χωρίς κανένα έλεγχο για την ορθότητά τους, μεταξύ αυτών και από εχθρικά ιατρικά περιοδικά. Το *Δελτίο της Κλινικής Μέννινγκερ* που είχε μεγάλη κυκλοφορία αναπαρήγαγε ολόκληρο το άρθρο της Μπρέιντι, καθώς ο Καρλ Μέννινγκερ είχε επηρεαστεί έντονα από διάφορους αντι-Ραϊχκούς ψυχαναλυτές και ψυχιάτρους, των οποίων η εχθρότητα διαρκούσε από την Ευρωπαϊκή περίοδο του Ράιχ. Το *Περιοδικό της Αμερικάνικης Ιατρικής Εταιρείας* πήρε μετά χαράς μέρος, δημοσιεύοντας ένα υποτιμητικό άρθρο, βασισμένο σε εκείνο της Μπρέιντι, δεδομένου του εν εξελίξει πολέμου που διεξήγαγαν ενάντια σε κάθε φυσική θεραπεία που ανταγωνίζονταν τα αγαπημένα τους και πολύ προσοδοφόρα φάρμακα. Περιληπτικές εκδοχές του άρθρου της Μπρέιντι, ή κάποια καινούργια άρθρα που πήραν υλικό από αυτό και έβαλαν περισσότερα καρυκεύματα λάγνων σχολίων, εμφανίστηκαν στο *Κόλλιερς, The New York Post, Everybody's Digest, Madamoiselle, Αναφορές Καταναλωτών* και άλλα όπως και σε κεφάλαια ή τμήματα νέων βιβλίων που αφορούσαν ιατρικά και ψυχαναλυτικά ζητήματα. Τα δημοσιεύματα αυτά έφτασαν σε δεκάδες εκατομμύρια ανθρώπους.

Οι δυσφημίσεις της Μπρέιντι πολλαπλασιάστηκαν σημαντικά λίγα χρόνια αργότερα από τον Μαρξιστή «ανθρωπιστή» Μάρτιν Γκάρντνερ (αργότερα μέλος στην οργάνωση CSICOP[7]). Το άρθρο του, του 1950, στην *Επιθεώρηση της Αντιόχειας* παρουσίασε τον Ράιχ στον

---

7. CSICOP: *Επιτροπή για την Επιστημονική Έρευνα Ισχυρισμών σχετικών με την Μεταφυσική*. (Σήμερα έχει αλλάξει ονομασία χωρίς να αλλάξει ο χαρακτήρας της, ως η *Επιτροπή για την Σκεπτικιστή Έρευνα*.) Πρόκειται για μια ανήθικη ομάδα «σκεπτικιστών» που έχει πολεμήσει μεθόδους φυσικής θεραπείας καθώς και τον Ράιχ και την οργονομία. Δείτε επίσης: www.orgonelab.org/csicop.htm και www.orgonelab.org/gardner.htm

Εισαγωγή του Συγγραφέα

ακαδημαϊκό κόσμο ως έναν λοξοδρομημένο παλαβό. Στο βιβλίο του Γκάρντνερ του 1952, που επηρέασε πολλούς, με τίτλο *Μανίες και Πλάνες στο Όνομα της Επιστήμης*, που περιείχε ένα κεφάλαιο αφιερωμένο στην «Οργονομία», ο Ράιχ έγινε αντικείμενο αυτού που αργότερα θα γινόταν σήμα κατατεθέν του Γκάρντνερ και της CSICOP – έναν συρφετό από ψευδείς και υπερβολικές καρτουνίστικες καρικατούρες που επιτίθονταν σε σοβαρές δουλειές, σε συνδυασμό με δυσφημιστικές διαστρεβλώσεις όσον αφορά τον δημόσιο κίνδυνο και λοιδορίες που θυμίζουν το γέλιο της ύαινας. Ο Ράιχ πήρε την στάμπα του παλαβού και του τσαρλατάνου. Η Μπρέιντι και ο Γκάρντνερ άναψαν από κοινού την αντι-Ραϊχική φωτιά και την έκαναν να καίει με τεράστιες φλόγες. Ο συσσωρευτής οργόνης από τότε στα αντρικά περιοδικά όπως το *Sir!* αποκαλούνταν «κουτί του σεξ» και ο Ράιχ έγινε το αντικείμενο δημόσιας χλεύης, συνοδευμένης με ανοιχτές εκκλήσεις για «κυβερνητικά μέτρα» για την «προφύλαξη του κοινού» από «απατεώνες της ιατρικής». Όπως σημείωσε ο Ράιχ, επρόκειτο για μια *κομμουνιστική συνομωσία* που στήθηκε πάνω στα σεξουαλικά άγχη, με μια επακόλουθη *συναισθηματική αλυσιδωτή αντίδραση*.

Στο αποκορύφωμα αυτής της δυσφημιστικής εκστρατείας του τύπου ενάντια στον Ράιχ, τα άρθρα της Μπρέιντι παραδόθηκαν στα χέρια υψηλών αξιωματούχων της FDA, από γιατρούς που μπορούσαν να επηρεάσουν καταστάσεις, κάτι που έδωσε το έναυσμα για μια επίσημη αλλά εξαιρετικά μεροληπτική «έρευνα». Πως ήταν η FDA την εποχή εκείνη.

Τη δεκαετία του 1940, η FDA δέχονταν χρηματοδοτήσεις και είχε σοσιαλιστικές κατευθύνσεις, ως ένας «καλοθελητής», «ακτιβιστής των καταναλωτών» και «αντισωματιακός» οργανισμός, όπου ένα σημαντικό ποσό των εσόδων του ήταν αφιερωμένο στην κατασκοπία και το ξερίζωμα κάθε είδους ανεξάρτητων πρωτοπόρων της ιατρικής, έχοντας την αυθεντία στον «εντοπισμό του ιατρικού τσαρλατανισμού». Ακόμα και χωρίς ενεργούς πράκτορες της Κομιντέρν στις τάξεις της, είχε ένα ξεκάθαρο σοσιαλιστικό προφίλ και δεν χρειάζονταν και μεγάλη παρακίνηση για να κυνηγήσει ακόμα έναν ανορθόδοξο γιατρό – διέθετε ολόκληρα τμήματα έτοιμα αφιερωμένα στον σκοπό αυτό. Η αρμοδιότητα της FDA την τοποθετούσε σε στενή σχέση με τους νοσοκομειακούς γιατρούς και τις φαρμακευτικές εταιρείες. Τα οικονομικά τους κίνητρα και η μηχανιστική αλλοπαθητική τους ιδεολογία επηρέασε την FDA σε τέτοιο βαθμό ώστε έγινε ο παράγοντας για την καταστροφή των πολυάριθμων κλινικών φυσικής θεραπείας που είχαν μικρότερο κόστος νοσηλείας, καθώς και των μεθόδων που εφήρμοζαν θεραπευτές που δεν ήταν γιατροί. Έτσι, στρεφόμενοι προς τη δημιουργία μιας γιγαντιαίας γραφειοκρατικής δύναμης που θα μπορούσε να συντρίψει όποιον αυτοί επιθυμούσαν, οι

19

Εγχειρίδιο του Συσσωρευτή Οργόνης

τυφλοπόντικες της Κομιντέρν και οι νοσοκομειακοί γιατροί είχαν κοινούς στόχους.

Η FDA είχε προηγουμένως καταστρέψει τις δημοφιλείς κλινικές για θεραπεία καρκινοπαθών του Χάρρι Χόξεϊ, στις οποίες χρησιμοποιούνταν, με μεγάλη επιτυχία, Γηγενείς Αμερικάνικες θεραπείες με βότανα. *Διέλυσαν τις πολυάριθμες πηγές ιαματικού νερού που υπήρχαν σε όλη την έκταση του έθνους, όπου φορτισμένο με οργόνη νερό που φωτοβολούσε με γαλάζιο χρώμα* (δες το Κεφάλαιο 10) *ανέρχονταν από τη Γη, όπως και στη Λούρδη της Γαλλίας που χρησιμοποιούνταν και ήταν αποδεκτές από τους περισσότερους γιατρούς που θεράπευαν με φυσικούς τρόπους αλλά και από τους μέσους ανθρώπους της εποχής.* Ιστορικά, οι Ινδιάνικες φυλές κάπνιζαν την πίπα της ειρήνης και απολάμβαναν τις καλύβες εφίδρωσης κοντά στα νερά αυτά, για να ανακτήσουν την υγεία τους και να επουλώσουν παλιά τραύματα. Άλλες κλινικές φυσικών μεθόδων και πρωτοπόροι γιατροί όπως ο Μαξ Γκέρσον, έκλεισαν με τη χρήση ψεύτικων στοιχείων και με βία από τους φανατικούς της FDA σε στενή συνεργασία με το σύστημα των νοσοκομειακών γιατρών, τον Αμερικάνικο Ιατρικό Σύλλογο (AMA) και τις φαρμακευτικές εταιρείες. Τα περισσότερα από αυτά συνέβησαν αρκετά χρόνια πριν προσέξουν τον Ράιχ.

Η επίθεση της FDA στον Ράιχ είχε επικεφαλή τον Β.Ρ.Π. Γούρτον, Διοικητή του Ανατολικού Τμήματος της FDA και τον Τοπικό Επιθεωρητή της FDA για την Πολιτεία του Μέιν, τον Τσαρλς Α. Γουντ. Κάποιοι υπάλληλοι της FDA καθώς και βιογράφοι, περιγράφουν τον Γούρτον ως έναν αδίστακτο και πορνογραφικό, τύπο που είχε εμμονή με το σεξ και φύλαγε ένα κεραμικό φαλλό στο χώρο εργασίας του, τον οποίο τοποθετούσε προκλητικά στο γραφείο του όταν έδινε εντολές στη γραμματέα του. Συνέτασσε εσωτερική αλληλογραφία και σημειώματα για την FDA όπου επαναλάμβανε τις χυδαίες κατηγορίες που περιείχαν τα άρθρα της Μπρέιντι. Ο Επιθεωρητής Γουντ, που ανέλαβε τον κρίσιμο ρόλο της συλλογής αποδείξεων, για τη νομική τους διαμάχη ενάντια στον Ράιχ, επηρεάστηκε αρνητικά από τα άρθρα της Μπρέιντι. Στις πρώτες φάσεις της έρευνάς του, δήλωσε σε έναν υπάλληλο του Ράιχ ότι «ο συσσωρευτής είναι μια απάτη...και ότι ο Δρ. Ράιχ κορόιδευε το κοινό με αυτόν» και ότι «σύντομα θα πήγαινε στη φυλακή». Επομένως, η έρευνά του, από την αρχή, είχε δεχτεί ότι οι δυσφημίσεις της Μπρέιντι είχαν πραγματική βάση και ότι ο Ράιχ διεξήγαγε κάποιο είδος «σεξουαλικής απάτης» ή «κοροϊδίας».

Κατά μια ειρωνική σύμπτωση, το όνομα Τσαρλς Α. Γουντ εμφανίζεται δέκα χρόνια νωρίτερα, ως δικαστής στο *Εθνικό Συμβούλιο Εργατικών Σχέσεων* (NLRB) που ιδρύθηκε όταν ήταν Πρόεδρος ο

20

Εισαγωγή του Συγγραφέα

Ρούζβελτ. Σήμερα, από τα Σοβιετικά αρχεία γνωρίζουμε ότι το NLRB είχε διαβρωθεί σε μεγάλο βαθμό από Σοβιετικούς τυφλοπόντικες, ώστε να οδηγήσει το Αμερικάνικο εργατικό κίνημα προς τους σκοπούς των Κομμουνιστών.

Ως δικαστής του NLRB ο Γουντ έβγαζε αποφάσεις ενάντια σε ανεξάρτητα Αμερικάνικα εργατικά σωματεία προς όφελος του *Κογκρέσου των Εργοστασιακών Οργανώσεων* (CIO), η οποία είχε χαρακτηριστεί από την *Επιτροπή Ντάις* ως μια εργατική οργάνωση που ελέγχονταν σε μεγάλο βαθμό από τους Σοβιετικούς. Ο Γουντ έβγαζε αποφάσεις υπέρ απολυμένων μελών του ΚΚ της οργάνωσης *Έρευνες Καταναλωτή*[8], η οποία λίγο αργότερα ίδρυσε την *Ένωση Καταναλωτών* (εκδότρια του περιοδικού *Αναφορές Καταναλωτών*) που διευθύνονταν από την Κομιντέρν. Ο δικαστής Γουντ του NLRB, επομένως, πολύ πιθανόν να ήρθε σε επαφή με την Μίλντρεντ Μπρέιντι κατά τη διάρκεια της επεξεργασίας της υπόθεσης της Ένωσης Καταναλωτών, βγάζοντας απόφαση υπέρ των απολυμένων κομμουνιστών, δέκα χρόνια πριν η Μπρέιντι γράψει τα πιο καταστρφικά δυσφημιστικά της άρθρα επιτιθέμενη στον Ράιχ – άρθρα που αργότερα θα επηρέαζαν τους Επιθεωρητές Γουντ και Γουόρτον της FDA, ώστε να προκαταλάβουν τις έρευνές τους ενάντια στον Βίλχελμ Ράιχ

Στην πρώτη του επίσκεψη στις εργαστηριακές εγκαταστάσεις του Ράιχ στο Μέιν, ο Γουντ άρχισε να φλερτάρει την κόρη του ξυλουργού που έφτιαχνε τους συσσωρευτές οργόνης για τον Ράιχ και την έκανε κατάσκοπο για την έρευνα της FDA. Μέσα σε τρεις εβδομάδες την παντρεύτηκε. Για ένα διάστημα ο ανυποψίαστος Ράιχ συνεργάστηκε με τον Γουντ, μέχρι που προέκυψαν τα υπονοούμενα για «σεξουαλικές απάτες». Έχοντας κάθε δίκιο να είναι εξοργισμένος, ο Ράιχ δεν έδωσε καμία άλλη συνέντευξη ή βοήθεια στους «επιθεωρητές» της FDA. Η αναφορά του Γουντ στα κεντρικά γραφεία της FDA ουσιαστικά κατηγορούσε τον Ράιχ και τον συσσωρευτή ως «μια απάτη πρώτου μεγέθους».

Πέρα από τις αναφορές του Γουντ, οι αξιωματούχοι της FDA στα κεντρικά γραφεία της Βοστόνης που επέβλεπαν την περίπτωση του Ράιχ έδωσαν μεγάλη βάση στα κουτσομπολιά και τις φήμες που υπήρχαν στα άρθρα της Μπρέιντι, τα οποία είχαν αποκτήσει «αξιοπιστία» διαμέσου της άκριτης αναδημοσίευσής τους σε ιατρικά περιοδικά. Ωστόσο, εξαιτίας της έλλειψης αποδείξεων για

---

8. *Κατάλογος των Αρχείων των Ερευνών Καταναλωτή, 1910-1983, κυρίως της περιόδου 1928-1980*, από τον Γκρέγκορι Λ. Γουίλιαμς, Ιανουάριος 1995. Ειδικές Συλλογές και Πανεπιστημιακά Αρχεία, της Βιβλιοθήκης του Πανεπιστημίου Ρούτγκερς:
www2.scc.rutgers.edu/ead/manuscripts/consumers_introf.html

21

Εγχειρίδιο του Συσσωρευτή Οργόνης

«σεξουαλικές απάτες», εστίασαν στον συσσωρευτή οργόνης. Δεν μπόρεσαν να βρουν κάποιον δυσαρεστημένο από τον συσσωρευτή, κανένα που να μην βοηθήθηκε από αυτόν που θα μπορούσαν να χρησιμοποιήσουν εκβιαστικά για να στηρίξουν αγωγές εναντίον του Ράιχ. Στην πραγματικότητα ίσχυε ακριβώς το αντίθετο.

Έτσι οι γραφειοκράτες της FDA στράφηκαν στην προσπάθεια να εξασφαλίσουν την συνεργασία προκατειλημμένων «ειδικών» νοσοκομειακών γιατρών και δογματικών επιστημόνων από τις λίστες που είχαν για την «εξόντωση απατεώνων». Όλοι αυτοί δεν είχαν καμία εξοικείωση ή ενδιαφέρον για τα επιστημονικά ζητήματα που εμπλέκονταν, αλλά, παρ' όλ' αυτά, μπορούσαν να κληθούν και να μαγειρέψουν κάποια «πειράματα» που εξασφαλισμένα θα είχαν αρνητικά αποτελέσματα, ή να διατυπώσουν μια απόρριψη από την πολυθρόνα τους.[9]

Για παράδειγμα, έχω στα αρχεία μου ένα γράμμα από τον γιο ενός από τους κορυφαίους επιστήμονες που εργάστηκαν με την FDA την εποχή εκείνη – του Φυσικού του MIT Κουρτ Λάιον - όπου δηλώνει, ότι θυμάται ξεκάθαρα ότι η FDA ζήτησε από τον πατέρα του να «αποδείξει ότι το κουτί [οργόνης] ήταν ένα απλό κουτί και ότι ο Δρ. Ράιχ ήταν απατεώνας». Αυτό βέβαια, είναι τελείως διαφορετικό πράγμα από το αίτημα να *ερευνηθεί έντιμα ο συσσωρευτής οργόνης,* κάτι που ποτέ δεν έκαναν και ποτέ δεν είχαν την πρόθεση να κάνουν. Όταν οι αξιωματούχοι της FDA και ένα πλήθος ψυχιάτρων, αναλυτών και φυσικών συνεργάστηκαν για να βάλουν τέρμα στη δουλειά του Ράιχ, δημιουργήθηκαν πολλά ρήγματα στη νομική και επιστημονική ηθική. Στη διαδικασία αυτή παρακινήθηκαν και οδηγήθηκαν από τα δυσφημιστικά άρθρα και από τον Επικεφαλή Επιθεωρητή Γουντ. Στο τέλος του 1954, η FDA είχε ξοδέψει περίπου 10 εκατομμύρια δολάρια στις έρευνές της για τον Ράιχ, ένα σημαντικό ποσοστό του προϋπολογισμού της.

Και άλλοι φιλοσοβιετικοί τυφλοπόντικες ξεπετάχθηκαν στην περίπτωση του Ράιχ. Ένας από τους προσωπικούς δικηγόρους του Ράιχ, εκείνη την εποχή, ο Άρθουρ Γκάρφιλντ Χέις, διακεκριμένος δικηγόρος της Νέας Υόρκης, ιδρυτικό μέλος της τότε (και τώρα;) κατά βάση συνοδοιπόρου *Ένωσης Κοινωνικών Ελευθεριών της Αμερικής,* ήταν επίσης υπέρ της Σοβιετικής Ένωσης καθώς και ιδρυτικό μέλος και στέλεχος της οργάνωσης *Ένωση Καταναλωτών* των Μπρέιντι. Ο

---

9. Δείτε: Ρίτσαρντ Μπλάσμπαντ και Κόρτνεϊ Μπέικερ: «Μια Ανάλυση των Επιστημονικών Αποδείξεων της Υπηρεσίας Τροφίμων και Φαρμάκων των ΗΠΑ Εναντίον του Βίλχελμ Ράιχ» σε τρία μέρη, *Περιοδικό της Οργονομίας,* 1972-1973. Πλήρεις αναφορές στο τμήμα της Βιβλιογραφίας.

Εισαγωγή του Συγγραφέα

Χέις ήταν χωμένος μέχρι τα λαιμό σε διάφορες φιλοσοβιετικές οργανώσεις, κομμουνιστικές οργανώσεις-βιτρίνα και δραστηριότητες νομιμοφανούς άμυνας. Δημόσια, ωστόσο, ο Χέις ήταν γνωστός απλά σαν ένας καθιερωμένος αριστερός δικηγόρος υπέρμαχος των κοινωνικών δικαιωμάτων. Με την ικανότητά του αυτή, ο Χέις απέτρεψε τον Ράιχ από την υποβολή μηνύσεων στους Μπρέιντι και Γκάρντνερ για συκοφαντική δυσφήμιση στα άρθρα τους και δεν έκανε καμία πρόταση για νομική παρέμβαση ενάντια στην ξεκάθαρα προκατειλημμένη έρευνα της FDA. Η διεξαγωγή μαχητικών δικαστικών αγώνων ενάντια των δυσφημιστών και της FDA θα μπορούσαν να σταματήσουν οριστικά τις έρευνές τους. Υπήρχαν πολλά πράγματα που μπορούσε να κάνει ένας καλός δικηγόρος για να αντιμετωπίσει, να επιβραδύνει, ίσως και να ακυρώσει την έρευνα της FDA και τις επιθέσεις των εφημερίδων. Ωστόσο, ο Χέις έδωσε λανθασμένη συμβουλή ότι τίποτα δεν μπορεί να γίνει και έτσι προστάτεψε την στενή του φίλη από την Κομιντέρν, Μπρέιντι, αλλά και τους συνωμότες γιατρούς της FDA.

Ο Ράιχ δεν γνώριζε τίποτα για την συμπάθεια του Χέις προς τους Σοβιετικούς ή για τις διασυνδέσεις του με τους Μπρέιντι και εκείνος ποτέ δεν τον πληροφόρησε για αυτά. Επομένως τον Ράιχ τον χειρίστηκαν σε κρίσιμα σημεία και τον οδήγησαν στην καταστροφή. Τα δυσφημιστικά άρθρα και τα νομικά τεχνάσματα της FDA συνεχίστηκαν αντιμετωπίζοντας μόνο μια ισχνή αντίκρουση από τα γράμματα διαμαρτυρίας του Ράιχ προς τους αξιωματούχους της FDA και τις εφημερίδες, από άρθρα στα περιοδικά του όπου προσπαθούσε να βάλει τα πράγματα σε μια τάξη και από δημόσιες εκκλήσεις αφ' ενός για έντιμη αντιμετώπιση, αφ' ετέρου για να μπει ένα τέλος στις κακόβουλες φήμες.

Από όλα αυτά είναι φανερό ότι η FDA είχε μεγάλο ενδιαφέρον «να τσακώσει τον Ράιχ» με οποιαδήποτε κατηγορία μπορούσε και την ωθούσαν προς αυτή την κατεύθυνση πολλά άτομα σε υψηλά πόστα της ιατρικής κοινότητας, διάφορα δυσφημιστικά άρθρα με συγγραφείς πράκτορες της Κομιντέρν, καθώς και πιθανοί πράκτορες της Κομιντέρν που εργάζονταν σε υψηλές θέσεις της FDA. Ο Ράιχ γνώριζε το Κομμουνιστικό παρελθόν ορισμένων από τους βασικούς του δυσφημιστές, τις ανήθικες πράξεις τους καθώς πολλοί συνεργάτες του είχαν βλαφτεί επαγγελματικά από τα κουτσομπολιά, τη δυσφήμιση και τις πράξεις της FDA. Αυτές οι επιθέσεις και οι προδοσίες, όπως είναι κατανοητό, εξόργισαν τον Ράιχ.

Όταν τελικά το 1954 η FDA επιχείρησε *Μήνυση για Προσωρινά Μέτρα* ενάντια στην ερευνά του, ενώπιον του Ομοσπονδιακού Δικαστηρίου του Πόρτλαντ της Πολιτείας του Μέιν, συνέβη ακόμα μια προδοσία. Ο πρώην δικηγόρος του Ράιχ, Πήτερ Μιλς, εμφανίστηκε

23

Εγχειρίδιο του Συσσωρευτή Οργόνης

ως Εισαγγελέας. Ο Μιλς ήταν ένας τυχοδιώκτης που αναζητούσε τρόπο κοινωνικής αναρρίχησης, ένας μικρού βεληνεκούς πρώην πολιτικός στο νομοθετικό σώμα της Πολιτείας του Μέιν και ήταν ενθουσιασμένος από τη καινούργια του θέση του Εισαγγελέα υψηλού επιπέδου. Επομένως, δεν δέχτηκε να αποχωρήσει από την υπόθεση, που θα ήταν το ηθικά ορθό. Σε μια βιντεο-συνέντευξή του του 1986 σχετικά με την περίπτωση του Ράιχ, ο Μιλς είπε ότι η FDA ήρθε στα γραφεία του με όλα τα έγγραφα έτοιμα για τη δίωξη και το μόνο που είχε να κάνει ήταν να τα υπογράψει. Δήλωσε ότι δεν ήταν διατεθειμένος να εγκαταλείψει τη δουλειά του για χάρη του Βίλχελμ Ράιχ και όταν ρωτήθηκε για το κάψιμο των βιβλίων απέφυγε να απαντήσει, γέλασε νευρικά και αποκάλεσε τον Ράιχ «σαλεμένο».

Μετά από δυσφημιστικά άρθρα που κράτησαν χρόνια, από προδοσίες και τελικά τη Μήνυση της FDA που τον οδηγούσε στα δικαστήρια, ο Ράιχ δεν εμφανίστηκε προσωπικά σε αυτά και ενήργησε όπως ανέφερε «σαν ένας 'υπερασπιστής' σε θέματα βασικής φυσικής επιστημονικής έρευνας». Αντίθετα, ο Ράιχ συνέταξε μια επιβλητική *Απάντηση* («Κίνηση Απόρριψης») προς τον δικαστή, στην οποία εξιστορούσε τις ανήθικες επιθέσεις της FDA και τα ψέματα των δημοσιογράφων που τον δυσφημούσαν. Υποστήριξε επίσης ότι τα δικαστήρια δεν είχαν τη δικαιοδοσία να κρίνουν την εγκυρότητα της έρευνάς του με την οργόνη, εκφράζοντας επιχειρήματα από την πλευρά ενός φυσικού επιστήμονα. Αυτή η στάση προκάλεσε μια σκληρή και τιμωρητική δικαστική απόφαση εναντίον του Ράιχ, μοναδική στην Αμερικάνικη ιστορία, με πολύ μεγαλύτερη σημασία για τις Συνταγματικές μας προστασίες από την πολύ πιο γνωστή *Δίκη του Πιθήκου του Σκόουπς*,[10] όπου η δημόσια διδασκαλία του Δαρβίνου απαγορεύτηκε προσωρινά σε μια μικρή πόλη του Τεννεσί. Ο δικαστής απλά αγνόησε την γραπτή *Απάντηση* του Ράιχ, η οποία θα έπρεπε να γίνει αποδεκτή και να ληφθεί ως νομικό έγγραφο, όπως πραγματικά ήταν και κατόπιν να συνεχιστούν τα επόμενα βήματα υπεράσπισης. Αντίθετα, ο δικαστής αποφάσισε ότι ο Ράιχ *δεν απάντησε καθόλου* και έτσι έχασε την υπόθεση, τεχνικά, λόγω ερημοδικίας.

Η FDA πέτυχε όλα όσα ήθελε, με μια *Απόφαση Λήψης Προσωρινών Μέτρων* από Ομοσπονδιακό Δικαστήριο, η οποία υποστήριζε ότι η οργονική ενέργεια «δεν υπάρχει» και

---

10. Πρόκειται για μια διάσημη δίκη ενάντια ενός Καθηγητή σε μια μικρή πόλη των ΗΠΑ γιατί δίδαξε τις θεωρίες του Δαρβίνου. Η δίκη αποτέλεσε την αιτία για να αλλάξει ο σχετικός νόμος και να επιτρέψει στους Καθηγητές Βιολογίας και Φυσικών Επιστημών να διδάσκουν την επιστήμη ακόμα και όταν αυτή είναι αντίθετη με τη Βίβλο.

Εισαγωγή του Συγγραφέα

επαναχαρακτήρισε όλα τα βιβλία που περιείχαν τον απαγορευμένο όρο «οργόνη» ως «διαφημιστικό υλικό», απαγορεύοντας τη μεταφορά τους από τη μία πολιτεία στην άλλη. Η απόφαση περιελάμβανε βιβλία όπου η λέξη-ταμπού υπήρχε μόνο στον πρόλογο, ή στα εισαγωγικά σχόλια. Επιπρόσθετα, όλες οι δημοσιεύσεις που διαπραγματεύονταν την οργονική ενέργεια με λεπτομέρειες *διατάχτηκε να καταστραφούν* και οι συσκευές που χρησιμοποιούν την ενέργεια να αποσυναρμολογηθούν ή να καταστραφούν.

Υπόθεση υπ' αρ. 1056, 19 Μαρτίου 1954, Περιφερειακό Δικαστήριο Ηνωμένων Πολιτειών, Πόρτλαντ, Μέιν, Δικαστής Τζον Ντ. Κλίφορντ ο Νεότερος.

«ΑΠΑΓΟΡΕΥΜΕΝΑ, μέχρι να απαλειφτούν όλες
   οι παραπομπές στην οργονική ενέργεια:
Η Ανακάλυψη της Οργόνης
   Τομ. Ι: Η λειτουργία του Οργασμού.
   Τομ. ΙΙ: Η Βιοπάθεια του Καρκίνου.
Η Σεξουαλική Επανάσταση.
Ο Αιθέρας, ο Θεός και ο Διάβολος.
Κοσμική Υπέρθεση.
Άκου, Ανθρωπάκο.
Η Μαζική Ψυχολογία του Φασισμού.
Η Ανάλυση του Χαρακτήρα.
Η Δολοφονία του Χριστού.
Άνθρωποι σε Μπελάδες.

ΑΠΑΓΟΡΕΥΜΕΝΑ που ΔΙΑΤΑΧΤΗΚΕ και
   Η ΚΑΤΑΣΤΡΟΦΗ ΤΟΥΣ:
*Ο Συσσωρευτής Οργονικής Ενέργειας, Η Επιστημονική και
   Ιατρική του Χρήση.*
Το Πείραμα Όρανουρ.
Το Δελτίο Οργονικής Ενέργειας.
Το Επείγον Δελτίο Οργονικής Ενέργειας
*Διεθνές Περιοδικό Σεξουαλικής Οικονομίας και
   Έρευνας της Οργόνης.*
Διεθνές Περιοδικό για την Οργονομία (στα Γερμανικά).
Χρονικά του Ινστιτούτου Οργόνης».

Και έτσι, στο τέλος της δεκαετίας του 1950 και στην αρχή της δεκαετίας του 1960, τα βιβλία και ερευνητικά περιοδικά του Ράιχ, ακόμη και εκείνα που ήταν «μόνο» απαγορευμένα, κατάσχονταν κατά διαστήματα από πράκτορες της FDA και από Ομοσπονδιακούς

25

Εγχειρίδιο του Συσσωρευτή Οργόνης

Αστυνομικούς και στέλνονταν να καούν σε κλιβάνους του Μέιν και της Νέας Υόρκης. Καμία επιστημονική ή επαγγελματική οργάνωση, καμία ένωση δημοσιογράφων ή συγγραφέων και καμία ένωση «υπεράσπισης πολιτικών δικαιωμάτων» δεν αντέδρασε δημόσια στο κάψιμο των βιβλίων, ούτε προχώρησε σε οποιαδήποτε δράση για να βοηθήσει τον Ράιχ. Σε μια τελική επίθεση, πράκτορες της FDA εισέβαλαν στο εργαστηριακό κέντρο του και κατέστρεψαν τους συσσωρευτές οργόνης με τσεκούρια. Επιπλέον των ανωτέρω ενεργειών, το δικαστήριο διέταξε τον Ράιχ να σταματήσει «τη διάδοση πληροφοριών» για την οργονική ενέργεια, κατ' ουσία, λογοκρίνοντας τα γραπτά του και τις ομιλίες του πάνω στο θέμα. Λίγα χρόνια μετά, ο Ράιχ κατηγορήθηκε για *Περιφρόνηση Δικαστηρίου* όταν, χωρίς την έγκρισή του, ένας βοηθός του μετέφερε ένα φορτίο βιβλίων και συσσωρευτών από το Μέιν στην Νέα Υόρκη, παραβιάζοντας έτσι τον όρο περί «διαπολιτειακού εμπορίου» της αρχικής Λήψης Προσωρινών Μέτρων. Αυτό συνέβη όταν ο Ράιχ ήταν περισσότερο από χίλια μίλια μακριά, απασχολημένος με εργασία πεδίου στις ερήμους της Αριζόνας. Χωρίς εμπιστοσύνη στους δικηγόρους, όπως είναι κατανοητό, λειτούργησε ως δικηγόρος του εαυτού του. Αλλά του απαγορεύτηκε να παρουσιάσει αποδείξεις των επιστημονικών του ευρημάτων και κρίθηκε ένοχος της, με την στενή έννοια, κατηγορίας της «Περιφρόνησης Δικαστηρίου» και δεν επιτράπηκε καμία κατάθεση πέραν του ζητήματος αν έγινε ή όχι η μεταφορά των απαγορευμένων αντικείμενων από τη μια Πολιτεία στην άλλη.

Αν κι έκανε έφεση μέχρι και το Ανώτατο Δικαστήριο, ο Ράιχ έχασε την υπόθεση της κατηγορίας της «Περιφρόνησης», για άλλη μια φορά για τεχνικούς λόγους και έτσι φυλακίστηκε στην Ομοσπονδιακή Φυλακή του Λιούισμπουργκ, όπου πέθανε σε λιγότερο από ένα χρόνο, το 1957. Ο θάνατός του στην φυλακή συνέβη δύο εβδομάδες πριν από την ημερομηνία που θα συζητιόταν η αίτησή του για αναστολή και πιθανή του απελευθέρωση σε μια περίοδο που προσμονούσε την ελευθερία του και να επανενωθεί με τους αγαπημένους του.

Οτιδήποτε και να σκεφτούμε για την αντίδραση του Ράιχ στην πρόκληση του δικαστηρίου, οι αρχές τις οποίες υποστήριξε ήταν πολύ σημαντικές και έχουν τις ρίζες τους τουλάχιστον στη δίκη του Γαλιλαίου από την Καθολική Εκκλησία. Το δίδαγμα από την εποχή του Γαλιλαίου ήταν ότι *κανένα Δικαστήριο, Επιτροπή Κρίσης ή θρησκευτική ή επιστημονική οργάνωση στη Γη δεν έχει την αρμοδιότητα να πει, με βάση συγκρίσεις κειμένων ή τη θεία αποκάλυψη, τι είναι ή δεν είναι Φυσικός Νόμος*. Τα αποτελέσματα ενός πειράματος δεν μπορούν να κριθούν από εκείνους που δεν το έχουν αναπαράγει ποτέ και οι γνώμες επιστημόνων και γιατρών που δεν βασίζονται σε έρευνα δεν είναι καλύτερες από τη γνώμη οποιωνδήποτε είτε είναι μέλη της

Εισαγωγή του Συγγραφέα

Αμερικανικής Ιατρικής Ένωσης, ή της Εθνικής Ακαδημίας Επιστημών, ή του Κλαμπ στο οποίο ανήκει ο Πρόεδρος. Ο Γαλιλαίος παρότρυνε τους επικριτές του να *κοιτάξουν μέσα στο τηλεσκόπιο*, για να επαληθεύσουν τις παρατηρήσεις του με τον πιο απλό και άμεσο τρόπο. Αλλά αρνήθηκαν να το κάνουν με βάση αρχές της ηθικής και τον χλεύαζαν.

Οι επικριτές του Ράιχ ακολούθησαν την ίδια τακτική με την ανένδοτη άρνησή τους να αναπαράγουν τα πειράματά του και στις περισσότερες περιπτώσεις, ακόμη και να μελετήσουν τα δημοσιευμένα στοιχεία. Σήμερα, πολλά χρόνια μετά τον θάνατο του Ράιχ το 1957 στη φυλακή, οι πιο ομιλητικοί επικριτές του κρατούν ακόμη την ίδια αντιεπιστημονική στάση και καταδικάζουν αυτό που δεν έχουν προσωπικά διαβάσει ή διερευνήσει.

Ας συνοψίσουμε: Η κύρια ευθύνη για την εκστρατεία ενάντια στον Ράιχ περιελάμβανε: 1) προπαγανδιστές συγγραφείς της Κομιντέρν που δημοσίευαν δυσφημιστικά άρθρα σε μεγάλα περιοδικά που εξέδιδαν ενεργά μέλη της Σοβιετικής KGB, 2) κυβερνητικούς γραφειοκράτες σοσιαλιστικών πεποιθήσεων που «προστάτευαν το κοινό», κούναγαν το δάχτυλο και διψούσαν για εξουσία που βρίσκονταν στην FDA και επηρεάστηκαν από τις δυσφημίσεις της Μπρέιντι, οι οποίοι, όπως αναμενόταν καταδίκασαν τον Ράιχ ως «απατεώνα», 3) κακόβουλους ψυχαναλυτές, ψυχιάτρους και γιατρούς μαζί με τους συμμάχους τους από την Μεγάλη Ιατρική μέσα στην FDA, 4) έναν συμβιβασμένο δικηγόρο με συμπάθειες προς τους Σοβιετικούς και έναν ακόμα που το μόνο που τον ένοιαζε ήταν η κοινωνική αναρρίχηση αλλά καθόλου δε νοιάζονταν για ηθικά ζητήματα, 5) επιπλέον, ανήθικους δημοσιογράφους που έβγαζαν από το μυαλό τους χυδαία σεξουαλικά σκάνδαλα για να γράψουν κάποιο άρθρο. Ενεργά μέλη της NKVD/KGB είχαν εξέχουσα θέση στις προσπάθειες εκφοβισμού και δολοφονίας του Ράιχ στην Ευρώπη, καθώς και στη μετέπειτα εκστρατεία δυσφήμισής του στον Αμερικάνικο τύπο, μαζί με ακόμα έναν υποστηριχτή των Σοβιετικών που του έδωσε ανεπαρκέστατες νομικές συμβουλές. Όταν η υπόθεση έφτασε στα δικαστήρια, βλέπουμε ότι άλλα στοιχεία παίζουν το ρόλο τους, ειδικά το νεκρωμένο χέρι του γραφειοκρατικού λήθαργου μέσα στο δικαστικό σύστημα των ΗΠΑ, όπου ο Ράιχ σιγά σιγά συνθλίβει από τα γρανάζια του νομικού μηχανισμού. Οι δικαστές επέδειξαν μια λεπτομερή προσκόλληση στο *Γράμμα του Νόμου* και μια παθολογική περιφρόνηση στο *Πνεύμα του Νόμου*, μια στάση που επέτρεψε το πέταγμα στον κάλαθο των αχρήστων της *Κίνησης Απόρριψης* (η *Απάντηση* του Ράιχ), αλλά ακόμα περισσότερο το κάψιμο βιβλίων. Όλο αυτό ήταν ότι χειρότερο είχε καταφέρει οι Σοβιετικοί πράκτορες ή η FDA, όπου οι άκαμπτοι δικαστές, για άγνωστους ακόμα λόγους, αγνόησαν πλήρως τις προβλέψεις του Συντάγματος των ΗΠΑ σχετικά

27

Εγχειρίδιο του Συσσωρευτή Οργόνης

με την *Ελευθερία του Τύπου* και επέτρεψαν να συμβεί αφ' ενός το κάψιμο των βιβλίων, αφ' ετέρου η φυλάκιση ενός επιστήμονα γιατί υπερασπίστηκε τα επιστημονικά του ευρήματα. Και όλα αυτά εξαιτίας της τεχνικής παραβίασης ενός άθλιου νόμου περί χαρακτηρισμού καλλυντικών! Για όλα αυτά κανείς δεν συγχωρείται. Κανείς εκτός από τον Ράιχ, που είχε περικυκλωθεί από πολυάριθμους εχθρούς και προδόθηκε σχεδόν από όλους. Τον υποστήριξαν μόνο λίγοι στενοί του φίλοι και επαγγελματικοί συνεργάτες, που έγραφαν επιστολές και άρθρα για λογαριασμό του, σε μια προσπάθεια να βρουν υποστήριξη και βοήθεια από όποιον μπορούσαν να προσεγγίσουν. Σε κάποια στιγμή, συνέταξαν μια *Έκκληση* προς το Ανώτατο Δικαστήριο εκ μέρους του Ράιχ. Κανένα αποτέλεσμα. Αν και ο τύπος και η FDA ήταν γεμάτοι συμπαθούντες των Σοβιετικών και ζηλωτές του νοσοκομειακού-ιατρικού συστήματος, *όλοι οι δικηγόροι και οι δικαστές γνώριζαν ότι το κάψιμο βιβλίων ήταν ανεπίτρεπτο και παράνομο*, όπως και η φυλάκιση γιατρών εξαιτίας εγκλημάτων σκέψης και της ανάπτυξης επιτυχημένων νέων θεραπειών - αλλά για κάποιο λόγο όλοι τους οικειοθελώς αγνόησαν τους όρκους τους *περί προστασίας του Συντάγματος*.

Στην εποχή μας υπάρχει μια παρόμοια κατάσταση, όπου επανέρχονται καινούργιες δυσφημίσεις και επιθέσεις εναντίον της *έρευνας* του Ράιχ, χωρίς να μειώνονται σχεδόν καθόλου μετά το θάνατό του. Υπάρχει ένα καινούργιο φάσμα, πολύ οργανωμένων και καλά επιδοτούμενων «σκεπτικιστικών ομάδων» στην κοινωνία, των οποίων το μόνο μέλημα είναι να εξαφανίσουν νέες επιστημονικές ανακαλύψεις υπό την ψευδεπίγραφη σημαία του «επιστημονικού ορθολογισμού». Αυτές οι ομάδες ιδρύθηκαν από μέλη του πρώην ΚΚ ή από σκληροπυρηνικούς Μαρξιστές που κρύφτηκαν πίσω από σλόγκαν όπως η «προστασία του κοινού από τους τσαρλατάνους γιατρούς», όπως η «καλοπροαίρετη» FDA. Κάποιοι γνωστοί από παλιά εμφανίζονται σε αυτό το μετα-Ραϊχικό πογκρόμ ενάντια στην Οργονομία, όπως είναι ο Μάρτιν Γκάρντνερ της CSICOP, αλλά και πολλοί νέοι συγγραφείς δυσφημιστικών κειμένων. Δεν είναι τυχαίο, επομένως, γεγονός ότι τα αριστερών απόψεων μέσα ενημέρωσης – με ναυαρχίδες τους *Τάιμς της Νέας Υόρκης* και το *Περιοδικό Τάιμ* – συχνά επιτίθενται στον Ράιχ και την οργονομία με ψέματα, συχνά επαναλαμβάνοντας τις αρχικές δυσφημίσεις της Μπρέιντι, με τον πλέον ανήθικο τρόπο.

Αυτά τα δεδομένα σχετικά με το ρόλο των Κομμουνιστών και των Σοβιετικών στην δίωξη και το θάνατο του Ράιχ, ήρθαν στο φως από νέες έρευνες μετά το 2000, αλλά και από διάφορα Σοβιετικά αρχεία. Αυτό συνέβη πολύ μετά την έκδοση των σημαντικότερων βιογραφιών

Εισαγωγή του Συγγραφέα

που γράφτηκαν για τον Ράιχ. Ένα βιβλίο που είναι σημαντικό σε αυτό τον τομέα είναι το *Ο Βίλχελμ Ράιχ και ο Ψυχρός Πόλεμος* του Τζιμ Μάρτιν, το οποίο φανερώνει τις άφθονες σχετικές λεπτομέρειες. Έχω εξετάσει προσωπικά ένα μέρος του ίδιου υλικού και βρήκα επιπρόσθετη στήριξη για τα συμπεράσματα του Μάρτιν και έτσι μπορώ να επιβεβαιώσω την αυθεντικότητά τους.

Οι παλαιότεροι βιογράφοι του Ράιχ, που όλοι τους είχαν κεντροαριστερές ή αριστερές προσωπικές απόψεις, απλά δεν μπόρεσαν να ερευνήσουν το παρελθόν των κυριότερων δυσφημιστών του Ράιχ. Συχνά χαρακτήριζαν, λανθασμένα, τον λογικό αντι-κομμουνισμό του Ράιχ, στην καλύτερη περίπτωση ως ατυχή και στη χειρότερη περίπτωση ως απόδειξη «παράνοιας». Οι περισσότεροι που γνωρίζουν σήμερα τον Ράιχ, για παράδειγμα, αποδίδουν αυθόρμητα το θάνατό του και το κάψιμο των βιβλίων του στη «δεξιά Αμερική», στους «συντηρητικούς Χριστιανούς», ή στον «Μακαρθισμό». Αλλά δεν υπάρχουν αξιόπιστα στοιχεία που να υποστηρίζουν αυτές τις κατηγορίες, ούτε τις κατηγορίες εναντίον του ίδιου του Ράιχ, μέσω των οποίων επιχειρείται να αποδειχτεί ότι τα αντι-Κομμουνιστικά αισθήματα είναι απόδειξη κάποιου είδους συναισθηματικής πάθησης (και κατ' επέκταση ότι οι Κομμουνιστές που κατάσφαξαν 100 εκατομμύρια ανθρώπους στον 20ο Αιώνα, πρέπει να είναι «συναισθηματικά υγιείς»!). Υπάρχουν, όμως, πολλά στοιχεία που ενοχοποιούν το Κομμουνιστικό Κόμμα και τα στελέχη των αριστερών που το υποστηρίζουν, στην καταστροφική και κακόβουλη κοινωνική τρομοκρατία, τόσο κατά τη διάρκεια της ζωής του Ράιχ όσο και μετά το θάνατό του. Η αποδοχή αυτών των γεγονότων αποτελεί παρελθόν, αν αντιληφθούμε ποιος είναι φίλος και ποιος εχθρός, στην σύγχρονη μάχη ενάντια στον πολιτικό παραλογισμό και τον περιορισμό των κοινωνικών μας ελευθεριών που κερδήθηκαν με τεράστιες θυσίες.[11]

Βασισμένοι σε αυτά τα ιστορικά στοιχεία, είναι φανερό ότι **η FDA, καθώς και όλα τα δικαστήρια, τα ακαδημαϊκά σώματα και οι κυβερνητικές υπηρεσίες κάθε είδους, έχουν χάσει για πάντα κάθε ηθική εξουσία ή δικαίωμα να πουν οτιδήποτε σχετικά με το τι θα κάνει ή δεν θα κάνει ο μέσος άνθρωπος με τον συσσωρευτή οργόνης.** Η ανακάλυψη της οργόνης είναι σε πολύ πιο ασφαλή χέρια όταν βρίσκεται στα χέρια του μέσου πολίτη, παρά όταν τη διαχειρίζονται οι διάφοροι πολιτικοί, οι επιστημονικές ακαδημίες και οι ιατρικές οργανώσεις. Αυτό το *Εγχειρίδιο*, επομένως, δεν απευθύνεται σε ακαδημαϊκό ή ιατρικό ακροατήριο. Αντίθετα, η

---

11. Δείτε επίσης το άρθρο του συγγραφέα σχετικά με τους συνεχόμενους περιορισμούς από την FDA: www.orgonelab.org/fda.htm

29

Εγχειρίδιο του Συσσωρευτή Οργόνης

περίπτωση του Δρ. Βίλχελμ Ράιχ και του συσσωρευτή οργόνης έχει φτάσει στο κοινό. Όπως το φως του ήλιου, ο αέρας και το νερό, η οργονική ενέργεια είναι μέρος της φύσης, υπάρχει παντού και πρέπει να είναι διαθέσιμη στον καθένα, χωρίς περιοριστικούς κανονισμούς και ελέγχους. Ως μια εφεύρεση, ο συσσωρευτής οργόνης ανήκει και αυτός στο κοινό, χωρίς να υπάρχει πατέντα και δεν μπορεί να κυριαρχήσει σε αυτόν κανένα άτομο ή οργάνωση. Επίσης είναι απόλυτα νόμιμο ένας ιδιώτης να κατασκευάσει και να χρησιμοποιήσει έναν συσσωρευτή οργόνης.

Βέβαια, μαζί με αυτό το δικαίωμα υπάρχει και μια μεγάλη ευθύνη, καθώς η ορθή χρήση και συντήρηση του συσσωρευτή δημιουργεί κοινωνικές και περιβαλλοντικές απαιτήσεις από τον ιδιοκτήτη. Ο ωκεανός ατμοσφαιρικής οργονικής ενέργειας, μπορεί, όπως ο αέρας μας, η τροφή και το νερό μας, να διαταραχθεί και να μολυνθεί έτσι που να χάσει κάποιες από τις ποιότητές του που υποστηρίζουν την ζωή. Είναι υποχρεωτικό να γνωρίζει κανείς πώς να αποφύγει τέτοια μόλυνση. Αυτό το Εγχειρίδιο θα προσφέρει τόσο μια βασική θεώρηση της οργονικής ενέργειας, του συσσωρευτή όσο και της κατασκευής και ασφαλούς χρήσης των συσκευών συσσώρευσης οργονικής ενέργειας. Για πιο ακριβείς επιστημονικές λεπτομέρειες και δεδομένα, συνιστάται στον αναγνώστη να αποκτήσει και να μελετήσει το δημοσιευμένο υλικό που αναφέρεται στους καταλόγους των τομέων της Βιβλιογραφίας και των Πληροφοριών.

Μέσα σε λίγα χρόνια μετά το θάνατο του Ράιχ, το σπίτι και το εργαστήριό του έγιναν προσιτά στο κοινό ως το Μουσείο Βίλχελμ Ράιχ. Σήμερα, τα κυριότερα από τα βιβλία του έχουν επανακυκλοφορήσει σε πολλές γλώσσες και βρίσκονται σε βιβλιοπωλεία και βιβλιοθήκες σε όλο τον κόσμο. Προς το τέλος της δεκαετίας του 1960 συνεργάτες του Ράιχ ίδρυσαν νέες οργανώσεις και ερευνητικά περιοδικά, όπως το Περιοδικό της Οργονομίας και το Χρονικά του Ινστιτούτου της Επιστήμης της Οργόνης. Αυτές οι προσπάθειες αντανακλούν νέες έρευνες και επιστημονικές μελέτες που αποδεικνύουν την επιστημονική εγκυρότητα των ανακαλύψεων του Ράιχ. Το Εργαστήριο Έρευνας στη Βιοφυσική της Οργόνης του συγγραφέα ιδρύθηκε στα πλαίσια αυτά το 1978, με ένα περιοδικό νέων ερευνών τον Παλμό του Πλανήτη. (Δες το τμήμα της Βιβλιογραφίας). Το ενδιαφέρον για τη δουλειά του Ράιχ έχει σταδιακά αυξηθεί κατά τη διάρκεια των χρόνων και πολλές καινούργιες πειραματικές μελέτες που επιβεβαιώνουν τα ευρήματά του στην οργονική ενέργεια και τον συσσωρευτή έχουν γίνει σε όλο τον κόσμο. Τώρα πια υπάρχουν μαθήματα σε κολλέγια που εστιάζουν στην ζωή και το έργο του Ράιχ και σε μερικές περιπτώσεις έχουν γίνει ανοιχτά πειράματα σε Πανεπιστήμια ή ιατρικές κλινικές, που έδωσαν αποτελέσματα υπέρ του Ράιχ. Ο Ράιχ αποτέλεσε επίσης το

Εισαγωγή του Συγγραφέα

αντικείμενο πολλών επιστημονικών επιθεωρήσεων, βιογραφιών και μικρών ταινιών (όπως και συνεχιζόμενων δυσφημίσεων). Παρά την ύπαρξη ορισμένων μυστικιστικών διαστρεβλώσεων και συνεχιζόμενων επιθέσεων από λίγους κακόβουλους «σκεπτικιστές», μια νέα γενιά επιστημόνων, θεραπευτών και απλών ενδιαφερόμενων πολιτών ανακαλύπτουν ξανά τον αυθεντικό Βίλχελμ Ράιχ.

Όσοι προσπάθησαν να σκοτώσουν την ανακάλυψη της οργόνης απέτυχαν.

ΜΕΡΟΣ Ι:

Η Βιοφυσική της Οργονικής Ενέργειας

3. Τι είναι η Οργονική Ενέργεια

Η οργονική ενέργεια είναι η κοσμική ζωική ενέργεια, η θεμελιώδης δημιουργική δύναμη γνωστή από παλιά σε ανθρώπους που είναι σ' επαφή με την φύση, για την οποία έχουν γίνει υποθέσεις από τους φυσικούς επιστήμονες, αλλά τώρα πλέον έχει μετρηθεί αντικειμενικά και έχει αποδειχθεί η ύπαρξή της. Η οργόνη ανακαλύφθηκε από τον Δρ. Βίλχελμ Ράιχ, ο οποίος προσδιόρισε πολλές από τις βασικές της ιδιότητες. Για παράδειγμα, η οργονική ενέργεια φορτίζει και ακτινοβολείται από κάθε ζωντανή και μη ζωντανή ύλη. Επίσης, μπορεί εύκολα να διαπεράσει όλες τις μορφές ύλης αλλά με διαφορετικές ταχύτητες. Όλα τα υλικά επηρεάζουν την οργονική ενέργεια, έλκοντας και απορροφώντας την ή απωθώντας και αντανακλώντας την. Την οργόνη μπορούμε να την δούμε, να την αισθανθούμε, να την μετρήσουμε και να την φωτογραφίσουμε. Είναι μία πραγματική, φυσική ενέργεια και όχι μια μεταφορική, υποθετική δύναμη.

Η οργόνη υπάρχει επίσης σε ελεύθερη μορφή στην ατμόσφαιρα και στο κενό του διαστήματος. Μπορεί να διεγερθεί, να συμπιεστεί, να πάλλεται αυθόρμητα καθώς μπορεί να διαστέλλεται και να συστέλλεται. Η φόρτιση της οργόνης μέσα σε ένα δεδομένο περιβάλλον, ή μέσα σε μία δεδομένη ουσία, μεταβάλλεται με το χρόνο, συνήθως με ένα περιοδικό τρόπο. Η οργόνη έλκεται πολύ δυνατά από τα ζωντανά όντα, το νερό και τον εαυτό της. Η οργονική ενέργεια μπορεί να διατρέξει ή να ρέει από μία τοποθεσία σε μία άλλη στην ατμόσφαιρα, αλλά γενικά διατηρεί μία ροή από τη Δύση προς την Ανατολή, περιστρεφόμενη μαζί με τη Γη αλλά λίγο πιο γρήγορα από αυτήν. Είναι ένα μέσο που υπάρχει παντού, ένας κοσμικός ωκεανός δυναμικής, κινούμενης ενέργειας, η οποία ενώνει όλο το φυσικό σύμπαν· όλα τα ζωντανά όντα, τα καιρικά συστήματα, και οι πλανήτες ανταποκρίνονται στους παλμούς και τις κινήσεις της.

Η οργόνη σχετίζεται με άλλες μορφές ενέργειας αλλά είναι τελείως διαφορετική, απ' αυτές. Μπορεί, για παράδειγμα να προσδώσει μαγνητική φόρτιση σε σιδηρομαγνητικούς αγωγούς, αλλά δεν είναι η ίδια μαγνητική. Μπορεί επίσης να προσδώσει ηλεκτροστατικό φορτίο σε μονωτές, αλλά η φύση της δεν είναι πλήρως ηλεκτροστατική. Τα ραδιενεργά υλικά και τα μεγάλης έντασης ηλεκτρομαγνητικά πεδία τη διαταράσσουν έντονα, όπως ακριβώς αντιδρά και το ερεθισμένο πρωτόπλασμα. Μπορεί να καταγραφεί σε ειδικά διασκευασμένους μετρητές Γκάιγκερ. Η οργόνη επίσης είναι το *μέσο* δια του οποίου μεταδίδονται οι ηλεκτρομαγνητικές διαταραχές, έχοντας έτσι πολλά κοινά με την παλαιότερη έννοια του *κοσμικού αιθέρα*, αν και η φύση

33

Εγχειρίδιο του Συσσωρευτή Οργόνης

της δεν είναι ηλεκτρομαγνητική.

Ρεύματα οργονικής ενέργειας μέσα στην ατμόσφαιρα της Γης προκαλούν αλλαγές στους τρόπους κυκλοφορίας του αέρα· οι λειτουργίες της ατμοσφαιρικής οργόνης αποτελούν την βάση για τη δημιουργία καταιγίδων και επιδρούν στην θερμοκρασία, την πίεση και την υγρασία του αέρα. Λειτουργίες της κοσμικής οργονικής ενέργειας επίσης φαίνεται ότι παίζουν ρόλο στο διάστημα, επηρεάζοντας βαρυτικά φαινόμενα και φαινόμενα στον Ήλιο. Παρ' όλ' αυτά, η ελεύθερη από μάζα οργονική ενέργεια δεν ταυτίζεται με κανέναν απ' αυτούς τους φυσικομηχανικούς παράγοντες, ούτε και με το άθροισμά τους. Οι ιδιότητες της οργονικής ενέργειας, προέρχονται περισσότερο από την ίδια τη ζωή, με μεγάλη ομοιότητα προς την παλιά έννοια μιας *ζωτικής δύναμης* ή *elan vital*. Σε αντίθεση με αυτές τις παλαιότερες έννοιες, εντούτοις, η οργόνη έχει βρεθεί ότι υπάρχει σε μία μορφή χωρίς μάζα, στην ατμόσφαιρα και στο διάστημα. Είναι πρωταρχική, αρχέγονη κοσμική *ζωική ενέργεια*, ενώ η φύση όλων των άλλων μορφών ενέργειας είναι δευτερεύουσα. Ο επιστήμονας ανιχνεύει την οργονική ενέργεια ως *αιθέρα*, ή *ενέργεια πλάσματος* και την περιγράφει μηχανικά ως κάτι νεκρό, ενώ ο μέσος άνθρωπος την αισθάνεται ως έρωτα, στο σεξουαλικό αγκάλιασμα και στον οργασμό, ή όταν βρίσκεται στη φύση, ή κατά τη διάρκεια του διαλογισμού ή της προσευχής, αλλά την μυστικοποιεί ως προερχόμενη από άλλους κόσμους.

Στον κόσμο των ζωντανών όντων, οι λειτουργίες της οργονικής ενέργειας αποτελούν τη βάση θεμελιωδών διαδικασιών της ζωής. Οι παλμοί, η ροή και η φόρτιση της βιολογικής οργόνης καθορίζουν τις κινήσεις, τις δράσεις και την συμπεριφορά του πρωτοπλάσματος και των ιστών, όπως επίσης και την ισχύ των «βιοηλεκτρικών» φαινομένων. Η συγκίνηση είναι η άμπωτις και η πλημμυρίδα, η φόρτιση και η εκφόρτιση της οργόνης μέσα στην μεμβράνη ενός οργανισμού, ακριβώς όπως ο καιρός είναι η άμπωτις και η πλημμυρίδα, η φόρτιση και η εκφόρτιση της οργόνης στην ατμόσφαιρα. Τόσο ο οργανισμός όσο και ο καιρός ανταποκρίνονται στον χαρακτήρα και την επικρατούσα κατάσταση της ενέργειας της ζωής. Οι λειτουργίες της οργονικής ενέργειας εμφανίζονται σε ολόκληρη τη δημιουργία, στα μικρόβια, τα ζώα, στα σύννεφα καταιγίδων, στους τυφώνες, και τους γαλαξίες. Η οργονική ενέργεια δεν περιορίζεται μόνο στη φόρτιση και στην ζωογονηση του υλικού κόσμου, όπως και του κοσμικού πρωτοπλάσματος. Είμαστε βυθισμένοι σε μία θάλασσα από οργόνη, με τον ίδιο τρόπο που ένα ψάρι είναι βυθισμένο στο νερό. Πολύ περισσότερο, είναι το μέσο που μεταβιβάζει συγκίνηση και αντίληψη, δια μέσου των οποίων συνδεόμαστε με το Σύμπαν και γινόμαστε ένα με όλα τα έμβια όντα.

4. Η Ανακάλυψη της Οργονικής Ενέργειας από τον Βίλχελμ Ράιχ και η Εφεύρεση του Συσσωρευτή Οργόνης

Η εργασία του Ράιχ πάνω στο ερώτημα της βιολογικής ενέργειας άρχισε τη δεκαετία του 1920, όταν ήταν μαθητής του Σίγκμουντ Φρόιντ, του θεμελιωτή της ψυχανάλυσης. Οι πρώτες θεωρίες του Φρόιντ για την ανθρώπινη συμπεριφορά εξέφρασαν με μεταφορικούς όρους την ενέργεια των ενστίκτων, την οποία ονόμασε *λίμπιντο*. Αν και ο Φρόιντ και οι περισσότεροι ψυχαναλυτές τελικά σταμάτησαν να χρησιμοποιούν αυτόν τον όρο, ο Ράιχ βρήκε πως ήταν πολύ χρήσιμη έννοια και συνέχισε να αναζητά αποδεικτικά στοιχεία για αυτή τη δύναμη η οποία κυβερνούσε τις συγκινήσεις, την συμπεριφορά και την σεξουαλικότητα των ανθρώπων.

Η εκτεταμένη κλινική εργασία του Ράιχ οδήγησε στην παρατήρηση *των νευροφυτικών ροών* ή *ρευμάτων* συγκινησιακής ενέργειας στο σώμα, τα οποία συνέβαιναν σε υγιή άτομα κατά τη διάρκεια καταστάσεων μεγάλης χαλάρωσης, ύστερα από ισχυρή απελευθέρωση συναισθημάτων, ή μετά από ένα πολύ ικανοποιητικό γενετήσιο οργασμό. Η ελεύθερη και χωρίς αναστολές έκφραση συγκινήσεων και η φυσική σεξουαλική διέγερση και ικανοποίηση κατά τη διάρκεια του οργασμού αναγνωρίστηκαν από τον Ράιχ σαν εκφράσεις ανεμπόδιστης κίνησης της ενέργειας στο σώμα. Όταν το άτομο βίωνε μεγάλο πόνο, όπως από τραύματα της παιδικής ηλικίας, όταν οι συγκινήσεις καταπιέζονταν αυστηρά και συγκρατιόνταν («τα μεγάλα αγόρια δεν κλαίνε», «τα καλά κορίτσια δεν θυμώνουν»), ή όταν βιωνόταν χρόνια σεξουαλική λίμναση και πείνα, όλο το νευρικό και το μυϊκό σύστημα συμμετείχε στη διαδικασία συγκινησιακής καταπίεσης, ή αποτροπής των συναισθημάτων. Αυτή η «συγκράτηση» των συναισθημάτων συνοδευόταν επίσης από μια μεγαλύτερη ή μικρότερη αγχώδη απόσυρση από ευχάριστες, ή ακόμη και δυνητικά ευχάριστες καταστάσεις, οι οποίες διαφορετικά θα ξυπνούσαν καταπιεσμένα και δυσάρεστα συναισθήματα. Ο Ράιχ παρατήρησε ότι όταν αυτό το είδος αντίδρασης στα συναισθήματα και την ευχαρίστηση γινόταν χρόνιο, τότε το άτομο βίωνε χρόνια δυσκαμψία και απευαισθητοποίηση του σώματος, παράλληλα με μια μείωση της αναπνοής και της πληρότητας της επαφής.

Αυτή η χρόνια νευρομυϊκή *θωράκιση*, όπως την ονόμασε ο Ράιχ, δεν ήταν φυσιολογική κατάσταση, αν και είχε κάποια λογική αξία για

35

Εγχειρίδιο του Συσσωρευτή Οργόνης

την επιβίωση του ατόμου σε καταστάσεις πόνου και τραύματος. Όταν η θωράκιση γινόταν χρόνια, σαν ένας *τρόπος ζωής*, εμπόδιζε την φυσική βιολογική λειτουργία του ατόμου και επηρέαζε την συμπεριφορά του ακόμη και σε περιστάσεις όπου δεν ήταν πιθανός ένας πόνος ή ένα τραύμα. Η θωράκιση διαιώνιζε τις τάσεις των ατόμων για αποφυγή της ηδονής και τις στάσεις που περιόριζαν τις συγκινήσεις.

Βαθιά εδραιωμένοι φόβοι και πιέσεις για προσαρμογή στην επικρατούσα θωρακισμένη μορφή κοινωνικής ζωής, συνήθως εμπόδιζαν τα άτομα να κινηθούν προς τη συγκινησιακή υγεία, ή να πάρουν αποτελεσματικά μέτρα για να αλλάξουν την κατάστασή τους. Ο κύριος όγκος των πρώτων γραπτών του Ράιχ εστιάσθηκε σ' αυτές τις κοινωνικές, σεξουαλικές, και συγκινησιακές ανησυχίες.

Ο Ράιχ επίσης υποστήριζε ότι ο ετερόφυλος γενετήσιος οργασμός έπαιζε κεντρικό ρυθμιστικό ρόλο στην ενεργειακή οικονομία του ατόμου, σαν μέσο περιοδικής εκφόρτισης της συγκεντρωμένης βιοενεργειακής έντασης. Όσο πιο έντονη ήταν η οργασμική εκφόρτιση της συσσωρευμένης βιοενέργειας, τόσο πιο ικανοποιημένος, χαλαρωμένος και ευχάριστα διεσταλμένος αισθανόταν κανείς μετά. Όταν όμως οι σεξουαλικές ορμές και οι άλλες συγκινήσεις ήταν χρόνια ματαιωμένες, φραγμένες και απωθημένες, μπορούσε να συσσωρευτεί μεγάλη εσωτερική ένταση μέχρι σημείου έκρηξης, όπου μπορούσαν να εμφανισθούν νευρωτικά συμπτώματα και σαδιστικές τάσεις. Ο Ράιχ ανέπτυξε θεραπευτικές τεχνικές για την απελευθέρωση της φραγμένης συγκινησιακής ενέργειας στους ασθενείς του, τεχνικές που οδηγούσαν στην απελευθέρωση των από καιρό θαμμένων αισθημάτων και σε μεγαλύτερη ικανότητα για ευχαρίστηση στη ζωή και ιδιαίτερα στη γενετήσια ευχαρίστηση. Καθώς οι ασθενείς του γίνονταν πιο υγιείς σεξουαλικά και ανέφεραν μια αύξηση στην γενετήσια ικανοποίηση, παρατήρησε ότι τα νευρωτικά συμπτώματά τους εξαφανίζονταν, καθώς η ποσότητα της φραγμένης συγκίνησης και σεξουαλικής έντασης μειωνόταν. Μερικές από τις πρώτες συνεισφορές του Ράιχ στην ψυχαναλυτική θεωρία και τεχνική συνάντησαν αρχικά καλή υποδοχή. Αλλά αργότερα, καθώς εστιαζόταν όλο και περισσότερο πάνω στις συνέπειες της κακομεταχείρισης των παιδιών και της σεξουαλικής καταπίεσης, οι πιο ορθόδοξος ψυχαναλυτές τον απέρριψαν και του επιτέθηκαν. Ο Ράιχ τελικώς εγκατέλειψε ολοκληρωτικά την ψυχανάλυση και εξέφρασε με περισσότερη σαφήνεια το έργο του με το νέο όρο, *Σεξ-Οικονομία*.

Οι αρχικές παρατηρήσεις του Ράιχ αναφορικά με την ανθρώπινη συμπεριφορά, τις συγκινήσεις, τον οργασμό και τις αισθήσεις νευροφυτικών ροών έδειχναν πειστικά στοιχεία για την πραγματική και χειροπιαστή φύση της συγκινησιακής ενέργειας. Αργότερα χρησιμοποίησε ευαίσθητα μιλιβολτόμετρα για να επιβεβαιώσει αυτή

Ανακάλυψη της Οργονικής Ενέργειας

την άποψη και να μετρήσει ποσοτικά τα βιοηλεκτρικά ενεργειακά ρεύματα καθώς και τις συγκινησιακές τους συσχετίσεις. Εν τούτοις, ήταν πεπεισμένος ότι τα πολύ χαμηλά επίπεδα της βιοηλεκτρικής δραστηριότητας που καταγράφονταν δεν μπορούσαν να επεξηγήσουν πλήρως τις πανίσχυρες ενεργειακές δυνάμεις που διαπιστώνονταν στην ανθρώπινη συμπεριφορά. Αυτό ίσχυε ιδιαίτερα στις χρόνια ακινητοποιημένες ψυχικές διαταραχές των κατατονικών και άλλων τελείως αποσυρμένων ψυχικά ασθενών. Όταν τελικά οι συγκινήσεις τους απελευθερώνονταν, αυτοί οι ασθενείς βίωναν ένα τρομακτικό ξέσπασμα θλίψης ή οργής. Κατόπιν, βίωναν και μια δραματική χαλάρωση του μυϊκού συστήματος, αυθόρμητο βάθεμα της αναπνοής και την επιστροφή σε μια διαύγεια που την χαρακτήριζε περισσότερη επαφή. Στις περιπτώσεις αυτές, η συγκινησιακή ενέργεια του ασθενούς κρατιόταν χαμηλά και δεσμευόταν, μέχρις ότου τελικά να απελευθερωθεί στο κλινικό περιβάλλον. Αυτές οι παρατηρήσεις σχετικά με τη δέσμευση και την απελευθέρωση της ενέργειας, ενισχύθηκαν από παράλληλες παρατηρήσεις, αναφορικά με την λειτουργία της εκφόρτισης κατά τον οργασμό. Με βάση τέτοιες παρατηρήσεις, γινόταν όλο και πιο κρίσιμα τα ερωτήματα σχετικά με το πώς ακριβώς και από πού, ο οργανισμός αποκτούσε τη συγκινησιακή του ενέργεια και ποια ήταν η πραγματική της φύση.

Σ' αυτό το σημείο των ερευνών του ο Ράιχ αναγκάστηκε να διαφύγει από την Γερμανία στην Σκανδιναβία, μετά την άνοδο του Χίτλερ στην εξουσία. Στη Νορβηγία, ο Ράιχ προσπάθησε να βρει ένα τρόπο να επιβεβαιώσει το μοντέλο που είχε επινοήσει για την ανθρώπινη λειτουργία. Παρατήρησε ότι η ευχαρίστηση ταυτιζόταν με αυξανόμενη βιοηλεκτρική φόρτιση στην επιφάνεια του δέρματος, ενώ το άγχος συνοδεύονταν από απώλεια αυτού του ίδιου περιφερειακού βιοηλεκτρικού φορτίου. Είδε ότι τα άτομα με βαθιά αναπνοή και χαλαρή στάση του σώματος έδιναν συνήθως μεγαλύτερες μετρήσεις στο μιλιβολτόμετρο από άτομα συσταλμένα, αγχώδη και με μεγάλη θωράκιση, τα οποία είχαν ιστορικό τραύματος, κακομεταχείρισης, απωθημένων συγκινήσεων και μη ικανοποιητικής σεξουαλικότητας. Καθώς ένα παιδί πλησίαζε την ενηλικίωση και εξοικειωνόταν ή συνήθιζε τις συμπεριφορές αναζήτησης ευχαρίστησης ή αποφυγής της ευχαρίστησης (αναζήτησης του πόνου), - το ίδιο συνέβαινε και στη φόρτιση του δέρματός του, όπως και σε άλλες μετρήσεις που αφορούσαν τη φυσιολογία του σώματος, οι οποίες αντανακλούσαν, αντίστοιχα, μια υψηλή ή χαμηλή ενεργειακή φόρτιση. Υποστήριξε ότι αυτή η κίνηση του οργανισμού και του ενεργειακού του φορτίου, σε μία κατεύθυνση *προς* τον κόσμο ή *μακριά* από τον κόσμο, ήταν το αποτέλεσμα των εμπειριών του καθενός. Η ζωή, φυσιολογικά κινείτο προς την ευχαρίστηση και αποτραβιόταν από τον πόνο. Χρόνια

37

Εγχειρίδιο του Συσσωρευτή Οργόνης

οδυνηρά βιώματα τελικά θωράκιζαν τον οργανισμό και γινόταν δύσκολο να απλωθεί προς τα έξω, προς τον κόσμο που έφερνε πόνο.

Από αυτές τις κεντρικές παρατηρήσεις, υπέθεσε ότι μια παρόμοια διαδικασία θα μπορούσε να αναπαραχθεί και να παρατηρηθεί σε κατώτερους οργανισμούς όπως το σαλιγκάρι, το σκουλήκι, ή ακόμη και τη μικροσκοπική αμοιβάδα.

Ο Ράιχ παρατήρησε ότι η αμοιβάδα δεν είχε «νευρικό σύστημα», ή «εγκέφαλο», όπως συμβαίνει με τα ανώτερα ζώα, κι όμως διαστελλόταν ή συστελλόταν σε σχέση με το περιβάλλον της, με τρόπο παρόμοιο με τα ανώτερα ζώα. Πίστευε ότι πολλές από τις λειτουργίες που αποδίδονταν στον εγκέφαλο, ήταν στην πραγματικότητα λειτουργίες ολόκληρου του σώματος, στις οποίες συμμετείχε το αυτόνομο νευρικό σύστημα, κυρίως όμως ήταν το αποτέλεσμα των ενεργειακών δυνάμεων που είχε τεκμηριώσει σε κλινικό και εργαστηριακό περιβάλλον. Υποστήριξε ότι αυτά τα ρεύματα βιολογικής ενέργειας λειτουργούσαν με τον ίδιο τρόπο σε όλα τα ζωντανά πλάσματα και προσπάθησε να δοκιμάσει την ιδέα κάνοντας μετρήσεις με μιλιβολτόμετρο σε αμοιβάδες κατά τη διάρκεια καταστάσεων διαστολής και συστολής.

Ο Ράιχ πήγε στο Μικροβιολογικό Ινστιτούτο του Πανεπιστημίου του Όσλο και ζήτησε να πάρει μια καλλιέργεια αμοιβάδων. Του είπαν ότι αυτά τα είδη απλών οργανισμών δεν διατηρούνταν ποτέ σε αποθηκευμένες καλλιέργειες, επειδή μπορούσαν να καλλιεργηθούν απ' ευθείας από ένα έγχυμα βρύων ή χόρτων. Ο Ράιχ γνώριζε πολύ καλά τη θεωρία των αεροεγκύστων, αλλά ξαφνιάστηκε όταν άκουσε αυτή την άποψη, επειδή η θεωρία δεν είχε χρησιμοποιηθεί την περίοδο εκείνη για να εξηγήσει τη δημιουργία πιο πολύπλοκων μικροβίων, όπως η αμοιβάδα και το παραμήκιο. Αυτά τα πιο περίπλοκα μικρόβια, για παράδειγμα, δεν μπορούν να καλλιεργηθούν απευθείας από τον αέρα.

Ο Ράιχ έφτιαξε τα εκχυλίσματα βρύων και χόρτων και επίσης έκανε εκτεταμένες και προσεκτικές παρατηρήσεις της διαδικασίας με την οποία αναπτυσσόταν η αμοιβάδα. Δεν είδε έγκυστα πάνω στα φύλλα των χόρτων να διογκώνονται και να γίνονται νέα αμοιβάδα. Αντ' αυτού, παρατήρησε ότι τα ίδια τα βρύα και τα χόρτα αποσυνθέτονταν και χωρίζονταν σε μικρές γαλαζοπράσινες κύστες. Οι μικροσκοπικές κύστες, μετά από αρκετές ημέρες, αναπτύσσονταν και σχημάτιζαν συστάδες μεταξύ τους και μετά απ' αυτό μία νέα μεμβράνη σχηματιζόταν γύρω από την συστάδα· η συστάδα κύστεων περιστρέφονταν και παλλόταν μέσα στην μεμβράνη για μια χρονική περίοδο και τελικά ολόκληρη η συστάδα, μετακινούνταν μόνη της, *έχοντας μετασχηματιστεί σε μια νέα αμοιβάδα.* Ακόμα, ο Ράιχ παρατήρησε ότι ένας αριθμός υλικών, τόσο οργανικών όσο και

Ανακάλυψη της Οργονικής Ενέργειας

ανόργανων, σχημάτιζαν, όταν αφήνονταν να αποσυντεθούν και να διογκωθούν σε αποστειρωμένο θρεπτικό διάλυμα, τις μικροσκοπικές γαλαζοπράσινες κύστες. Οι παρατηρήσεις αυτές αντιμετωπίσθηκαν με σκεπτικισμό από τους μικροβιολόγους του Πανεπιστημίου και ο Ράιχ ανέπτυξε μια σειρά από αυστηρές δοκιμές ελέγχου για να απαντήσει στις αντιρρήσεις τους, ώστε να επιδείξει σαφέστερα την παρατηρήσιμη διαδικασία. Οι διαδικασίες ελέγχου περιελάμβαναν παρατεταμένη αποστείρωση των θρεπτικών διαλυμάτων σε αυτόκαυστο και θέρμανση πάνω σε φλόγα των υλικών που τοποθετούνταν στο αποστειρωμένο θρεπτικό μέσο, μέχρι πυράκτωσης. Οι διαδικασίες ελέγχου και οι παρατηρήσεις του πάνω στο ζήτημα αυτό επαναλήφθηκαν και επιβεβαιώθηκαν από άλλους επιστήμονες της εποχής και παρουσιάσθηκαν στην Γαλλική Ακαδημία Επιστημών το 1938. Αλλά αυτά δεν κατάφεραν να ικανοποιήσουν τους επικριτές του, οι οποίοι αναίσχυντα αρνούνταν να επαναλάβουν τα πειράματά του, ενώ συγχρόνως του επιτίθονταν στις νορβηγικές εφημερίδες.

Ο Ράιχ χρησιμοποίησε πολύ μεγάλες μεγεθύνσεις, γύρω στις 3.500x ως 4.500x, αλλά όχι τις συνήθεις μικροβιολογικές μεθόδους χρωματισμού ή διαδικασίες οι οποίες σκοτώνουν την ζωή στο δείγμα. Τα στοιχεία αυτά έκαναν τα παρασκευάσματα του Ράιχ πολύ διαφορετικά από εκείνα των μέσων μικροβιολόγων, οι οποίοι ακόμη και σήμερα θανατώνουν και χρωματίζουν τα παρασκευάσματά τους με θρησκευτικό πάθος και θεωρούν πολύ μικρή την αξία της παρατήρησης ζωντανών μικροβίων σε φωτεινό μικροσκόπιο με πάνω από 1.000x μεγέθυνση. Αξίζει να αναφερθεί εδώ ότι οι συνήθεις εικόνες του ηλεκτρονικού μικροσκοπίου δεν μπορούν να γίνουν από ζωντανά δείγματα.

Ο Ράιχ έδωσε ένα νέο όνομα στην ασυνήθιστη μικροσκοπική κύστη που είχε ανακαλύψει, την ονόμασε: *βιόν*. Βιόντα παρόμοιου μεγέθους, σχήματος και κινητικότητας εμφανίζονταν στο κοινό οπτικό μικροσκόπιο, όταν διάφορα υλικά υπόκεινται σε διαδικασία αργής διόγκωσης και αποσύνθεσης, ή όταν υλικά θερμαίνονται μέχρι να πυρακτωθούν και κατόπιν βυθίζονται μέσα σε αποστειρωμένα θρεπτικά διαλύματα. Το βράσιμο, η αποστείρωση στο αυτόκαυστο, ή η θέρμανση των δειγμάτων μέχρι να πυρακτωθούν δεν εξάλειφαν τα βιόντα από τις καλλιέργειες, αλλά, αντίθετα, μπορούσαν να τα απελευθερώνουν σε μεγαλύτερους αριθμούς. Ο Ράιχ επίσης μελέτησε στο μικροσκόπιο την αποσύνθεση και το σάπισμα τροφίμων και παρατήρησε ότι συνέβαιναν παρόμοιες βιοντικές διεργασίες. Τα βιόντα επιδείκνυαν μία *γαλαζωπή* απόχρωση και ακόμα παρατηρούνταν φαινόμενα ακτινοβολίας ενέργειας. Κατά τη διάρκεια αυτών των παρατηρήσεων βιόντων στο μικροσκόπιο, ο Ράιχ ανακάλυψε για πρώτη φορά την ακτινοβολία της οργόνης, και αργότερα την αρχή του

Εγχειρίδιο του Συσσωρευτή Οργόνης

συσσωρευτή οργονικής ενέργειας.

Όπως τα ευρήματά του σχετικά με την ανθρώπινη συμπεριφορά, έτσι και τα πειράματα βιόντων του Ράιχ είναι πολύ πολύπλοκα και σημαντικά για να παρουσιαστούν πλήρως εδώ, αλλά μπορούμε να σημειώσουμε πως έχουν ευρέως επαναληφθεί από διαφόρους επιστήμονες σε όλο τον κόσμο. Στην σημερινή παραδοσιακή μικροβιολογία έχουν γίνει ανακαλύψεις παρόμοιων κύστεων, που επιβεβαιώνουν τα ευρήματα του Ράιχ, αν και η πρωτοπορία του δεν έχει ακόμη αναγνωριστεί. Τα ευρήματά του σχετικά με τα βιόντα έδωσαν απάντηση σε δύο παράλληλα ερωτήματα: την προέλευση των πρωτοζώων από αποσυντιθέμενους ιστούς νεκρών φυτών και την προέλευση των *καρκινικών κυττάρων* από τους ενεργειακά (συγκινησιακά) απονεκρωμένους ιστούς του ανθρώπινου σώματος. Ο Ράιχ παρατήρησε να συμβαίνουν παρόμοιες διαδικασίες τόσο στα νεκρά χόρτα όσο και σε απονεκρωμένους ζωικούς ιστούς: αποσύνθεση σε βιόντα, ακολουθούμενη από αυθόρμητη αναδιοργάνωση των βιόντων σε πρωτοζωϊκές μορφές. Τόσο στην περίπτωση του χώματος, όσο και σε εκείνη των ιστών, ο Ράιχ υποστήριζε ότι η διαδικασία άρχισε από *την απώλεια της φόρτισης* από *ζωική ενέργεια* στους ιστούς, ακολουθούμενη από σάπισμα και αποσύνθεση.

Ένα ειδικό βιοντικό παρασκεύασμα, φτιαγμένο από κονιορτοποιημένη άμμο θάλασσας που πυρακτώθηκε και βυθίστηκε σε αποσταγμένο θρεπτικό ζωμό κρέατος, προκάλεσε μια πολύ δυνατή ακτινοβολία ενέργειας. Οι εργαζόμενοι στο εργαστήριο παρουσίασαν επιπεφυκίτιδα αν παρατηρούσαν τα παρασκευάσματα επί πάρα πολύ χρόνο, ενώ μπορούσε να προκληθεί ερεθισμός του δέρματος με τοποθέτηση του διαλύματος των βιόντων κοντά στο δέρμα για μια χρονική περίοδο. Εργαζόμενος επί πολλές ώρες στο εργαστήριο, ο Ράιχ διαπίστωσε ότι μαύρισε το δέρμα του, ενώ φορούσε τα ρούχα του μέσα στο καταχείμωνο. Η ακτινοβολία προσέδωσε μαγνητικές ιδιότητες σε σιδερένια ή χαλύβδινα εργαλεία που βρίσκονταν εκεί κοντά και στατικό φορτίο σε κοντινά μονωτικά υλικά, όπως λαστιχένια γάντια. Φωτογραφικά φιλμ που ήταν αποθηκευμένα σε γειτονικά μεταλλικά εργαστηριακά ερμάρια θόλωσαν. Παρατήρησε, πως ότι και να ήταν αυτή η ακτινοβολία των βιόντων, παρουσίαζε γρήγορη έλξη προς τα μέταλλα, αλλά το ίδιο γρήγορα αντανακλώνταν μακριά απ' αυτά, ή διαχέονταν στον περιβάλλοντα αέρα. Τα οργανικά υλικά, όμως, απορροφούσαν αυτήν την ακτινοβολία και την κατακρατούσαν. Οι προσπάθειές του να προσδιορίσει τη νέα ακτινοβολία με τη χρήση παραδοσιακών ανιχνευτών πυρηνικής ή ηλεκτρομαγνητικής ακτινοβολίας, απέτυχαν.

Ο Ράιχ σημείωσε επίσης ότι ο αέρας των δωματίων που περιείχαν τις ειδικές καλλιέργειες βιόντων έδινε μία αίσθηση «βάρους» ή

Ανακάλυψη της Οργονικής Ενέργειας

φόρτισης. Όταν τον παρατηρούσες την νύχτα σε πλήρες σκοτάδι, ο αέρας φαινόταν να σπινθηροβολεί και να ακτινοβολεί μια παλλόμενη ενέργεια. Προσπάθησε να εγκλωβίσει την ενέργεια που ακτινοβολούσαν οι καλλιέργειες βιόντων μέσα σε ένα ειδικό κυβικό θάλαμο επενδυμένο με μεταλλικά φύλλα ο οποίος κατά την εκτίμηση του Ράιχ θα αντανακλούσε και θα παγίδευε την ακτινοβολία μέσα του. Όπως θα περίμενε κανείς, ο ειδικός θάλαμος με τη μεταλλική επένδυση, παγίδευσε και ενίσχυσε τα αποτελέσματα της ακτινοβολίας των βιόντων. Εν τούτοις, κατάπληκτος βρήκε ότι η ακτινοβολία ήταν επίσης παρούσα στον πειραματικό θάλαμο *ακόμη και όταν οι καλλιέργειες των βιόντων είχαν απομακρυνθεί.* Στην πραγματικότητα δεν υπήρχε τίποτε που να μπορούσε να κάνει την παρατηρούμενη ακτινοβολία να «φύγει». Ο ειδικός θάλαμος με τη μεταλλική επένδυση φαινόταν να τραβάει από τον αέρα την μορφή ακτινοβολίας που είχε προηγουμένως παρατηρηθεί ότι προερχόταν από τις καλλιέργειες βιόντων

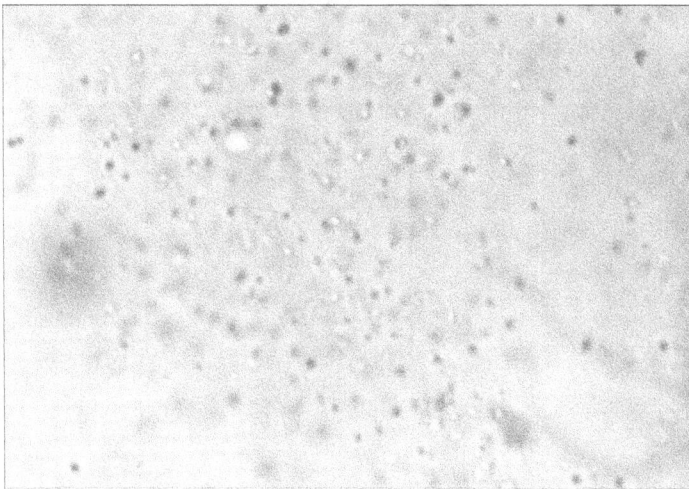

Μικροσκοπικά βιόντα από εκχύλισμα χόρτων που μπήκε στο αυτόκαυστο, μεγέθυνση 300x. Είναι διαμέτρου περίπου 1μm και εμφανίζουν ένα αμυδρό αν και διακριτό γαλάζιο φως και μοιάζουν σαν μικροσκοπικά αυγά κοκκινολαίμη. Η διαφάνεια αυτή προετοιμάστηκε στο Εργαστήριο Έρευνας στη Βιοφυσική της Οργόνης (OBRL) του συγγραφέα, σύμφωνα με τα πρωτόκολλα του Ράιχ χρησιμοποιώντας ένα μικροσκόπιο Leitz Ortholux με αποχρωματικά οπτικά μέρη. Εκείνοι που ασκούν κριτική στον Ράιχ γελούν περιφρονητικά λέγοντας: «Μόνο οι «Ραϊχικοί» μπορούν να δουν τα βιόντα».

41

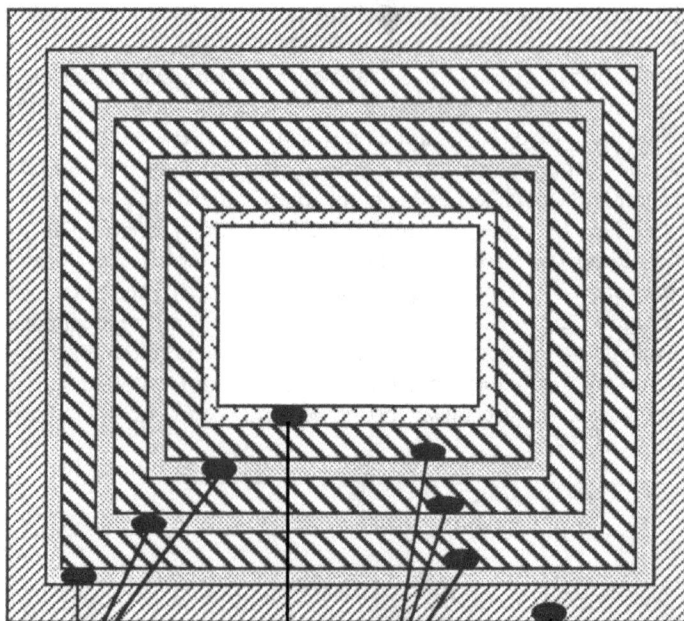

3 στρώματα
μαλλιού,
βαμβακιού η
υαλοβάμβακα

3 στρώματα
σύρματος
κουζίνας

εσωτερικά,
γαλβανισμένη
(σιδηρομαγνητική)
λαμαρίνα

εξωτερικό
κάλυμμα από
ινοσανίδες.

**Απλοποιημένο Διάγραμμα ενός
Συσσωρευτή Οργονικής Ενέργειας.**

Ανακάλυψη της Οργονικής Ενέργειας

Ένας συσσωρευτής οργόνης τριών στρωμάτων, σε μέγεθος κατάλληλο για ανθρώπινη χρήση, στο κέντρο, στο εργαστήριο του συγγραφέα, με έναν μικρότερο φορτιστή δέκα στρώσεων κάτω αριστερά. Ένας εύκαμπτος σιδερένιος σωλήνας μεταφέρει οργονική φόρτιση από το κουτί του φορτιστή στο μεγάλο χωνί-εκπομπό οργόνης που βρίσκεται στην καρέκλα μέσα στον συσσωρευτή, για τοπικές εφαρμογές. Στο Μέρος III δίνονται σχέδια κατασκευής και για τις τρεις αυτές απλές συσκευές.

Ο Ράιχ τελικά πείσθηκε ότι οι ειδικοί θάλαμοι παγίδευαν μία ελεύθερη ατμοσφαιρική μορφή της ίδιας ενέργειας που είχε παρατηρήσει ότι προερχόταν από ζωντανούς οργανισμούς. Ονόμασε την ανακαλυφθείσα ενέργεια *οργόνη* και ανέπτυξε τρόπους για να ενισχύσει τα συσσωρευτικά αποτελέσματα της ενέργειας μέσα στο θάλαμο, κυρίως μέσω πολλαπλών στρωμάτων μεταλλικών και οργανικών υλικών. Σε αυτές τις κατασκευές δεν χρησιμοποιήθηκαν ούτε ηλεκτρικές, ούτε μαγνητικές, ούτε ηλεκτρομαγνητικές ή πυρηνικές ακτινοβολίες και ήταν τελείως παθητικές στην σχεδίασή τους. Αυτοί οι ειδικοί θάλαμοι ονομάστηκαν έκτοτε *συσσωρευτές οργονικής ενέργειας.*

Η πλήρης έκταση των κλινικών ευρημάτων του Δρ. Ράιχ, τα πειράματά του με τον βιοηλεκτρισμό, τα βιόντα, εκείνα που είναι σχετικά με την βιογένεση και την προέλευση του καρκινικού κυττάρου και την ανακάλυψη της οργονικής ενέργειας και του συσσωρευτή οργονικής ενέργειας, δεν μπορούν να αναλυθούν εδώ, αλλά μερικά σημεία αναφέρονται συνοπτικά εδώ και σε επόμενα Κεφάλαια. Βρέθηκε ότι ο συσσωρευτής οργονικής ενέργειας είχε συγκεκριμένα θετικά για τη ζωή αποτελέσματα, σε φυτά και ζώα που εκτίθονταν στην συγκεντρωμένη δύναμη της ζωής που υπήρχε μέσα του. Ανακαλύφθηκε και τεκμηριώθηκε, επίσης, πληθώρα επιδράσεων που είναι δυνατό να μετρηθούν ποσοτικά και αφορούσαν τις αλλαγές σε φυσικές ιδιότητες του αέρα, ή άλλων υλικών φορτισμένων μέσα σε συσσωρευτές. Ο Ράιχ και οι συνεργάτες του δημοσίευσαν πλήθος ερευνητικών άρθρων σχετικά με τον συσσωρευτή οργονικής ενέργειας, τις ασυνήθιστες φυσικές ιδιότητές του και τα θετικά για τη ζωή βιοϊατρικά του αποτελέσματα. Αυτά τα αποτελέσματα επιβεβαιώθηκαν επανειλημμένα και μέχρι και σήμερα συνεχίζει μια ερευνητική παράδοση στην βιοφυσική της οργόνης. Σε συντομία, μπορούμε να προσδιορίσουμε μερικές από τις γνωστές ιδιότητες της οργονικής ενέργειας και τα αποτελέσματα του συσσωρευτή οργόνης.

Ανακάλυψη της Οργονικής Ενέργειας

Ιδιότητες της Οργονικής Ενέργειας:
Α) Βρίσκεται παντού, καταλαμβάνει όλο τον χώρο.
Β) Χωρίς μάζα. Έχει κοσμική, αρχέγονη φύση.
Γ) Διαπερνά όλα τα υλικά, αλλά με διαφορετικές ταχύτητες.
Δ) Πάλλεται αυθόρμητα, διαστέλλεται και συστέλλεται και ρέει με ένα χαρακτηριστικό στροβιλιστικό κύμα.
Ε) Είναι άμεσα παρατηρήσιμη και μετρήσιμη.
ΣΤ) Η εντροπία της μειώνεται.
Ζ) Έχει δυνατή, αμοιβαία συγγένεια και έλξη με το νερό.
Η) Συγκεντρώνεται με φυσικό τρόπο από τους ζωντανούς οργανισμούς μέσω της τροφής, του νερού, της αναπνοής και διαμέσου του δέρματος.
Θ) Διαφορετικά ρεύματα οργονικής ενέργειας, ή διαφορετικών συστημάτων φορτισμένων με οργόνη διεγείρονται αμοιβαία και έλκονται (*κοσμική υπέρθεση*).
Ι) Διεγείρεται από δευτερογενείς ενέργειες (πυρηνική, ηλεκτρομαγνητική, ηλεκτρικούς σπινθήρες, τριβή) μέχρι που *φωτοβολεί* λαμπερά.

Φυσικά αποτελέσματα μιας ισχυρής φόρτισης με οργόνη:
ΙΑ) Ελαφρά υψηλότερη θερμοκρασία αέρα συγκρινόμενη με το περιβάλλον.
ΙΒ) Υψηλότερο ηλεκτροστατικό δυναμικό, με πιο αργό ρυθμό εκφόρτισης του ηλεκτροσκοπίου σε σύγκριση με το περιβάλλον.
ΙΓ) Υψηλότερες τιμές υγρασίας και χαμηλότεροι ρυθμοί εξάτμισης νερού συγκρινόμενες με το περιβάλλον.
ΙΔ) Απόσβεση φαινομένων ιονισμού μέσα σε γεμάτους με αέριο σωλήνες ιονισμού Γκάιγκερ -Μίλερ.
ΙΕ) Εμφάνιση φαινομένων ιονισμού μέσα σε σωλήνες κενού που, κλασσικά, δεν θα εμφάνιζαν ιονισμό (πίεση 0,5 μικρά ή μικρότερη) που ονομάζονται *σωλήνες κενού φορτισμένοι με οργόνη (vacor tubes).*
ΙΣΤ) Ικανότητα να μεταδίδει, να παρεμποδίζει και να απορροφά τον ηλεκτρομαγνητισμό.

Βιολογικά αποτελέσματα από ισχυρή φόρτιση με οργόνη:
ΙΖ) Γενικό παρασυμπαθητικό, διασταλτικό αποτέλεσμα σε ολόκληρο το σύστημα.
ΙΗ) Αισθήσεις τσιμπημάτων και ζέστης στην επιφάνεια του δέρματος.
ΙΘ) Αυξημένες θερμοκρασίες στο εσωτερικό και στο δέρμα, ξάναμμα.
Κ) Μετριασμός πίεσης του αίματος και σφυγμού.
ΚΑ) Αυξημένη περίσταλση, βαθύτερη αναπνοή.
ΚΒ) Αυξημένη βλάστηση, μπουμπούκιασμα, άνθιση καρποφορία φυτών.
ΚΓ) Αυξημένοι ρυθμοί ανάπτυξης ιστών, κλείσιμο και θεραπεία πληγών, όπως διαπιστώθηκε από μελέτες σε ζώα και κλινικές δοκιμές σε ανθρώπους.
ΚΔ) Αυξημένη ισχύς πεδίου, φόρτιση, ακεραιότητα ιστών και ανοσία.
ΚΕ) Μεγαλύτερο ενεργειακό επίπεδο, δραστηριότητα και ζωηρότητα.

Εγχειρίδιο του Συσσωρευτή Οργόνης

Επάνω: Κουτί Φόρτισης με Οργονική Ενέργεια, με προσαρμοσμένο ένα οπτικό φακό και κάμερα, για άμεση παρατήρηση φαινομένων οργονικής ενέργειας. Κάτω: Σκοτεινό Δωμάτιο Οργονικής Ενέργειας. Συσσωρευτές σε ανθρώπινο μέγεθος στο βάθος. Και οι δύο φωτογραφίες από το Εργαστήριο Έρευνας στη Βιοφυσική της Οργόνης (OBRL) του συγγραφέα.

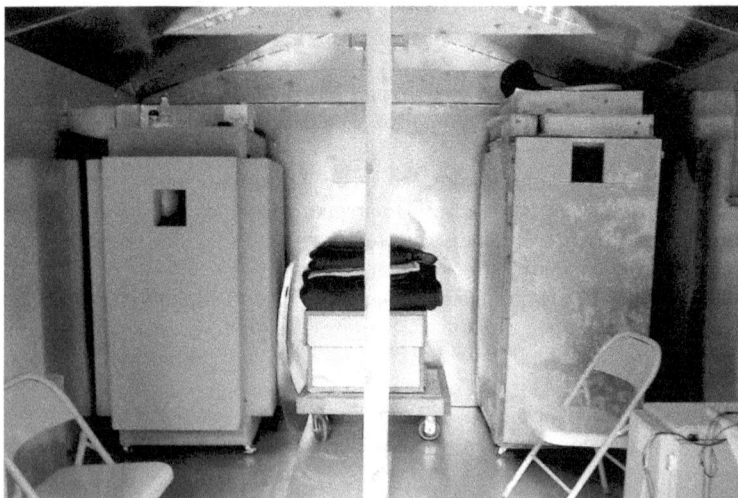

Ανακάλυψη της Οργονικής Ενέργειας

Νέα Όργανα Μέτρησης: Μια εκδοχή του αρχικού Μετρητή Οργονικού Πεδίου του Ράιχ, που περιέχει τρανζίστορ και είναι διαθέσιμη στο εμπόριο, ο Πειραματικός Μετρητής Ζωικής Ενέργειας. Είναι ο μόνος γνωστός μετρητής που δίνει σταθερή ένδειξη της έντασης του ενεργειακού πεδίου ή της φόρτισης ζωντανών οργανισμών, χωρίς επαφή με το όργανο. Όσο μεγαλύτερη η φόρτιση, τόσο μεγαλύτερη είναι η απόκλιση της βελόνας. Μπορεί επίσης να εκτιμήσει την ζωική ενέργεια υγρών, φρούτων, ή άλλων αντικειμένων. Ένα τυπικό μιλιβολτόμετρο είτε θα χρειαζόταν ηλεκτρόδια επαφής είτε θα έδειχνε μια αντίδραση αλλά θα επέστρεφε γρήγορα στο μηδέν.

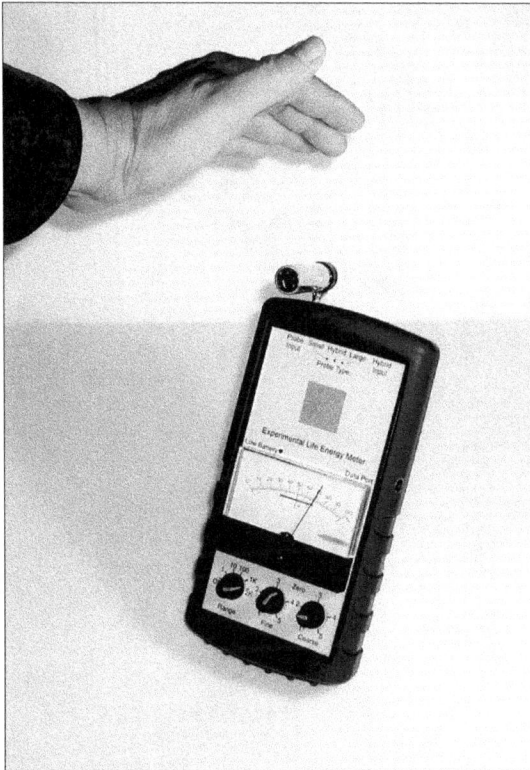

Δείτε: www.naturalenergyworks.net

Εγχειρίδιο του Συσσωρευτή Οργόνης

5. Αντικειμενική Απόδειξη της Ύπαρξης της Οργονικής Ενέργειας

Ο Ράιχ καθώς και άλλοι ανέπτυξαν αρκετές τεχνικές με την πάροδο των ετών για να τεκμηριωθεί, μετρηθεί και αποδειχθεί αντικειμενικά η ύπαρξη της οργονικής ενέργειας. Οι τεχνικές αυτές αναφέρονται εδώ συνοπτικά, αλλά όποιος αναγνώστης ενδιαφέρεται περισσότερο μπορεί να ανατρέξει στο Κεφάλαιο 13 στα *Πειράματα* για περισσότερες λεπτομέρειες.

Α) Βιοηλεκτρικά Πεδία: Ο Ράιχ προσδιόρισε διάφορα βιοηλεκτρικά φαινόμενα τα οποία πίστευε πως απεδείκνυαν την ύπαρξη ενός ισχυρού ενεργειακού ρεύματος στο σώμα. Τα μικρά ρεύματα «βιοηλεκτρισμού», λίγων μιλιβόλτ, υποστήριζε ότι ήταν μόνο ένα μικρό τμήμα αυτού του ισχυρότερου ενεργειακού ρεύματος στο σώμα, το οποίο προσδιόρισε πως ήταν τόσο συγκινησιακής όσο και σεξουαλικής φύσης και το οποίο αργότερα προσδιορίστηκε αντικειμενικά ως οργονική ενέργεια.

Β) Φαινόμενα Ακτινοβολίας από Καλλιέργειες Βιόντων: Ειδικές καλλιέργειες βιόντων φτιαγμένες από άμμο θαλάσσης εξέπεμψαν μια ισχυρή ακτινοβολία, η οποία μπορούσε να γίνει αισθητή και ορατή σε σκοτεινούς θαλάμους. Αυτή η ακτινοβολία δεν καταγραφόταν σε όργανα που χρησίμευαν για ανίχνευση πυρηνικής ή ηλεκτρομαγνητικής ενέργειας. Επιπλέον, η ακτινοβολία μπορούσε να θολώσει φωτογραφικά φιλμ, να προσδώσει ένα στατικό φορτίο σε μονωτές και μαγνητικές ιδιότητες σε σιδερένια εργαστηριακά εργαλεία.

Γ) Παρατηρήσεις στον Σκοτεινό Θάλαμο και στην Ατμόσφαιρα, το Οργονοσκόπιο: Ο Ράιχ παρατήρησε και κατέταξε σε κατηγορίες διάφορα παρατηρήσιμα φαινόμενα που ήταν ορατά όταν τα μάτια συνήθιζαν στο σκοτάδι, μέσα στον αέρα των σκοτεινών θαλάμων. Παρατηρήθηκαν σπινθηροβόλες ομιχλοειδείς μορφές και φωτεινά σημεία που χοροπηδούσαν και αναπτύχθηκαν πολυάριθμες τεχνικές οι οποίες απέδειξαν την πραγματική, αντικειμενική τους φύση. Μια από τις τεχνικές αυτές περιελάμβανε την κατασκευή ενός νέου οργάνου, του οργονοσκοπίου, στο οποίο χρησιμοποιούνταν κοίλοι σωλήνες, φακοί και μία οθόνη φθορισμού για μεγέθυνση των διαφόρων

49

Εγχειρίδιο του Συσσωρευτή Οργόνης

υποκειμενικών φωτεινών φαινομένων. Κατασκευάσθηκαν επίσης μεγάλοι, συσσωρευτές οργόνης, μεγέθους δωματίου και παρατηρήσεις που έγιναν μέσα σ' αυτούς ενίσχυσαν και κατέστησαν σαφέστερα πολλά από τα αποτελέσματα. Αναγνωρίστηκε μία ειδική σωματιδιακή μονάδα οργόνης, της οποίας η νομοτελειακή συμπεριφορά άλλαζε σύμφωνα με κοσμικούς και μετεωρολογικούς παράγοντες. Αυτά τα μικροσκοπικά σωματίδια παρατηρήθηκαν και στον ουρανό κατά τη διάρκεια της ημέρας με γυμνό μάτι, σαν ένα γενικά συνηθισμένο φαινόμενο, ορατό στους περισσότερους ανθρώπους αν στραφεί σε αυτό η προσοχή τους. Παρατηρήθηκε ότι η Γη είχε το δικό της περίβλημα οργονικής ενέργειας, ή ενεργειακό πεδίο, όπως και όλα τα ζωντανά πλάσματα.

Δ) Φωτογραφίες Ακτίνων-Χ: Ο Ράιχ παρατήρησε ότι το φαινόμενο «φαντάσματος» των ακτίνων-Χ (αυθόρμητο, ανεξήγητο θόλωμα στα φιλμ ακτίνων-Χ) μπορούσε να εξηγηθεί ως αποτέλεσμα της ακτινοβολίας οργόνης ή ζωικής ενέργειας. Δημοσίευσε αρκετές φωτογραφίες στις οποίες τα φαντάσματα δημιουργήθηκαν σκόπιμα με διέγερση της οργονικής ενέργειας εντός του πεδίου της συσκευής ακτίνων-Χ.

Ε) Φωτογραφίες Ορατού Φάσματος: Ο Ράιχ παρατήρησε ότι οι ειδικές καλλιέργειες βιόντων που ακτινοβολούσαν, θόλωναν φωτογραφικά φιλμ αποθηκευμένα σε γειτονικά μεταλλικά ερμάρια. Όταν έβαζε τους δίσκους με τις καλλιέργειες των ακτινοβολούντων βιόντων ακριβώς πάνω από το φιλμ δημιουργούσαν επίσης ένα είδωλο του δίσκου της καλλιέργειας και των περιεχομένων του. Πρόσφατα, η Θέλμα Μος του UCLA (Πανεπιστήμιο της Καλιφόρνιας στο Λος Άντζελες) έδειξε ότι οι φωτογραφίες του πεδίου ζωικής ενέργειας μπορούν να γίνουν χωρίς ηλεκτρική διέγερση (όπως με τις ηλεκτροφωτογραφικές τεχνικές Κίρλιαν), με ενίσχυση του ενεργειακού πεδίου. Ζωντανά αντικείμενα τοποθετημένα επάνω σε φιλμ για μερικές ημέρες μέσα σε ένα σκοτεινό συσσωρευτή οργόνης, κάτω από τις κατάλληλες συνθήκες, δημιουργούν ένα είδωλο.

ΣΤ) Ο Μετρητής Πεδίου Οργονικής Ενέργειας: Ο Ράιχ ανέπτυξε την συσκευή αυτή για να μετράει την ισχύ ενεργειακών πεδίων. Χρησιμοποιώντας ένα πηνίο Τέσλα και ειδικές πλάκες παρόμοιες με του συσσωρευτή, η συσκευή μπορούσε να μετρήσει ποσοτικά τις διαφορές ενεργειακών επιπέδων μεταξύ ανθρώπων ή αντικειμένων. Σήμερα είναι διαθέσιμη μια νέα εκδοχή αυτής της συσκευής, με τρανζίστορ· δες σελίδα 47.

Απόδειξη της Ύπαρξης της Οργονικής Ενέργειας

Ζ) Το Όργανο Επίδειξης του Παλμού της Οργονικής Ενέργειας: Ο Ράιχ απέδειξε ότι οι παλμοί του ενεργειακού πεδίου μιας μεγάλης μεταλλικής σφαίρας ήταν ικανές να θέσουν σε κίνηση ένα μικρότερο εκκρεμές με μεταλλικό/οργανικό μείγμα που αιωρείται σε μικρή απόσταση.

Η) Η Διαφορά Θερμοκρασίας στον Συσσωρευτή (Το-Τ): Ένας συσσωρευτής αναπτύσσει αυθόρμητα μια ελαφρά μεγαλύτερη θερμοκρασία είτε από τον περιβάλλοντα χώρο του ή από ένα θάλαμο ελέγχου, κατά τη διάρκεια εκείνων των ηλιόλουστων και καθαρών ημερών όπου η φόρτιση της οργόνης στην επιφάνεια της Γης είναι ισχυρή. Το φαινόμενο εξαφανίζεται κατά τη διάρκεια βροχερού καιρού ή καταιγίδων, όταν η φόρτιση της οργόνης στην επιφάνεια της Γης είναι αδύνατη (αλλά είναι ισχυρή στην ατμόσφαιρα). Τα αποτελέσματα αυτού του πειράματος θερμοκρασίας το οποίο έχει επαναληφθεί πολλές φορές, αποδεικνύει ότι η οργονική ενέργεια λειτουργεί αντίθετα από τον δεύτερο νόμο της θερμοδυναμικής.

Θ) Τα Ηλεκτροστατικά Αποτελέσματά του Συσσωρευτή: ένα ηλεκτροσκόπιο, τοποθετημένο μέσα σε ένα συσσωρευτή οργόνης εκφορτίζεται πιο αργά από ένα πανομοιότυπο που βρίσκεται στον αέρα ή μέσα σε ένα θάλαμο ελέγχου. Ένα μερικώς φορτισμένο, ή εκφορτισμένο ηλεκτροσκόπιο που βρίσκεται μέσα σε ένα συσσωρευτή μερικές φορές φορτίζεται μόνο του. Όπως και με το φαινόμενο της διαφοράς θερμοκρασίας, τα ηλεκτροστατικά φαινόμενα εξαφανίζονται κατά τη διάρκεια βροχερού ή συννεφιασμένου καιρού, όταν η φόρτιση της οργόνης στην επιφάνεια της Γης είναι χαμηλή.

Ι)Το Φαινόμενο της Απόσβεσης/Ενίσχυσης του Ιονισμού του Συσσωρευτή: Σωλήνες και μετρητές Γκάιγκερ-Μίλερ φορτισμένοι μέσα σε ένα πολύ ισχυρό συσσωρευτή για αρκετές εβδομάδες ή μήνες τείνουν να «νεκρωθούν» για μια χρονική περίοδο, αλλά μπορεί τελικά να δείξουν ασταθείς ρυθμούς μετρήσεων υποβάθρου. Ειδικοί σωλήνες κενού, τους οποίους είχε κατασκευάσει ο Ράιχ και τους ονόμαζε σωλήνες *κενού-οργόνης* (συντομογραφία του όρου «κενό οργόνης», οι οποίοι έχουν την ίδια σχεδίαση με τους σωλήνες Γκάιγκερ-Μίλερ, αλλά το επίπεδο του κενού τους είναι πολύ χαμηλότερο από το επίπεδο στο οποίο μπορεί να συμβεί ιονισμός), αρχικά δεν θα δείξουν καμία μέτρηση όταν συνδεθούν σε ένα ανιχνευτή ραδιενέργειας. Μετά από τη φόρτισή τους, όμως, μέσα σε ένα πολύ ισχυρό συσσωρευτή επί εβδομάδες ή μήνες, οι ίδιοι σωλήνες κενού άρχιζαν να δείχνουν πάρα πολύ μεγάλες μετρήσεις υποβάθρου ανά λεπτό, ακόμη και με πολύ χαμηλές τάσεις διέγερσης. Τα αποτελέσματα του πειράματος αυτού

51

Εγχειρίδιο του Συσσωρευτή Οργόνης

είναι αντίθετα με την παραδοσιακή ερμηνεία φαινομένων ιονισμού μέσα στον σωλήνα Γκάιγκερ-Μίλερ και επομένως αντίθετα και με την κλασική σωματιδιακή ερμηνεία των ραδιενεργών διασπάσεων.

ΙΑ) Η επίδραση του Συσσωρευτή στην Υγρασία-Εξάτμιση του Νερού (EV₀-EV): Πιο πρόσφατες μελέτες υποδεικνύουν ότι ο συσσωρευτής τείνει να συγκεντρώσει μεγαλύτερη υγρασία στο εσωτερικό του και να μειώσει την εξάτμιση νερού από ένα ανοικτό δοχείο που βρίσκεται στο εσωτερικό του. Όπως συμβαίνει και με άλλα φαινόμενα στον συσσωρευτή, αυτό το αποτέλεσμα ελαττώνεται ή εξαφανίζεται κατά την διάρκεια βροχερού καιρού.

ΙΒ) Ατμοσφαιρικός Ενεργειακός Παλμός και Αντεστραμμένο Οργονοτικό Δυναμικό: Με βάση παρατηρήσεις των θερμικών, ηλεκτροσκοπικών και ιονιστικών χαρακτηριστικών του συσσωρευτή οργόνης, ο Ράιχ αναγνώρισε μια συστηματική και νομοτελειακή ενεργειακή κυκλική διεργασία μέσα στην ατμόσφαιρα και στο ενεργειακό πεδίο της Γης. Οι παρατηρήσεις αυτές οδήγησαν στον προσδιορισμό ενός αντεστραμμένου δυναμικού στην οργονική ενέργεια, που λειτουργεί αντίθετα προς τις αρχές της θερμοδυναμικής, πράγμα που επεξηγεί γιατί τα φυσικά οργονοτικά συστήματα (ζωντανοί οργανισμοί, συστήματα καιρού, πλανήτες) διατηρούσαν υψηλότερη συγκέντρωση ενέργειας από ότι το γειτονικό τους περιβάλλον. Το ισχυρότερο από τα δύο οργονοτικά συστήματα τραβάει ενέργεια από το ασθενέστερο σύστημα και αυξάνει το δικό του δυναμικό ή φόρτιση, μέχρις ότου το ασθενέστερο σύστημα εξαντληθεί, ή επιτευχθεί ένα μέγιστο επίπεδο στον βαθμό φόρτισης. Μετά απ' αυτό μπορεί να γίνει εκφόρτιση. Με καθαρό, ηλιόλουστο καιρό, η φόρτιση της οργόνης στην επιφάνεια της Γης είναι πολύ ισχυρή και σε μια κατάσταση διαστολής, παρεμποδίζοντας οποιονδήποτε σημαντικό σχηματισμό νεφών. Όταν το γήινο ενεργειακό πεδίο οργόνης περνά σε κατάσταση γενικής συστολής, τότε αναπτύσσεται υψηλότερη φόρτιση μέσα στην ατμόσφαιρα, που οδηγεί στον σχηματισμό νέφωσης που φέρνει βροχή και στην ελάττωση της φόρτισης στην επιφάνεια της Γης. Αυτή η απώλεια φόρτισης στην επιφάνεια της Γης κατά την διάρκεια του βροχερού καιρού επιβραδύνει τις δραστηριότητες των ζωντανών πλασμάτων και, κατά τις περιόδους αυτές, ο συσσωρευτής δεν λειτουργεί καλά.

ΙΓ) Το Μιλιβολτόμετρο: Ουσιαστικά όλα τα αντικείμενα και οι οργανισμοί μέσα σ' ένα δεδομένο περιβάλλον, συμπεριλαμβανομένου του αέρα, του νερού, και της ίδιας της Γης, έχουν μια οργονοτική (OP) φόρτιση που αυξάνεται και μειώνεται με ένα κυκλικό ή παλμικό

Απόδειξη της Ύπαρξης της Οργονικής Ενέργειας

τρόπο, συγχρονισμένο με κοσμικούς και μετεωρολογικούς παράγοντες. Στα ζωντανά πλάσματα, υψηλά ΟΡ δυναμικά δημιουργούν περιόδους μεγαλύτερης φυσικής και συγκινησιακής δραστηριότητας, ενώ τα χαμηλά ΟΡ δυναμικά σηματοδοτούν περιόδους μικρότερης δραστηριότητας. Στην Φύση, τα υψηλά *ατμοσφαιρικά* ΟΡ δυναμικά σηματοδοτούν νεφελώδεις περιόδους με ισχυρότερες καταιγίδες, ενώ υψηλά ΟΡ δυναμικά στην *Γη* σηματοδοτούν περιόδους χωρίς σύννεφα. Αυτά τα δυναμικά ΟΡ δημιουργούν μικρά *ηλεκτρικά* δυναμικά που ανιχνεύονται με ένα ευαίσθητο μιλιβολτόμετρο και αποτελούν εξαιρετικό παράγοντα πρόγνωσης βιολογικών ή περιβαλλοντικών διαδικασιών, που είναι βαθύτερες και πιο ισχυρές. Η τάση των λίγων μιλιβόλτ αποτελεί δευτερογενή έκφραση, καθώς είναι πολύ μικρή και ασθενής για να αποτελεί τον αιτιολογικό παράγοντα. Ο Ράιχ και άλλοι ερευνητές οι οποίοι έχουν εξετάσει αυτά τα ασθενή ηλεκτρικά δυναμικά (όπως ο Χάρολντ Σ. Μπερ), τα θεώρησαν ως ενδείξεις ενός πιο ισχυρού, φυσικού φαινομένου που υπάρχει παντού το οποίο συνδέει ενεργειακά τον Ήλιο, τη Σελήνη, την Γη, τα συστήματα καιρού και όλα τα ζωντανά πλάσματα.

ΙΔ) Μελέτες σχετικά με την Επιτάχυνση της Ανάπτυξης των Φυτών: Σπόροι και φυτά που έχουν φορτισθεί σωστά μέσα σε συσσωρευτή επιδεικνύουν υψηλότερους ρυθμούς ανάπτυξης και καρποφορίας. Αυτό είναι ένα από τα πιο ενδεικτικά πειράματα με τον συσσωρευτή οργόνης που έχει πραγματοποιηθεί περισσότερο από οποιοδήποτε άλλο. Στις δικές μου δοκιμές, έχω παρατηρήσει περίπου τον διπλασιασμό του μήκους βλασταριών φασολιών που φορτίστηκαν μέσα σε ισχυρό συσσωρευτή, σε σύγκριση με μία ομάδα βλασταριών ελέγχου. Οι ρυθμοί βλάστησης, ανάπτυξης, μπουμπουκιάσματος, άνθισης, και καρποφορίας, μπορούν να αυξηθούν με φόρτιση των σπόρων ή των αναπτυσσόμενων φυτών απ' ευθείας μέσα στον συσσωρευτή. Οι σπόροι μπορούν να βλαστήσουν απευθείας μέσα στον συσσωρευτή ή να φορτιστούν για λίγες ώρες, ή ημέρες πριν φυτευτούν. Μπορεί επίσης να επιτύχει κανείς επιτάχυνση της ανάπτυξης όταν φορτιστεί μόνο το νερό και κατόπιν χρησιμοποιηθεί για πότισμα των φυτών.

ΙΕ) Μελέτες σε Ζώα: Έχουν γίνει ελεγχόμενες μελέτες όσον αφορά τα αποτελέσματα της οργονικής ακτινοβολίας οργόνης από συσσωρευτή σε καρκινοπαθή και σε πληγωμένα ποντίκια. Αυτές οι μελέτες γενικά επιβεβαιώνουν τους πρώτους ισχυρισμούς του Ράιχ ότι οι ιστοί με ισχυρότερο ενεργειακό φορτίο θεραπεύονται πιο γρήγορα και αναπτύσσουν όγκους πιο αργά, ή και καθόλου, συγκρινόμενοι με

53

ενεργειακά εξασθενημένους ιστούς. Αυτά τα ευρήματα καθιστούν άκυρες πολλές πλευρές των θεωριών για το DNA σχετικά με την κυτταρική διαφοροποίηση, η οποία φαίνεται ότι καθορίζεται πιο άμεσα από τη δομική επιρροή του ίδιου του ενεργειακού πεδίου του οργανισμού.

ΙΣΤ) Μελέτες σε Ανθρώπους: Εκτός από τις κλινικές δοκιμές που έγιναν από τον Ράιχ και τους συνεργάτες του στις δεκαετίες του 1940 και του 1950, ελάχιστη δουλειά έχει γίνει στις ΗΠΑ αναφορικά με τα βιολογικά αποτελέσματα του συσσωρευτή στους ανθρώπους. Κάθε έρευνα για τα θέματα αυτά έχει σταματήσει από ενέργειες ενός είδους ιατρικής αστυνόμευσης κατά τη δεκαετία του 1950. Ωστόσο, πρόσφατες μελέτες που έχουν γίνει στη Γερμανία, την Αυστρία και την Ιταλία, έχουν επιβεβαιώσει τέτοιου τύπου βιολογικά αποτελέσματα. Γενικά, ένα άτομο που κάθεται μέσα σ' ένα συσσωρευτή θα αισθανθεί μία ποικιλία αισθήσεων όπως ζέστη, λάμψη, ή μερικές φορές αισθήσεις φαγούρας στην επιφάνεια του δέρματος· η θερμοκρασία του σώματός του θα αυξηθεί και το δέρμα θα κοκκινίσει, ενώ η πίεση τού αίματος και ο σφυγμός θα τείνουν προς μετριότερα επίπεδα, ούτε πολύ ψηλά ούτε πολύ χαμηλά. Όταν χρησιμοποιηθεί σωστά, έχει ένα σαφές παρασυμπαθητικό, αναζωογονητικό αποτέλεσμα. Στο κεφάλαιο 11 για τα *Φυσιολογικά και Βιοϊατρικά Αποτελέσματα* θα δοθούν λεπτομέρειες πάνω στα ζητήματα αυτά.

6. Ανακάλυψη μιας Ασυνήθιστης Ενέργειας από Άλλους Επιστήμονες

Ο Ράιχ δεν ήταν ο μόνος που ανακάλυψε την ζωική ενέργεια. Μελέτες που έχουν γίνει κατά καιρούς από διάφορους φυσικούς επιστήμονες έχουν αποδείξει την ύπαρξη ενεργειακών αρχών στον φυσικό κόσμο που είναι παρόμοιες με εκείνες της οργονικής ενέργειας. Η αρχαία κινέζικη ιατρική παραδεχόταν την ύπαρξη μιας τέτοιας δύναμης, που ονομαζόταν Τσι και η παραδοσιακή μέθοδος του βελονισμού βασίζεται στην ύπαρξη μιας τέτοιας ενεργειακής αρχής μέσα στο ανθρώπινο σώμα. Τα σημεία του βελονισμού δεν αντιστοιχούν απόλυτα με νευρικές απολήξεις και οι πιο ικανοί βελονιστές δεν βασίζονται στα δυτικά μοντέλα φυσιολογίας για να εξηγήσουν τα αποτελέσματα του βελονισμού. Δεδομένης της απουσίας μιας παραδοχής περί ζωικής ενέργειας, η δυτική ιατρική δεν μπορεί να εξηγήσει τον βελονισμό και για χρόνια αντιστάθηκε στην αποδοχή του στις Η.Π.Α. Επιπλέον ο βελονισμός είναι αποτελεσματικός και σε ζώα, καθιστώντας άκυρο τον ισχυρισμό ότι λειτουργεί ως ψευδοφάρμακο. Αρχαία κείμενα από την Ινδία αναφέρονται επίσης στην ζωική ενέργεια που καλείται Πράνα και περιέχουν χάρτες των σημείων Νίλα (παρόμοια με τα σημεία του βελονισμού) σε ελέφαντες. Τα κείμενα από την αρχαία Κίνα και Ινδία μιλούν για μια ενέργεια που προσλαμβάνεται μέσω της αναπνοής και ρέει δια μέσου του σώματος κατά μήκος των διαφόρων μεσημβρινών. Η υγεία εξαρτάται από την ελεύθερη, ανεμπόδιστη ροή αυτής της ενέργειας, ενώ η ασθένεια συμβαίνει όταν η ροή ζωικής ενέργειας παρεμποδίζεται. Αυτά έχουν μεγάλη ομοιότητα με τις ιδέες του Ράιχ για την οργονική ενέργεια, αν και οι ασιατικές πηγές αναφέρουν πολύ λίγα πράγματα για την ελεύθερη έκφραση των συγκινήσεων. Επίσης συχνά υποστηρίζουν ένα συνειδητό έλεγχο των συγκινήσεων και των σεξουαλικών αισθήσεων (αποφυγή οργασμού). Αντίθετα, ο Ράιχ απέδειξε ότι μια τέτοια χρόνια αναστολή ή αυτοέλεγχος ήταν η πρωταρχική αιτία για την πρώτη παρεμπόδιση ή το μπλοκάρισμα στη ροή της ενέργειας της ζωής.

Στην Δυτική παράδοση, οι βιταλιστές του δέκατου όγδοου και δέκατου ένατου αιώνα ανέφεραν την ύπαρξη μιας βιολογικής ενέργειας ή ζωικής δύναμης, η οποία ονομάσθηκε ζωικός μαγνητισμός, οντική δύναμη, ψυχική δύναμη, ζωτική ορμή (elan vital) και ούτω καθεξής. Πράγματι, ο Μέσμερ μίλησε για ζωικό μαγνητισμό σαν ένα ατμοσφαιρικό ρευστό το οποίο περιέβαλε, φόρτιζε και ζώρευε τα

55

Εγχειρίδιο του Συσσωρευτή Οργόνης

ζωντανά πλάσματα και μπορούσε ένας θεραπευτής να την μεταφέρει σε κάποια απόσταση. Ο Μέσμερ ήταν δάσκαλος του Σαρκό, ο οποίος με την σειρά του ήταν ο δάσκαλος του Φρόιντ, ο οποίος ήταν ένας από τους πρώτους μέντορες του Ράιχ. Ο Ράιχ μελέτησε μαζί με άλλους βιταλιστές, όπως ο Κάμερερ και ο Μπεργκσόν, αν και η βιταλιστική παράδοση παρέμεινε σαν μια μειοψηφική άποψη στην βιολογία που συζητιόταν χαμηλόφωνα. Εκτός από τον Ράιχ, ένας από τους πιο πρόσφατους υποστηρικτές της παραδοχής μιας ζωικής ή δυναμικής ενέργειας στην φύση ήταν ο Χάρολντ Σ. Μπερ του Πανεπιστημίου του Γέιλ. Ο Μπερ υποστήριζε την ύπαρξη ενός ισχυρού *ηλεκτροδυναμικού πεδίου* που ενεργεί στη φύση, που επηρεάζει τόσο τον καιρό όσο και τα ζωντανά πλάσματα. Ο Βιολόγος Ρούπερτ Σέλντρεϊκ έχει αναπτύξει μια παρόμοια θεωρία πάνω στα *μορφογενετικά πεδία* ή οποία επίσης συνεχίζει αυτήν την παράδοση. Όπως η δουλειά του Μπερ, έτσι και η θεωρία του Σέλντρεϊκ προτείνει μια δυναμική, ενεργειακή ερμηνεία της κληρονομικότητας, καθιστώντας μη αναγκαία την βιοχημική θεωρία του DNA. Πολύ πρόσφατα, διευθυντές του ακαδημαϊκού περιοδικού *Νέος Επιστήμονας* (New Scientist), απεκάλεσαν το βιβλίο του Σέλντρεϊκ το «καλύτερο υποψήφιο για κάψιμο» που είχαν δει εδώ και αρκετό καιρό.

Ο χειρούργος Ρόμπερτ Ο. Μπέκερ ανέπτυξε τις παραπάνω αρχές σε ένα εντυπωσιακά προχωρημένο επίπεδο, όπως περιέγραψε στο βιβλίο του *Ο Ηλεκτρισμός του Σώματος*. Οι αρχικές έρευνές του κατέληξαν στην ανάπτυξη μιας σειράς συσκευών για τη θεραπεία οστών και ανακούφισης από πόνους μέσω κατάλληλης ηλεκτρικής διέγερσης. Η μετέπειτα εργασία του πήρε αυτές τις αρχές, και τις ανέπτυξε σε τέτοιο σημείο που μπορούσε τεχνητά να προκαλέσει την *αναγέννηση ακρωτηριασμένων μελών σε ποντίκια του εργαστηρίου* με ένα τρόπο παρόμοιο με εκείνο που μία σαλαμάνδρα ή μια αράχνη αναγεννά ένα χαμένο μέλος της. Αυτό το είδος αναγέννησης περιορίζεται από τη φύση στα λιγότερο πολύπλοκα πλάσματα και δεν υπάρχει γενικά στα θηλαστικά όπως τα ποντίκια, τα κουνέλια και τους ανθρώπους. Για τον λόγο αυτό ποτέ ως τότε δεν είχε αποδειχθεί η αναγέννηση ενός ακρωτηριασμένου μέλους σε ένα ποντίκι, ή σε οποιαδήποτε άλλο θηλαστικό. Το έργο του Μπέκερ ήταν ένα δυνατό χτύπημα τόσο για την βιοχημική θεωρία του DNA σχετικά με τη ρύθμιση των κυττάρων, όσο και για την άποψη ότι το βιοηλεκτρικό πεδίο ενός πλάσματος, ήταν απλώς ένα χωρίς νόημα «υποπροϊόν» του χημικού μεταβολισμού, όπως το ηλεκτρικό πεδίο που δημιουργείται γύρω από μία μηχανή αυτοκινήτου σε λειτουργία. Η εργασία του απέδειξε ότι το ενεργειακό πεδίο του ζώου ήταν ένας πρωταρχικός καθοριστικός παράγοντας ανάπτυξης και επιδιόρθωσης, όπως ανέφερε στο έργο του και ο Ράιχ. Ο Μπέκερ προετοιμαζόταν να επαναλάβει τα

Ανακάλυψη μιας Ασυνήθιστης Ενέργειας

πειράματα αναγέννησης μελών σε ανθρώπους, όταν η βιοϊατρική κοινότητα αντέδρασε βιαιότατα εναντίον του, καταφεύγοντας σε κάθε είδος βρώμικο κόλπο για να ακυρώσει τη χρηματοδότηση των ερευνών του και να κλείσει το εργαστήριό του.

Ένας άλλος βιταλιστής της εποχής μας είναι ο Μπιόρν Νόρντενστρομ, διευθυντής του Ραδιολογικού Ινστιτούτου Καρολίνα στην Σουηδία. Ο Νόρντενστρομ, όπως και ο Ράιχ, μελέτησε το φαινόμενο του «φαντάσματος» των ακτίνων-Χ, το οποίο είναι ένα ασυνήθιστο αυθόρμητο θόλωμα των φιλμ ακτίνων-Χ. Εμφανίζεται σαν μια λεπτή μορφή που μοιάζει με καπνό ή σταγόνα πάνω σε ακτινογραφίες ασθενών και μερικές φορές φαίνεται στις συσκευές ακτίνων-Χ που έχουν στα αεροδρόμια για να ελέγχουν τις αποσκευές. Δεν μπορεί να προβλεφτεί και οι περισσότεροι ακτινολόγοι το θεωρούν μπελά. Εν τούτοις, ο Νόρντενστρομ το μελέτησε και παρατήρησε σαφείς μορφές, που συσχετίζονταν με τα βιοηλεκτρικά πεδία των ασθενών του. Όπως και ο Ράιχ, ανακάλυψε και μέτρησε ρεύματα βιοηλεκτρισμού στο σώμα. Η σχολαστική του έρευνα συνοψίσθηκε σε ένα βιβλίο με τίτλο *Βιολογικώς Κλειστά Ηλεκτρικά Κυκλώματα: Κλινικές, Πειραματικές και Θεωρητικές Αποδείξεις για ένα Επιπρόσθετο Κυκλοφορικό Σύστημα*. Μετά από εκτεταμένη διαφήμιση που του έγινε σε ιατρικά περιοδικά των Η.Π.Α., πουλήθηκαν μόνο 200 αντίγραφα του βιβλίου, πράγμα που αποδεικνύει την περιφρόνηση που έχει ο μέσος συμβατικός γιατρός για οποιοδήποτε νέο εύρημα που θα υποστήριζε την παραδοχή μιας ζωικής ενέργειας, ακόμα και αν η φύση της είναι καθαρά διηλεκτρική. Ανίκανος να βρει υποστήριξη για την εργασία του στην Δύση, ο Νόρντενστρομ αναγκάστηκε να πάει στην Κίνα για να συνεχίσει τις κλινικές του έρευνες.

Και άλλοι βιολόγοι έχουν συμπεράνει την ύπαρξη μιας τέτοιας αρχής ζωτικής ενέργειας, με βάση την πειραματική τους εργασία. Όταν παρέχουν καλά επιβεβαιωμένα αποδεικτικά στοιχεία, δέχονται βίαιες επιθέσεις. Ο Γάλλος επιστήμονας Λουί Κερβράν, για παράδειγμα, δαπάνησε χρόνια ολόκληρα αναπτύσσοντας πολύ καλά οργανωμένα και απλά πειράματα που απεδείκνυαν ότι τα ζωντανά πλάσματα *μεταστοιχείωναν* τα βασικά χημικά στοιχεία. Κοτόπουλα ταϊσμένα με τροφή χωρίς ασβέστιο, για παράδειγμα, δεν γεννούσαν μαλακά ή εύθραυστα αυγά, εκτός εάν περιοριζόταν το πυρίτιο από την τροφή τους. Με περιορισμό της πρόσληψης πυριτίου, όμως, γεννούσαν μαλακά και εύθραυστα αυγά, και δεν είχε σημασία το πόσο ασβέστιο έτρωγαν. Παρομοίως, τα σπασμένα κόκαλα εργαστηριακών ποντικιών, θεραπεύονταν πολύ γρήγορα όταν τα τάιζαν με τροφή υψηλής περιεκτικότητας σε οργανικό πυρίτιο, αλλά όχι τόσο γρήγορα όταν το πυρίτιο ελαχιστοποιούταν και τους έδιναν μόνο ασβέστιο. Αυτά τα πειράματα παρείχαν ισχυρές ενδείξεις ότι το πυρίτιο της τροφής

Εγχειρίδιο του Συσσωρευτή Οργόνης

μεταστοιχειωνόταν σε ασβέστιο στα σώματα των ζώων. Ο Κερβράν απέδειξε πειραματικά κι άλλες πιθανές μεταστοιχειώσεις και τα ευρήματά του επιβεβαιώθηκαν από άλλους επιστήμονες στην Ευρώπη και την Ιαπωνία. Τελικώς κατέληξε στο συμπέρασμα ότι θα έπρεπε να υπάρχει κάποια μορφή άγνωστης ισχυρής βιολογικής ενέργειας που προκαλούσε τις μεταστοιχειώσεις. Αλλά όταν έγραψε σε ένα διαπρεπή Αμερικανό επιστήμονα ζητώντας βοήθεια για να αποκτήσει μηχανήματα για ένα σπουδαίο πείραμα, του είπαν αγενώς να πάει να «διαβάσει ένα εισαγωγικό εγχειρίδιο Βιολογίας». Στις Η.Π.Α. ο Κερβράν είναι περισσότερο γνωστός μεταξύ ομοιοπαθητικών γιατρών και βιοκαλλιεργητών παρά σε καθηγητές πανεπιστημίων. Εν τούτοις, εάν ο Κερβράν έχει δίκιο - και τα πειραματικά στοιχεία που υπάρχουν δείχνουν ότι έχει - τότε τα εγχειρίδια Βιοχημείας θα χρειαστεί να ξαναγραφούν. Όπως επεσήμανε ο Κερβράν, η Βιολογία και η Βιοχημεία είναι δύο τελείως διαφορετικοί επιστημονικοί κλάδοι και δεν πρέπει να συγχέονται μεταξύ τους. Η Βιολογία ασχολείται με παρατηρήσιμα δεδομένα, ενώ η Βιοχημεία προσπαθεί να εξηγήσει τα δεδομένα με μια χημική θεωρία η οποία παραδέχεται ότι ισχύει η σταθερότητα των χημικών στοιχείων. Και ένα μέρος του σφάλματος βρίσκεται στην βασική αυτή παραδοχή.

Ένας άλλος Γάλλος επιστήμονας, ο Ζακ Μπενβενίστ, απέδειξε χωρίς αμφιβολία την δράση μιας τέτοιας ενεργειακής αρχής στα ομοιοπαθητικά διαλύματα. Η πειραματική του εργασία επαναλήφθηκε με επιτυχία από ανεξάρτητα εργαστήρια σε άλλες χώρες, για να ικανοποιηθούν οι επίμονοι επικριτές του. Αλλά αυτό δεν ήταν αρκετό. Για να καταστρέψει αυτή την ενοχλητική ανακάλυψη, που προσέφερε κάποια υποστήριξη στους ομοιοπαθητικούς γιατρούς (οι οποίοι, στις Η.Π.Α., συχνά διώκονται νομικά και φυλακίζονται), το επιστημονικό περιοδικό *Φύση* (Nature) απέστειλε στο εργαστήριό του μία «ομάδα δράσης» ατόμων που δεν ήταν επιστήμονες, «ερευνητών για απάτες» και μέλη ομάδων σκεπτικιστών, με το πρόσχημα ότι θα «αξιολογούσαν» τις διαδικασίες στο εργαστήριό του. Οι αστυνόμοι της επιστήμης του περιοδικού *Φύση* τα έκαναν άνω-κάτω στο εργαστήριο του Μπενβενίστ, αποσπώντας την προσοχή των εκεί εργαζομένων, κάνοντας προσβλητικά κόλπα με τα χέρια και φωνασκώντας, πριν τελικά να τους πουν να φύγουν. Το περιοδικό *Φύση* στη συνέχεια προσπάθησε να δυσφημίσει τον Μπενβενίστ στα κύρια άρθρα του, αλλά δεν αντέκρουσε τεκμηριωμένα τις εργασίες του με επανάληψη των πειραμάτων του. Τέτοια είναι η διαστρέβλωση και οι δολοπλοκίες της κατεστημένης ακαδημαϊκής επιστήμης.

Στις επιστήμες που μελετούν την ατμόσφαιρα, η παράδοση των ενεργειακών διαδικασιών οι οποίες επηρεάζουν ολόκληρες περιοχές διατηρήθηκε για μια περίοδο από παλαιότερους μετεωρολόγους οι

58

Ανακάλυψη μιας Ασυνήθιστης Ενέργειας

οποίοι χρησιμοποιούσαν τη θεωρία γραμμών ροής παρά τη θεωρία των μετώπων για να προβλέψουν τον καιρό. Η ανάλυση βάση των γραμμών ροής εστιαζόταν με συνέπεια στις κινήσεις ρευμάτων του αέρα ή αεροχειμάρρων (jet streams) όπως ονομάζονται σήμερα. Για παράδειγμα, όταν κοιτάτε σε δυναμικές απεικονίσεις νεφών, όπως φαίνονται από ένα δορυφόρο στο διάστημα, δεν βλέπετε «μέτωπα». Αλλά βλέπετε τις *ροές κίνησης των νεφών*. Ο Ράιχ ανακάλυψε από μόνος τους τις βασικές διαμορφώσεις αυτών των ρευμάτων, χρόνια πριν την εκτόξευση των πρώτων μετεωρολογικών δορυφόρων. Παρομοίως οι παλιότεροι επιστήμονες που μελετούσαν την ατμόσφαιρα, υποστήριζαν ότι υπάρχει μια μεγάλη συνεκτικότητα στην ατμόσφαιρα. Ο Τσαρλς Τζ. Άμποτ, διευθυντής του Παρατηρητηρίου Αστροφυσικής Σμιθσόνιαν την από 1906-1944, χρησιμοποίησε παρόμοιες ενεργειακές έννοιες για να προβλέψει τον καιρό μετά από μήνες. Αλλά αγνοήθηκε και γελοιοποιήθηκε για τα ευρήματά του, παρά την μυστηριώδη ακρίβειά τους. Ο Ίρβινγκ Λάνγκμουΐρ, ένας από τους επινοητές των τεχνικών νεφοσποράς, απέδειξε αντικειμενικά ότι μια σπορά νεφών στο Νέο Μεξικό θα μπορούσε να προκαλέσει καταιγίδες σε ολόκληρη την περιοχή μέχρι το Οχάιο και προειδοποίησε την αναπτυσσόμενη βιομηχανία νεφοσποράς για τον κίνδυνο αυτό. Αυτοί που κάνουν νεφοσπορές σήμερα χρηματοδοτούμενοι με εκατομμύρια Ομοσπονδιακών δολαρίων, συμπεριφέρονται σαν η εργασία του Λάνγκμουΐρ να μην έχει γίνει ποτέ και αρνούνται να επαναλάβουν το απλό του πείραμα. Αρνούνται την ύπαρξη των επιδράσεων της νεφοσποράς σε μεγάλες αποστάσεις, γνωρίζοντας ότι εάν τέτοια αποτελέσματα γίνονταν γνωστά στο κοινό, θα ήταν αναγκασμένοι να σταματήσουν.

Μεταξύ των φυσικών επιστημόνων, η ιδέα μιας ενέργειας στο διάστημα ήταν ενσωματωμένη στην έννοια του *κοσμικού αιθέρα*, η οποία χρονολογείται από εκατοντάδες χρόνια. Όταν πια είχε γεράσει, ο Θεολόγος - Φυσικός Ισαάκ Νεύτων υποστήριζε με σθένος ότι αυτός ο αιθέρας *έπρεπε να είναι στατικός*, ώστε να μην έχει άμεση συμμετοχή στην κίνηση και την τάξη του ουρανού. Αυτός ο ρόλος, υποστήριζε ο Νεύτων, ανήκε μόνο στον ανθρωπομορφικό Θεό (ο οποίος τον καιρό εκείνο απαιτούσε οι άπιστοι να βασανίζονται σκληρά και να καίγονται στην πυρά). Απλά, ποτέ δεν έχει ανιχνευτεί ένας νεκρός, ακίνητος αιθέρας. Αντίθετα, ο Φυσικός Ντέιτον Μίλερ απέδειξε αντικειμενικά την ύπαρξη ενός *αιθέρα με πιο δυναμικές ιδιότητες*. Ο Μίλερ εξήγησε επίσης γιατί προηγούμενες προσπάθειες να ανιχνεύσουν τον αιθέρα είχαν αποτύχει. Πρώτον, παρατήρησε ότι ο αιθέρας *ολισθαίνει* στην επιφάνεια της Γης και κινείται πιο γρήγορα σε μεγάλα ύψη και πιο αργά σε μικρά ύψη. Προηγούμενες προσπάθειες για να μετρήσουν την κίνησή του είχαν πραγματοποιηθεί μόνο σε χαμηλότερα υψόμετρα,

Εγχειρίδιο του Συσσωρευτή Οργόνης

μέσα σε βαριά πέτρινα κτίρια ή σε υπόγεια κτιρίων. Δεύτερον, ο αιθέρας του Μίλερ αντανακλάται από τα μέταλλα και σε προηγούμενες απόπειρες να τον μετρήσουν χρησιμοποιήθηκαν όργανα με τα κρίσιμα τμήματά τους τοποθετημένα μέσα σε μεταλλικούς θαλάμους. Ο Μίλερ βρήκε ότι κάνοντας τα κρίσιμα πειράματα κίνησης του αιθέρα στην κορυφή ενός βουνού, μέσα σ' ένα ελαφριάς κατασκευής κτίριο χωρίς μέταλλα ή βαριά παράθυρα, μπορούσε αμέσως να ανιχνευθεί και να μετρηθεί. Έκανε πάνω από 200.000 μετρήσεις κατά την διάρκεια 30 χρόνων ερευνών.

Συγκρίνετε αυτό το πείραμα με το περίφημο πείραμα των Μάικελσον-Μόρλεϊ, που έγινε σε συνολικό χρόνο έξι ωρών πραγματικών μετρήσεων, που πραγματοποιήθηκαν κατά την διάρκεια τεσσάρων ημερών του 1887. Αναφέρεται απολύτως εσφαλμένα από πολλούς ότι το πείραμα των Μάικελσον-Μόρλεϊ έχει αποτύχει τελείως στην ανίχνευση του αιθέρα. Ήταν ένα σημείο καμπής στις επιστήμες, μετά από το οποίο η ιδέα του αιθέρα εγκαταλείφτηκε πλήρως για να πάρουν τη θέση της οι θεωρίες του «κενού διαστήματος» της σχετικότητας και της κβαντοδυναμικής.

Οι εκτεταμένες εργασίες του Μίλερ πάνω στο ζήτημα του αιθέρα δεν αντικρούστηκαν όταν ήταν ζωντανός, αλλά η έρευνα του συγκρίθηκε περιφρονητικά με την «έρευνα για το αεικίνητο». Μετά τον θάνατό του, οι οπαδοί της θεωρίας του κενού διαστήματος αναστέναξαν βαθιά με ανακούφιση. Σήμερα, κάθε εγχειρίδιο Φυσικής αρχίζει με το ψέμα ότι «ο αιθέρας δεν μετρήθηκε ποτέ και δεν αποδείχτηκε ποτέ η ύπαρξή του». Θα πρέπει να επισημανθεί ότι οι θεωρίες της Σχετικότητας και Κβαντομηχανικής, μαζί με τις θεωρίες του διαστελλόμενου σύμπαντος και της «μεγάλης έκρηξης», γκρεμίζονται ολοσχερώς από την ανακάλυψη μιας ενέργειας στο διάστημα και πολλοί Φυσικοί που προσκολλώνται με θρησκευτική ευλάβεια στις θεωρίες τους, απλά αρνούνται να κοιτάξουν σε αυτό το είδος αποδεικτικών στοιχείων. Ακόμα χειρότερα, ο επιστημονικός κλάδος της Φυσικής έχει γίνει μια βιομηχανία πολλών δισεκατομμυρίων, που υποστηρίζει πολύ αμφισβητούμενες τεχνολογίες, όπως οι πυρηνικοί αντιδραστήρες, η έρευνα για τη «θερμή» σύντηξη (που μέχρι τώρα δεν έχει παράγει ενέργεια ούτε για ένα λαμπτήρα πυράκτωσης) και οι ογκώδεις επιταχυντές σωματιδίων. Αυτό το είδος έρευνας για τη Μεγάλη - Επιστήμη δεν έχει αποφέρει πραγματικά ευεργετήματα ή καρπούς για την ανθρωπότητα, αλλά αποτελείται από ιερές αγελάδες, όπως και η ιατρο-νοσοκομειακή-φαρμακευτική βιομηχανία και απειλείται άμεσα από αυτές τις ανακαλύψεις μιας πρωταρχικής, κοσμικής ζωικής ενέργειας. Η κοινότητα της Φυσικής έχει δυστυχώς αντιδράσει προς αυτά τα ευρήματα με την ίδια υπεροψία και μοχθηρία που χαρακτηρίζουν την αντίδραση της ιατρικής κοινότητας προς την ενέργεια της ζωής. Οι

Ανακάλυψη μιας Ασυνήθιστης Ενέργειας

οπαδοί του Αϊνστάιν, για παράδειγμα, έχουν πρόσφατα κατηγορηθεί, εγγράφως, για πολύ αισχρές τακτικές πισώπλατων χτυπημάτων, λογοκρισίας και αποσιώπησης. Ένα νέο περιοδικό, η *Επιστημονική Ηθική* (Scientific Ethics), άρχισε, για μία μικρή περίοδο τουλάχιστον, να αποκαλύπτει το όλο βρωμερό αυτό συνοθύλευμα.

Μεγάλη σημασία για το έργο του Ράιχ είχε το γεγονός ότι *ο δυναμικός αιθέρας του Μίλερ ήταν πιο ενεργός σε μεγαλύτερα υψόμετρα, και ότι ανтанακλώνταν από τα μέταλλα.* Η ικανότητα να αντανακλάται από μέταλλα και η πιο ενεργή κατάσταση σε μεγαλύτερα υψόμετρα, είναι βασικές ιδιότητες της οργονικής ενέργειας, όπως ανακάλυψε, ανεξάρτητα, ο Ράιχ. Η οργόνη ικανοποιεί επίσης πολλές άλλες από τις βασικές ιδιότητες και λειτουργίες ενός αιθέρα, αφού βρίσκεται παντού, δεν έχει μάζα και παρέχει ένα μέσο για τη μετάδοση της ηλεκτρομαγνητικής διέγερσης. Ωστόσο, η οργόνη πάλλεται αυθόρμητα, υπερτίθεται και συμμετέχει άμεσα στην δημιουργία τόσο της ύλης όσο και της ζωής. Αλλά ακόμη και χωρίς να χρησιμοποιήσουν την λέξη ταμπού «αιθέρας», ή την πιο ενοχλητική λέξη «οργόνη», μια άλλη ομάδα Φυσικών έχει ανιχνεύσει ή συμπεράνει την ύπαρξη δυναμικών ενεργειακών ρευμάτων που δρουν στο σύμπαν.

Για παράδειγμα, ο Αμερικανός αστροφυσικός Άλτον Αρπ έχει πάρει τόσες πολλές φωτογραφίες όπου εμφανίζονται γέφυρες ενέργειας/ύλης μεταξύ αντικειμένων του απώτερου διαστήματος, εκεί όπου αυτές οι γέφυρες ενέργειας/ύλης δεν αναμένονταν να υπάρχουν, ώστε του απαγόρευσαν την χρήση των μεγάλων αμερικανικών τηλεσκοπίων. Οι απλές φωτογραφίες του κατέστρεψαν την θεωρία του κενού διαστήματος, του διαστελλόμενου σύμπαντος και της «μεγάλης έκρηξης» με ένα απλό κλικ μιας φωτογραφικής μηχανής. Τόσο μεγάλο ήταν το μίσος εναντίον της εργασίας του ώστε αναγκάσθηκε τελικά να πάει στη Γερμανία για να συνεχίσει τις έρευνές του. Ο Χάνες Άλφβεν, ένας άλλος φημισμένος Φυσικός, επίσης ενόχλησε πολύ τους σύγχρονούς του, όταν πρότεινε την ιδέα, όπως ο Ράιχ, ότι το διάστημα ήταν γεμάτο με κινούμενα ρεύματα ενέργειας πλάσματος. Οι επιστήμονες που ερευνούν το διάστημα έχουν αρνηθεί μέχρι σήμερα να στείλουν δορυφόρους-ανιχνευτές εκεί όπου έλεγε πως θα έπρεπε να τους στείλουν, επειδή αν το κάνουν αυτό θα μπορούσε να επιβεβαιωθεί ότι το διάστημα είναι πλούσιο σε ενέργεια. Η σημερινή Φυσική βρίσκεται σε μία κατάσταση αναταραχής και προσπαθεί απελπισμένα να δώσει απορριπτικές εξηγήσεις για τα νέα αποδεικτικά στοιχεία ύπαρξης ενέργειας στο διάστημα, να διατηρήσει τις απόκοσμες θεωρίες της, όπως η δημιουργία μέσω της Μεγάλης Έκρηξης, την Σχετικότητα του Αϊνστάιν και την «πολύ-συμπαντική» Κβαντομηχανική. Ο «κενός χώρος» έχει καταστεί θρησκεία με

61

Εγχειρίδιο του Συσσωρευτή Οργόνης

επιστημονικό ιερατείο.

Ελάχιστες από τις παραπάνω ιδέες, όπως και τα ευρήματα σχετικά με τις συσχετίσεις ηλιακών κηλίδων - κλίματος, δέχονται κάποια χρηματοδότηση ή ερευνώνται σήμερα. Τα επιστημονικά περιοδικά συνεχίζουν να αναφέρουν τον συνηθισμένο ψευδή ισχυρισμό ότι δεν έχει βρεθεί «κανείς μηχανισμός» που να συσχετίζει τον Ήλιο και τη Γη ακριβώς όπως τα εγχειρίδια Φυσικής περιέχουν το ψέμα ότι «ο αιθέρας δεν έχει ποτέ ανιχνευθεί». Και είναι αλήθεια ότι αυτές οι συσχετίσεις δεν μπορεί να είναι αληθινές ούτε και να έχουν κάποια λογική, από την πλευρά των θεωριών Φυσικής περί «κενού διαστήματος». Απαιτούν την ύπαρξη ενός μέσου στην ατμόσφαιρα και στο διάστημα, διαμέσω του οποίου μπορούν να διαδοθούν διεγέρσεις και επιδράσεις, ανεξάρτητες από φαινόμενα θερμότητας και πίεσης, μία δύναμη η οποία μεταδίδεται στην ατμόσφαιρα ταχύτερα από τα ρεύματα αέρα και η οποία μπορεί επίσης να μεταδώσει, γρήγορα, επιδράσεις μέσα στα βάθη του διαστήματος. Πάλι, η οργονική ενέργεια του Ράιχ ταιριάζει σε μια τέτοια περιγραφή.

Άλλες έρευνες έχουν δείξει ότι τα ζωντανά πλάσματα και η φυσικοχημεία του νερού, είναι ευαίσθητα σε καιρικούς ή κοσμικούς παράγοντες με ένα τρόπο που δεν μπορεί να εξηγηθεί σύμφωνα με απλά μηχανικά φαινόμενα, όπως το φως, η θερμοκρασία, η υγρασία ή η πίεση. Ο Φρανκ Μπράουν του Βορειοδυτικού Πανεπιστημίου, (Northwestern University) αφιέρωσε δεκαετίες σε πειράματα που απέδειξαν ότι τα βιολογικά ρολόγια διαφόρων ζωντανών πλασμάτων ήταν ευαίσθητα σε σεληνιακούς κύκλους και άλλες κοσμικές δυνάμεις. Κανείς δεν μπόρεσε να τον αντικρούσει όσο ζούσε, αλλά σήμερα, μετά τον θάνατό του, τα ευρήματά του έχουν αγνοηθεί πλήρως. Παρομοίως, έχουν αγνοηθεί οι εργασίες του Ιταλού χημικού Τζιόρτζιο Πικάρντι, ο οποίος απέδειξε ότι η φυσικοχημεία του νερού άλλαζε από τον μαγνητισμό, τις ηλιακές κηλίδες και άλλα κοσμικά φαινόμενα. Η εργασία του βοήθησε να δημιουργηθεί ένα ενδιαφέρον για την μαγνητική επεξεργασία του νερού στην Ευρώπη, που κατέληξε σε νέες μεθόδους μείωσης των στερεών καταλοίπων σε σωλήνες αποχετεύσεων κτηρίων και σε βιομηχανικούς λέβητες. Ο μαγνητισμός, όταν εφαρμοσθεί σωστά, μπορεί να αλλάξει τη διαλυτότητα του νερού επιτρέποντας σε διαλυμένα υλικά να παραμένουν διαλυμένα σε συγκεντρώσεις μεγαλύτερες από τις φυσιολογικές για μια δεδομένη θερμοκρασία. Στις ΗΠΑ, αυτά τα ευρήματα έχουν αντιμετωπισθεί με χλευασμό, επειδή κάθε εγχειρίδιο Φυσικής αναφέρει ότι ο μαγνητισμός δεν έχει καμία επίδραση στο νερό. Επίσης, σχεδόν κάθε χημικό εργαστήριο χρησιμοποιεί μαγνητικές συσκευές ανάδευσης για να αναμίξει τα χημικά του διαλύματα, αντί για τις «παλιομοδίτικες» χειροκίνητες γυάλινες ράβδους ανάδευσης. Αυτές οι μαγνητικές

Ανακάλυψη μιας Ασυνήθιστης Ενέργειας

συσκευές ανάδευσης, εάν ο Πικάρντι έχει δίκαιο (και έχει), μεταβάλλουν την Χημεία, την ποσότητα ιζήματος και τις καμπύλες οσμομέτρησης για κάθε χημική αντίδραση που εκτίθεται στην επίδρασή τους. Και έτσι, τα νέα ευρήματα έχουν αγνοηθεί στις Η.Π.Α., ενώ στο εξωτερικό, νέα προϊόντα βασισμένα στην ανακάλυψη αυτή εισέρχονται στην αγορά.

Στην Ευρώπη, απλά συστήματα μαγνητικής κατεργασίας νερού για το σπίτι είναι τώρα διαδεδομένα, αντικαθιστώντας σε πολλές περιπτώσεις τους αποσκληρυντές νερού ανταλλαγής ιόντων, με τους ατέλειωτους σάκους αλάτων τους. Στις Η.Π.Α., στο μεταξύ, οι βιομηχανίες αποσκληρυντών νερού έχουν καταφέρει, σε συμπαιγνία με δογματικούς ακαδημαϊκούς και πολιτικούς, να περάσουν νόμους σε μερικές πολιτείες που απαγορεύουν την πώληση συσκευών μαγνητικής κατεργασίας νερού.

Η εργασία του Πικάρντι, όμως, εκτείνεται πέρα από την απλή μαγνητική κατεργασία του νερού. Σε ένα σημείο προσπάθησε να απομονώσει μία άγνωστη κοσμική ενέργεια η οποία επηρέαζε τα χημικά του πειράματα, με ένα τρόπο παρόμοιο με τον ισχυρό μαγνητισμό. Προκειμένου να αποκλείσει την άγνωστη ακτινοβολία, η οποία συσχετιζόταν με τις ηλιακές κηλίδες, κατασκεύασε ένα ηλεκτρομαγνητικό κάλυμμα γύρω από τα πειράματα του, με την μορφή ενός μεταλλικού γειωμένου θαλάμου. Κατόπιν, για να σταθεροποιήσει την θερμοκρασία μέσα στο μεταλλικό κουτί έβαλε ένα στρώμα μαλλιού γύρω από την εξωτερική του επιφάνεια. Προς κατάπληξή του, το μεταλλικό κουτί δεν εξάλειψε τα κοσμικά φαινόμενα, αλλά τα ενίσχυσε. Αυτός και οι συνεργάτες του πέρασαν δεκαετίες κάνοντας χημικά πειράματα μέσα σε παρόμοιους θαλάμους, οι οποίοι είναι όμοιοι με τους συσσωρευτές οργονικής ενέργειας του Ράιχ. Αυτή η ανεξάρτητη επιβεβαίωση της αρχής του συσσωρευτή οργόνης από τον Πικάρντι επιβεβαιώθηκε επίσης, αν και με ένα λιγότερο άμεσο τρόπο, από τον Βιολόγο Μπράουν. Ο Μπράουν παρατήρησε ότι ερμητικά σφραγισμένοι μεταλλικοί θάλαμοι με σταθερή πίεση, θερμοκρασία, ένταση φωτός και υγρασία στο εσωτερικό τους, δεν εξάλειφαν τις κοσμικές επιδράσεις στα βιολογικά ρολόγια, αλλά αντίθετα επέτρεπαν να γίνει πιο ξεκάθαρη η παρατήρησή τους, ή μπορεί και να πρόσθεταν μια ασυνήθιστη διάσταση στην συμπεριφορά τους. Για παράδειγμα, μέσα στο μεταλλικό κουτί, ο μεταβολισμός της πατάτας ακολουθούσε ένα κύκλο που συσχετιζόταν με σεληνιακούς, ηλιακούς και γαλαξιακούς παράγοντες. Ο μεταβολισμός της πατάτας έδειξε μια επιπρόσθετη συσχέτιση με τον τοπικό καιρό. *Όχι τον σημερινό καιρό, αλλά τον μελλοντικό καιρό, μετά από δύο ημέρες!* Μέσα στον θάλαμο, η ενεργοποιημένη πατάτα ανταποκρινόταν σε εξωτερικούς ενεργειακούς παράγοντες του περιβάλλοντος, οι οποίοι καθόριζαν επίσης και τα

63

Εγχειρίδιο του Συσσωρευτή Οργόνης

μελλοντικά καιρικά συμβάντα.

Τα παραπάνω είναι απλώς μερικά από τα είδη αποδεικτικών στοιχείων που υπάρχουν για μία ενεργειακή αρχή παρόμοια, ή ταυτόσημη προς την οργονική ενέργεια. Σε πολλές περιπτώσεις, αυτοί οι ερευνητές δεν γνώριζαν για το έργο του Ράιχ. Σε μερικές, γνωρίζω από προσωπικές επαφές ότι σιχαίνονταν τον Ράιχ από τα βάθη της ψυχής τους και δύσκολα ανέχονταν ακόμα και την αναφορά του ονόματός του από τους μαθητές τους! Και όμως, τα γεγονότα επιβεβαιώνουν με έμφαση την ύπαρξη της οργονικής ενέργειας του Ράιχ. Πρέπει να αναφερθεί, εν τούτοις, ότι οι ανακαλύψεις του Ράιχ πάνω στην οργονική ενέργεια είναι πολύ πιο ευρείες, περιεκτικές και χειροπιαστές από οποιαδήποτε από τις ανωτέρω ανακαλύψεις. Εκτός από το ότι έχει ποσοτικοποιηθεί, φωτογραφηθεί και μετρηθεί, την οργόνη μπορούμε να την δούμε, να την αισθανθούμε και όπως έχει σημειωθεί στο βιβλίο αυτό, να την συσσωρεύσουμε και να την χρησιμοποιήσουμε με πρακτικό τρόπο μέσα σε ειδικούς πειραματικούς θαλάμους.

Πρέπει να αναφερθεί κάτι επιπλέον σχετικά με την ανταπόκριση της επιστημονικής και ακαδημαϊκής κοινότητας προς αυτές τις νέες ανακαλύψεις. Ο αναγνώστης θα σημείωσε ότι οι περισσότεροι, αν όχι όλοι, από τους ανωτέρω ερευνητές υπέστησαν βίαιες επιθέσεις, ή απομονώθηκαν και αγνοήθηκαν για τα ευρήματά τους, ανεξάρτητα από τα διαπιστευτήριά τους, την φήμη τους, ή την ποσότητα αποδεικτικών στοιχείων που παρείχαν. Αυτή η συγκινησιακή αντίδραση, της επίθεσης σε ενοχλητικές ιδέες που διαταράσσουν την παλιά θεώρηση του κόσμου, εξηγήθηκε από τον Ράιχ ως το αποτέλεσμα μιας συγκεκριμένης συγκινησιακής διαταραχής, την οποία ονόμασε *συγκινησιακή πανούκλα*. Η χειρότερη μορφή της βρίσκεται σε θρησκευτικές οργανώσεις, όπου ο αιρετικός και ο ανυπάκουος δέχονται επίθεση και καίγονται Συγκεκριμένοι *χαρακτηρολογικοί τύποι συγκινησιακής πανούκλας* έλκονται από μεγάλα κοινωνικούς σχηματισμούς, φτιάχνοντας τη φήμη τους όχι με παραγωγική δουλειά, έρευνα ή βοήθεια της ανθρωπότητας, αλλά μέσω της πολιτικής ισχύος και του αριθμού των ανθρώπων που «έγδαραν». Κουτσομπολιά, συκοφαντίες, πολιτικές τακτικές, ύπουλες επιθέσεις, ακόμη και χειραγώγηση των δικαστηρίων και της αστυνομίας είναι συνηθισμένες τακτικές της πανούκλας. Ο μυστικός στόχος τους, όπως των Μεγάλων Ιεροεξεταστών της Εκκλησίας, είναι να σκοτώσουν οτιδήποτε έχει περισσότερη ζωή από τους απονεκρωμένους εαυτούς τους όπως είναι τα ενοχλητικά νέα ευρήματα, καθώς και τους άνδρες ή τις γυναίκες που τα πραγματοποιούν. Η ιστορία της ιατρικής και της επιστήμης είναι γεμάτη με αποδεικτικά στοιχεία αυτού του είδους της συμπεριφοράς. Προτείνουμε στον αναγνώστη να διαβάσει την

64

Ανακάλυψη μιας Ασυνήθιστης Ενέργειας

ανάλυση της συγκινησιακής πανούκλας από τον Ράιχ, στα βιβλία του *Επιλεγμένα Κείμενα, Η Ανάλυση του Χαρακτήρα, (3η έκδοση), Άνθρωποι σε Μπελάδες,* και *Η Δολοφονία του Χριστού,* καθώς η πανούκλα συνεχίζει να αποτελεί το κύριο εμπόδιο στον δρόμο της κοινωνικής προόδου του ανθρώπου και της επιστημονικής έρευνας.

Για περισσότερες πληροφορίες, δείτε το άρθρο μου *«Η Καταπίεση των Έντιμων και Καινοτόμων Ιδεών στην Επιστήμη και την Ιατρική»,* εδώ: www.orgonelab.org/suppression.htm

ΜΕΡΟΣ ΙΙ:

Η Ασφαλής και Αποτελεσματική Χρήση Συσκευών Συγκέντρωσης Οργόνης

7. Γενικές Αρχές για την Κατασκευή και την πειραματική χρήση του Συσσωρευτή Οργονικής Ενέργειας

Α) Η εσωτερική επιφάνεια όλων των συσσωρευτών πρέπει να αποτελείται από μη επικαλυμμένο μέταλλο. Χρώματα, βερνίκια ή επικαλυπτικά στρώματα πάνω στο μέταλλο θα παρεμποδίσουν το φαινόμενο της συσσώρευσης, αλλά το γαλβάνισμα δεν το εμποδίζει.

Β) Η εξωτερική επιφάνεια όλων των συσσωρευτών πρέπει να αποτελείται από ένα οργανικό, μη μεταλλικό υλικό που να απορροφά την οργόνη.

Γ) Μέταλλα και μη μεταλλικά υλικά μπορούν να εναλλάσσονται σε πολλαπλές στρώσεις μεταξύ των τοιχωμάτων του συσσωρευτή για ισχυρότερη συγκέντρωση ενέργειας. Όσο περισσότερες στρώσεις έχει, τόσο ισχυρότερος είναι ο συσσωρευτής, αν και η ισχύς του δεν διπλασιάζεται με διπλασιασμό των στρώσεων. Ένας συσσωρευτής τριών στρώσεων θα έχει περίπου το 70% της ισχύος ενός συσσωρευτή δέκα στρώσεων (μια «στρώση» συσσωρευτή αποτελείται από ένα στρώμα μεταλλικού υλικού συν ένα στρώμα μη-μεταλλικού υλικού). Συσσωρευτές διαφορετικών μεγεθών μπορούν επίσης να τοποθετηθούν ο ένας μέσα στον άλλον για να αναπτύξουν ακόμη μεγαλύτερη φόρτιση. Οι πρώτες δύο παράγραφοι, Α και Β, πρέπει να τηρηθούν αυστηρά. Σε συσσωρευτές πολλαπλών στρώσεων, μπορούμε να διπλασιάσουμε την τελική εξωτερική οργανική μη μεταλλική επένδυση και την εσωτερική μεταλλική επένδυση για αυξημένη ικανότητα συσσώρευσης ενέργειας.

Δ) Ένα συνηθισμένο σοβαρό σφάλμα που γίνεται από μερικούς που αναπαράγουν τα πειράματα με τον συσσωρευτή οργονικής ενέργειας του Ράιχ είναι η χρησιμοποίηση ακατάλληλων υλικών συγκέντρωσης. Για συσσωρευτές που χρησιμοποιούνται σε ζωντανά συστήματα και ιδιαίτερα για ανθρώπινη χρήση, ο χαλκός, το αλουμίνιο και άλλα μη σιδηρούχα υλικά πρέπει να αποφεύγονται εντελώς επειδή προκαλούν τοξικά αποτελέσματα. Παρομοίως, μερικοί τύποι αφρώδους πολυουρεθάνης, στερεής ή μαλακής δεν έχουν καλό αποτέλεσμα στα ζωντανά συστήματα όταν χρησιμοποιούνται σε έναν συσσωρευτή. Οποιοσδήποτε τύπος υλικού είναι εμποτισμένος με φορμαλδεΰδη, ή

67

κατασκευασμένος με άλλες τοξικές κόλλες ή ρητίνες δεν πρέπει να χρησιμοποιείται.

Καλά μη-μεταλλικά υλικά	Κακά ή τοξικά μη-μεταλλικά υλικά
- ακατέργαστο μαλλί,	- συμπαγές ξύλο ή κόντρα πλακέ
ακατέργαστο βαμβάκι	
- ακρυλικά, πλαστικό στυρενίου	- ουρεθάνη ή πολυουρεθάνη
- ινοσανίδες ή χαρτοσανίδες	- φύλλα από πεπιεσμένο χαρτί
- χαρτόνι ηχομόνωσης	ή ξύλο
- φύλλα φελλού	- οργανικά υλικά που περιέχουν
- υαλοβάμβακας,	άσβεστο ή άλλα τοξικά υλικά
- κερί μελισσών, απλό κερί	και χημικά
(παραφίνη),	
- φυσικό βερνίκι ξύλου	
- χώμα, νερό.	
Καλά μέταλλα	**Μέτρια ή κακά μέταλλα**
- φύλλα μαλακού σιδήρου	- φύλλα ή πλαίσια αλουμινίου
ή από ατσάλι	- μόλυβδος
- γαλβανισμένη λαμαρίνα	- χαλκός
- σύρμα κουζίνας	
- ανοξείδωτο ατσάλι	
- κράμα σιδήρου/ψευδαργύρου	
για δοχεία	

Δες επίσης τις Πρόσθετες Σημειώσεις σχετικά με τα Υλικά Κατασκευής Συσσωρευτή Οργόνης στο τέλος αυτού του Κεφαλαίου.

Μια γενική αρχή είναι, το μεταλλικό μέρος να είναι *σιδηρομαγνητικό*. Αυτό σημαίνει ότι ένας απλός μαγνήτης πρέπει να κολλάει σταθερά επάνω του. Τα οργανικά-μονωτικά στρώματα πρέπει να αποτελούνται από υλικά με *μεγάλη διηλεκτρική* σταθερά. Αυτό σημαίνει ότι πρέπει να είναι πολύ καλοί μονωτές του ηλεκτρισμού και να διατηρούν ισχυρό ηλεκτροστατικό φορτίο στην επιφάνειά τους. Υπάρχει ακόμα ένα ζήτημα, που ελλείψει καλύτερου όρου, το ονομάζω «παράγοντα αφρατοσύνης», δηλαδή, ότι το οργανικό-μονωτικό στρώμα λειτουργεί καλύτερα όταν είναι «αφράτο» με μικρούς πόρους όπου μπορεί να παραμένει αέρας και να «ανασαίνει» το υλικό. Ο αέρας είναι επίσης υλικό μεγάλης διηλεκτρικής σταθεράς. Έτσι, τα πορώδη και ινώδη οργανικά υλικά με επιστρώσεις από κερί φαίνεται ότι είναι τα καλύτερα.

Κατασκευή και πειραματική χρήση

Ένας τρόπος για να θεωρήσει κανείς τον συσσωρευτή οργόνης είναι ότι αποτελεί ένα *κούφιο πυκνωτή.* Γνωρίζουμε ότι ένας συνηθισμένος ηλεκτρικός πυκνωτής, όπως εκείνοι που χρησιμοποιούνται στα ηλεκτρονικά, αποθηκεύει ηλεκτρικό φορτίο το οποίο αργότερα απελευθερώνεται. Τα εναλλασσόμενα στρώματα μεταλλικών-αγώγιμων και μονωτικών υλικών μεγάλης διηλεκτρικής σταθεράς του συσσωρευτή οργόνης είναι ανάλογα με έναν τέτοιο πυκνωτή, με τη διαφορά ότι στο εσωτερικό του είναι κούφιος, όπου μπορεί κάποιος να καθίσει ή να τοποθετήσει αντικείμενα για να φορτιστούν.

Ε) Μερικοί άνθρωποι έχουν πειραματισθεί με συσσωρευτές αποτελούμενους από θαμμένα μεταλλικά κουτιά, περιβαλλόμενα με πλούσιο σκουρόχρωμο χώμα απαλλαγμένο από εντομοκτόνα και ζιζανιοκτόνα. Οι μεγαλύτεροι από τους συσσωρευτές αυτού του τύπου έχουν την εμφάνιση ενός κελαριού ή «ταφικού τύμβου». Μερικοί συγγραφείς εξοικειωμένοι με αρχαιολογικούς χώρους έχουν ακόμα διατυπώσει την υπόθεση ότι οι αρχές της ζωικής ενέργειας ήταν γνωστές και χρησιμοποιούνταν από αρχαίους λαούς. Μερικοί αρχαίοι λόφοι και κατασκευές έχουν ένα στρωματικό χαρακτήρα, όπου χρησιμοποιούνται εδάφη πηλού ή πέτρας υψηλής περιεκτικότητας σε σίδηρο, σκεπασμένα με άλλα στρώματα εδαφών πλούσιων σε οργανικά υλικά ή τύρφη.

ΣΤ) Ένας εξαιρετικά ισχυρός συσσωρευτής μπορεί να κατασκευαστεί χρησιμοποιώντας κερί μελισσών ή άλλα ισχυρά διηλεκτρικά υλικά για τα εξωτερικά, μη μεταλλικά στρώματα. Αυτά τα υλικά μπορεί να είναι πολύ ακριβά για ένα μεγαλύτερο συσσωρευτή και είναι εύθραυστα. Εάν χρησιμοποιείτε ένα υλικό εύθραυστο ή από αυτά που τρίβονται εύκολα για το εξωτερικό μη-μεταλλικό στρώμα μπορείτε να επιστρώσετε την εξωτερική επιφάνεια με διαφανές φυσικό βερνίκι. Πολλοί άνθρωποι το έχουν δοκιμάσει αυτό και δεν φαίνεται να επιδρά στις ιδιότητες συγκέντρωσης ή στην ικανότητα βελτίωσης της ζωτικότητας που επιφέρει η ενέργεια. Μην χρησιμοποιήσετε όμως ποτέ βερνίκι στις εσωτερικές επιφάνειες.

Ζ) Έχουν γίνει πειράματα που έχουν αποδείξει ότι το σχήμα του συσσωρευτή είναι ένας παράγων μικρότερης σπουδαιότητας από την σύσταση των υλικών. Εντούτοις, συσσωρευτές κατασκευασμένοι σε σχήματα κώνων, πυραμίδων ή τετραέδρων έχουν παράξει κάποιες φορές ανεξήγητα αποτελέσματα με αρνητικές επιπτώσεις για την ζωή. Αν δεν πρόκειται να γίνουν έρευνες για τέτοια αρνητικά αποτελέσματα, οι συσσωρευτές πρέπει να κατασκευάζονται σε

Εγχειρίδιο του Συσσωρευτή Οργόνης

σχήματα ορθογωνίου παραλληλεπιπέδου, κύβου ή κυλίνδρου. Αυτά έχουν δώσει τα καλύτερα αποτελέσματα και είναι πιο εύκολα στην κατασκευή τους. Μια ιστορία στο σημείο αυτό: το 1980 ο συγγραφέας ήταν στην Αίγυπτο και πήγε μέσα στην Μεγάλη Πυραμίδα του Χέοπα. Ενώ βρισκόμουν μέσα, αισθάνθηκα ένα τόσο δυνατό πνίξιμο, που μ' έκανε να μην μπορώ να αναπνεύσω. Το αίσθημα αυτό υποχώρησε αφού άδειασα το παγούρι με νερό που είχα μαζί μου πάνω στο κεφάλι μου και στο στήθος μου. Αργότερα, άκουσα αναφορές για ολόκληρες ομάδες τουριστών που είχαν παρόμοιες προσβολές, μέχρι σημείου που κάποιοι είχαν λιποθυμήσει και έπρεπε να τους επαναφέρουν στην ζωή έξω από την πυραμίδα. Δεν μπορώ να πω αν αυτό είναι αποτέλεσμα μη ικανοποιητικού αερισμού ή όχι, αλλά στην δική μου περίπτωση, ήμουν ο μόνος από τα 8 άτομα της τουριστικής ομάδας που επηρεάσθηκε άσχημα. Δεδομένων των παρατηρήσεών μου με υποαναπτυγμένα ή νεκρωμένα βλαστάρια φυτών μέσα σε κωνικούς η πυραμιδοειδείς συσσωρευτές, μου φαίνεται πιθανό ότι αυτές οι επιδράσεις είναι το αποτέλεσμα μιας τοξικής συγκέντρωσης ή ενός φαινομένου υπερφόρτισης. Χρειάζεται περισσότερη έρευνα για να διασαφηνιστούν αυτοί οι παράγοντες που σχετίζονται με το σχήμα, όπως και με τη χρήση συσσωρευτών σε περιοχές με λιμνάζουσα ενέργεια, όπως στις ερήμους. Δείτε το Κεφάλαιο 8, σχετικά με το *Φαινόμενο Όρανουρ και την Ντορ* για περισσότερες λεπτομέρειες.

Η) Οι γωνίες των συσσωρευτών δεν είναι ανάγκη να κατασκευάζονται με ακρίβεια, ούτε οι στρώσεις να είναι αεροστεγείς ή να εφαρμόζουν ακριβώς, αν και είναι βεβαίως επιθυμητό να υπάρχει όσο είναι δυνατό πιο κομψή και καθαρή κατασκευή. Σε μερικές περιπτώσεις, έχω δει μεταλλικά κιβώτια χαλαρά τυλιγμένα με στρώσεις σύρματος κουζίνας και βαμβακιού, υφάσματος τσόχας, ή μαλλιού. Επίσης, μερικοί έχουν χρησιμοποιήσει τενεκεδένια κουτιά, που χρησιμοποιούνται για την συντήρηση τροφίμων, τυλιγμένα με πλαστικό, τοποθετημένα μέσα σε άλλο μεγαλύτερο κουτί που ήταν, με την σειρά του τυλιγμένο επίσης με πλαστικό. Αυτά τα τενεκεδένια κουτιά ήταν τοποθετημένα το ένα μέσα στο άλλο έτσι που αποτελούν ένα αρκετά αποτελεσματικό συσσωρευτή τεσσάρων ή πέντε στρώσεων, για φόρτιση σπόρων ή για άλλους σκοπούς. Δεν φαίνονται ιδιαίτερα κομψά ή «επιστημονικά», αλλά λειτουργούν πολύ καλά.

Κατασκευή και πειραματική χρήση

Το σχήμα ενός συσσωρευτή οργόνης είναι λιγότερο σημαντικό σε σχέση με την σύσταση των υλικών του και το περιβάλλον. Η παραπάνω εικόνα δείχνει το εσωτερικό φύλλο από γαλβανισμένη λαμαρίνα έξι συσσωρευτών (πίσω επάνω σειρά) και κουτιά ελέγχου από χαρτόνι (κάτω μπροστά σειρά) που χρησιμοποιήθηκαν σε ένα πείραμα βλάστησης σπόρων που έκανε ο συγγραφέας το 1973. Από αριστερά προς τα δεξιά: τετράεδρο, πυραμίδα του Χέοπα, κώνος, κύβος, κύλινδρος και σφαίρα. Τα πιο συνηθισμένα σχήματα συσσωρευτών, όπως το κυβικό, το παραλληλεπίπεδο ή το κυλινδρικό πάντα έδιναν τα καλύτερα αποτελέσματα βλάστησης. Τα μυτερά σχήματα (τετράεδρο, πυραμίδα, κώνος) συχνά σκότωναν πολλούς από τους σπόρους πριν βλαστήσουν πλήρως. Η επίδραση του συσσωρευτή ήταν ισχυρότερη από την επίδραση του σχήματος, με την έννοια ότι τα χειρότερα αποτελέσματα μεταξύ των σχημάτων των συσσωρευτών ήταν καλύτερα από τα καλύτερα αποτελέσματα βλάστησης των σπόρων από τα διάφορα σχήματα ελέγχου. Παρόμοια πειράματα έγιναν από τον συγγραφέα για να ελεγχθούν διάφορα μέταλλα. Τα γνωστά σιδηρομαγνητικά υλικά πάντοτε έδιναν τα καλύτερα αποτελέσματα. Αν ο μαγνήτης δεν κολλάει, μη το χρησιμοποιείς!

Εγχειρίδιο του Συσσωρευτή Οργόνης

Θ) Οι συσσωρευτές πρέπει να διατηρούνται σε μέρη όπου κυκλοφορεί καθαρός αέρας. Η πόρτα ή το καπάκι του συσσωρευτή πρέπει να αφήνεται εν μέρει ανοικτό όταν δεν χρησιμοποιείται. Το εσωτερικό του μπορεί να διατηρηθεί φρέσκο και λαμπερό με τη τοποθέτηση μιας λεκάνη με νερό μέσα στο συσσωρευτή όταν δεν χρησιμοποιείται. Σε αυτή την περίπτωση σκουπίζετε περιοδικά το εσωτερικό και εξωτερικό με ένα υγρό πανί.

Ι) Μεγαλύτεροι συσσωρευτές που χρησιμοποιούνται από ανθρώπους ή από ζώα σε αγροκτήματα είναι καλύτερο να διατηρούνται στο ύπαιθρο κάτω από μια σκεπή, για να προφυλάσσονται από τη βροχή. Η καλή κυκλοφορία του αέρα και το ηλιακό φως βοηθούν στην συσσώρευση ενέργειας. Η καλύτερη θέση για έρευνα με συσσωρευτή θα ήταν μέσα σε μία μεγάλη ξύλινη αποθήκη στην εξοχή, μακριά από κάθε είδους γραμμές μεταφοράς ηλεκτρικού ρεύματος, ηλεκτρομαγνητικές συσκευές και πυρηνικές εγκαταστάσεις. Το εύρημα αυτό για το βέλτιστο περιβάλλον για την ζωική ενέργεια είναι σε πλήρη συμφωνία με τα πιο πρόσφατα ευρήματα της *οικιακής οικολογίας*, στην οποία μια κατοικία εξετάζεται για τοξικές επιδράσεις στους κατοίκους της. Δείτε το σχετικό Κεφάλαιο 8, σχετικά με το *Φαινόμενο Όρανουρ και την Ντορ* για περισσότερες λεπτομέρειες.

ΙΑ) Ο συσσωρευτής δεν θα αναπτύξει δυνατή φόρτιση κατά την διάρκεια υγρού, βροχερού καιρού. Με τέτοιο καιρό, η φόρτιση της οργόνης, στην επιφάνεια της Γης είναι πολύ χαμηλή και το μεγαλύτερο τμήμα της απορροφάται από σύννεφα καταιγίδων που βρίσκονται από πάνω ή σε κάποια απόσταση. Η πιο δυνατή φόρτιση οργόνης συναντάται στον συσσωρευτή τις καθαρές, ηλιόλουστες μέρες, όταν η φόρτιση οργόνης στην επιφάνεια της Γης είναι αρκετά δυνατή.

ΙΒ) Συσσωρευτές οργόνης που χρησιμοποιούνται σε μεγάλα υψόμετρα τείνουν να παράγουν δυνατότερα φορτία παρά σε χαμηλότερα υψόμετρα. Σε μικρότερα γεωγραφικά πλάτη είναι δυνατό να δημιουργηθούν δυνατότερα φορτία απ' ότι σε μεγαλύτερα γεωγραφικά πλάτη. Ατμόσφαιρα με χαμηλότερη υγρασία τείνει να παράγει δυνατότερα φορτία παρά ατμόσφαιρα με μεγαλύτερη υγρασία. Περίοδοι με πολλές ηλιακές κηλίδες και εκρήξεις συμπίπτουν με περιόδους ισχυρότερης φόρτισης οργόνης, σε σύγκριση με περιόδους που έχουν λίγες ηλιακές κηλίδες και εκρήξεις. Ευθυγραμμίσεις μεταξύ Γης, Ήλιου και Σελήνης, κατά την διάρκεια περιόδων Πανσελήνου και

Κατασκευή και πειραματική χρήση

Νέας Σελήνης, φαίνονται ότι παράγουν ένα ισχυρότερο, πιο διεγερμένο φορτίο στην ατμόσφαιρα και μέσα στον συσσωρευτή.

ΙΓ) Εάν κάνετε ένα ελεγχόμενο πείραμα με τον συσσωρευτή, μην τοποθετήσετε τα σχετικά όργανα σε κοντινή απόσταση από αυτόν. Να θυμόσαστε ότι ο συσσωρευτής έχει ένα ενεργειακό πεδίο και επηρεάζει μερικώς γειτονικά του αντικείμενα με τρόπο παρόμοιο με τον τρόπο που επηρεάζει εκείνα που βρίσκονται στο εσωτερικό του. Τα ηλεκτρικά ή ηλεκτρομαγνητικά πεδία διαφόρων οργάνων θα μπορούσαν επίσης να διαταράξουν ή να επηρεάσουν ένα συσσωρευτή, κάνοντας αυτή την προφύλαξη δύο φορές σπουδαιότερη για τον ερευνητή επιστήμονα.

ΙΔ) Μην χρησιμοποιείτε οποιαδήποτε ηλεκτρική οικιακή συσκευή συνδεδεμένη στην πρίζα μέσα ή κοντά στον συσσωρευτή. Ούτε κινητά τηλέφωνα, φορητούς υπολογιστές, συσκευές τηλεόρασης, ή άλλες συσκευές που εκπέμπουν ακτινοβολία. Αυτές οι συσκευές θα διαταράξουν την ενέργεια στο εσωτερικό. Επίσης, τα εσωτερικά τοιχώματα είναι αγωγοί του ηλεκτρισμού και υπάρχει κίνδυνος ηλεκτροπληξίας. Σε συσσωρευτές για ανθρώπους, χρησιμοποιήστε λάμπα μπαταρίας, ή τοποθετήστε μια δυνατή λάμπα λίγο έξω από την πόρτα του συσσωρευτή. Πολλοί άνθρωποι χρησιμοποιούν μια τέτοια λάμπα για να διαβάσουν όσο κάθονται στο εσωτερικό. Τα ραδιόφωνα δεν φαίνεται να έχουν αρνητική επίδραση αν χρησιμοποιούνται στο δωμάτιο, αλλά τα αποτελέσματα των ηλεκτρονικών συσκευών αναπαραγωγής ήχου δεν είναι γνωστά.

ΙΕ) Σε συσσωρευτές για πειραματική χρήση, πρέπει να γίνει αντιληπτό ότι οργανικά υλικά ή υλικά που κρατούν υγρασία όταν τοποθετηθούν στο εσωτερικό του, απορροφούν την οργονοτική φόρτιση. Μην αποθηκεύετε και μην βάζετε στον συσσωρευτή υλικά που δεν είναι απαραίτητα.

ΙΣΤ) Σε συσσωρευτές για ανθρώπους το επιθυμητό είναι να μην απέχουν τα εσωτερικά τοιχώματα περισσότερο από 5 με 10 εκατοστά από την επιφάνεια του δέρματος. Όταν κάθεται κανείς στο εσωτερικό, είναι καλύτερο να είναι όσο πιο ελαφρά ντυμένος γίνεται, γιατί τα βαριά ρούχα θα εμποδίσουν την απορρόφηση της οργονικής ακτινοβολίας. Μια ξύλινη καρέκλα ή παγκάκι μπορεί να χρησιμοποιηθεί καθώς το στεγνό ξύλο απορροφά ελάχιστα την οργόνη. Οι μεταλλικές καρέκλες είναι επίσης κατάλληλες, αλλά μπορεί να είναι άβολο να κάθεστε σ' αυτές επειδή είναι κρύες.

73

Εγχειρίδιο του Συσσωρευτή Οργόνης

ΙΖ) ΣΗΜΕΙΩΣΗ: Μία πολύ συχνή ή πολύ μεγάλης διάρκειας χρήση του συσσωρευτή μπορεί να δημιουργήσει συμπτώματα υπερβολικής φόρτισης, όπως πίεση στο κεφάλι, ελαφριά ναυτία, γενική αδιαθεσία ή ζαλάδα. Σε τέτοια περίπτωση, βγείτε αμέσως από τον συσσωρευτή και αναπαυθείτε στον καθαρό αέρα για λίγο. Τα συμπτώματα αυτά θα φύγουν σε λίγα λεπτά, Εν τούτοις, ο Ράιχ προειδοποίησε άτομα με ιστορικό υπερφορτισμένων βιοπαθειών (Κεφάλαιο 11) να χρησιμοποιούν τον συσσωρευτή με προσοχή και για μικρότερα χρονικά διαστήματα. Αυτές οι υπερφορτισμένες βιοπάθειες περιλαμβάνουν: υψηλή πίεση, ασθένειες καρδιακής ανεπάρκειας, όγκους στον εγκέφαλο, αρτηριοσκλήρωση, γλαύκωμα, επιληψία, μεγάλη παχυσαρκία, αποπληξία, φλόγωση του δέρματος και επιπεφυκίτιδα.

ΙΘ) Η ερώτηση «πόση ακτινοβόληση είναι αρκετή» σχετίζεται με το ενεργειακό πεδίο του καθενός και η απάντησή της είναι κυρίως υποκειμενική και διαφορετική για κάθε άτομο. Κανένας δεν σας λέει ποτέ πόσο νερό να πιείτε για να ξεδιψάσετε. Απλώς πίνετε μέχρις ότου να έχετε την αίσθηση ότι «ήπιατε αρκετό». Το ίδιο ισχύει και με την χρήση του συσσωρευτή. Όταν έχετε την αίσθηση ότι πήρατε «αρκετή φόρτιση» τότε βγείτε έξω. Με τους περισσότερους ανθρώπους, αυτό γίνεται λίγο χρόνο αφότου έχουν φθάσει το σημείο όπου το δικό τους ενεργειακό πεδίο *φωταυγεί* ή ακτινοβολεί απαλά, με μια θερμή διέγερση στην επιφάνεια του δέρματός τους και αφότου έχουν αρχίσει να ιδρώνουν. Εάν δεν είσθε βέβαιος για αυτού του είδους τα αισθήματα, έχετε υπομονή, επειδή με μερικούς ανθρώπους μπορεί να χρειασθούν πολλές συνεδρίες πριν να μπορέσουν πραγματικά να αισθανθούν τα ενεργειακά αποτελέσματα. Ένας καλός εμπειρικός κανόνας είναι να περιορίζετε τις περιόδους που κάθεστε μέσα στον συσσωρευτή το πολύ σε 30 με 45 λεπτά. Μπορεί, εν τούτοις, να χρησιμοποιηθεί ο συσσωρευτής περισσότερες από μια φορά την ημέρα. Δεν πρέπει να επιχειρήσετε να πάρετε έναν «υπνάκο» μεγάλης διάρκειας. Πρόσθετες πληροφορίες στα βιολογικά αυτά φαινόμενα δίνονται στο Κεφάλαιο 11 σχετικά με τα *Φυσιολογικά και Βιοϊατρικά Αποτελέσματα*.

Νέες Πληροφορίες και Ενημερώσεις για την Οργονική Ενέργεια και τον Συσσωρευτή Οργονικής Ενέργειας.

Η έρευνα με την οργόνη συνεχίζεται σε όλο τον κόσμο και με τα θαύματα του διαδικτύου νέες πληροφορίες γίνονται άμεσα διαθέσιμες,

74

Κατασκευή και πειραματική χρήση

επιτρέποντας την περιοδική ανανέωση όπου και όταν χρειάζεται. Η ακόλουθη ιστοσελίδα έχει φτιαχτεί για τον σκοπό αυτό: www.orgonelab.org/orgoneaccumulator

Πρόσθετες Σημειώσεις Σχετικά με τα
Υλικά Κατασκευής του Συσσωρευτή Οργόνης
Από το 1940, όταν ο Ράιχ δημοσίευσε για πρώτη φορά τα ευρήματά του σχετικά με τον συσσωρευτή οργόνης τόσο εκείνος όσο και άλλοι (εμού συμπεριλαμβανομένου) πρότειναν το υλικό *Σελοτέξ* για την εξωτερική, μη μεταλλική στρώση του συσσωρευτή. Ωστόσο, το «Σελοτέξ» είναι στην πραγματικότητα το όνομα εταιρείας, της *Εταιρείας Σελοτέξ* και σήμερα δεν προσδιορίζει κάποιο συγκεκριμένο προϊόν. Αρχικά, η εταιρεία Σελοτέξ κατασκεύαζε μόνο *χαρτόνι ηχομόνωσης* βασισμένο σε οργανικά υλικά, που φτιάχνεται από κονιορτοποιημένους μίσχους ζαχαροκάλαμων και άλλα υπολείμματα από φυλλώδη φυτά. Το κονιορτοποιημένο οργανικό υλικό ανακατεύονταν με κόλλες, συμπιέζονταν σε μορφή επίπεδου φύλλου για να στεγνώσει και μετά το έβαφαν άσπρο στην μια πλευρά. Ήταν αρκετά σταθερό και μπορούσε να κοπεί με έναν κόφτη. Αυτές οι *ινοσανίδες ή ηχομονωτικά* υλικά συνεχίζουν να υπάρχουν στο εμπόριο από πολλούς κατασκευαστές και χρησιμοποιούνται συνήθως ως επίστρωση οροφής για λόγους ακουστικής. Ωστόσο, η εταιρεία Σελοτέξ σήμερα κατασκευάζει μια σειρά από άκαμπτες μονωτικές πλάκες που είναι τελείως ακατάλληλες και τοξικές για την κατασκευή συσσωρευτών, όπως ένα φύλλο αλουμινίου και αφρώδεις μονωτικές πλάκες. Επομένως, ο όρος «Σελοτέξ» έχει χάσει την αρχική του σημασία και δεν χρησιμοποιείται πλέον.

Ένα άλλο εξαιρετικό υλικό για το εξωτερικό του συσσωρευτή λέγεται masonboard το οποίο είναι πιο λεπτό και πιο ανθεκτικό από την ινοσανίδα. Είναι ένα πυκνό, σκληρό υλικό, πιο γερό από την ινοσανίδα ή την πλάκα ηχομόνωσης. Φτιάχνεται και αυτή από κυτταρίνη από φύλλα ή ξύλα που κόβονται σε πολύ μικρά κομματάκια, ανακατεμένα με κόλλες που συμπιέζονται σε λεπτά επίπεδα φύλλα. Και οι ινοσανίδες και το masonboard μπορούν να χρησιμοποιηθούν και πετυχαίνουν μια ακόμα καλύτερη διηλεκτρική σταθερά που απορροφά την οργόνη αν βαφτεί με αρκετές εξωτερικές στρώσεις φυσικού βερνικιού. Η επίστρωση βερνικιού είναι πραγματικά απαραίτητη για ανθεκτικότητα, για στεγανοποίηση και για καλύτερη έλξη της οργόνης.

Τώρα είναι δυνατόν να προμηθευτεί κανείς *πλάκες μαλλιού προβάτου* σε αρκετά χαμηλό κόστος σε αντικατάσταση του υαλοβάμβακα που χρησιμοποιείται συνήθως στο εσωτερικό των πλαισίων του συσσωρευτή. Όταν κουρεύονται τα πρόβατα, πλένεται

75

με ήπιο τρόπο για να απομακρυνθούν τα κατάλοιπα, αφήνοντας ένα ελαφρύ και αφράτο υλικό το οποίο αργότερα επεξεργάζεται σε μορφή νημάτων ή κλωστών για να κατασκευαστούν τα μάλλινα υφάσματα. Στο παραπάνω υλικό μπορεί να του δώσει κανείς το σχήμα λεπτών επιφανειών όπως χρειάζεται για το εσωτερικό των πλαισίων του συσσωρευτή οργόνης και δεν έχει καθόλου σκόνες ή τοξικότητα. Νεότερες βιοϊατρικές μελέτες υποδεικνύουν ότι ο υαλοβάμβακας είναι περισσότερο τοξικός όταν αναπνέεις κοντά του ή όταν τον πιάνεις, από ότι πιστεύανε στο παρελθόν, επομένως είναι πολύ καλύτερη ιδέα να χρησιμοποιήσει κανείς πιο φυσικά υλικά όπως είναι το μαλλί προβάτου. Ωστόσο, δεν αντενδείκνυται να χρησιμοποιήσει κανείς τον υαλοβάμβακα που έχει πολύ καλή διηλεκτρική σταθερά και απορροφητικότητα της οργόνης. Είναι επίσης φτηνός και τον βρίσκει κανείς σχεδόν παντού. Αν αποφασίσετε να τον χρησιμοποιήσετε, μην παραλείψετε να πάρετε μέτρα προστασίας.

Εξακολουθώ να συστήνω την *ακρυλική τσόχα* για την κατασκευή των εξωτερικών επιφανειών των κουβερτών οργόνης, αλλά πρέπει να είναι κανείς σίγουρος ότι είναι ακρυλική και όχι η συνηθέστερη *πολυεστερική*, που δεν είναι καλό υλικό. Όταν έχει κανείς αμφιβολία, είναι καλύτερο να χρησιμοποιήσει 100% μάλλινη τσόχα ή μάλλινη κουβέρτα, υλικά που είναι αφράτα και να χρησιμοποιήσει πιο φτηνό μαλλί για τα εσωτερικά στρώματα.

Γενικά, τα υλικά με μεγάλη *διηλεκτρική σταθερά* (όπως είναι το μαλλί προβάτου με τα φυσικά έλαια λανολίνης, κάποια ειδικά πλαστικά, τα ακρυλικά, ο υαλοβάμβακας, το φυσικό βερνίκι, το φυσικό κερί, κτλ) είναι και καλοί απορροφητές οργόνης. Τα μέταλλα, τις ινώδεις πλάκες, το ξύλινο πλαίσιο και τον υαλοβάμβακα για τον συσσωρευτή οργόνης σας μπορείτε να τα προμηθευτείτε από τα τοπικά καταστήματα με σιδηρικά και είδη ξυλείας, αλλά για το μαλλί είναι προτιμότερο να το προμηθευτείτε από ένα ειδικό κατάστημα λευκών ειδών. Σιγουρευτείτε ότι είναι 100% μαλλί και όχι μείγμα μαλλιού και πολυεστέρα. Από καταστήματα με είδη κατασκήνωσης μπορείτε να προμηθευτείτε κουβέρτες κατασκήνωσης και συχνά μπορεί να βρει κανείς 100% μάλλινες κουβέρτες σε καταστήματα με είδη από δεύτερο χέρι. Κουλούρες σύρματος κουζίνας βρίσκονται σε καταστήματα με οικιακά είδη ή σε καταστήματα με είδη για το πάτωμα καθώς χρησιμοποιούνται στους τροχούς λείανσης δαπέδων. Αν δεν μπορείτε να βρείτε τα υλικά σε τοπικά καταστήματα, μπορείτε να τα βρείτε σε λίγο υψηλότερες τιμές λόγω των μεταφορικών, από την ιστοσελίδα:

www.naturalenergyworks.net

8. Το φαινόμενο *Όρανουρ* και η *Ντορ*

Οι παρατηρήσεις του Ράιχ για την ενέργεια της ζωής δείχνουν ότι κανονικά βρίσκεται σε μια σχετικά ήρεμη και αδιατάραχτη κατάσταση δραστηριότητας, στην οποία έχει προσαρμοστεί η ζωή στον πλανήτη μας. Μπορεί κανείς να αισθανθεί αυτή την κατάσταση ως μια ευχάριστη ζεστή λάμψη ή ακόμα και ελαφριά ώθηση ενέργειας που βιώνεται κατά κανόνα μέσα στον συσσωρευτή οργόνης, ή όταν βρίσκεται κανείς στη φύση. Ωστόσο, ανακάλυψε επίσης ότι, σε συνθήκες έκθεσης σε μέτρια ή υψηλά επίπεδα πυρηνικής ακτινοβολίας ή σε ηλεκτρομαγνητικά πεδία, όπως και σε κάποιες άλλες διεγέρσεις, η οργόνη αλλάζει χαρακτηριστικά. Η οργόνη μπορεί να οδηγηθεί σε μια ερεθισμένη και χαοτική κατάσταση υπερδιέγερσης, την οποία ο Ράιχ ονόμασε *φαινόμενο Όρανουρ*.

Το φαινόμενο Όρανουρ – Oranur είναι συντομογραφία για τις λέξεις *Orgone (Οργονική) Anti-Nuclear (Αντι-Πυρηνική) Radiation (Ακτινοβολία)* – ανακαλύφθηκε χωρίς να υπάρχει σχετική πρόθεση όταν μικρή ποσότητα πυρηνικού υλικού τοποθετήθηκε σε ένα ισχυρό συσσωρευτή οργόνης. Αυτό έγινε κατά τη διάρκεια του Ψυχρού Πολέμου, ως τμήμα ενός πειράματος μεγαλύτερης κλίμακας με σκοπό την εκτίμηση του οφέλους από τον συσσωρευτή απέναντι σε διαρροές ραδιενέργειας και στο σύνδρομο που οφείλεται στις ακτινοβολίες. Ο Ράιχ είχε αρκετούς συσσωρευτές 20 στρώσεων μέσα σε ένα πολύ μεγαλύτερο συσσωρευτή μεγέθους δωματίου στο εργαστήριό του σε αγροτική περιοχή του Μέιν. Όταν το ραδιενεργό υλικό μπήκε σε αυτό το περιβάλλον με την υψηλή φόρτιση, το ενεργειακό πεδίο της οργόνης ολόκληρου του εργαστηρίου γρήγορα έφτασε σε κατάσταση μεγάλης αναταραχής που μπορούσε να γίνει άμεσα αισθητή, αλλά και ορατή με τη μορφή μιας έντονης γαλάζιας ομίχλης που περικύκλωσε το εργαστήριο. Το όρανουρ επηρέαζε το σώμα με συμπτώματα υπερφόρτισης, δίνοντας το αίσθημα του εγκαύματος από τον ήλιο μαζί με πυρετό και πίεση μέσα στον εγκέφαλο, με ναυτία, νευρικότητα και υπερένταση. Στο εργαστήριο του Ράιχ, οι εργαζόμενοι αρρώστησαν πολύ και ένας μεγάλος αριθμός ποντικιών που υπήρχαν σε ένα άλλο κτήριο για πειραματικούς σκοπούς πέθανε. Τα αποτελέσματα του όρανουρ επεκτάθηκαν τότε σε μια ευρύτερη περιοχή που περιέβαλλε το εργαστήριό του που ήταν στην κορυφή ενός λόφου, προκαλώντας μεγάλη ανησυχία.

Το όρανουρ τείνει να επηρεάσει κάθε άτομο στο πιο αδύνατο

77

Εγχειρίδιο του Συσσωρευτή Οργόνης

σημείο του και φέρνει υποβόσκοντα ιατρικά προβλήματα στην επιφάνεια. Μπορεί να αισθανθεί κανείς μια συνεχή ταραχή και ταχυκαρδία. Άλλοι μπορεί να συσταλούν σε μέτριο βαθμό με αγχώδη εφίδρωση, ή να λιποθυμήσουν, ή άλλοι να ψάχνουν ευκαιρία για καυγά. Οι παλάμες των χεριών μπορεί να γίνουν ποικιλόχρωμες και μπορεί να είναι αδύνατον να κοιμηθεί κανείς. Επικρατεί μια τάση για ανικανότητα διατήρησης επαρκούς εστίασης στην εργασία ή σε άλλες δραστηριότητες. Εν συντομία, τα αποτελέσματα του όρανουρ αντικατοπτρίζουν ορισμένες από τις βιοφυσικές αντιδράσεις που είναι τυπικές σε ανθρώπους που εκτίθενται σε μέτρια ή υψηλά επίπεδα πυρηνικής ή ηλεκτρομαγνητικής ακτινοβολίας. Ωστόσο, στην περίπτωση του όρανουρ, δεν υπήρχε πυρηνική ακτινοβολία πέρα από τα όρια του μικρού συσσωρευτή στον οποίο φυλάσσονταν οι ραδιενεργές πηγές. Οι επιδράσεις προκαλούνταν από την συγκεντρωμένη οργονική ενέργεια, που πολλαπλασίαζε τις επιδράσεις και τις διέδιδε πέρα από τα άμεσα όρια του εργαστηρίου.

Η ατμοσφαιρική έκφραση του όρανουρ χαρακτηρίζεται επίσης από υπερφόρτιση. Ο ουρανός μπορεί να έχει ένα έντονο γαλάζιο χρώμα, αλλά εμφανίζεται στον ορίζοντα, αρκετή καταχνιά συνήθως γαλακτώδους απόχρωσης. Μπορεί να εμφανιστούν καλοσχηματισμένα σύννεφα, αλλά σε συνθήκες όρανουρ δεν ενώνονται και δεν μεγαλώνουν, εν μέρει γιατί η πολύ φορτισμένη και σε ένταση ατμόσφαιρα δεν πάλλεται και έτσι δεν μπορεί να συσταλεί. Η φόρτιση στο εσωτερικό των νεφών δεν μπορεί να αυξηθεί πέρα από κάποιο σημείο. Σε συνθήκες όρανουρ, οι άνεμοι είναι χαοτικοί, σαν να είναι σε σύγχυση ή σε ταραχή. Τα σύννεφα καταιγίδας που πλησιάζουν συνήθως αρχίζουν και τεμαχίζονται, ή να «μουτζουρώνονται» σε πλατιούς επίπεδους σχηματισμούς ή διασκορπίζονται όταν πλησιάζουν μια περιοχή που είναι επηρεασμένη από όρανουρ. Η ατμόσφαιρα μπορεί να έχει μια ποιότητα «έντασης» ή «πίεσης», αντικατοπτρίζοντας τις υπερφορτισμένες συνθήκες που επικρατούν. Οι βροχές γενικά ελαττώνονται, ειδικά καθώς το όρανουρ τελικά αντικαθίσταται από την αντίθετη ποιότητά του, τις συνθήκες νέκρωσης και ακινησίας.

Ο Ράιχ ανακάλυψε ότι το φαινόμενο όρανουρ διατηρούνταν ακόμα και μετά την απομάκρυνση των ραδιενεργών υλικών από τους ισχυρούς συσσωρευτές του εργαστηρίου του. Αυτό έδειχνε ξεκάθαρα, ότι το φαινόμενο αφορούσε αποκλειστικά την ίδια τη διεγερμένη ζωική ενέργεια και όχι τα ραδιενεργά υλικά. Αυτό το γεγονός έκανε τις εργαστηριακές του εγκαταστάσεις για πολλά χρόνια, πρακτικά, σχεδόν ακατάλληλες για χρήση. Όταν επικρατούσαν συνθήκες αυτής της επίμονης αναστάτωσης λόγω όρανουρ, παρατήρησε ότι η οργονική ενέργεια ανέπτυσσε μια ποιότητα λίμνασης, δίνοντας την

Το φαινόμενο Όρανουρ και η Ντορ

υποκειμενική αίσθηση ότι είχε ακινητοποιηθεί και είχε «νεκρώσει». Ο Ράιχ προσδιόρισε αυτή την ενεργειακή κατάσταση ως ντορ (dor), ως μια συντομογραφία του όρου *νεκρή οργόνη* (deadly orgone). Βιοφυσικά, η έκθεση σε καταστάσεις ντορ, προκαλούν μια νεκρωμένη ποιότητα, μια ακινησία. Δημιουργείται ένα αίσθημα ληθαργικής «νέκρωσης», όπου ο αέρας είναι αποπνικτικός και είναι δύσκολο να πάρει κανείς μια καλή ανάσα και να βγει από αυτήν. Επίσης, δεδομένης της διψασμένης για νερό φύσης της ντορ, αισθάνεται κανείς μόνιμα αφυδατωμένος. Μερικοί άνθρωποι αντιδρούν στην ντορ με οίδημα. Ο Ράιχ και οι συνεργάτες του προσδιόρισαν μια ειδική, ακραία μορφή της *νόσου ντορ* που μοιάζει με έντονα συμπτώματα γρίπης. Ο οργανισμός αντιδρά με λήθαργο, ακινησία, περιορισμένη αναπνοή και συναισθηματική έλλειψη επαφής. Τα συμπτώματα αυτά είναι χειροπιαστά, αισθητά και σε μερικές περιπτώσεις μετρήσιμα όπως είναι η ελάττωση του φωτός, σαν η ατμόσφαιρα να μην μπορεί να φωτοβολήσει πλήρως ή να λάμψει με το φως του ήλιου.

Η ντορ έχει και μια ατμοσφαιρική έκφραση και όταν εξαπλωθεί αρκετά, σχετίζεται με ξηρασίες και συνθήκες ερήμου. Εμφανίζεται στο χώρο σαν μια μεταλλική-γκρι ομίχλη, που ελαττώνει την ορατότητα και κάνει το ηλιακό φως να καίει ή να τσουρουφλίζει. Ο Ράιχ παρατήρησε επίσης μια μαύρη ποιότητα στο χρώμα του δέρματος των ανθρώπων που είχαν εκτεθεί σε παρατεταμένη ντορ. Ακόμα και τα δέντρα και οι επιφάνειες των βράχων αποκτούσαν μια παρόμοια μαυρισμένη «σαν στάχτη» απόθεση κατά το απόγειο της κρίσης όρανουρ-ντορ στο εργαστήριό του. Αυτό το φαινόμενο του συνδυασμού όρανουρ και ντορισμένης-ύλης σύμφωνα με τις παρατηρήσεις του μαύριζε τους βράχους και τα δέντρα γύρω από το εργαστήριο και έκανε την παραδοχή ότι μετέτρεπε τις βροχές σε όξινες, ήταν υπεύθυνη για την δημιουργία του γκρι πέπλου στην ατμόσφαιρα και μπλοκάριζε την ανάπτυξη νεφών και, επομένως, την βροχόπτωση. Τα σύννεφα σε καταστάσεις ντορ εμφανίζονται κουρελιασμένα ή «φαγωμένα», σαν ελαφρώς βρώμικο, κουρελιασμένο βαμβάκι. Ή μπλοκάρονται και δεν μεγαλώνουν ποτέ πάνω από ένα συγκεκριμένο μικρό μέγεθος. Σε κάποιες περιπτώσεις, εμφανίζονται μαύρα, ή πολύ σκούρα γκρι μικρά σύννεφα και διατηρούν το μουντό ή πολύ σκούρο γκρι χρώμα τους ακόμα και όταν φωτίζονται άμεσα από το ηλιακό φως. Αυτά τα σύννεφα ο Ράιχ τα ονόμασε *σύννεφα ντορ*. Συχνά σχηματίζονται και ξανασχηματίζονται συνέχεια σε κάποιες περιοχές, σαν να είναι ενεργειακά προσκολλημένα στην περιοχή αυτή. Μπορεί να τα βρει κανείς σε ολόκληρες περιοχές, τα οποία οι επιστήμονες τα ονομάζουν «καφέ σύννεφα» ή «σύννεφα μόλυνσης», ακόμα και αν βρίσκονται σε αγροτικές ή ωκεάνιες περιοχές, μακριά από πόλεις και εργοστάσια. Οι επιστήμονες που ασχολούνται με τη θάλασσα τα περιγράφουν ως «άνυδρες ομίχλες» που μοιάζουν να είναι σύννεφα ντορ-ερήμου που σχετίζονται με παράκτιες ερημικές περιοχές. Πολλά πράγματα έγιναν γνωστά σχετικά με την ατμοσφαιρική ζωική ενέργεια από το ατύχημα στο εργαστήριο του Ράιχ. Το δημοσίευμά του *Το Πείραμα Όρανουρ* περιγράφει τα δραματικά γεγονότα. Από τις παρατηρήσεις του σχετικά με την αντίδραση των ανθρώπων και των άλλων μορφών ζωής στο όρανουρ, ο Ράιχ έκανε αντιστοιχίσεις με συνηθισμένες εμπειρίες που οι περισσότεροι ήδη γνωρίζουν. Για παράδειγμα, συνέκρινε την διέγερση της ζωικής ενέργειας τύπου όρανουρ-ντορ με την αρχική και παρατεταμένη αντίδραση ενός άγριου ζώου που το έβαλαν στο κλουβί. Στην αρχή το ζώο αντιδρά με μανία, προσπαθώντας να απελευθερωθεί από το περιοριστικό περίβλημα. Ένα φυλακισμένο λιοντάρι ή μια αρκούδα, για παράδειγμα, αντιδρά με λυσσώδη οργή, πέφτοντας πάνω στα κάγκελα, χτυπώντας τα για να απελευθερωθεί. Αργότερα, το ζώο εξαντλείται και αδρανεί και γίνεται ληθαργικό. Παραιτείται μέσα στο κλουβί, κάθεται σε μια γωνία και δεν κινείται καθόλου. Σχεδόν πάντα, τα μικρά κελιά των ζωολογικών κήπων δημιουργούν αυτόν τον τύπο συναισθηματικά νεκρού ζώου. Ο Ράιχ σύγκρινε την υγιή και ήσυχα κινούμενη οργονική ενέργεια με ένα φίδι που κινείται με φυσικό κυματισμό και τη διεγερμένη όρανουρ με ένα παρόμοιο φίδι που το έχουν πιάσει και το κρατούν σε ένα σημείο και εκείνο σφαδάζει και χτυπιέται για να απελευθερωθεί. Το ίδιο ισχύει και με ορισμένα είδη «πολιτισμένης» ζωής, μέσα στο *κοινωνικό κλουβί* του ζουρλομανδύα της συμβατικότητας (για παράδειγμα, του καταναγκαστικού αυταρχικού εκπαιδευτικού συστήματος), που μπορούν να προκαλέσουν ένα παρόμοιο αποτέλεσμα στους ανθρώπους. Από βιοφυσικής άποψης είναι η εφαρμογή του ίδιου είδους βιοφυσικής αντίδρασης.

Εκτός από την πυρηνική ενέργεια, ο Ράιχ προσδιόρισε, αργότερα, ένα πλήθος άλλων πηγών μέτριας μέχρι σοβαρής αντίδρασης όρανουρ η οποία θα μπορούσε να διαταράξει την οργονική ενέργεια, όπως οι λαμπτήρες φθορισμού και οι κινητήρες που βγάζουν σπινθήρες. Σήμερα υπάρχουν πολύ περισσότερα κατασκευάσματα που διεγείρουν την οργόνη, που θα περιγράψουμε με συντομία.

Αν και το όρανουρ και η ντορ συνήθως συνυπάρχουν σε μια περιοχή, η μια έκφραση γενικά κυριαρχεί στην άλλη. Αρχικά αποτελούν φαινόμενα ακτινοβολίας που είναι εγκατεστημένα σε μια περιοχή. Έτσι το όρανουρ και η ντορ δεν μπορούν να παρασυρθούν από τους ανέμους, αν και μια ισχυρή καταιγίδα μπορεί να τα απομονώσει και να τα καθαρίσει. Σε συνθήκες ιδιαίτερα ισχυρού

Το φαινόμενο Όρανουρ και η Ντορ

Επάνω: Ατμόσφαιρα πνιγμένη από γκρι ομίχλη ντορ, που κρύβει τον ορίζοντα και εμποδίζει τον σχηματισμό νεφών, στις ερήμους κοντά στο Φοίνιξ της Αριζόνα. Κάτω: Η ίδια περιοχή σε διαφορετικές ατμοσφαιρικές συνθήκες με καλοσχηματισμένα σύννεφα και τον ουρανό να έχει ένα πλούσιο γαλάζιο χρώμα. Η μαύρη γραμμή σημειώνει το ίδιο σημείο του ορίζοντα. Πειραματικές εργασίες που προέρχονται τόσο από τις κλασσικές επιστήμες της ατμόσφαιρας όσο και από την βιοφυσική της οργόνης έχουν δείξει ότι αυτού του τύπου η αδιαφανής ατμοσφαιρική ομίχλη - η οποία εμφανίζεται επίσης πάνω από τους ωκεανούς με πολύ χαμηλή υγρασία στην οποία έχει δοθεί το οξύμωρο όνομα «άνυδρη ομίχλη» - μπορεί να εξηγηθεί, μόνο εν μέρει, από την παρουσία σωματιδίων αιωρούμενων στον αέρα και σωματιδίων σκόνης (δες: ΝτεΜέο Τζ., Περιοδικό του Αμερικάνικου Ινστιτούτου Βιοϊατρικής Κλιματολογίας, Τόμος 20, σελ. 1-4, 1996).

Εγχειρίδιο του Συσσωρευτή Οργόνης

όρανουρ ή ντορ, οι καταιγίδες μπλοκάρονται και εκτρέπονται και έτσι δημιουργείται παρατεταμένη ξηρασία. Οι ερημικές περιοχές συνήθως είναι φορτισμένες με μεγάλες ποσότητες ντορ, ιδιαίτερα στα χαμηλότερα σημεία της τοπογραφίας της περιοχής και μεγάλες ποσότητες αέρα φορτισμένου με ντορ μπορεί να διοχετευτούν από μια ερημική περιοχή και να προκαλέσουν ξηρασία αλλού. Οι περιοχές με πολλά πυρηνικά εργοστάσια, με εγκαταστάσεις αποθήκευσης πυρηνικών αποβλήτων, με ορυχεία ουρανίου και εγκαταστάσεις επεξεργασίας παρόμοιων υλικών, έχουν επίσης την τάση να είναι υπερφορτισμένες με ντορ και όρανουρ. Σε αυτές τις περιοχές συχνά συμβαίνουν επαναλαμβανόμενα επεισόδια ξηρασίας, δεδομένου ότι η ζωική ενέργεια σπάνια είναι σε φυσιολογική κατάσταση και περιοδικά υπερδιεγείρεται ή νεκρώνει. Αντιπαραβάλλετε τις παραπάνω περιγραφές των συνθηκών του όρανουρ και της ντορ με εκείνη της οργονικής ενέργειας στην φυσιολογική απαστράπτουσα και παλλόμενη κατάσταση. Όταν το οργονικό ενεργειακό συνεχές διατηρεί μια κατάσταση υγιούς και σφριγηλού ατμοσφαιρικού παλμού, τότε παρατηρούνται οι φυσικοί κύκλοι βροχής – αιθρίασης - βροχής - αιθρίασης. Η ατμόσφαιρα είναι καθαρή και διαφανής, αστράφτει και δεν έχει κάποια σημαντική ατμοσφαιρική ομίχλη. Η οπτική αντίθεση μεταξύ νεφών και γαλάζιου ουρανού είναι εμφανής μέχρι χαμηλά στον ορίζοντα. Ο ανοιχτός ουρανός έχει ένα βαθύ γαλάζιο χρώμα και το περίγραμμα των νεφών είναι σαφές και διαγράφεται καθαρά. Τα σύννεφα έχουν ένα σχετικά σφαιρικό σχήμα, σαν κουνουπίδι και έχουν κατακόρυφη ανάπτυξη χωρίς να γέρνουν προς το πλάι ή να καταρρέουν. Τα μακρινά βουνά έχουν ένα γαλαζωπό ή ιώδες χρώμα. Η βλάστηση είναι επίσης άφθονη και ζωηρή, γεμάτη ζωή. Τα πουλιά είναι ζωηρά και πετούν πολύ ψηλά και τα υπόλοιπα ζώα είναι επίσης ζωηρά. Το ηλιακό φως ζεσταίνει, αλλά δεν καίει και δεν τσουρουφλίζει άμεσα. Το γενικό υποκειμενικό αίσθημα σε καταστάσεις καθαρού καιρού είναι μεγάλη διαστολή, άφθονης ενέργειας, ικανότητα επαφής και ζωντάνια. Η αναπνοή είναι τόσο εύκολη που ο αέρας είναι σαν να μπαίνει μόνος του μέσα στους πνεύμονές σου. Οι περισσότεροι άνθρωποι νιώθουν ιδιαίτερα ζωντανοί και σε εγρήγορση και πιο χαλαροί από ότι συνήθως. Ολόκληρη η ζωή είναι σε ανοδική πορεία, ενάντια στη βαρύτητα, ως μια έκφραση της διασταλτικής φύσης της ζωικής ενέργειας που ξεχειλίζει και παρασύρει ευγενικά. Κατά τη διάρκεια βροχερών καταστάσεων, μπορεί να αισθάνεται κανείς λιγότερο ενεργητικός, ή νυσταγμένος, αλλά εξακολουθεί να είναι άνετα, χαλαρός και ήρεμος. Οι βροχές συμβαίνουν με μια περιοδικότητα.

Οι περισσότεροι ηλικιωμένοι άνθρωποι γνωρίζουν ότι αυτή η ατμοσφαιρική ποιότητα είναι όλο και πιο σπάνια. Στο παρελθόν την

Το φαινόμενο Όρανουρ και η Ντορ

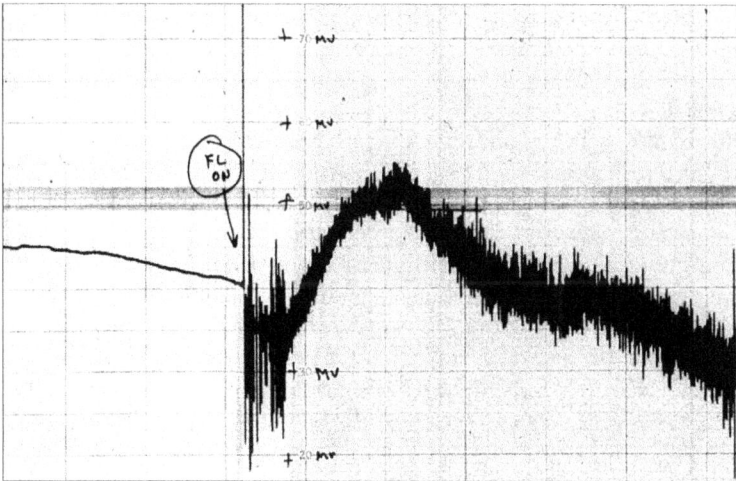

Βιοενεργειακές διαταραχές που δημιουργούνται από την διέγερση όρανουρ που προκαλεί ένας λαμπτήρας φθορισμού, όπως ανιχνεύεται μέσω της μέτρησης του βιοηλεκτρικού πεδίου ενός φυλλόδεντρου που βρίσκεται λίγο πιο εκεί, χρησιμοποιώντας ένα ευαίσθητο μιλιβολτόμετρο (HP-412-A VTVM) πριν και μετά το άναμα του λαμπτήρα. Κάτω: Μια παρόμοια διέγερση από μια συσκευή τηλεόρασης καθοδικού σωλήνα . Και στις δύο περιπτώσεις, δεν έφτασε καθόλου φως από τις συσκευές στο φυτό, καθώς ήταν προφυλαγμένο πίσω από χοντρό χαρτόνι.

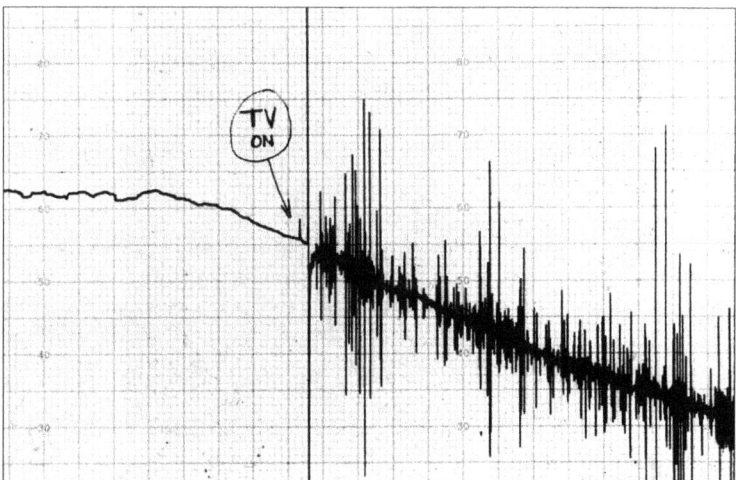

83

Εγχειρίδιο του Συσσωρευτή Οργόνης

συναντούσε κανείς πιο συχνά απ' ότι σήμερα. Οι ομιχλώδεις, στάσιμες, ντορισμένες ποιότητες γίνονται το «σύνηθες» με γοργούς ρυθμούς, ώστε πολλοί νέοι άνθρωποι, ειδικά στις μεγάλες μολυσμένες πόλεις, δεν γνωρίζουν πως είναι μια πραγματικά αστραφτερή μέρα. Για παράδειγμα, οι πιο μεγάλοι στην ηλικία πιλότοι αεροπορικών εταιρειών, θυμούνται την εποχή που η ομίχλη της ντορ υπήρχε μόνο πάνω από μερικές βιομηχανικές περιοχές κοντά στις μεγάλες πόλεις. Σήμερα, εντούτοις, η ομίχλη της ντορ μπορεί να παρατηρηθεί χωρίς διακοπή από τη μια ακτή των Η.Π.Α. ως την άλλη, αλλά και σε μία σημαντική απόσταση πάνω από τη θάλασσα! Παρομοίως, σε περιοχές που υφίστανται ακατάσχετη αποδάσωση και ερημοποίηση, οι συνθήκες που χαρακτηρίζουν ερήμους επιβαρυμένες με ντορ, εξαπλώνονται σε περιοχές που ήταν κάποτε πολύ πιο πλούσιες σε βλάστηση και υγρές. Σε υγρότερες περιοχές, καθώς η ατμόσφαιρα αποκτά ιδιότητες της ντορ, οι κανονικές καταιγίδες αντικαθίστανται από ομιχλώδη, όξινη ψιλή βροχή. Οι φυσιοδίφες αναφέρουν ότι η γαλάζια λάμψη πάνω από τα βουνά εξαφανίζεται περίπου δύο χρόνια πριν αρχίσουν να πεθαίνουν μαζικά τα δέντρα, ένα φαινόμενο που παρομοίως συνδέεται με τη μουντή και μόνιμη μόλυνση του αέρα. Πραγματικά, η γαλάζια λάμψη της οργόνης των ωκεανών, των ποταμών, των δασών και της ατμόσφαιρας είναι μια αξιόπιστη μέθοδος πρόγνωσης της ζωτικότητας των οικοσυστημάτων. Τώρα που η ζωική ενέργεια έχει τεκμηριωθεί και αποδειχθεί αντικειμενικά, πρέπει να ενδιαφερθούμε να μην εξαφανιστεί από την μόλυνση και να μην θανατωθεί.

Ένα συνηθισμένο πρόβλημα με την χρήση των συσσωρευτών είναι ότι συσσωρεύει την ποιότητα της ενέργειας που υπάρχει στο περιβάλλον. Πρέπει κανείς να ενδιαφερθεί για τις ενεργειακές συνθήκες της περιοχής όπου είναι τοποθετημένος. Η οργονική ενέργεια στην ατμόσφαιρα και μέσα στα κτίρια είναι πολύ ευαίσθητη σε ορισμένες διαταράξεις και διεγέρσεις. Όπως και το ζωντανό πρωτόπλασμα, η οργονική ενέργεια μπορεί να διεγερθεί ή να ερεθισθεί και ορισμένες περιβαλλοντικές επιδράσεις μπορούν να την οδηγήσουν προς τοξικές καταστάσεις όρανουρ και ντορ. Εάν η ενεργειακή ατμόσφαιρα στην κατοικία σας ή την γειτονιά σας έχει γίνει κατ' αυτόν τον τρόπο τοξική, η χρήση του συσσωρευτή δεν συνιστάται, ή συνιστάται μόνο μετά την απομάκρυνση των παραγόντων που προκαλούν τη διέγερση, επειδή αλλιώς θα είναι πολύ δύσκολο να συγκεντρωθεί οτιδήποτε άλλο πέρα από ένα διεγερτικό ή τοξικό φορτίο.

Για παράδειγμα, συσσωρευτές οργόνης, ειδικότερα εκείνοι που προορίζονται για βιολογικά πειράματα, ή χρήση από ανθρώπους, δεν πρέπει ποτέ να χρησιμοποιούνται σε δωμάτια με τις ακόλουθες

Το φαινόμενο Όρανουρ και η Ντορ

συσκευές που ερεθίζουν την οργόνη:
- φώτα φθορισμού, είτε τύπου μακριών σωλήνων, είτε τύπου συμπαγών λαμπτήρων
- δέκτες τηλεόρασης, ειδικά εκείνοι με καθοδικό σωλήνα,
- υπολογιστές ή μικροϋπολογιστές
- άλλες συσκευές με καθοδικές λυχνίες
- φούρνοι μικροκυμάτων, ή κουζίνες διννορευμάτων
- κινητά τηλέφωνα, ασύρματα τηλέφωνα
- ασύρματα δίκτυα σύνδεσης στο διαδίκτυο τύπου wi-fi, ή για πληκτρολόγια
- ηλεκτρικές κουβέρτες (ακόμη και αν είναι συνδεμένες στο ρεύμα αλλά δεν είναι αναμμένες)
- συσκευές διαθερμίας, μηχανήματα ακτίνων-Χ,
- ηλεκτρικοί κινητήρες που σπινθηρίζουν, συσκευές με επαγωγικά πηνία
- βιντεοκάμερες χειρός, game-boys, play stations
- άλλες ηλεκτρομαγνητικές συσκευές
- ανιχνευτές καπνού τύπου ραδιενεργού ιονισμού
- ρολόγια, ρολόγια χεριού ή άλλες συσκευές που περιέχουν ραδιενεργά, φωσφορίζοντα υλικά (φωσφορίζοντα υλικά τα οποία δουλεύουν με απορρόφηση ορατού φωτός μπορείτε να τα χρησιμοποιείτε)
- άλλα ραδιενεργά υλικά, ή δυνατά χημικά σπρέι

Συσσωρευτές οργόνης δεν πρέπει να χρησιμοποιούνται ούτε και στο ίδιο κτήριο όπου οι πιο ισχυρές από τις παραπάνω συσκευές (όπως μηχανήματα ακτίνων-Χ) χρησιμοποιούνται, ή χρησιμοποιούνταν πρόσφατα. Πειράματα που έγιναν από τον Ράιχ και από άλλους που εργάζονται σε νοσοκομεία, έχουν δείξει ότι οι συσκευές ακτίνων-Χ καταστρέφουν τα ευεργετικά προς τη ζωή αποτελέσματα της οργονικής ακτινοβολίας. Επιπρόσθετα, υπάρχει ένα αποτέλεσμα διαρκείας, κατά το οποίο οι τοξικές ενεργειακές συνθήκες παραμένουν για κάποιο χρονικό διάστημα μετά την διακοπή λειτουργίας και την απομάκρυνση από το δωμάτιο ή το κτίριο των συσκευών που προκαλούν τον ερεθισμό. Συσσωρευτές οργόνης δεν πρέπει επίσης να χρησιμοποιούνται κοντά ή δίπλα σε περιοχές όπου υπάρχουν οι ακόλουθες εγκαταστάσεις:
- ραντάρ αεροδρομίων
- κεραίες κινητών τηλεφώνων
- γραμμές μεταφοράς υψηλής ηλεκτρικής τάσης
- κεραίες μετάδοσης ραδιοφώνων AM, FM ή τηλεόρασης
- πυρηνικά εργοστάσια, αποθηκευτικοί χώροι πυρηνικών υλικών

Εγχειρίδιο του Συσσωρευτή Οργόνης

- χώροι αποθήκευσης πυρηνικών αποβλήτων, ορυχεία ουρανίου
- στρατιωτικές εγκαταστάσεις με αποθήκες πυρηνικών βομβών
- περιοχές δοκιμών πυρηνικών βομβών, κατά το παρόν ή το παρελθόν.

Ο Ράιχ και άλλοι που ήταν συνεργάτες του προειδοποίησαν για τις συσκευές αυτές κατά τις δεκαετίες του 1940 και 1950, αλλά μόλις πρόσφατα αρχίσαμε να βλέπουμε επιδημιολογικές μελέτες που να επιβεβαιώνουν τα αρνητικά για τη ζωή αποτελέσματά τους.

Ένα μέρος του προβλήματος αυτού οφείλεται στη δυσκολία ότι, με την απλή απόδειξη μιας σχέσης μεταξύ δύο παραγόντων δεν αποδεικνύεις ότι η σχέση είναι και αιτιακή. Πρέπει κανείς να δείξει ή να αποδείξει ποιος είναι ο μηχανισμός και να αποδείξει αντικειμενικά κάθε βήμα μεταξύ των δύο συσχετιζόμενων παραγόντων, πριν θεωρηθεί ότι υπάρχει αιτία και αποτέλεσμα. Αυτό, στις περισσότερες περιπτώσεις είναι μια πολύ σοφή τακτική, αλλά εφαρμόζεται πολύ ανομοιόμορφα στον κόσμο των επιστημών. Τα θεωρήματα της καθιερωμένης επιστήμης σπάνια υπόκεινται σε έγκυρη κριτική δεδομένης της αποτυχίας τους να ικανοποιήσουν αυτά τα αυστηρά κριτήρια (π.χ. «κακά γονίδια», «κρυμμένοι ιοί», κ.τ.λ.), ενώ οι μη καθιερωμένες θεωρίες θεωρίες στερούνται χρηματοδότησης ή απλώς απορρίπτονται ή καταπνίγονται για οποιεσδήποτε αδυναμίες μπορεί να παρουσιάζουν. Εργοστάσια που προκαλούν ρύπανση του περιβάλλοντος επικαλούνται το επιχείρημα αυτό για να αποφύγουν την ανάληψη ευθυνών για τις περιβαλλοντικές βλάβες που έχουν προκαλέσει.

Αναφορικά με τα ενεργειακά ζητήματα, σύμφωνα με τους καλύτερους υπολογισμούς των φυσικών επιστημόνων, η χαμηλού επιπέδου ακτινοβολία *δεν θα έπρεπε* να προκαλεί επιβλαβή αποτελέσματα στο ζωντανό σύστημα. Η ενέργεια που υπάρχει στην χαμηλού επιπέδου ακτινοβολία, *όπως ανιχνεύεται με συμβατικά όργανα ανίχνευσης ακτινοβολίας*, απλά δεν είναι επαρκής για να δημιουργήσει σημαντική βλάβη. Και όμως, σύμφωνα με πολλούς Βιολόγους, η βλάβη συμβαίνει. Δίνω έμφαση στην παρατήρηση για τα «συμβατικά όργανα ανίχνευσης ακτινοβολίας», επειδή μια κύρια πλάνη της φυσικής είναι η παραδοχή ότι εάν ένα όργανο δεν μετράει μια περιβαλλοντική διαταραχή, τότε δεν έχει συμβεί καμία διαταραχή. Το λάθος εδώ βρίσκεται στην λανθασμένη παραδοχή ότι τα όργανα ανίχνευσης ενέργειας θα ανιχνεύσουν το 100% οποιασδήποτε διαταραχής. Αυτή η αναπόδεικτη υπόθεση αμφισβητείται, βέβαια, από βιολογικά και επιδημιολογικά στοιχεία τα οποία αποδεικνύουν ότι ένα αποτέλεσμα πράγματι υπάρχει, ακόμα και αν οι αποδεκτές θεωρίες δεν

Το φαινόμενο *Όρανουρ* και η *Ντορ*

μπορούν να βρουν μια εύκολη εξήγηση γι' αυτό. Υπάρχει επιπλέον μια μεγάλη δυσπιστία των περισσότερων εκπροσώπων των σύγχρονων επιστημών στις αισθήσεις του σώματος ή του οργανισμού γι' αυτό οι άνθρωποι που αρρωσταίνουν από τις μοντέρνες συσκευές μας που ακτινοβολούν ενέργεια, συχνά δεν γίνονται πιστευτοί ή τους αντιμετωπίζουν με καχυποψία.

Για παράδειγμα, άνθρωποι που ζούσαν γύρω από το πυρηνικό εργοστάσιο στο Θρη Μάιλ Άιλαντ (Three Mile Island) κατά τη διάρκεια του μεγάλου ατυχήματος που συνέβη το 1979, ανέφεραν παράξενες ομίχλες γαλάζιας λάμψης, έντονα αισθήματα ηλιακού εγκαύματος και πονοκεφάλου, δυσκολία στην αναπνοή και άλλα συμπτώματα που είχε αναφέρει ο Ράιχ σχεδόν 30 χρόνια νωρίτερα στο *Πείραμα Όρανουρ*. Τα άτομα αυτά αγνοήθηκαν με τη δικαιολογία ότι είχαν «ψυχολογικές αντιδράσεις» και δεν τα πήραν σοβαρά, αν και είχαν βρεθεί ανεξήγητα μεγάλοι αριθμοί νεκρών πουλιών και στην περιοχή δεν υπήρχαν πουλιά για αρκετό διάστημα μετά το γεγονός. Παρόμοια φαινόμενα αναφέρθηκαν γύρω από το πυρηνικό εργοστάσιο του Τσερνομπίλ την εποχή που έγινε το ατύχημα το 1986, με παρόμοιες παραβλέψεις από τις αρχές..

Σ' αυτό ακριβώς το σημείο οι ανακαλύψεις του Ράιχ για την οργονική ενέργεια παρέχουν μια αποσαφήνιση καθώς η ζωική ενέργεια (και οι διαταραχές που συμβαίνουν σ' αυτή) αποδεικνύονται κατά βάση σε αντιδράσεις των ζωντανών βιολογικών οργανισμών. Υπάρχουν μέθοδοι για να κάνει κανείς πειραματική ανίχνευση των φαινομένων όρανουρ που προκαλούνται από ακτινοβολίες, αλλά αυτό απαιτεί εξειδικευμένες πειραματικές συσκευές που δεν διατίθενται στο εμπόριο. Ή μπορεί να παρατηρήσει κανείς περίεργες αντιδράσεις σε συνηθισμένες συσκευές ανίχνευσης ακτινοβολίας. Έτσι, για παράδειγμα, Ράιχ παρατήρησε ότι οι μετρητές Γκάιγκερ-Μίλερ που διέθετε «πήγαιναν πολύ γρήγορα», ή «μπούκωναν» και «νέκρωναν» όταν εκτίθονταν στα φαινόμενα όρανουρ, κάτι που επιβεβαίωσα πριν χρόνια όταν ζούσα κοντά στους πυρηνικούς αντιδραστήρες του Τέρκι Πόιντ στη Νότια Φλόριντα. Στους αντιδραστήρες εκείνους δεν είχε συμβεί κανένα ατύχημα, απλά «συνήθης απελευθέρωση» τοξικής ακτινοβολίας χαμηλού επιπέδου η οποία δημιουργούσε ένα τρομακτικό φαινόμενο όρανουρ στην γύρω περιοχή.

Η οργόνη είναι επίσης ένα *ενεργειακό συνεχές*, το οποίο παρέχει σύνδεση μεταξύ της ενοχλητικής εγκατάστασης ή συσκευής (πυρηνικό εργοστάσιο, κεραία μικροκυμάτων, φώτα φθορισμού, δέκτης τηλεόρασης καθοδικής ακτίνας) και του ζωντανού οργανισμού που επηρεάζεται. Καθώς το τοπικό πεδίο οργονικής ενέργειας της Γης, ή το ενεργειακό πεδίο μιας κατοικίας διαταράσσεται ή διεγείρεται άσχημα από πυρηνική ακτινοβολία ή ηλεκτρομαγνητικές συσκευές, με όμοιο τρόπο διαταράσσεται και το πεδίο οργονικής ενέργειας ενός ατόμου

Εγχειρίδιο του Συσσωρευτή Οργόνης

στο περιβάλλον αυτό.

Η σύγχρονη Φυσική εν μέρει αναγνωρίζει αυτές τις διασυνδέσεις, υποστηρίζοντας ότι όλες οι πυρηνικές βόμβες, οι πυρηνικοί αντιδραστήρες και οι παρεμφερείς εγκαταστάσεις ακτινοβολούν τεράστιες ποσότητες από *νετρίνα*, που είναι εντελώς θεωρητικά κατασκευάσματα τα οποία δεν μπορεί κανείς να τα σταματήσει και είναι μη ανιχνεύσιμα.

Τα νετρίνα εξορμούν απ' αυτές τις εγκαταστάσεις διαπερνώντας κάθε είδος θωράκισης απέναντι στην ακτινοβολία και προσπίπτουν πάνω στα σώματα όλων όσων βρίσκονται ακόμα και πολλά χιλιόμετρα μακριά. Θεωρητικά δεν προκαλούν καμία βλάβη καθώς θεωρείται ότι έχουν τόσο απειροελάχιστη μάζα που διαπερνούν τα πάντα και επομένως απαιτούνται οι πλέον εξειδικευμένες συσκευές για να τα καταγράψουν. Επομένως, πώς θα μπορούσαν να βλάψουν τους ζωντανούς οργανισμούς; Αλλά αυτός είναι ένας καθαρά θεωρητικός συλλογισμός. Το βασικό γεγονός που παρατηρείται είναι ότι σύμφωνα με τις καλύτερες θεωρίες της κλασικής Φυσικής, για κάθε πυρηνική οργανισμούς; Αλλά αυτός είναι ένας καθαρά θεωρητικός συλλογισμός.

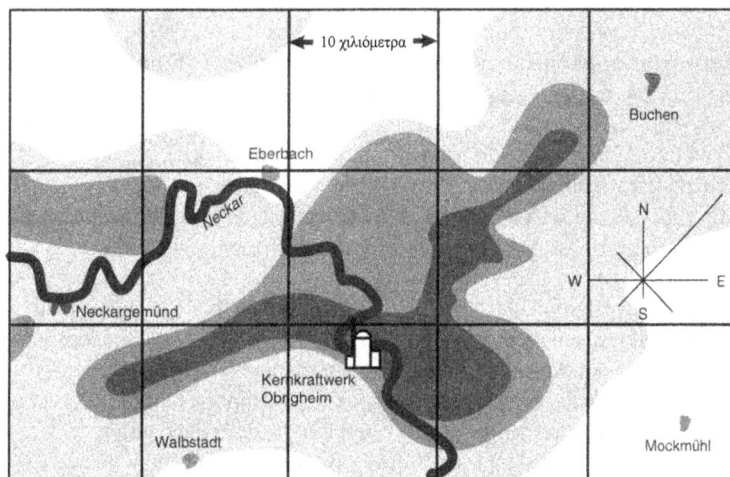

Κατανομή της επιδείνωσης της κατάστασης του δάσους και του θανάτου του γύρω από ένα Γερμανικό πυρηνικό εργοστάσιο παραγωγής ενέργειας στο Όμπρινγκχάιμ, από μια έρευνα του Καθηγητή Γκίντερ Ράιχελτ. Άλλες πυρηνικές εγκαταστάσεις – όπως αντιδραστήρες, ορυχεία ουρανίου και διυλιστήρια, προκάλεσαν παρόμοιες καταστροφές. (G. Reichelt Waldschaden durch Radioaktivitat? 1985. Δείτε επίσης το βιβλίο του R. Graeub, The Petkau Effect, 1992.)

Το φαινόμενο Όρανουρ και η Ντορ

Το βασικό γεγονός που παρατηρείται είναι ότι σύμφωνα με τις καλύτερες θεωρίες της κλασικής Φυσικής, για κάθε πυρηνική διάσπαση όπου εκπέμπονται σωματίδια βήτα (που συμβαίνει στα περισσότερα είδη ραδιενέργειας) παράγεται και εκλύεται ένα ζευγάρι νετρίνων. Μπορεί να σταματήσει κανείς την ακτινοβολία βήτα, αλλά όχι τα νετρίνα.

Επομένως σημαντικά ποσά ενέργειας εκλύονται διαρκώς από την καρδιά του πυρηνικού αντιδραστήρα, περνο□ν δια μέσου της βαριάς θωράκισης του αντιδραστήρα στον περιβάλλοντα χώρο, τα οποία δεν μπορούν να ανιχνευτούν με τους συνηθισμένους ανιχνευτές.

Οι ανιχνευτές νετρίνων είναι ογκώδεις συσκευές μεγέθους μιας μεγάλης αποθήκης και απαιτούνται ομάδες επιστημόνων για να λειτουργήσουν, έχοντας σαν βάση την αρχή της αναζήτησης μικρών αναλαμπών γαλάζιου φωτός σε τεράστιες συσκοτισμένες δεξαμενές νερού, ή στα σκοτεινά βάθη των ωκεανών, ή στα βάθη των παγετώνων των πόλων, όπου έχουν διασκορπιστεί ολόκληρες παρατάξεις ανιχνευτών φωτός σε πολύ βαθιές τρύπες. Σύμφωνα με τους υπολογισμούς των επιστημόνων που εκφράζουν τη δεσπόζουσα τάση, υπάρχουν τεράστιες ποσότητες νετρίνων που καταλαμβάνουν τους χώρους που ζούμε και αναπνέουμε. Θεωρητικά ο Ήλιος παράγει 18×10^{37} νετρίνα το δευτερόλεπτο, ένα πραγματικά τεράστιο νούμερο (18 ακολουθούμενο από 37 μηδενικά!). Από αυτά η Γη συναντά 8×10^{28} ανά δευτερόλεπτο. Η Γη εκπέμπει επίσης ένα αδελφό σωματίδιο το αντινετρίνο, με ρυθμό $1,75 \times 10^{26}$ ανά δευτερόλεπτο. Από αυτά τα γιγαντιαία *ένας μέσος άνθρωπος δέχεται 3 τρισεκατομμύρια φυσικά κοσμικά νετρίνα το δευτερόλεπτο, θεωρητικά, μόνο από τον Ήλιο και τη Γη, που διαπερνούν το σώμα του.* Ένας μεγάλος πυρηνικός αντιδραστήρας εκπέμπει επίσης αντινετρίνα με ρυθμό περίπου 10^{18} νετρίνα το δευτερόλεπτο. Το ερώτημα είναι, σε τι βαθμό αντιδρούν όλα αυτά τα νετρίνα;

Σύμφωνα με την κλασσική θεωρία, τα νετρίνα είναι τόσο «αλλόκοσμα» που σαν φαντάσματα μας διαπερνούν χωρίς καμία επίδραση. Έχουν τόσο μικρή μάζα και έχουν τόσο φευγαλέες ιδιότητες που μπορούν να διαπεράσουν περισσότερα από εκατόν εξήντα δισεκατομμύρια χιλιόμετρα στερεού μολύβδου μέχρι να μπορέσουν να αντιδράσουν με ένα άτομο μολύβδου. Και αυτό δεν είναι ούτε καν η αρχή της συζήτησης του ερωτήματος-σπαζοκεφαλιά του τι συνέβη με όλα αυτά τα νετρίνα και αντινετρίνα που δημιουργήθηκαν από την αρχή του χρόνου - αν δεχτούμε ότι ο χρόνος είχε κάποια αρχή - από όλα τα γεγονότα εκπομπής πυρηνικής ακτινοβολίας μέσα στο σύμπαν! Πρόκειται για ένα νούμερο που πάει στο άπειρο όπως και να το υπολογίσεις. Στην πραγματικότητα, δεν βγάζει νόημα και σε αφήνει άναυδο στην προσπάθειά σου να βρεις απαντήσεις που μοιάζουν

89

Εγχειρίδιο του Συσσωρευτή Οργόνης

περισσότερο με μεταφυσικές αναζητήσεις.

Επομένως, ορισμένοι Φυσικοί έθεσαν το αξίωμα της ύπαρξης μιας *θάλασσας νετρίνων*, η οποία μοιάζει όλο και περισσότερο με τον παλιό *κοσμικό αιθέρα του σύμπαντος*, αλλά με άλλο όνομα. Αλλά ακόμα και αυτό έχει οδηγήσει σε ένα θεωρητικό αίνιγμα, καθώς προφανώς ένα άπειρο σύμπαν ή ένα σύμπαν που προέκυψε από μια «μεγάλη έκρηξη» δεν επιτρέπει την ύπαρξη άπειρου πλήθους νετρίνων συνωστισμένων μέσα σε κάθε κυβικό εκατοστό όγκου. Στην πραγματικότητα, ολόκληρη η θεωρία των νετρίνων – που είναι θεμελιώδης για την κλασσική θεωρία των πυρηνικών διασπάσεων – είναι τόσο παραφορτωμένη με αντιφάσεις και περιπλοκότητες και, πρακτικά, γνωρίζουμε ελάχιστα για αυτά, που μπορούμε με ευκολία να υποθέσουμε ότι αυτή η «θάλασσα νετρίνων» είναι στην πραγματικότητα ένας *συνεχής ωκεανός ενέργειας* και όχι απλά ένα πλήθος διακριτών σωματιδίων. Μας αναγκάζει να δώσουμε έμφαση στην κυματική συνιστώσα του σωματιδιακού-κυματικού δυισμού και να ρωτήσουμε για μια ακόμα φορά, *μέσα σε τι γίνεται η κίνηση των κυμάτων; Ποιο είναι το μέσο διάδοσής τους;* Από αυτή την σκοπιά, μπορούμε με μια φρέσκια ματιά, να θεωρήσουμε την ιδέα της *θάλασσας νετρίνων* ως ταυτόσημο με τον *ωκεανό οργονικής ενέργειας*, παρόμοιο επίσης με τον παλιό *κοσμικό αιθέρα του σύμπαντος*.

Από την οπτική γωνία της επιστήμης του Ράιχ, όλα τα σωματίδια των ατομικών ακτινοβολιών προκύπτουν από το υπόβαθρο του ωκεανού της οργονικής ενέργειας και στο τέλος επιστρέφουν σε αυτόν. Οι ραδιενεργές διασπάσεις από τις οποίες προκύπτουν νετρίνα αποτελούν μια οδό για τη μερική μεταφορά ύλης πίσω στον ωκεανό της κοσμικής ενέργειας από τον οποίο η ύλη αυτή είχε κάποτε δημιουργηθεί. Όλα τα αστέρια, οι γαλαξίες, οι πλανήτες και η υπόλοιπη ύλη του σύμπαντος έχει χτιστεί αργά με μια διαδικασία που ο Ράιχ ονόμασε *Κοσμική Υπέρθεση* (που είναι και τίτλος ενός βασικού του βιβλίου που προτείνει μια νέα κοσμολογία), που περιλαμβάνει τις σπειροειδείς κινήσεις της ζωικής ενέργειας προς την κατεύθυνση της δημιουργίας της ύλης. Η θεωρία της Κοσμικής Υπέρθεσης ήταν μια σειρά θεωρητικών αξιωμάτων, αλλά ήταν στηριγμένη στις νέες παρατηρήσεις και τα νέα ευρήματα της βιοφυσικής της οργόνης και επομένως έχει εμπειρικές βάσεις.

Θα υπέθετα, χρησιμοποιώντας τη θεωρία του Ράιχ ως αφετηρία, ότι η ύλη οδηγείται από την ίδια υπέρθεση της κοσμικής ενέργειας, η οποία έχει βαρυτικές και ηλεκτροστατικές λειτουργίες, προς την συγκέντρωση και την οργάνωση από άτομα μικρού μαζικού αριθμού προς άτομα μεγαλύτερου μαζικού αριθμού, για να δημιουργήσει τελικά ασταθή ή ραδιενεργά στοιχεία. Πιθανότατα, το φαινόμενο μεταστοιχείωσης που προσδιορίστηκε και μετρήθηκε από τον Λουί

Το φαινόμενο Όρανουρ και η Ντορ

Κερβράν (δες το Κεφάλαιο 6) παίζει ρόλο στη διαδικασία αυτή. Κατόπιν η ύλη αποσυντίθεται διαμέσου των ραδιενεργών διασπάσεων με την άμεση απελευθέρωση πρωτογενούς κοσμικής ζωικής ενέργειας πίσω στον ωκεανό οργόνης, εν μέρει ως άτομα χαμηλότερου μαζικού αριθμού ή «θυγατρικά άτομα» όπως ονομάζονται, αλλά και μέσω εκφορτίσεων του γνωστού ζωολογικού κήπου των ατομικών σωματιδίων, συμπεριλαμβανομένου του νετρίνου και του νετρονίου, καθώς το δεύτερο εξακολουθεί να παραμένει ένα μυστηριώδες σωματίδιο που υποδηλώνει διαδικασίες οργονικής ενέργειας αρνητικής εντροπίας.

Στο εργαστήριό μου σε αγροτική περιοχή του Όρεγκον, για παράδειγμα, κατέστη δυνατόν να παραχθούν «μετρήσεις νετρονίων» μέχρι 4000 το λεπτό μέσα σε πολύ ισχυρούς συσσωρευτές οργονικής ενέργειας, που προέρχονταν μόνο από πηγές ακτινοβολίας υποβάθρου. Το σίγουρο είναι ότι τόσο υψηλές μετρήσεις θα έπρεπε να προέρχονται από μια πολύ ισχυρή ραδιενεργή πηγή, όπως για παράδειγμα, από την καρδιά ενός πυρηνικού αντιδραστήρα. Αυτό το γεγονός στηρίζει τη θεωρία του Ράιχ, η οποία θεωρεί τις περισσότερες ραδιενεργές διασπάσεις ως εκφράσεις της ζωικής ενέργειας και όχι ως «διακριτά σωματίδια».

Η χαμένη και σχεδόν μη ανιχνεύσιμη ενέργεια των νετρίνων (ή των νετρονίων) που προέρχεται από τη διάσπαση ραδιενεργούς ύλης, μπορεί απλά να αντικατοπτρίζει την διαχωριστική επιφάνεια μεταξύ της ύλης και του συνεχούς της ζωικής ενέργειας, όπου δεν εκφορτίζεται κανένα «σωματίδιο». Υπό αυτή τη θεώρηση, όταν συμβαίνει ένα γεγονός πυρηνικής διάσπασης ένα μέρος της ενέργειας επιστρέφει στον ωκεανό της οργόνης. Ο Ράιχ, συνέχισε να κάνει υποθέσεις σε αυτό το πνεύμα, περιγράφοντας την «σύσπαση της ζωικής ενέργειας» που συνοδεύει μια έκρηξη ατομικής βόμβας, σαν να οφείλεται σε σοβαρές αντιδράσεις όρανουρ μέσα στην ζωική ενέργεια που περιβάλλει το ατομικό υλικό, αλλά να μην οφείλεται μόνο στην ίδια την διαδικασία της σχάσης. Για παράδειγμα, οι πυρηνικές δοκιμές στη Νεβάδα τη δεκαετία του 1950, διατάραξαν τα ειδικά πειράματα του με την οργονική ενέργεια στο εργαστήριό του σε αγροτική περιοχή του Μέιν. Στην συνέχεια θα δώσω και άλλα παραδείγματα παρόμοιων επιδράσεων από μεγάλη απόσταση. Με αφορμή αυτό, έγινε από τους πρώτους κριτικούς της πυρηνικής ενέργειας. Ωστόσο, εκτός από τη θεωρία του Ράιχ για το όρανουρ, έχουμε στη διάθεσή μας μια ποικιλία από υποκειμενικές και αντικειμενικές βιολογικές αντιδράσεις για να κατανοήσουμε το φαινόμενο. Η θεωρία των νετρίνων της σύγχρονης φυσικής είναι πολύ ατελής, αλλά μέσω μιας απλής, διαφορετικής ερμηνείας της με τη βοήθεια των λειτουργιών της οργονικής ενέργειας, μπορεί να προτείνει ένα δυναμικό συνδετικό και αντιδραστικό μηχανισμό με τον οποίο οι ατομικές βόμβες και οι αντιδραστήρες θα

91

Εγχειρίδιο του Συσσωρευτή Οργόνης

μπορούσαν να επηρεάσουν την ζωή και τον καιρό σε μεγάλες αποστάσεις.

Οι πυρηνικοί αντιδραστήρες, μπορούμε συνεχίζοντας να πούμε, δεν εκπέμπουν μεμονωμένα «νετρίνα» στις γύρω περιοχές, αλλά αντίθετα εκφορτίζουν πρωτογενή κοσμική ενέργεια πίσω στο τοπικό συνεχές της οργονικής ενέργειας, το οποίο ερεθίζεται έντονα και υπερφορτίζεται.

Αυτή είναι η πηγή της έντονης γαλάζιας λάμψης τόσων πολλών ατομικών διαδικασιών, όπως είναι η «ακτινοβολία Τσερενκώφ» που είναι ορατή σε κάθε πυρηνικό αντιδραστήρα, όπως και στα σοβαρά ατυχήματα των αντιδραστήρων στο Θρη Μάιλ Άιλαντ και στο Τσερνομπίλ, που αναφέρθηκαν προηγούμενα. Παρόμοιες λειτουργίες της οργόνης θα εξελίσσονταν μέσα στους «ανιχνευτές νετρίνων» ή τους «ανιχνευτές κοσμικών ακτίνων» που λειτουργούν με την καταγραφή λάμψεων γαλάζιου φωτός. Θα ήταν κάτι ανάλογο με τη διαταραχή της ατμόσφαιρας γύρω από μια συσκευή που ζεσταίνει νερό, αν και ο αέρας έχει ήδη κάποια ποσότητα θερμικής ενέργειας και υδρατμών. Ή όπως μια ισχυρή μηχανή παραγωγής κυμάτων που βρίσκεται στο κέντρο μιας μεγάλης και κατά τ' άλλα ήρεμης λίμνης θα δημιουργούσε κυματισμούς σε μια απομακρυσμένη ακτή. Οι τεχνητές διαταραχές διαδίδονται προς τα έξω, περνώντας μέσα από τη θωράκιση του αντιδραστήρα καθώς και κάθε είδος τοίχου ή φραγμού και θα επηρεάσουν τα ζωντανά πλάσματα και τον καιρό στον περιβάλλοντα χώρο. Τα φαινόμενα ελαττώνονται μόνο όσο μεγαλώνει η απόσταση.

Τα ίδια ισχύουν και με το δίλημμα της νόσου που προκαλείται από τον ηλεκτρομαγνητισμό χαμηλής έντασης. Η ακτινοβολία αυτή δεν αναμένεται να αρρωσταίνει τους ανθρώπους, αλλά τους αρρωσταίνει. Η θεωρητική δυσκολία στο σημείο αυτό είναι ότι η φυσική υποστηρίζει ότι τα ηλεκτρομαγνητικά κύματα διαδίδονται στην επιφάνεια της Γης και σε κάθε μήκος και πλάτος της *χωρίς κάποιο μέσο διάδοσης*. Αυτή η θέση μοιάζει με κάποιον που μελετάει και εργάζεται με ηχητικά κύματα ή υδάτινα κύματα, αλλά αρνείται την ύπαρξη του αέρα ή του νερού. Αλλά τα πυρηνικά και ηλεκτρομαγνητικά «σωματίδια-κύματα» χρειάζονται ένα μέσο για να μεταδοθούν. Ο μεγάλος μύθος της φυσικής είναι ότι αυτό το μέσο δεν ανακαλύφθηκε ποτέ και αυτή η πλάνη συζητήθηκε στο Κεφάλαιο 6, σε σχέση με την δουλειά του Ντέιτον Μίλερ. Υποστηρίζουν επίσης, ότι δεν υπάρχει αρκετή ενέργεια στα ηλεκτρομαγνητικά κύματα χαμηλής έντασης για να διασπαστούν χημικοί δεσμοί στα ζωντανά όντα. Η παραδοχή, είναι ότι η βιοχημεία είναι η υπέρτατη επιστήμη και όπως ακριβώς με τον κοσμικό αιθέρα του σύμπαντος, η ζωική ενέργεια δεν υπάρχει.

92

Το φαινόμενο Όρανουρ και η Ντορ

Οι πυρηνικές και οι ηλεκτρομαγνητικές συσκευές και εγκαταστάσεις έχουν πράγματι βλαβερές επιδράσεις στην υγεία των χειριστών τους, όπως και των ατόμων που ζουν κοντά τους, ανεξάρτητα αν κάποιος παραδέχεται ή όχι την βιοενεργειακή άποψη που προαναφέρθηκε. Γενικά, οι κίνδυνοι για την υγεία δεν είναι εξίσου κατανεμημένοι μεταξύ ενός δεδομένου πληθυσμού. Μερικά άτομα με πολύ μεγάλη ενέργεια, ή πολύ μικρή ενέργεια και γενικά τα πολύ νεαρά και πολύ ηλικιωμένα άτομα είναι περισσότερο ευαίσθητα σ' αυτές ης τοξικές ενέργειες και αντιδρούν σ' αυτές πιο γρήγορα και πιο έντονα. Στα επόμενα Κεφάλαια, θα εξιστορήσω αρκετά συγκεκριμένα περιστατικά, μαζί με πρακτικές προτάσεις για το τι πρέπει να κάνει κανείς για να προστατευτεί ο ίδιος και ο συσσωρευτής του, από αυτούς τους περιβαλλοντικούς κινδύνους. Αλλά κατ' αρχήν πρέπει να δώσουμε μια γενική περιγραφή του προβλήματος.

Στο μέσο σπίτι, οι πιο συνηθισμένοι παράγοντες που υπερδιεγείρουν την οργόνη είναι η τηλεόραση με καθοδικό σωλήνα, ο φούρνος μικροκυμάτων, τα συστήματα υπολογιστών με «ασύρματη» τεχνολογία wi-fi και τα φώτα φθορισμού οποιουδήποτε τύπου (οι λάμπες φθορισμού ευρέως φάσματος ελαττώνουν αλλά δεν εξαφανίζουν το πρόβλημα αυτό). Τα φώτα φθορισμού συχνά παράγουν υπερδιεγερμένα φυτά με υπερμεγέθη φύλλα και έτσι ξεγελούν τους ανθρώπους ώστε να πιστέψουν ότι τα φώτα αυτά είναι «καλά». Μερικές μελέτες έχουν δείξει ότι άτομα με κατάθλιψη μπορούν να διεγερθούν σε μεγαλύτερη δραστηριότητα ή μεταβολισμό με έκθεσή τους σε φώτα φθορισμού. Παραδείγματα αποτελούν η χειμωνιάτικη συγκινησιακή κατάθλιψη, τα νεογέννητα μωρά με κατάθλιψη, ακόμα και «καταθλιμμένοι» υπάλληλοι γραφείου. Όλοι αυτοί διεγέρθηκαν με μια προσωρινή αύξηση δραστηριότητας κάτω από την επίδραση λαμπτήρων φθορισμού που προκαλούν όρανουρ. Σε πολλές περιπτώσεις, η αυξημένη δραστηριότητα συνδέθηκε με το χρώμα ή την συχνότητα του φωτός και αυτό έχει επίσης την επίδρασή του. Αλλά το πρόβλημα της διέγερσης όρανουρ από τους λαμπτήρες φθορισμού συνήθως δεν αναγνωρίζεται σαν παράγοντας επιρροής σ' αυτές τις μελέτες. Το όρανουρ παράγεται, εντούτοις, από όλα τα είδη λαμπτήρων φθορισμού, τους δέκτες τηλεόρασης, τους υπολογιστές, τις διάφορες ασύρματες (wi-fi) συσκευές, τα κινητά τηλέφωνα και τους φούρνους μικροκυμάτων. Μπορεί να μετρηθεί αντικειμενικά διαμέσου του διαταραγμένου ηλεκτρικού δυναμικού ενός φυτού εσωτερικού χώρου που εκτίθεται σε αυτές τις συσκευές και μερικές φορές διαμέσου ενός συνηθισμένου ή φορτισμένου με οργόνη μετρητή Γκάιγκερ. Ή μια επιστημονική εκτίμηση μπορεί να γίνει μέσω εκτεταμένων μετρήσεων των λειτουργιών του συσσωρευτή και με την παρατήρηση των διαταραχών που συμβαίνουν κατά τη διάρκεια

Εγχειρίδιο του Συσσωρευτή Οργόνης

καταστάσεων με όρανουρ και ντορ.

Σε οποιαδήποτε γειτονιά μιας πόλης, οι κεραίες των ραδιοφωνικών σταθμών, τα ραντάρ των αεροδρομίων, οι κεραίες κινητής τηλεφωνίας επίσης συνιστούν κινδύνους και δημιουργούν όρανουρ. Όπως οι φούρνοι μικροκυμάτων και οι τηλεοράσεις καθοδικού σωλήνα, διαχέουν σχετικά μεγάλα ποσά ακτινοβολίας στις γύρω περιοχές. Οι νεότερες επίπεδες τηλεοράσεις και οθόνες υπολογιστών τεχνολογίας LCD, είναι πολύ ασφαλέστερες κατ' υπ' την έννοια, αλλά όχι απόλυτα ασφαλείς.

Ορισμένοι αρχικοί τύποι αισθητήρων υπερύθρων για το αυτόματο άνοιγμα θυρών ή για το αυτόματο άνοιγμα των λαμπτήρων εξέπεμπαν επίσης ένα *ενεργό* σήμα που το ανίχνευαν οι αισθητήρες και άναβαν ή έσβηναν τις συσκευές. Σήμερα, έχουν αντικατασταθεί, επί το πλείστον, από *παθητική* τεχνολογία που απλά ανιχνεύει τη θερμότητα του σώματός σου. Οι παθητικές ηλεκτρομαγνητικές συσκευές δεν δημιουργούν πρόβλημα, αλλά οι συσκευές που ακτινοβολούν ενέργεια δημιουργούν. Με αυτή την έννοια, οι συσκευές που σκανάρουν βιβλία ή προϊόντα, που έχουν σχεδιαστεί για να σταματήσουν τις μικροκλοπές, ή για να ανιχνεύουν τους ραβδοκώδικες (bar codes) που τοποθετούνται στα προϊόντα, δημιουργούν ένα σημαντικό πρόβλημα, ειδικά στους ανθρώπους που εργάζονται σε τέτοιο περιβάλλον. Αποτελούν πρόβλημα για τους εργαζόμενους που κάθονται δίπλα τους κάθε μέρα. Ο πραγματικός κίνδυνος είναι απλά άγνωστος. Όπως συμβαίνει με τους φούρνους μικροκυμάτων και τις τηλεοράσεις καθοδικών ακτίνων, εκθέτουν τον «μέσο» άνθρωπο με μια «μέση» δόση η οποία θεωρείται λανθασμένα ότι είναι ακίνδυνη. Μέχρι να μάθουμε περισσότερα για αυτά είναι προτιμότερο να αποφεύγονται για λόγους ασφαλείας, ακόμα και αν αυτό αποδειχτεί ότι είναι λάθος. Μην τοποθετείτε έναν συσσωρευτή κοντά σε αυτές τις συσκευές.

Με παρόμοιο τρόπο, στα πυρηνικά εργοστάσια επιτρέπεται να αποβάλλουν (ή καλύτερα να πετάνε) σημαντικές ποσότητες μετρήσιμης ακτινοβολίας στο νερό ψύξης και στον αέρα εξαερισμού που περνά διαμέσου των εγκαταστάσεων. Πέρα από το γεγονός ότι ο τοπικός πληθυσμός αναπνέει και συχνά πίνει αυτά τα απορρίμματα, τα οποία μπορούν να αποθηκευτούν στην τροφική αλυσίδα, υπάρχει και το πρόβλημα του όρανουρ και της ντορ. Και τα δύο δημιουργούνται από τα πυρηνικά εργοστάσια, η ατμοσφαιρική ενέργεια σε αυτές τις περιοχές επηρεάζεται και άλλοτε κυριαρχεί η μία κατάσταση και άλλοτε η άλλη. Ευαίσθητοι άνθρωποι μπορούν, πραγματικά, να αισθανθούν τη διαφορά αφού ένας πυρηνικός αντιδραστήρας έχει λειτουργήσει για μια χρονική περίοδο και προσεκτικές παρατηρήσεις μπορεί να αποκαλύψουν μεταβολές στους καιρικούς σχηματισμούς.

Οι υπόγειες δοκιμές πυρηνικών βομβών είναι, ή ήταν, ίσως οι

Το φαινόμενο Όρανουρ και η Ντορ

χειρότεροι ένοχοι καθώς προκαλούν σοβαρά σοκ και υπερδιεγείρουν το πεδίο οργονικής ενέργειας ολόκληρου του πλανήτη. Υπάρχουν κάποια στοιχεία που δείχνουν ότι σοβαρά ακραία καιρικά φαινόμενα και σεισμοί προκλήθηκαν, τόσο τοπικά όσο και σε σημαντική απόσταση αμέσως μετά από τέτοιες υπόγειες πυρηνικές δοκιμές (δες το τμήμα της Βιβλιογραφίας).

Το πιο σημαντικό παράδειγμα αυτού του τύπου προήρθε από μια σειρά από δέκα πυρηνικές δοκιμές που έγιναν, η μια μετά την άλλη, σε μια μικρή χρονική περίοδο από τις κυβερνήσεις του Πακιστάν και της Ινδίας το Μάιο του 1998. Μέσα σε λίγες μέρες, ένα τεράστιο κύμα καύσωνα εκδηλώθηκε στην περιοχή του Πακιστάν και της Ινδίας και στο διπλανό Αφγανιστάν έγινε ένας σεισμός μεγέθους 6,9 της κλίμακας Ρίχτερ. Χιλιάδες άνθρωποι πέθαναν σε αυτά τα γεγονότα και άλλες σοβαρές καιρικές αντιδράσεις αναπτύχθηκαν σε όλο τον κόσμο σε σύντομο χρονικό διάστημα. Σύμφωνα με τον κλασσικό τρόπο σκέψης όλα αυτά είναι «αδύνατα», αλλά έχουν απόλυτη συνέπεια όταν θεωρηθούν ως μια μεγάλης κλίμακας διαταραχή του πεδίου ζωικής ενέργειας της Γης. Άλλα στοιχεία από τους Γιαπωνέζους ερευνητές Κάτο και Ματσούμε οδήγησαν στην άποψη ότι διαταράσσεται η περιστροφή ολόκληρης της Γης και η ανώτερη ατμόσφαιρα υπερθερμαίνεται και διαταράσσεται από τις υπόγειες δοκιμές πυρηνικών βομβών. Ο γεωγράφος Γκάρι Γουάιτφορντ, επίσης, απέδειξε την ύπαρξη μεταβολών στις αλληλουχίες των παγκόσμιων σεισμών που συνέβαιναν μετά από υπόγειες πυρηνικές δοκιμές (και πάλι δες το τμήμα της Βιβλιογραφίας για Παραπομπές). Αυτού του είδους τα φαινόμενα δεν έχουν κανένα νόημα από την άποψη της κλασσικής Βιολογίας, Γεωλογίας και Φυσικής, οι οποίες αρνούνται την ύπαρξη οποιασδήποτε ζωικής ενέργειας και δέχονται ότι ο χώρος είναι «κενός». Από την άποψη της Βιοφυσικής της οργόνης, ωστόσο, τα φαινόμενα αυτά επιδέχονται λογικής εξήγησης. Μοιάζουν πολύ με την προηγούμενη συζήτησή μας σχετικά με την ενέργεια της ζωής στο λιοντάρι ή την αρκούδα που ερεθίστηκαν από τη φυλάκιση ή το κέντρισμα. Υπενθυμίζουμε ακόμα τους βασανιζόμενους ταύρους μέσα στις αρένες της Ισπανίας, στους οποίους αρχικά μπήγουν αιχμηρά βέλη στη ράχη. Φαίνεται ότι η ενέργεια της ζωής που φορτίζει τη Γη και την ατμόσφαιρα αντιδρά και διεγείρεται με τρόπο παρόμοιο με εκείνον του πρωτοπλάσματος.

Στην πραγματικότητα, οι ερεθισμένες και αργότερα ληθαργικές και άρρωστες αντιδράσεις της ζωικής ενέργειας των ζωντανών οργανισμών, που για πρώτη φορά αποδείχθηκε από τον Ράιχ στο πείραμα όρανουρ, έχει επιβεβαιωθεί με υπέροχο τρόπο από τον Τζον Οτ στο βιβλίο του Υγεία και Φως. Ο Οτ απέδειξε ότι ποντίκια εργαστηρίου εκτιθεμένα σε διεγείρουσα ακτινοβολία, από μια συσκευή τηλεόρασης καθοδικής ακτίνας, στην αρχή υπερδιεγείρονταν

95

Εγχειρίδιο του Συσσωρευτή Οργόνης

και γίνονταν υπερκινητικά. Αργότερα τα ίδια ποντίκια έγιναν αδρανή και ληθαργικά και τελικά ανέπτυξαν εκφυλιστικές ασθένειες. Ο Οτ έδωσε πολλά παραδείγματα όπου η επιθετική συμπεριφορά μεταξύ εξημερωμένων ζώων, όπως τα μινγκ ή τα ψάρια ενυδρείου, εξαλείφτηκε με την απομάκρυνση των λαμπτήρων φθορισμού που δημιουργούσαν όρανουρ, σε συνδυασμό με την αυξημένη έκθεσή τους σε φυσικό φως πλήρους φάσματος. Παρόμοια αποτελέσματα παρατηρούνται σε παιδιά σχολικής ηλικίας, από φώτα φθορισμού στις αίθουσες διδασκαλίας. Ο Οτ το απέδειξε αυτό χρησιμοποιώντας μια τεχνική όπου έπαιρνε φωτογραφίες σε τακτά χρονικά διαστήματα και τα ανησυχητικά αποτελέσματα αποτυπώθηκαν στην ταινία *Εξερευνώντας το Φάσμα*. Ορισμένοι δάσκαλοι έχουν διαπιστώσει ότι η αλλοπρόσαλλη συμπεριφορά των μαθητών στην σχολική αίθουσα μπορεί να εξαλειφτεί, απλά, με το σβήσιμο των λαμπτήρων φθορισμού.

Έχω παρατηρήσει μία παρόμοια αντίδραση από παιδιά που τους επιτρέπεται να περνούν μεγάλα χρονικά διαστήματα «βλέποντας» τηλεόραση ή σερφάροντας στο διαδίκτυο. Τα φαινόμενα αυτά είναι πιο εμφανή με τις παλαιού τύπου τηλεοράσεις ή οθόνες υπολογιστών καθοδικής ακτίνας, οπότε μπορεί να μην είναι τόσο εμφανή με τις καινούργιες επίπεδες οθόνες τύπου LCD. Σε κάθε περίπτωση, κατά την διάρκεια των πρώτων φάσεων της έκθεσης ενός παιδιού στην τηλεόραση ή στον υπολογιστή, συνήθως δεν δίνεται ιδιαίτερη προσοχή στο περιεχόμενο του προγράμματος. Τα παιδιά απλώς θέλουν την τηλεόραση αναμμένη και συνήθως ασχολούνται με άλλα πράγματα ενώ κάθονται μπροστά της. Η προσκόλληση στους υπολογιστές εμφανίζει συνήθως ένα παρόμοιο σύνδρομο. Συχνά αυτή η παράξενη συμπεριφορά παρατηρείται μεταξύ ολόκληρων οικογενειών, όπου η οικογενειακή δραστηριότητα το βράδυ ή το Σαββατοκύριακο περιστρέφεται γύρω από την μεγάλη έγχρωμη καθοδική τηλεόραση. Κανείς δεν φαίνεται να νοιάζεται για το ποιο πρόγραμμα παίζεται, αρκεί μόνο η τηλεόραση να είναι *σε λειτουργία*. Ή, ειδικά τα παιδιά, κάθονται ακινητοποιημένα μπροστά στην οθόνη της τηλεόρασης ή του υπολογιστή και με τον τρόπο αυτό έχουν λιγότερες δραστηριότητες έξω από το σπίτι ή ανθρώπινες επαφές. Όπως τα ποντίκια στο εργαστήριο που ταΐζονταν κοκαΐνη, τόσο τα παιδιά, όσο κι οι ενήλικες *εθίζονται* στο φαινόμενο όρανουρ των υπολογιστών ή των τηλεοράσεων. Αργότερα, όπως τα ποντίκια του Οτ, μπορεί να μπουν σε μία αδρανή, ληθαργική, ή ακινητοποιημένη φάση η οποία έχει το γνωστό όνομα *σύνδρομο της πατάτας του καναπέ*, που μπορεί να είναι πρόδρομος παχυσαρκίας και κάποιας εκφυλιστικής ασθένειας. Βέβαια, υπάρχει μια συγκινησιακή συνιστώσα που παίζει ρόλο εδώ, στην οποία συγκινησιακά συνεσταλμένοι ενήλικες ή παιδιά μπορεί να

96

Το φαινόμενο Όρανουρ και η Ντορ

χρησιμοποιούν την τηλεόραση ή το διαδίκτυο σαν ένα μέσο διαφυγής από μία δυστυχισμένη κοινωνική ή οικογενειακή κατάσταση. Θυμηθείτε την ανακάλυψη του Ράιχ ότι η οργόνη είναι η ενέργεια των συναισθημάτων. Η τηλεόραση και ο υπολογιστής που ακτινοβολούν ισχυρά καθώς και το game-boy του παιδιού, το play station ή το κινητό τηλέφωνο για «μηνύματα» και άλλα παρόμοια πράγματα, είναι κάτι περισσότερο από μια «γνωστική» απόδραση. *Έχουν συγκεκριμένα βιοενεργειακά αποτελέσματα που, σε τελική ανάλυση, ίσως να αποτελούν και την αιτία που είναι τόσο ελκυστικά και εθιστικά για τους χρήστες τους.*

Αυτή η βιοενεργειακή μορφή εξάρτησης από ηλεκτρομαγνητικά φαινόμενα ή όρανουρ μπορεί να φανεί καθαρά όταν κάποιος προσπαθήσει να κλείσει τον υπολογιστή ή την τηλεόραση. Αναστατωμένα ή απαθή παιδιά, που λούζονταν στην ακτινοβολία της οθόνης, ακινητοποιημένα, ή με τον εγκέφαλό τους να έχει νεκρωθεί ή παγώσει, μπορεί ξαφνικά να διαμαρτυρηθούν φωνάζοντας δυνατά όταν κάποιος θελήσει να την κλείσει. Ακόμη και ενήλικες που υποφέρουν απ' αυτό το σύνδρομο θα αισθανθούν ανησυχία από τη σκέψη του κλεισίματος των ηλεκτρονικών συσκευών, που θα τους ανάγκαζε να περάσουν από μια ελαφρά κατατονική κατάσταση, σε μια άμεση συναισθηματική (βιοενεργειακή) επαφή με ανθρώπινα όντα. Μπορεί να παρατηρήσει κανείς μια επικάλυψη αυτής της «βιοενεργειακής βαβούρας» για τους ενήλικες με την κατανάλωση οινοπνεύματος, όπως συμβαίνει με τις ηλεκτρομαγνητικές οθόνες στα μπαρ όπου προβάλλονται αθλήματα στην οθόνη, η τηλεόραση είναι ανοιχτή όλη την ώρα και η αίσθηση είναι όπως στα μεγάλα καταστήματα ηλεκτρονικών συσκευών. Βέβαια, οι χρωματιστές εικόνες προσδίδουν σε όλο αυτό μια φανταχτερή, ανεβασμένη αίσθηση και μερικές φορές η κοινωνική ατμόσφαιρα στα μπαρ αυτά μπορεί να είναι πιο οικογενειακή από τη μοναξιά ή την καλυμμένη εχθρότητα που αντιμετωπίζουν τα άτομα στα σπίτια τους σε μια δυσλειτουργική οικογένεια. Κάποιες φορές αυτό μπορεί να αποτελεί μια πραγματική και πολύ λογική *προσωρινή απόδραση,* και όχι μια εμμονή σε αποδράσεις.

Βέβαια, το περιεχόμενο του προγράμματος παίζει κάποιο ρόλο, ως προς το ότι, όσο πιο έντονο, φαντασιακό, βίαιο, απάνθρωπο και σεξουαλικά διεγερτικό είναι, τόσο περισσότερο θα αγγίξει το καταπιεσμένο συναίσθημα, την σεξουαλική λαχτάρα και τον κρατημένο θυμό του ατόμου, για να τροφοδοτηθεί περισσότερο το σύνδρομο. Δεν θέλω να καταδικάσω τη χρήση της τηλεόρασης με ισοπεδωτικό τρόπο, καθώς υπάρχουν κάποιες οάσεις εξαιρετικά καλών προγραμμάτων μέσα στον ωκεανό της *πνευματικών σκουπιδιών* που κατακλύζουν τα τηλεοπτικά κανάλια.

Εγχειρίδιο του Συσσωρευτή Οργόνης

Άλλη μία αντίδραση που ανήκει σ' αυτή την κατηγορία είναι η εκτεταμένη χρήση των ηλεκτρονικών παιχνιδιών χειρός ή των όλο και πιο εντυπωσιακών κινητών τηλεφώνων, κατά κανόνα από αγχώδεις εφήβους που δαπανούν τεράστιο χρόνο με τις συσκευές αυτές. Θα μπορούσαμε να τις ονομάσουμε *συσκευές όρανουρ χειρός*, όπου το άτομο αποκτά ένα προσωπικό βιοενεργειακό «κόλλημα», όπως είναι ο εθισμός ενός καπνιστή. Η απώλεια ενός τέτοιου εθιστικού παιχνιδιού μπορεί να έχει ως αποτέλεσμα μεγάλο άγχος ή ακόμα και εκρήξεις βίας. Ο Οτ έχει δείξει ότι οι συσκευές αυτές, ιδιαίτερα η τηλεόραση (ή οθόνες υπολογιστών καθοδικής ακτίνας) και τα φώτα φθορισμού, είναι συχνά η αιτία για την υπερκινητικότητα των παιδιών. Άλλοι σύγχρονοι ερευνητές έχουν παρατηρήσει παρόμοιες διαταραχές συμπεριφοράς, που ενισχύουν την κοινωνική απομόνωση και την συναισθηματική συστολή μεταξύ νέων παιδιών που έχουν παθιαστεί με τα ηλεκτρονικά παιχνίδια τους. Το όρανουρ λόγω των λαμπτήρων φθορισμού στις αίθουσες των σχολείων ή σε εγκαταστάσεις με υπολογιστές, ή όπως συναντάται στο τμήμα των τηλεοράσεων των μεγάλων καταστημάτων που έχουν και πολλούς λαμπτήρες φθορισμού, επιτίθενται στους περαστικούς μέσω έντονων αισθήσεων όρανουρ.

Έχω δει μία καθαρή περίπτωση εθισμού σε ακτινοβολία τηλεόρασης, τριών υπερκινητικών παιδιών που περνούσαν πολλές ώρες κάθε μέρα μπροστά στην συσκευή, αλλά πρόσεχαν ελάχιστα το περιεχόμενο του προγράμματος. Αμέσως μετά την επιστροφή τους από το σχολείο, η τηλεόραση έπρεπε να ανοίγει. Όταν η τηλεόραση τελικά σταμάτησε να παίζει (η απογοητευμένη μητέρα αναγκάσθηκε να κόψει το καλώδιο της τηλεόρασης για να κερδίσει τη μάχη με τα έξυπνα παιδιά της), άρχισε ένας θρήνος με αγωνιώδεις διαμαρτυρίες και μια περίοδος ακόμη πιο αναστατωμένης συμπεριφοράς. Μετά από μία εβδομάδα όμως, τα παιδιά ηρέμησαν και άρχισαν να αναπτύσσουν νέες φιλίες και δραστηριότητες και *η υπερκινητικότητα εξαφανίστηκε εντελώς*. Η μητέρα ξεφορτώθηκε την μεγάλη έγχρωμη τηλεόραση καθοδικής ακτίνας και αργότερα πήρε μια μικρότερη επίπεδης οθόνης LCD που προκαλεί πολύ μικρότερη ηλεκτρομαγνητική ενόχληση. Αν και αργότερα επιτράπηκε στα παιδιά να βλέπουν τηλεόραση επίπεδης οθόνης για όσο χρόνο ήθελαν, ποτέ δεν ξανάπεσαν στην ίδια παγίδα και το σύνδρομο της υπερκινητικότητας δεν ξαναεμφανίσθηκε. Σε παρόμοιες περιπτώσεις το ενεργειακό σύστημα του ανθρώπου είχε εθιστεί στην ηλεκτρομαγνητική διαταραχή όρανουρ και χρειάστηκε μια καθαρή και συνειδητή προσπάθεια για να ξεπερασθεί.

Όταν χρησιμοποιούμε τον συσσωρευτή οργόνης σε περιβάλλον όρανουρ ή ντορ, όλα τα ανωτέρω ζητήματα γίνονται πολύ σημαντικά, επειδή ο συσσωρευτής θα ενισχύσει όλα τα είδη ενεργειακών καταστάσεων που υπάρχουν στο τοπικό περιβάλλον. Εάν υπάρχει

Το φαινόμενο *Όρανουρ* και η *Ντορ*

όρανουρ ή ντορ, ένας συσσωρευτής θα ενισχύσει αυτές τις τάσεις, προσδίνοντας στην φόρτισή του μία τοξική, αρνητική προς τη ζωή ποιότητα. Σε μερικές περιπτώσεις, τα αποτελέσματα του όρανουρ και της ντορ είναι τόσο επίμονα όσο και εκτεταμένα και δεν μπορούν να επηρεασθούν με απλές αλλαγές που θα κάνετε στο σπίτι σας. Αυτό συμβαίνει συχνά σε μεγάλες μολυσμένες πόλεις και βέβαια στις περιοχές κοντά σε πυρηνικές εγκαταστάσεις. Αναφορικά με τις πυρηνικές εγκαταστάσεις μια απόσταση απ' αυτές γύρω στα 50 με 80 χιλιόμετρα είναι η ελάχιστη για να παρέχει ασφάλεια τόσο ως προς τα βιολογικά αποτελέσματα της χαμηλής έντασης εκπεμπόμενης ακτινοβολίας, όσο και ως προς τη χρήση ενός συσσωρευτή (Δείτε την πρόσθετη σημείωσή μου σχετικά με τον παράγοντα της απόστασης στο Εισαγωγικό Σημείωμα του Συγγραφέα). Παρομοίως, εάν βρίσκεσθε σε απόσταση μερικών χιλιομέτρων από ηλεκτρικές γραμμές μεταφοράς υπερυψηλής τάσης, ή κεραίες μετάδοσης ραδιοφωνικών σταθμών, η χρήση του συσσωρευτή δεν συνιστάται. Επίσης, να μην χρησιμοποιείτε τον συσσωρευτή σας εάν η περιοχή σας έχει πρόσφατα υποστεί πυρηνικό ατύχημα και υπάρχουν ραδιενεργά κατάλοιπα στην ατμόσφαιρα. Ωστόσο, η ίδια προειδοποίηση ισχύει και για το βιοενεργειακό σας σύστημα. Όπως και ο συσσωρευτής οργόνης η ζωική ενέργειας του δικού σας βιοσυστήματος θα επηρεαστεί από αυτούς τους παράγοντες. Για το λόγο αυτό, κάποιοι επιλέγουν τη μετακίνηση των οικογενειών τους σε ασφαλέστερες περιοχές, ακολουθώντας επιθυμίες που είχαν έτσι κι αλλιώς, να μετακομίσουν στην εξοχή όπου η ζωή κινείται κάπως πιο αργά, με φυσικούς ρυθμούς. Η απόκτηση γνώσεων για την οργονική ενέργεια είναι ευεργετική και προσφέρει βαθιά ικανοποίηση, αλλά μας κάνει επίσης να αντιληφθούμε τις δυνητικά τοξικές επιπτώσεις του κοντινού μας ενεργειακού περιβάλλοντος που προηγούμενα δεν παρατηρούσαμε.

Μια τελευταία σειρά από ζητήματα. Οι συσσωρευτές δεν πρέπει ποτέ να χρησιμοποιούνται μέσα σε τροχόσπιτα ή σε σπίτια με περίβλημα ή πλευρικά τοιχώματα από αλουμίνιο. Το αλουμίνιο προσδίδει στην οργονική ενέργεια μια ποιότητα που είναι αρνητική για την ζωή και συνιστάται να μην ζει κανείς μέσα σε μια τέτοια κατασκευή ακόμη και αν δεν φυλάσσεται σε αυτό το χώρο ένας συσσωρευτής. Τροχόσπιτα με ξύλινες πλευρές είναι πιο ασφαλή και δεν υπάρχει σ' αυτά κανένα πρόβλημα.

Εν τούτοις, σημειώστε ότι μερικά τροχόσπιτα και κτίρια είναι μονωμένα με στρώμα από υαλοβάμβακα που έχει επίστρωση από φύλλο αλουμινίου. Εάν χρησιμοποιείται ευρέως, αυτό του το είδος μόνωσης, θα επενεργεί παρόμοια με τα πλευρικά τοιχώματα αλουμινίου και θα μετατρέψει το σπίτι σε ένα μεγάλο συσσωρευτή από αλουμίνιο επιφέροντας μια ελαφρά τοξική αίσθηση ή μια αίσθηση

Εγχειρίδιο του Συσσωρευτή Οργόνης

υπερφόρτισης. Επίσης, σπίτια με μεταλλικές οροφές, ή νέες κατοικίες που χρησιμοποιούν χαλύβδινα στηρίγματα τοίχων, αντί για ξύλινα, θα λειτουργήσουν κατά κάποιο τρόπο σαν μεγάλοι συσσωρευτές και έτσι θα ενισχύσουν τα οποιαδήποτε αποτελέσματα από όρανουρ που προέρχονται από ηλεκτρομαγνητικές πηγές.

Κάποτε έζησα για ένα μικρό διάστημα μέσα ένα τέτοιο τροχόσπιτο με τοιχώματα αλουμινίου και ακόμη και χωρίς να υπάρχει συσσωρευτής, ανέπτυσσε στο εσωτερικό του ένα πολύ υψηλό φορτίο μιας ενέργειας που έφερνε ελαφριά ναυτία. Αυτό μπορεί να διαταράξει τον ύπνο του χρήστη του τροχόσπιτου και να οδηγήσει σε παραπέρα ενίσχυση του φαινομένου όρανουρ εάν χρησιμοποιούνται ταυτόχρονα φώτα φθορισμού, φούρνοι μικροκυμάτων, υπολογιστές, κινητά τηλέφωνα, ασύρματες επικοινωνίες wi-fi ή δέκτες τηλεόρασης. Τα πιο καινούργια σπίτια που είναι σχεδιασμένα για εξοικονόμηση ενέργειας είναι εξίσου προβληματικά καθώς χρησιμοποιούν φύλλα αλουμινίου για μόνωση και μπορεί να μην έχουν επαρκή αερισμό, πράγμα που κάνει τις ενεργειακές καταστάσεις στο εσωτερικό τους ακόμα χειρότερες. Κανείς δεν θα ήθελε να ζει μέσα σε ένα συσσωρευτή, εξαιτίας του προβλήματος της υπερφόρτισης και οι περισσότεροι ευαίσθητοι άνθρωποι θα αισθανθούν σαν να τρελαίνονται από την υπερφόρτιση που αυθόρμητα αναπτύσσεται μέσα σε ένα τέτοιο τοξικό σπίτι.

Βιολογικά δεν είμαστε και τόσο διαφορετικοί από τον άνθρωπο των σπηλαίων, αλλά μας αρέσει να θεωρούμε τους εαυτούς μας ως όντα της «διαστημικής εποχής», με όλες τις ηλεκτρονικές εφαρμογές και τα παιχνίδια που διαθέτουμε. Πρακτικά, ωστόσο, μπορείς να ζήσεις πολύ καλά με ένα συνηθισμένο ενσύρματο τηλέφωνο, με λάμπες πυρακτώσεως, συνηθισμένες συσκευές μαγειρέματος που δουλεύουν με φυσικό αέριο ή ηλεκτρικό και επίπεδες οθόνες για τον υπολογιστή και την τηλεόραση, χωρίς «ασύρματα» μαραφέτια που ακτινοβολούν. Δεν χρειάζεται να επιστρέψουμε στις λάμπες πετρελαίου και τα κάρα. Απλά χρειάζεται να αξιολογήσουμε την τεχνολογία μας με κάποια σοφία, ώστε να προσαρμόσουμε την τεχνολογία στην Βιολογία μας και όχι το αντίστροφο. Και, ποιος ξέρει, με τον καιρό, όταν κατανοήσουμε τις αντιβαρυτικές ιδιότητες της οργονικής ενέργειας, το ανθρώπινο είδος θα γίνει πραγματικά διαστημικό και ίσως να ταξιδεύουμε στα αστέρια. Ελπίζω να μην γίνουμε στην πορεία ηλεκτρονικοί cyborg, ή μεταλλαγμένοι της ατομικής εποχής.

Μάθετε να αναγνωρίζετε την ντορ και το όρανουρ, έτσι ώστε εάν μέσα σε ένα κτίριο ή συσσωρευτή αισθανθείτε ποτέ ενόχληση ή ανησυχία, να παίρνετε τα αναγκαία μέτρα για να απαλείψετε αυτά τα φαινόμενα. Τα υποκειμενικά αισθήματα μέσα σε ένα συσσωρευτή θα

100

Το φαινόμενο *Όρανουρ* και η *Ντορ*

πρέπει να είναι ζέστη, άνεση και χαλάρωση. Είναι πολύ σπουδαίο να μάθετε για το ενεργειακό σας περιβάλλον και να έρθετε σε επαφή με τις αισθήσεις του δικού σας σώματος και των οργάνων σας. Υπάρχουν επίσης κάποιοι μετρητές σε λογικές τιμές που μπορούν να να σας βοηθήσουν σε αυτή την προσπάθεια. Ακολουθήστε τα βήματα και τις οδηγίες του επόμενου κεφαλαίου σχετικά με τον «Καθαρισμό του Ενεργειακού σας Περιβάλλοντος».

Εγχειρίδιο του Συσσωρευτή Οργόνης

9. Καθαρισμός του Βιοενεργειακού σας Περιβάλλοντος

Στο προηγούμενο κεφάλαιο εντοπίστηκαν μερικά πιθανά προβλήματα αναφορικά με την χρήση του συσσωρευτή οργονικής ενέργειας, ή με την διαβίωση σε ενεργειακά διαταραγμένο περιβάλλον. Οι ακόλουθες παρατηρήσεις θα σας βοηθήσουν να δημιουργήσετε ένα περιβάλλον διαβίωσης στο οποίο ο συσσωρευτής οργόνης θα δώσει την πιο δυνατή φόρτισή του, με τα πιο απαλά και διασταλτικά ενεργειακά χαρακτηριστικά. Εάν προχωρήσετε σε όσο είναι δυνατόν περισσότερα βήματα από αυτά, όχι μόνο θα προστατεύσετε τον συσσωρευτή σας, αλλά και τον εαυτό σας και την οικογένειά σας, είτε κατασκευάσετε ένα συσσωρευτή είτε όχι. Δείτε την παράγραφο ΙΔ παρακάτω, για μια ανάλυση σχετικά με απλές συσκευές για την ανίχνευση και εκτίμηση των διάφορων ραδιενεργών πηγών χαμηλής έντασης που περιγράφονται στο Κεφάλαιο αυτό.

Α) Η «Παλιά Αποθήκη στο Δάσος»: Το καλύτερο δυνατό περιβάλλον για να τοποθετηθεί ένας συσσωρευτής είναι το στεγνό δάπεδο μιας μεγάλης αεριζόμενης αποθήκης στην εξοχή. Οι περισσότεροι άνθρωποι δεν έχουν μια τέτοια αποθήκη, αλλά μπορεί να έχουν ένα στεγασμένο μπαλκόνι, το οποίο ικανοποιεί αυτό το κριτήριο. Πρέπει κανείς να προσπαθήσει να εξασφαλίσει αυτές τις συνθήκες όσο γίνεται πιο πιστά. Το *ιδανικό* θα ήταν η «αποθήκη στο δάσος» να βρίσκεται δίπλα σε αγρούς και δάσος, σε απόσταση τουλάχιστον 50 ως 80 χιλιομέτρων από οποιαδήποτε εγκατάσταση με πυρηνικά και 8 χιλιομέτρων από οποιεσδήποτε γραμμές μεταφοράς υψηλής ηλεκτρικής τάσης. (Δείτε το Εισαγωγικό Σημείωμα του Συγγραφέα για ορισμένους περιορισμούς σχετικά με τις αποστάσεις). Επίσης δεν θα πρέπει να βρίσκεται στο «δρόμο» μεταξύ πομποδεκτών μετάδοσης μικροκυμάτων, ούτε σε απόσταση μικρότερη από 8 χιλιόμετρα από κεραίες αναμετάδοσης σημάτων ραδιοφώνου ή τηλεόρασης. Το καλύτερο είναι να έχετε μια ανοικτή, αεριζόμενη κατασκευή, με καλή κυκλοφορία αέρα και ηλιακό φως, αλλά προστατευμένη από βροχές και δυνατούς ανέμους. Δεν θα πρέπει να υπάρχουν κοντά στην κατασκευή αυτή δέκτες τηλεόρασης, φώτα φθορισμού, υπολογιστές, κινητά τηλέφωνα, φούρνοι μικροκυμάτων, συσκευές wi-fi, ραδιενεργοί ανιχνευτές καπνού κ.λπ. Οι μόνες συσκευές που θα μπορούσαν να βρίσκονται εκεί είναι ηλεκτρικές πρίζες και λαμπτήρες πυρακτώσεως.

103

Β) Φυτά, Σιντριβάνια, Καταρράκτες: Μπορείτε να βελτιώσετε τα χαρακτηριστικά που είναι θετικά για την ζωή σε ένα δωμάτιο, γεμίζοντάς το με όσο περισσότερα ζωντανά φυτά είναι δυνατόν και εξασφαλίζοντας συνεχή, επαρκή αερισμό. Τα φυτά μετριάζουν τα αποτελέσματα της ντορ και του όρανουρ και επιπρόσθετα οξυγονώνουν τον αέρα. Το ίδιο ισχύει για την υδατόπτωση που δημιουργείται σε ένα σιντριβάνι. Οι περισσότεροι άνθρωποι μπορούν να αισθανθούν αυτά τα διασταλτικά και ευχάριστα αποτελέσματα καθώς φυτά εσωτερικού χώρου με καταρράκτες ή σιντριβάνια, χρησιμοποιούνται όλο και περισσότερο για να βελτιώσουν την υποκειμενική αίσθηση τόσο μέσα σε μεγάλες όσο και σε μικρές κατασκευές.

Γ) Άμεσο Καθάρισμα με Νερό: Εάν το περιβάλλον σας είναι μολυσμένο, ή εάν είναι ξηρό όπως στην έρημο, τότε πρέπει να καθαρίζετε τακτικά με νερό τον συσσωρευτή σαν υπόθεση ρουτίνας σκουπίζοντας το εσωτερικό και το εξωτερικό του με ένα υγρό πανί. Μπορείτε επίσης να διατηρείτε μια ανοικτή λεκάνη με νερό μέσα στον συσσωρευτή σε ώρες που αυτός δεν χρησιμοποιείται, για να τραβήξετε οποιαδήποτε στάσιμη ενέργεια.

Δ) Οικοδομικά Υλικά: Βιβλία αφιερωμένα στην παροχή βοήθειας σε όσους ψάχνουν να βρουν ασφαλή οικοδομικά υλικά, χωρίς τοξικά συστατικά, μπορεί να βρει κανείς σε βιβλιοπωλεία, βιβλιοθήκες και το διαδίκτυο. Σε αυτά θα βρείτε πληροφορίες για τα πολλά καινούργια μη-τοξικά προϊόντα που υπάρχουν στην αγορά. Από βιοενεργειακή άποψη, υπάρχει ανησυχία για την διαμονή, ή για την χρήση συσσωρευτών, μέσα σε τροχόσπιτα ή σπίτια με αλουμινένια ή χαλύβδινα περιβλήματα ή πλευρές. Οι επενδύσεις τοίχων από αλουμίνιο μετατρέπουν την κατοικία σε ένα συσσωρευτή από αλουμίνιο, ο οποίος είναι γνωστό ότι έχει τοξικά αποτελέσματα. Οποιαδήποτε κατασκευή αποτελούμενη από μεταλλικά τοιχώματα, ή επίσης, τα χοντρά μεταλλικά καρφιά για εσωτερικούς τοίχους που χρησιμοποιούν σε νεότερα σπίτια, μπορούν να συγκεντρώσουν ενέργεια. Μπορεί κανείς να θέλει να «φορτίζεται» μέσα σε ένα συσσωρευτή σε περιοδική βάση, αλλά σίγουρα δεν θα θέλει να ζει διαρκώς μέσα σε ένα συσσωρευτή! Θυμηθείτε το πρότυπο της *παλιάς αποθήκης στο δάσος.*

Ε) Φωτισμός: Αναφορικά με τον φωτισμό, δεν πρέπει ποτέ να χρησιμοποιείται κοντά ή στο ίδιο δωμάτιο με τον συσσωρευτή οργόνης, οποιοδήποτε είδος λαμπτήρα φθορισμού, είτε είναι τύπου μακρόστενων σωλήνων, είτε μικρών συμπαγών λαμπτήρων με

Καθαρισμός Περιβάλλοντος

σπειροειδή σωλήνα που μπορούν να βιδωθούν στα συνηθισμένα ντουί. Ειδικά οι συμπαγείς λαμπτήρες φθορισμού εκπέμπουν χαμηλές ραδιοσυχνότητες, πέρα από τις ηλεκτρονικές διαταραχές των 60 κύκλων. Στους περισσότερους ανθρώπους προκαλείται μια αυθόρμητη δυσαρέσκεια στην αίσθηση ή το φως αυτών των λαμπτήρων, ακόμα και αν δεν έχουν ακούσει τίποτα για αυτές. Η προειδοποίηση αυτή ισχύει και για τους λαμπτήρες φθορισμού «ευρέως φάσματος», οι οποίοι στην πραγματικότητα δεν αναπαράγουν τις συχνότητες του ηλιακού φωτός. Στο Εργαστήριο Έρευνας στη Βιοφυσική της Οργόνης, έχω κάνει φασματοσκοπικές καταγραφές, τόσο του φυσικού φάσματος του Ήλιου, όσο και πολλών διαφορετικών τύπων λαμπτήρων. Όλα τα είδη λαμπτήρων φθορισμού, συμπεριλαμβανομένων των λαμπτήρων ευρέως φάσματος, εκπέμπουν, συγκριτικά, ένα πολύ ελλιπές φάσμα. Όλοι αυτοί οι λαμπτήρες έχουν ένα ηλεκτρομαγνητικό υπόβαθρο και καθόδους υψηλής τάσης, οι οποίες διεγείρουν και διαταράσσουν το συνεχές της οργονικής ενέργειας. Κανένα από αυτά τα φωτιστικά σώματα, ούτε οι σωλήνες των λαμπτήρων φθορισμού, δεν εξαλείφουν το αποτέλεσμα όρανουρ, το οποίο είναι αδύνατο να απομονωθεί. Το καλύτερο δυνατό είδος φωτισμού και από πλευράς βιοενεργειακής και από πλευράς πληρότητας φάσματος είναι ο απλός λαμπτήρας πυρακτώσεως, με τις κανονικές όχι «γαλακτερές» λάμπες, στις οποίες φαίνεται το νήμα μέσα από το διαφανές γυαλί. Αυτές οι λάμπες πλησιάζουν πολύ το φυσικό ηλιακό φάσμα και δεν δημιουργούν όρανουρ. Η οποιαδήποτε θερμότητα που παράγεται απλά θα θερμάνει το σπίτι σας, κάτι που στα ψυχρότερα κλίματα δεν αποτελεί πρόβλημα. Τα επιχειρήματα που σχετίζονται με την απόδοση των λαμπτήρων φθορισμού είναι πολύ ανεπαρκή καθώς απαιτούνται πολύ μεγαλύτερα ποσά ενέργειας για να κατασκευαστούν, σε σχέση με ένα απλό λαμπτήρα πυρακτώσεως και οι περισσότεροι συμπαγείς λαμπτήρες φθορισμού θα καούν πολύ σύντομα όταν αναβοσβήνουν κατά την καθημερινή χρήση. Επίσης χρειάζονται αρκετοί τέτοιοι λαμπτήρες για να επιτευχθεί η ένταση του φωτός που δημιουργεί ένας λαμπτήρας πυρακτώσεως. Να είστε επιφυλακτικοί απέναντι στα επιχειρήματα της κυβέρνησης και των οικολόγων, στο θέμα αυτό. Ελπίζουμε, ότι για λόγους κατανάλωσης ενέργειας, οι εταιρείες κατασκευής λαμπτήρων φωτισμού θα κατασκευάσουν έναν φιλικό προς την ζωή λαμπτήρα τύπου LED. Οι τύποι LED όχι μόνο καταναλώνουν πολύ λίγη ηλεκτρική ενέργεια, αλλά μέχρι τώρα όλοι οι γνωστοί τύποι παράγουν πολύ ελάχιστο ενοχλητικό ηλεκτρομαγνητισμό και έχουν πολύ ήπια αίσθηση. Το πρόβλημα με αυτούς, μέχρι τώρα, είναι ότι παράγουν ένα μάλλον άσχημο και αμυδρό φως. Όπως και να έχει, η Κυβέρνηση του Μεγάλου Αδελφού δεν θα έπρεπε να επιβάλλει τι είδους λαμπτήρες

105

Εγχειρίδιο του Συσσωρευτή Οργόνης

πρέπει ή δεν πρέπει να χρησιμοποιεί κανείς.

ΣΤ) <u>Μαγείρεμα:</u> Κατά το μαγείρεμά σας, αποφύγετε τους φούρνους μικροκυμάτων και τις κουζίνες που δουλεύουν με την αρχή των ηλεκτρομαγνητικών διννορευμάτων. Παρά το γεγονός ότι οι φούρνοι μικροκυμάτων είναι πιστοποιημένοι ως «ασφαλείς», τα κριτήρια που χρησιμοποιήθηκαν για την διενέργεια αυτών των ελέγχων είναι εντελώς ξεπερασμένα και υπάρχει μια συμπαιγνία μεταξύ των κατασκευαστών φούρνων και των κυβερνήσεων. Φούρνοι, κουζίνες και τοστιέρες που λειτουργούν με θέρμανση μέσω ηλεκτρικής αντίστασης είναι πιο ασφαλείς, αλλά εκπέμπουν κάποιες ηλεκτρομαγνητικές διαταραχές στην περιοχή των εξαιρετικά χαμηλών συχνοτήτων (ELF). Ένα άλλο μειονέκτημα με τις συσκευές μαγειρέματος που έχουν ηλεκτρικές αντιστάσεις είναι ότι δεν είναι πολύ αποδοτικές στην χρήση ηλεκτρικής ενέργειας, έχοντας ως δεδομένο την εγγενώς χαμηλή απόδοση της απαιτούμενης ακολουθίας, δηλαδή, αρχικά, της καύσης υδρογονανθράκων, κατόπιν της ανάγκης παραγωγής ατμού, της χρήσης του ατμού για να γυρίσει μια τουρμπίνα για την παραγωγή ηλεκτρισμού, της διοχέτευσής του σε μακριά καλώδια και τέλος της μετατροπής του και πάλι σε θερμότητα στο σπίτι. Από άποψη βιολογική αλλά και για την αποδοτική χρήση της ενέργειας, είναι καλύτερο να χρησιμοποιούνται στο μαγείρεμα κουζίνες και φούρνοι φυσικού αερίου με ηλεκτρικό σπινθήρα. Σύμφωνα με αναφορές, το φαγητό που μπήκε σε φούρνο μικροκυμάτων συχνά χάνει τη γεύση του και είναι ύποπτο από θρεπτικής άποψης, ενώ παράγονται και ραδιολυτικά παραπροϊόντα που δεν είναι δυνατόν να είναι υγιεινά.

Ζ) <u>Τηλεόραση:</u> Όσον αφορά τις τηλεοράσεις, οι μεγάλες έγχρωμες τηλεοράσεις που χρησιμοποιούν καθοδικό σωλήνα είναι οι χειρότερες. Έχουν τρεις εκτοξευτές ηλεκτρονίων στην καθοδική λυχνία που όλες στοχεύουν ευθεία προς το πρόσωπό σου και λειτουργούν σε σχετικά υψηλές τάσεις διέγερσης. Η συνηθισμένη καθοδική τηλεόραση εκπέμπει ένα ευρύ φάσμα από επιβλαβείς ενέργειες, που περιλαμβάνουν εξαιρετικά χαμηλές συχνότητες, μαλακές ακτίνες Χ, ραδιοσυχνότητες και παλμικά μαγνητικά πεδία. Μπορούν να αυξήσουν γρήγορα τα επίπεδα του όρανουρ και της ντορ σε ένα δωμάτιο ή ένα σπίτι.

Σαν μία εναλλακτική λύση, συνιστώνται οι τηλεοράσεις καινούργιας τεχνολογίας με οθόνη υγρών κρυστάλλων, οι οποίες φαίνεται ότι θα αντικαταστήσουν πλήρως τις τηλεοράσεις καθοδικού σωλήνα. Η τεχνολογία υγρών κρυστάλλων χρησιμοποιείται στις μεγάλες οθόνες υψηλής ευκρίνειας που έχουν λογική τιμή. Αποδεκτές

Καθαρισμός Περιβάλλοντος

από βιοενεργειακή άποψη είναι και οι συσκευές προβολής που δεν έχουν καθοδικό σωλήνα και προβάλλουν την εικόνα σε μια οθόνη ή στον τοίχο. Τα ηλεκτρονικά κυκλώματα, τόσο των τηλεοράσεων υγρών κρυστάλλων όσο και των συσκευών προβολής εξακολουθούν να παρουσιάζουν κάποια διαταραχή στην οργονική ενέργεια και δεν πρέπει να χρησιμοποιούνται κοντά σε ένα συσσωρευτή. Οι επίπεδες οθόνες *πλάσματος* καταναλώνουν περισσότερη ενέργεια και έχουν πιο ισχυρό πεδίο που προκαλεί μεγαλύτερες διαταραχές, σε σχέση με εκείνες των υγρών κρυστάλλων και δεν συνιστώνται.

Η) <u>Ηλεκτρονικοί Υπολογιστές</u>: Αναφορικά με τους ηλεκτρονικούς υπολογιστές, συνιστάται η ίδια προσοχή με εκείνη για τους δέκτες τηλεόρασης. Οι οθόνες των ηλεκτρονικών υπολογιστών είναι συχνά χειρότερες από τις τηλεοράσεις, γιατί ο χρήστης κάθεται πολύ κοντά και περνά πολύ χρόνο μπροστά τους. Οι παλαιότεροι χρησιμοποιούσαν οθόνες καθοδικού σωλήνα και λειτουργούσαν σε υψηλότερες τάσεις από τους σύγχρονους φορητούς υπολογιστές ή υπολογιστές γραφείου. Οι μεγάλες οθόνες καθοδικού σωλήνα πρέπει ή να πεταχτούν στα σκουπίδια ή να δοθούν για ανακύκλωση, καθώς παράγουν Εξαιρετικά Χαμηλές Συχνότητες (ΕΧΣ), ραδιοσυχνότητες, μαλακές ακτίνες – Χ και παλμικά μαγνητικά πεδία και έχουν συσχετιστεί με παραμορφώσεις εμβρύων και αποβολές. Αν χρησιμοποιείτε πολύ τον υπολογιστή, τότε σίγουρα πρέπει να πάτε σε τεχνολογία επίπεδης οθόνης υγρών κρυστάλλων, όπως περιγράψαμε στην προηγούμενη παράγραφο για τις τηλεοράσεις.

Πέρα από την οθόνη του υπολογιστή, τα εσωτερικά κυκλώματα του υπολογιστή προκαλούν και αυτά ηλεκτρομαγνητικές διαταραχές και όρανουρ. Για τον λόγο αυτό το καλύτερο είναι να χρησιμοποιείτε φορητούς υπολογιστές που λειτουργούν με επαναφορτιζόμενες μπαταρίες και συνεχές ρεύμα με προσωρινή σύνδεση στο ρεύμα για φόρτιση της μπαταρίας. Χρησιμοποιώντας οθόνη υγρών κρυστάλλων, οι υπολογιστές αυτοί είναι ίσως οι ασφαλέστεροι της αγοράς και επιπρόσθετα απαιτούν μία ελάχιστη ποσότητα ηλεκτρικής ενέργειας για την λειτουργία τους.

Ωστόσο, οι φορητοί υπολογιστές δεν πρέπει να τοποθετούνται πάνω στους μηρούς, καθώς εκπέμπουν αρκετή ακτινοβολία σε κοντινή απόσταση. Χρησιμοποιήστε τους πάνω σε ένα γραφείο και χρησιμοποιήστε χωριστό πληκτρολόγιο, για να αποφύγετε την έκθεση των χεριών σας στην ακτινοβολία που προαναφέραμε η οποία συνδέεται με το σύνδρομο καρπιαίου σωλήνα. Το σύνδρομο αυτού συνήθως περιγράφεται ως αποτέλεσμα «επαναλαμβανόμενης κίνησης», αλλά θα μπορούσε να οφείλεται και σε υπερβολική δόση ακτινοβολίας στα χέρια. Επίσης χρησιμοποιήστε σε κάθε περίπτωση

Σύγκριση Φάσματος μεταξύ Διαφορετικών Λαμπτήρων και του Φυσικού Φωτός

Το επάνω διάγραμμα φάσματος στην απέναντι σελίδα είναι του φυσικού φωτός, το οποίο εμφανίζει μια κατανομή μηκών κύματος από τα 300 ως πέρα από τα 900nm, με μέγιστο κοντά στα 520nm. Αυτό είναι το φάσμα στο οποίο εκτέθηκαν και μέσα του εξελίχτηκαν τα ζωντανά πλάσματα, τα φυτά και τα ζώα για χιλιετίες.

Ακριβώς από κάτω από αυτό είναι το φάσμα ενός τυπικού λαμπτήρα πυρακτώσεως με διαφανές γυαλί, που παρέχει το καλύτερο δυνατό υποκατάστατο του ηλιακού φωτός σε σχέση με όλους τους λαμπτήρες που υπάρχουν στο εμπόριο. Λειτουργεί με ηλεκτρική θέρμανση ενός νήματος μέσα σε μερικό κενό και παράγει το φως μέσω μιας απλής θερμικής διαδικασίας. Ο λαμπτήρας είναι πολύ πιο ψυχρός από τον Ήλιο και έτσι έχει μέγιστο περίπου στα 625nm παράγοντας κάποια ελάχιστη αλλά ωφέλιμη υπεριώδη ακτινοβολία μέχρι τα 350nm περίπου. Αυτή η απαλή και μικρής ποσότητας υπεριώδης ακτινοβολία είναι θετική για την ζωή, απαραίτητη για την υγεία του δέρματος και των ματιών και δεν έχει αρνητικές επιπτώσεις. Ο διαυγής λαμπτήρας πυρακτώσεως εμφανίζει επίσης μια ομαλή καμπύλη που του προσφέρει μια λαμπερή εμφάνιση που μοιάζει με εκείνη του Ήλιου. Από κάτω από αυτήν, στο τέλος της σελίδας, είναι ένας συμπαγής λαμπτήρας φθορισμού που αποκαλείται «πλήρους φάσματος». Το φάσμα του αποτελείται βασικά από αιχμηρές ακίδες εξαιτίας της ηλεκτρικής διέγερσης που προκύπτει από υψηλή τάση και εκπέμπεται από επιλεγμένα φωσφορίζοντα αέρια. Όταν συνδιάζονται μεταξύ τους, οι αιχμές αυτές προσπαθούν να ξεγελάσουν το μάτι ώστε να πιστέψει ότι είναι παρόμοιες με το φυσικό φως του Ήλιου. Στην πραγματικότητα, προκαλούν ένα δυσάρεστο αποτέλεσμα προς το οποίο, οι περισσότεροι άνθρωποι, έχουν αυθόρμητη απέχθεια. Όχι μόνο παράγουν «φως για τα σκουπίδια», αλλά οι λαμπτήρες αυτοί εκπέμπουν ραδιοσυχνότητες που είναι πολύ κοντά σε εκείνες που εκπέμπουν τα κινητά τηλέφωνα. Δεν είναι φιλικές προς την ζωή και εκπέμπουν τοξικό φως και βιολογική διέγερση. Στο ΕΕΒΟ (OBRL) έχουν ελεγχθεί πολλοί διαφορετικοί λαμπτήρες και οι διαυγείς λαμπτήρες πυρακτώσεως υπερτερούν ξεκάθαρα από όλα τα είδη λαμπτήρων φθορισμού που υπάρχουν στο εμπόριο. Τελευταία, οι λαμπτήρες LED λειτουργούν παρόμοια με τους «αιχμηρούς» λαμπτήρες φθορισμού, αλλά καταναλώνουν πολύ λιγότερη ηλεκτρική ενέργεια και δεν εκπέμπουν ραδιοσυχνότητες. Ο καιρός θα δείξει αν οι κατασκευαστές λαμπτήρων πυρακτώσεως μπορέσουν να κατασκευάσουν έναν τύπο πλήρους φάσματος με χαμηλή κατανάλωση ενέργειας. Στο μεταξύ, εμπιστευτείτε τα μάτια σας!

Καθαρισμός Περιβάλλοντος

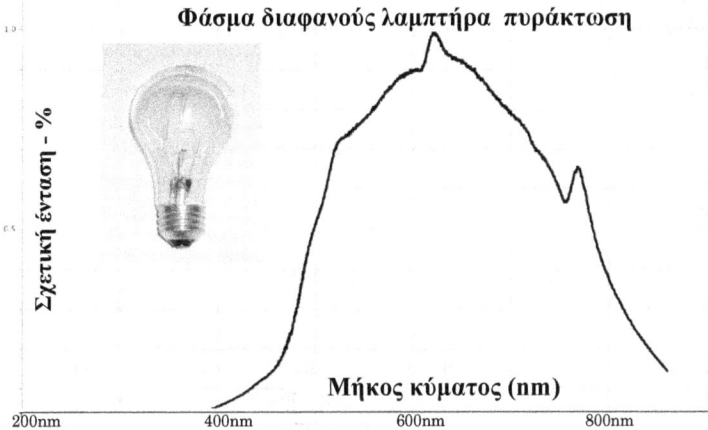

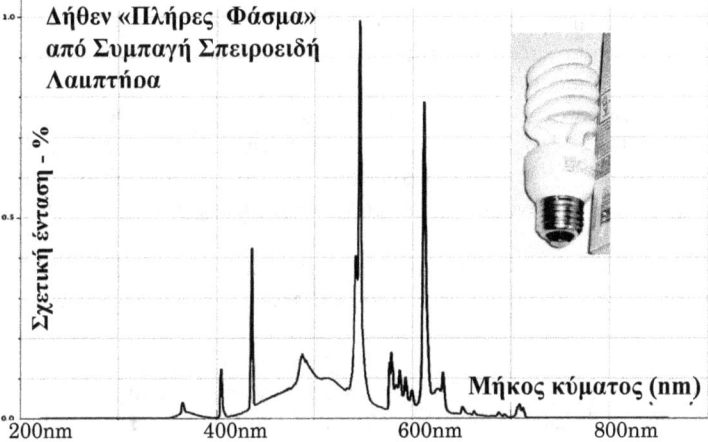

Ανεμπόδιστο ηλιακό φάσμα σε καθαρή ατμόσφαιρα

Σχετική ένταση - %

1.0

0.5

0.0

Μήκος κύματος (nm)

200nm   400nm   600nm   800nm

Φάσμα διαφανούς λαμπτήρα πυράκτωση

Σχετική ένταση - %

Μήκος κύματος (nm)

200nm   400nm   600nm   800nm

Δήθεν «Πλήρες Φάσμα» από Συμπαγή Σπειροειδή Λαμπτήρα

Σχετική ένταση - %

Μήκος κύματος (nm)

200nm   400nm   600nm   800nm

Εγχειρίδιο του Συσσωρευτή Οργόνης

συνδέσεις μέσω καλωδίων. Όχι wi-fi συνδέσεις για το πληκτρολόγιο ή το «ποντίκι» και ενσύρματες συνδέσεις για το διαδίκτυο και το ρούτερ. Είναι προτιμότερο να έχετε κάποια καλώδια στο πάτωμα ή στερεωμένα στην οροφή παρά να αρρωστήσετε από την μακροχρόνια έκθεση σε ακτινοβολία μικροκυμάτων χαμηλής έντασης! Όπως και να έχει, δεν πρέπει ποτέ να χρησιμοποιείτε οποιοδήποτε είδος υπολογιστή μέσα ή κοντά σε ένα συσσωρευτή οργόνης.

Θ) Ηλεκτρικές Κουβέρτες και Θερμάστρες: Οι ηλεκτρικές κουβέρτες έχουν επίσης συσχετισθεί με αυξημένες αποβολές και εκτρώσεις από εγκύους. Ακόμη και όταν είναι σβηστές και είναι απλώς συνδεδεμένες με την πρίζα, εκπέμπουν ένα ισχυρό ηλεκτρικό πεδίο Εξαιρετικά Χαμηλής Συχνότητας (ΕΧΣ) το οποίο μπορεί να δράσει τοξικά. Η συμβουλή μας είναι να τις πετάξετε και να επιστρέψετε στην μάλλινη κουβέρτα, το πουπουλένιο, ή το πιο βαρύ πάπλωμα. *Οι ηλεκτρικές κουβέρτες δεν πρέπει ποτέ να χρησιμοποιούνται με κουβέρτα οργόνης ή μέσα σε συσσωρευτή.* Κατ' επέκταση, αυτή η προφύλαξη σχετικά με τις ηλεκτρικές κουβέρτες ισχύει και για τις φορητές θερμάστρες χώρου με ηλεκτρικές αντιστάσεις. Είναι προτιμότερο κατά τον χειμώνα να φέρετε τον συσσωρευτή μέσα στο σπίτι, αν βρίσκεται σε κρύο μέρος δεν μπορεί να χρησιμοποιηθεί.

Ι) Εκπομπές από Κεραίες Αναμετάδοσης Σημάτων Ραδιοφώνου ή Τηλεόρασης ή από Γραμμές Μεταφοράς Ηλεκτρικού Ρεύματος: Όσον αφορά τις κεραίες αναμετάδοσης ραδιοφώνου και τηλεόρασης και τις μεγάλες εναέριες γραμμές μεταφοράς ηλεκτρικού ρεύματος, οι περιβαλλοντικοί κίνδυνοι δεν έχουν πολύ καιρό που άρχισαν να τεκμηριώνονται. Να μην εκπλαγείτε εάν η τοπική Εταιρεία Ηλεκτρισμού, ή ακόμη και περιβαλλοντικές ομάδες έχουν πολύ λίγη πληροφόρηση για τα θέματα αυτά. Ενημερωθείτε για τους κινδύνους και κάνετε μια εκτίμηση βασισμένη στο πόσο κοντά βρίσκεστε στα παραπάνω και σε όσα έχετε μάθει. Σύμφωνα με την προσωπική μου μελέτη για το πρόβλημα, μια ασφαλής απόσταση τόσο από τις μεγάλες γραμμές μεταφοράς ηλεκτρικού ρεύματος πολύ υψηλής τάσης, όσο και από τις κεραίες αναμετάδοσης ραδιοφώνου και τηλεπικοινωνιών είναι τα 8 χιλιόμετρα.

Τα πεδία από τις γραμμές μεταφοράς ενέργειας δημιουργούν ένα ακόμα δυνητικό κίνδυνο, από το τοπικό δίκτυο διανομής και συγκεκριμένα από τις κολώνες που βρίσκονται ακριβώς έξω από το σπίτι, στις οποίες υπάρχουν μετασχηματιστές και από αυτές ένα καλώδιο έρχεται στο σπίτι. Η ηλεκτρική ενέργεια στέλνεται διαμέσου αυτού του καλωδίου με παλμό 60 κύκλων το δευτερόλεπτο στη Βόρεια

Καθαρισμός Περιβάλλοντος

Αμερική και 50 κύκλων στην Ευρώπη και σε μερικές ακόμα χώρες. Με κάθε παλμό ηλεκτρικής ενέργειας, το ενεργειακό πεδίο που περιβάλλει τα καλώδια διαστέλλεται και συστέλλεται από το μηδέν ως τη μέγιστη τιμή του δημιουργώντας έτσι ένα ισχυρό πεδίο. Ο παλμός της ενέργειας διαδίδεται κατά μήκος του καλωδίου, διέρχεται από ένα μετασχηματιστή που μειώνει την τάση από αρκετές χιλιάδες βολτ σε 220 βολτ, εισέρχεται στον ηλεκτρολογικό πίνακα του σπιτιού και στην συνέχεια διανέμεται στις διάφορες πρίζες όπου συνδέονται οι διάφορες συσκευές. Ως γειώσεις χρησιμοποιούνται συνήθως βαριοί χάλκινοι ράβδοι που έχουν στερεωθεί στο χώμα και αποτελούν την ηλεκτρική σύνδεση της «γείωσης». Αν οι καλωδιώσεις του σπιτιού σας δεν είναι σωστά και επαρκώς γειωμένες μπορούν να δημιουργήσουν ένα πολύ υψηλό ηλεκτρομαγνητικό πεδίο στο εσωτερικό του σπιτιού. Αυτό μπορεί να συμβεί, αν ο κατασκευαστής του σπιτιού σας χρησιμοποίησε το σύστημα ύδρευσης ως γείωση, όπως συμβαίνει συχνά, ή αν οι χάλκινοι ράβδοι που στερεώθηκαν στο χώμα έχουν ανεπαρκή ηλεκτρική γείωση. Υπάρχουν πάντα ισχυρά πεδία σχεδόν σε κάθε σπίτι στο σημείο που τα καλώδια μεταφοράς ρεύματος εισέρχονται στο σπίτι και στον ηλεκτρικό πίνακα από όπου το ρεύμα διαμοιράζεται στους διακόπτες. Δεν είναι καλή θέση για τον συσσωρευτή οργόνης, αλλά ούτε και για το κρεβάτι ή το γραφείο σου, να είναι κοντά σε αυτά τα «καυτά σημεία» του σπιτιού. Και αν λόγω ανεπαρκούς γείωσης, το σπίτι σου είναι γεμάτο από ηλεκτρομαγνητικά πεδία, τότε είναι καλό να το γνωρίζεις και να πάρεις προστατευτικά μέτρα. Το ίδιο ισχύει για τις ακτινοβολίες από κινητά τηλέφωνα και τις ακτινοβολίες από πυλώνες που βρίσκονται στην περιοχή σου.

ΙΑ) Εκπομπές Μικροκυμάτων από Ραντάρ και Κεραίες Τηλεφωνίας: Υπάρχει σε εξέλιξη μία σοβαρή διαμάχη για τα βιολογικά αποτελέσματα της ακτινοβολίας μικροκυμάτων, η οποία βρίσκει συνεχώς αυξανόμενες εφαρμογές. Εκτός από τη χρήση τους για οικιακούς φούρνους, οι συχνότητες μικροκυμάτων χρησιμοποιούνται για βιομηχανική ξήρανση και κατεργασία υλικών και στα συστήματα ραντάρ των μετεωρολόγων, των αεροδρομίων και της αστυνομίας. Χρησιμοποιούνται για υπεραστικές επικοινωνίες και στην κινητή τηλεφωνία και τώρα πια σε μια πληθώρα «ασύρματων δικτύων wi-fi» όπως τα δίκτυα υπολογιστών, συνδέσεις στο διαδίκτυο, ασύρματα πληκτρολόγια και άλλα. *Κανένα από αυτά δεν πρέπει να χρησιμοποιείται κοντά σε έναν συσσωρευτή οργόνης* και πρέπει να αποφεύγονται όταν αυτό είναι δυνατό, επιστρέφοντας στα ενσύρματα δίκτυα σύνδεσης υπολογιστών και τηλεφώνων των «ανθρώπων των σπηλαίων». Αν πρέπει να χρησιμοποιήσεις ένα κινητό τηλέφωνο ή μια ασύρματη σύνδεση στο διαδίκτυο, τότε χρησιμοποίησε ένα μακρύ

111

Εγχειρίδιο του Συσσωρευτή Οργόνης

καλώδιο για να έχεις μια απόσταση από την κεραία που εκπέμπει την επικίνδυνη ακτινοβολία. Οι συσσωρευτές οργόνης δεν πρέπει ποτέ να τοποθετούνται κοντά σ' αυτές τις συσκευές και τις εγκαταστάσεις.

ΙΒ) Ανιχνευτές καπνού: Σχετικά με τους ανιχνευτές καπνού, στον φθηνότερο τύπο που βασίζεται στον *ιονισμό* χρησιμοποιείται μια μικρή ποσότητα τοξικού ραδιενεργού απόβλητου ως πηγή ιονισμού, σαν τμήμα του μηχανισμού λειτουργίας. Αν και λειτουργούν καλά για ανίχνευση καπνού, δεν πρέπει να χρησιμοποιούνται σε δωμάτια με συσσωρευτές, ούτε εκεί που ζουν ή κοιμούνται άνθρωποι. Η ραδιενεργή διέγερση παράγει όρανουρ συνεχώς και μπορεί γρήγορα να διαταράξει την ενέργεια μέσα σε ένα δωμάτιο ή ένα μικρό διαμέρισμα. Σαν εναλλακτική λύση, υπάρχουν μερικοί πολύ καλοί ανιχνευτές καπνού που χρησιμοποιούν το *φωτοηλεκτρικό* φαινόμενο αντί για τον ιονισμό και το ραδιενεργό απόβλητο. Οι φωτοηλεκτρικοί ανιχνευτές καπνού καλύπτουν ή υπερκαλύπτουν όλες τις νομικές απαιτήσεις και τις προδιαγραφές πυρασφάλειας.

ΙΓ) Πυρηνικές εγκαταστάσεις: Εάν ζείτε σε μία περιοχή που είναι κοντά σε πυρηνικό εργοστάσιο παραγωγής ηλεκτρισμού ή σε τοποθεσία αποθήκευσης πυρηνικών αποβλήτων, πρέπει να εκτιμήσετε σοβαρά τον κίνδυνο για τον εαυτό σας και την οικογένεια σας. Πάρτε πληροφορίες για τις εγκαταστάσεις αυτές από τις τοπικές περιβαλλοντικές ομάδες. Συνήθως, υπάρχει τουλάχιστον μια τέτοια ομάδα που προσπαθεί να εκκαθαρίσει ή να σταματήσει την λειτουργία πυρηνικών εγκαταστάσεων σε κάθε περιοχή. Αυτές οι ομάδες πολιτών είναι οι πιο καλά πληροφορημένες για τους κινδύνους προς την υγεία που προέρχονται από οποιαδήποτε πυρηνική εγκατάσταση. Ανεξάρτητα από αυτό, είναι λογικό να μην κατοικείτε και να μην εργάζεσθε σε μια περιοχή πλησιέστερα από 50 ή καλύτερα 80 χιλιόμετρα από μια τέτοια εγκατάσταση.

Οι αποδείξεις για τα παραπάνω παρουσιάστηκαν για πρώτη φορά από τον Δρ. Έρνεστ Στέρνγκλας, πολλά χρόνια πριν, σε ένα μικρό αλλά σημαντικό βιβλίο με τίτλο *Ακτινοβολία Χαμηλής Έντασης* και με περισσότερες λεπτομέρειες στο νεότερο βιβλίο του με τίτλο *Ο Εσωτερικός Εχθρός*. Απέδειξε ότι υπάρχουν υψηλά ποσοστά αυθόρμητων αποβολών, χαμηλά βάρη σε νεογέννητα, χαμηλά επίπεδα IQ κατά τη γέννηση και αυξημένοι καρκίνοι μεταξύ των πολιτών που διαμένουν κοντά σε πυρηνικά εργοστάσια, με τα αρνητικά αυτά αποτελέσματα να μειώνονται όσο αυξάνει η απόσταση από τα πυρηνικά εργοστάσια. Επιπλέον αποδείξεις υπάρχουν στο βιβλίο του Δρ. Τζέι Γκουλντ με τίτλο *Θανάσιμη Απάτη*. Τα βιβλία αυτά θα σας παράσχουν σημαντική πληροφόρηση σχετικά με τα μεγάλα

Καθαρισμός Περιβάλλοντος

προβλήματα που προκύπτουν από την έκθεση σε ακτινοβολίες χαμηλής έντασης από πυρηνικά εργοστάσια και άλλες παρόμοιες εγκαταστάσεις. Οι συσσωρευτές οργόνης, επομένως, δεν πρέπει ποτέ να χρησιμοποιούνται κοντά σε πυρηνικές εγκαταστάσεις. (Δείτε το Εισαγωγικό Σημείωμα του Συγγραφέα και το Κεφάλαιο 8 σχετικά με το φαινόμενο όρανουρ).

ΙΔ) <u>Απλά Όργανα Ανίχνευσης Ακτινοβολίας:</u> Οι επαγγελματικές συσκευές για ανίχνευση ηλεκτρομαγνητικών πεδίων ή ιονίζουσας πυρηνικής ακτινοβολίας, σήμερα, έχουν λογικές τιμές και έχουν κατασκευαστεί για να μπορούν να χρησιμοποιηθούν από τον μέσο καταναλωτή. Με περίπου 800 ευρώ, μπορεί να αγοράσει κανείς αρκετούς εξαιρετικούς μετρητές για να κάνει μια λεπτομερή εκτίμηση του σπιτιού του, του χώρου εργασίας του, του σχολείου του παιδιού του και της γειτονιάς του. Οι μετρητές αυτοί είναι ο *Trifield Meter* για τις χαμηλές συχνότητες που εκπέμπουν οι γραμμές μεταφοράς ηλεκτρικού ρεύματος, το *RF Meter (Μετρητής Ραδιοσυχνοτήτων)* για εκπομπές από κεραίες κινητής τηλεφωνίας και ένα μετρητή πυρηνικών ακτινοβολιών *Radalert*. Παρακάτω θα παρουσιάσω κάποιες πληροφορίες για αυτούς τους μετρητές, για να συγκριθούν με συσκευές άλλων εταιρειών που υπάρχουν στο εμπόριο. Αν η τιμή αγοράς τους φαίνεται πολύ ψηλή, πρέπει η τιμή αυτή να συγκριθεί με κάποια σοβαρή ασθένεια, ή μια ασθένεια από ακτινοβολία χαμηλής έντασης που μειώνει την παραγωγικότητα στην εργασία σας. Γνωρίζω περιπτώσεις όπου πολλοί γείτονες συγκέντρωσαν χρήματα για να αγοραστεί μια σειρά μετρητών και άλλες περιπτώσεις όπου ένας επιχειρηματίας τις αγόρασε για να στήσει μια νέα επιχείρηση όπου έκανε περιβαλλοντικές μελέτες για άλλους ανθρώπους. Θα εξηγήσω επίσης πώς να φτιάξει κανείς κάποιες απλές και φτηνές συσκευές. Από την στιγμή που μετρήσετε ή εκτιμήσετε πόσο εκτίθεστε σε τοξικές επιρροές από ραδιενεργές πηγές στη γειτονιά, στο σπίτι ή στο γραφείο σας και μπορέσετε να τις εντοπίσετε με ακρίβεια, κατόπιν μπορείτε να κάνετε τα βήματα που χρειάζονται για να τις μετριάσετε.

Μικροκύματα: Οι συχνότητες που χρησιμοποιούνται στους φούρνους μικροκυμάτων έχουν συνήθως μέγιστο κοντά στα 2 γιγαχέρτζ (GHz), που είναι παραπλήσιες με εκείνες που χρησιμοποιούνται για τα κινητά τηλέφωνα, τις κεραίες κινητής τηλεφωνίας και τις ραδιοφωνικές εκπομπές στα Μεσαία και τα FM (μέχρι 3 GHz). Οι φούρνοι μικροκυμάτων συνήθως χρησιμοποιούν πολύ πιο έντονες ακτινοβολίες, επομένως είναι πολύ πιο τοξικές αν είστε συνεχώς δίπλα τους. Ένας μετρητής *Trifield Meter* διαθέτει ένα κύκλωμα μέτρησης μικροκυμάτων από φούρνους μικροκυμάτων, αλλά δεν αντιδρά πολύ σε χαμηλότερης έντασης σήματα από κινητά

113

Εγχειρίδιο του Συσσωρευτή Οργόνης

τηλέφωνα και τις αντίστοιχες κεραίες. Για αυτές, χρειάζεται ένας ειδικός *Μετρητής Κινητών Τηλεφώνων και Ραδιοσυχνοτήτων, RF Meter,* που είναι φτιαγμένος ακριβώς για τον σκοπό αυτό. Πριν μερικά χρόνια άρχισα να χρησιμοποιώ και κατόπιν να πουλάω αυτούς τους μετρητές και σήμερα είναι εύκολο να τους βρει κανείς (για παράδειγμα από το Natural Energy Works: www.naturalenergyworks.net).

Αν και μπορείς να επιλέξεις τη χρήση ή μη ενός φούρνου μικροκυμάτων, ή ενός κινητού τηλεφώνου, δεν έχεις πολλές επιλογές όταν μπαίνει το ζήτημα της έκθεσης σε κεραίες κινητής τηλεφωνίας, οι οποίοι παρέχουν το σήμα σε κάθε κινητό τηλέφωνο. Ο Νόμος για τις Τηλεπικοινωνίες που ψηφίστηκε στα χρόνια των Κλίντον-Γκορ απαγορεύει με συγκεκριμένο τρόπο στις πόλεις, τις επαρχίες ή τις πολιτείες να θέσουν τα δικά τους πιο αυστηρά κριτήρια, κάτι που είχε ως αποτέλεσμα να επιτραπεί στις εταιρείες κινητής τηλεφωνίας να κακομεταχειριστούν το Αμερικάνικο έδαφος και τους κατοίκους του. Όταν προσπαθήσεις να τα βάλεις με μια εταιρεία κινητής τηλεφωνίας στα δικαστήρια, καταλήγεις να τα βάζεις και με την Ομοσπονδιακή Επιτροπή Επικοινωνιών.

Εν τω μεταξύ, οι μεγαλύτερες περιβαλλοντικές οργανώσεις έχουν αυξήσει το μέγεθός τους και την πολιτική τους δύναμη και πέφτουν στην παγίδα της συνήθους τακτικής των υποκριτικών φιλοφρονήσεων με την Ουάσιγκτον, των ανούσιων δημοσίων σχέσεων και του ξεπουλήματος των αρχών τους για χάρη λανθασμένων στόχων υπέρ μιας Μεγάλης Κυβέρνησης και μιας Μεγάλης Επιστήμης – ή ακόμα χονδροειδέστερα, για τα χρήματα. Ποτέ δεν ενδιαφέρθηκαν ιδιαίτερα για τα κριτήρια ασφάλειας για τα ηλεκτρομαγνητικά πεδία και έτσι δωροδοκήθηκαν και «μπήκαν στο παιχνίδι». Έτσι τώρα έχουμε το φαινόμενο να ξεφυτρώνουν παντού κεραίες κινητής τηλεφωνίας ή σταθμοί αναμετάδοσης, ακόμα και στις οροφές κτηρίων, στα καμπαναριά εκκλησιών και σε προαύλια σχολείων, συχνά μεταμφιεσμένες σε καπνοδόχους ή τοποθετημένες μέσα σε πλαστικούς φοίνικες. Κανείς δεν ενδιαφέρεται για τη δημόσια υγεία στο τομέα αυτό, γιατί οι εταιρείες που κατασκευάζουν τις συσκευές συμμετέχουν σε κυβερνητικά συμβούλια όπου παίρνονται αποφάσεις για το ύψος της ακτινοβολίας χαμηλής έντασης που μπορεί να εκτεθεί το κοινό. Και αυτοί οι υπολογισμοί εξαρτώνται από το πως μπορεί να λειτουργεί η τεχνολογία με το χαμηλότερο κόστος, κάτι που σημαίνει υψηλότερα ποσά ακτινοβολίας, με στόχο οι έφηβοι να μπορούν να έχουν καλό σήμα στο κινητό τους ακόμα και όταν βρίσκονται σε ένα υπόγειο, κρυμμένοι πίσω από ένα κουτί.

Για πρώτη φορά αντιλήφθηκα την εκτεταμένη φύση της έκθεσης σε μικροκύματα πριν αρκετά χρόνια, όταν εγκατέστησα στο αυτοκίνητό μου έναν ευαίσθητο ανιχνευτή που εντοπίζει ραντάρ της

Καθαρισμός Περιβάλλοντος

αστυνομίας. Σε ένα διαμέρισμα που έμενα, ο ανιχνευτής μου άρχιζε να βγάζει ήχο όταν πάρκαρα το αυτοκίνητό μου σε μια ορισμένη κατεύθυνση. Η ένδειξη του ανιχνευτή ήταν σαν να βρίσκονταν μόλις εκατό μέτρα από ένα ραντάρ της αστυνομίας που ήταν σε λειτουργία. Η δραστηριότητα ήταν ισχυρότερη στο δεύτερο όροφο όπου βρίσκονταν το διαμέρισμά μου παρά στο επίπεδο του δρόμου κι αργότερα ανακάλυψα ότι η πολυκατοικία όπου βρίσκονταν το διαμέρισμά μου είχε χτιστεί πάνω σε μια δέσμη μικροκυματικής τηλεπικοινωνίας, που μεταδίδονταν πάνω από τα κεφάλια μας από τη μια κεραία στην άλλη. Όσοι έμεναν στα υψηλότερα διαμερίσματα δέχονταν μια σημαντική ποσότητα μικροκυμάτων και η διέγερση όρανουρ στους ψηλότερους ορόφους ήταν πολύ εμφανής. Άλλες φορές οδηγούσα σε ολόκληρες πόλεις ή επαρχίες όπου ο ανιχνευτής ραντάρ ή ο μετρητής ραδιοσυχνοτήτων κατέγραφαν ισχυρά σήματα από διάφορες πηγές: σήματα από κεραίες κινητής τηλεφωνίας, ραντάρ αεροδρομίων και πολλά συστήματα wi-fi. Δεν υπήρχε κάποιο ραντάρ της αστυνομίας σε λειτουργία και οι άνθρωποι που ζούσαν εκεί λούζονταν συνεχώς από την ενέργεια μικροκυμάτων που προέρχονταν από αυτές τις εγκαταστάσεις.

Πόσο ισχυρά είναι αυτά τα σήματα σε σύγκριση με εκείνα που προέρχονται από τη φύση; Βασικά, δεν υπάρχει έκθεση από τη φύση σε αυτές τις περιοχές συχνοτήτων, για αυτό και επιλέχτηκαν για τις επικοινωνίες – είναι «ήσυχες ζώνες της φύσης». Στην ύπαιθρο συνήθως μετρά κανείς έκθεση 0,002 μικροβάτ (microWatts) ανά τετραγωνικό εκατοστό ($\mu W/cm^2$) που είναι εξαιρετικά χαμηλό ποσό. Αν μπει κανείς στην κοντινότερη πόλη τα επίπεδα γρήγορα θα εκτοξευτούν σε 1 ή 10 $\mu W/cm^2$, ή ακόμα και σε επίπεδα εκατοντάδων $\mu W/cm^2$. Και οι εκθέσεις αυτές είναι πολύ διαφορετικές. Ένα σπίτι ή ένα διαμέρισμα μπορεί να λούζεται στις ακτινοβολίες αυτές, ενώ ένα άλλο καθόλου. Ή ένα τμήμα του σπιτιού να είναι ήσυχο και ένα άλλο «στα κόκκινα». Αυτό καθιστά επιτακτικό να αγοράσει κανείς έναν καλό μετρητή Ραδιοσυχνοτήτων για να κάνει τις μετρήσεις αυτές. Δεν είναι μόνο η τοποθέτηση ενός συσσωρευτή οργόνης σε ένα τέτοιο «καυτό σημείο» που είναι κακή επιλογή, αλλά δεν πρέπει να κοιμάται ή να εργάζεται κανείς σε ένα τέτοιο σημείο.

Ηλεκτρικά Πεδία: Το ηλεκτρομαγνητικό πεδίο (ΗΜΠ) έχει δύο διαφορετικές συνιστώσες που μπορούν να μετρηθούν χωριστά, το ηλεκτρικό και το μαγνητικό πεδίο. Η ηλεκτρική συνιστώσα ενός ΗΜΠ χαμηλής συχνότητας, όπως είναι εκείνο από τις γραμμές μεταφοράς ηλεκτρικού ρεύματος που έχει συχνότητα 50 Hz, μπορεί να μετρηθεί από το Trifield Meter, όπως αναφέραμε και προηγούμενα (www.naturalenergyworks.net) ως προτεινόμενη επιλογή μετρητή. Αλλά μπορεί να μετρηθεί και με τη χρήση ενός φθηνού ραδιοφώνου με

Εγχειρίδιο του Συσσωρευτή Οργόνης

τρανζίστορ που λαμβάνει Μεσαία Κύματα (AM), ρυθμισμένου πάνω από 1.600 χιλιοκύκλους στον επιλογέα του. Με τη ρύθμιση αυτή, δεν θα πιάσει κανένα σήμα από ραδιοφωνικό σταθμό, αλλά μόνο στατικό σήμα υποβάθρου. Με αυτή τη ρύθμιση μπορείτε να ανεβάσετε τον ήχο του στη μέγιστη τιμή και να ακούτε μόνο έναν ελαφρύ ήχο σαν σφύριγμα.

Εν τούτοις, εάν το φέρετε κοντά σε μια ηλεκτρική πρίζα, καλώδιο ρεύματος, διακόπτη αυξομείωσης φωτισμού (ντίμερ), τηλεφωνική γραμμή ή πρίζα, υπολογιστή, δέκτη τηλεόρασης, ή λαμπτήρα φθορισμού, θα δείτε ότι η ηλεκτρική διαταραχή θα αυξήσει δραματικά το επίπεδο της παρεμβολής και του στατικού σήματος στο ραδιόφωνο. Μ' αυτόν τον τρόπο, το φορητό σας ραδιόφωνο έχει γίνει ευαίσθητο σε ισχυρά ηλεκτρικά πεδία στην περιοχή των χαμηλών συχνοτήτων και θα δώσει ένα καθαρό ακουστικό σήμα όταν εκτεθεί σε τέτοια πεδία. Περπατώντας μέσα στο σπίτι και κρατώντας το ραδιόφωνο κοντά σε συσκευές, ή ακόμα και τμήματα των τοίχων σας τους οποίους μπορεί να υποψιάζεστε πως δημιουργούν αυτά τα τοξικά πεδία, μπορείτε να εντοπίσετε ασφαλείς και μη ασφαλείς περιοχές της κατοικίας σας. Χρησιμοποιείστε το φθηνότερο δυνατό ραδιόφωνο, με πλαστικό περίβλημα και χωρίς εξωτερική κεραία, που διατίθεται στα καταστήματα ηλεκτρονικών ειδών.

Μαγνητικά Πεδία: Η μαγνητική συνιστώσα του ηλεκτρομαγνητικού πεδίου είναι επίσης δυνητικά τοξική και μπορεί να ανιχνευθεί επίσης με το Trifield Meter. Αυτός ο έξοχος μετρητής μπορεί να ανιχνεύσει μικροκύματα, ηλεκτρικά και μαγνητικά πεδία. Αλλά τα μαγνητικά πεδία μπορούν να ανιχνευτούν και με τη μέθοδο του φθηνού ραδιοφώνου που περιγράφτηκε παραπάνω. Επίσης, μπορεί να βρείτε μαγνητικά πεδία με πιο εξειδικευμένο τρόπο με ένα φθηνό μαγνητικό *ακουστικό σύνδεσμο και ενισχυτή* – γνωστό με το όνομα «ενισχυτής τηλεφώνου». Αυτές οι συσκευές χρησιμοποιούνται συνήθως για να ενισχύσουν τον ήχο μιας υπάρχουσας τηλεφωνικής συσκευής και διαθέτει ένα μικρό λαστιχένιο προσαρμοστήρα για να προσκολληθεί στο ακουστικό σας. Όταν δεν είναι προσαρμοσμένος σε ένα τηλέφωνο και ρυθμιστεί σε υψηλή στάθμη ήχου, ο σύνδεσμος είναι ευαίσθητος σε μαγνητικά πεδία από μια ποικιλία οικιακών πηγών. Όταν το ρυθμίσουμε σε υψηλή ένταση ήχου, το στατικό σφύριγμα θα αυξηθεί όταν ο σύνδεσμος πλησιάζει σε ένα μαγνητικό πεδίο και ο ενισχυτής θα δώσει μια ακουστική ένδειξη. Χρησιμοποιήστε το αυτό με τον ίδιο τρόπο όπως το ραδιόφωνο με τρανζίστορ, που αναφέρθηκε πιο πάνω, για να εντοπίσετε επακριβώς τα τοξικά πεδία στο σπίτι σας. Μην τοποθετείτε ένα συσσωρευτή, ή το κρεβάτι σας, ή το κρεβάτι του παιδιού σας, κοντά σε οποιαδήποτε απ' αυτές τις πηγές ισχυρών και τοξικών ενεργειακών πεδίων.

Πυρηνική ή Ατομική Ακτινοβολία: Δεν υπάρχουν φθηνές ή απλές

Καθαρισμός Περιβάλλοντος

μέθοδοι για την ανίχνευση πυρηνικής (ιονίζουσας) ακτινοβολίας χαμηλής στάθμης. Προσέξτε επίσης τους φθηνούς μετρητές Γκάιγκερ έντονου κίτρινου χρώματος που πουλιούνται σε καταστήματα με μεταχειρισμένα είδη. Είναι συνήθως παλιές συσκευές της Πολιτικής Προστασίας οι οποίες μόλις που θα αντιδράσουν όταν πέσει μια ατομική βόμβα δίπλα σας! Επομένως δεν μπορούν να καταγράψουν ακτινοβολίες χαμηλής ισχύος όπως εκείνες που προέρχονται από ένα κοντινό πυρηνικό εργοστάσιο ή εκείνη που μπορεί να εκπέμπεται στην περιοχή των μαλακών ακτίνων-χ από οθόνες υπολογιστών και δέκτες τηλεόρασης καθοδικού σωλήνα. Παρομοίως, η ακτινοβολία από πυρηνικές εγκαταστάσεις γενικώς μειώνεται, αλλά παραμένει ακόμα επικίνδυνη, όταν αναμιγνύεται με μεγάλους όγκους αέρα και νερού. Για μια σωστή μέτρηση απαιτούνται περίπλοκες μέθοδοι καταγραφής για ώρες ή ημέρες ή η συγκέντρωση δειγμάτων αέρα και νερού. Η χρήση ενός μετρητή Γκάιγκερ μπροστά από ένα δέκτη τηλεόρασης ή μια οθόνη υπολογιστή, ή στον αέρα κοντά σε μια πυρηνική εγκατάσταση, σπάνια θα ανιχνεύσει κάτι και γενικώς είναι μια διαδικασία χωρίς νόημα. Επίσης, οι φθηνότεροι δοσομετρητές τσέπης φτιάχνονται γενικώς έτσι ώστε να ανιχνεύουν ακτινοβολία αρκετά υψηλής στάθμης και δεν καταγράφουν φαινόμενα χαμηλής στάθμης. Παρ' όλ' αυτά, έχω δει καθηγητές Φυσικής να κρατούν την λυχνία απαρίθμησης ενός μετρητή Γκάιγκερ, που είναι φτιαγμένος για την ανίχνευση ισχυρής ακτινοβολίας-γ, μπροστά σε ένα δέκτη τηλεόρασης καθοδικού σωλήνα που βγάζει έναν έντονο βόμβο και να δηλώνουν ότι είναι «εντελώς ασφαλής». Αυτό, φυσικά, είναι ανόητο. Αυτό που συστήνω για εκτιμήσεις της γειτονιάς ή για οικιακή χρήση είναι το *Radalert* ή κάποια παρόμοια ευαίσθητη συσκευή ευρέως φάσματος, που ανιχνεύει ακτινοβολίες άλφα, βήτα, γάμα και μαλακές ακτίνες-χ.

ΙΕ) <u>Ασφαλή Επίπεδα Ηλεκτρομαγνητικών Πεδίων (ΗΜΠ) και Συσκευές Προστασίας:</u> Αν και, παραπάνω, παραθέτω λεπτομέρειες για τον κατά προσέγγιση καθορισμό των ακτινοβολιών ΗΜΠ με απλές και φθηνές μεθόδους, δεν θα έπρεπε να νομίζει κανείς ότι το ζήτημα είναι ασήμαντο ή τετριμμένο. Αν χρησιμοποιήσετε τις φθηνότερες μεθόδους και ανακαλύψετε ότι ένα σημαντικό τμήμα του σπιτιού σας ή της γειτονιάς σας έχει «πολύ θόρυβο» και αντιδρά έντονα, τότε θα πρέπει να κάνετε το επόμενο βήμα και να κάνετε ακριβέστερες μετρήσεις, με τους πιο ακριβείς μετρητές. Οτιδήποτε καταγράφει περισσότερο από 1 μιλιγκάους (μαγνητικά πεδία) ή 1 κιλοβόλτ/μέτρο (ηλεκτρικά πεδία), ή 0,1 $\mu W/cm^2$ (ραδιοσυχνότητες) είναι πιθανότατα πάρα πολύ για μακροχρόνια έκθεση, ειδικά για παιδιά και εγκύους. Η δική μου συμβουλή για τη μέγιστη έκθεση είναι ίσως στο 1/10 ή το 1/100 των Κρατικών στάνταρ, επομένως, η «επίσημη επιστήμη» της Μεγάλης

117

Εγχειρίδιο του Συσσωρευτή Οργόνης

Κυβέρνησης θα διαφωνούσε πλήρως με τις συστάσεις μου. Αλλά, μέχρι σήμερα, *έχω το δικαίωμα να διαφωνώ δημοσίως με τη Μεγάλη Κυβέρνηση* (Γρήγορα κρύψτε αυτό το Εγχειρίδιο!). Η απόφαση για το «τι να κάνω» είναι δική σας, αλλά μην στηριχτείτε μόνο σε ότι σας δίνεται σε αυτό το βιβλίο, αλλά κάνετε τη δική σας δουλειά και ερευνήστε τα ζητήματα από πολλές απόψεις.

Υπάρχουν επίσης πολλά διαφορετικά μαραφέτια που πωλούνται ως «συσκευές προστασίας», για τον υποτιθέμενο «μηδενισμό» των ακτινοβολιών ΗΜΠ. Μπορεί να είναι από μικρά κουμπιά που τοποθετούνται στα κινητά τηλέφωνα, ή μεγάλα μαραφέτια σε σχήμα πυραμίδας ή κρύσταλλοι που τοποθετούνται στον υπολογιστή ή στην οθόνη, αλλά και πιο ακριβά κατασκευάσματα που τα συνδέεις στο ρεύμα, για να «προστατεύσεις το σπίτι σου» με μια και μοναδική συσκευή. Πρέπει να εκφράσω την μεγάλη μου επιφύλαξη για αυτούς τους ισχυρισμούς, γιατί δεν έχω δει κανένα έγκυρο επιστημονικό στοιχείο που να αποδεικνύει ότι ελαττώνουν την μετρούμενη ένταση του ΗΜΠ. Κάποιοι ορκίζονται σε αυτά, αλλά ως φυσικός επιστήμονας, πρέπει να θυμίσω στον κόσμο τη δύναμη της πειθούς. Για αυτό το λόγο η χρήση ενός καλού μετρητή είναι τόσο σημαντική. Όσο εξακολουθείτε να μετράτε τα ΗΜΠ, τα αποτελέσματά τους είναι εκεί, εξακολουθούν να υπάρχουν, ότι και αν υποστηρίξει ο κατασκευαστής του κάθε μαραφετιού. Οι περισσότεροι άνθρωποι που είναι ευαίσθητοι στον ηλεκτρομαγνητισμό αναγνωρίζουν αυτό το γεγονός.

Γνωρίζω αρκετές περιπτώσεις όπου τα ΗΜΠ που μετρούνταν αγνοήθηκαν από σεβασμό σε κάποιο κατασκεύασμα που υποστήριζε ότι «μηδενίζει τα τοξικά ΗΜΠ!» και σαν αποτέλεσμα ήταν ο θάνατος. Σε μια περίπτωση, μια γυναίκα που εργάζονταν σαν γραμματέας ανέπτυξε έντονες νευρολογικές διαταραχές οι οποίες επιδεινώνονταν πάρα πολύ όταν χρησιμοποιούσε υπολογιστές, αλλά μετριάζονταν όταν απείχε από αυτούς για κάποιες μέρες. Όταν μου ζήτησε την συμβουλή μου, της σύστησα να αλλάξει δουλειά και να βρει μια εξωτερική εργασία. Από το φόβο για τη φτώχεια, συνέχισε να δουλεύει σαν γραμματέας και άρχισε να φορά μια ποδιά και ένα καπέλο με μεταλλική επίστρωση, καθώς και αρκετές προστατευτικές συσκευές στον υπολογιστή, ο οποίος είχε μια μεγάλη οθόνη καθοδικού σωλήνα, που την βομβάρδιζε στο πρόσωπο και το επάνω μέρος του στέρνου όλη την ημέρα. Το αφεντικό της αρνήθηκε να της αγοράσει μια καινούργια επίπεδη οθόνη με χαμηλές εκπομπές και εκείνη αρνήθηκε να αγοράσει έναν φορητό υπολογιστή για εξαφανίσει την πηγή του προβλήματος. Αλλά ήταν πρόθυμη να πηγαίνει στους γιατρούς του νοσοκομείου για να πάρει φάρμακα που περιόριζαν τα συμπτώματα της ακτινοβολίας από τον καθοδικό σωλήνα! Μέσα σε ένα χρόνο

Καθαρισμός Περιβάλλοντος

πέθανε. Οι γιατροί που αντιμετωπίζουν τέτοια συμπτώματα συνήθως δεν κάνουν διάγνωση βασισμένη στην ενεργειακή οικολογία του σπιτιού και του χώρου εργασίας του ασθενούς και μπορεί να μην ρωτήσουν καν για αυτή.

Σε μια άλλη περίπτωση, μου τηλεφώνησε μια γυναίκα που η κόρη της είχε εμφανίσει οξύ λέμφωμα, προφανώς εξαιτίας του γεγονότος ότι ζούσε στο υψηλότερο διαμέρισμα μιας πολυκατοικίας όπου στην οροφή υπήρχε μια κεραία κινητής τηλεφωνίας. Ο διαχειριστής της πολυκατοικίας δεν είχε ειδοποιήσει κανέναν, όπως συμβαίνει συνήθως, όταν η εταιρεία κινητής τηλεφωνίας προσφέρει ένα μηνιαίο ενοίκιο στον ιδιοκτήτη της πολυκατοικίας για την οροφή. Η γυναίκα με ρώτησε τι πιστεύω για την περίπτωση. Χωρίς δισταγμό της είπα «μετακόμισε σήμερα από εκεί». Αντίθετα, εκείνη αγόρασε μια συσκευή των 300 δολαρίων που υποτίθεται ότι «μηδενίζει τα τοξικά ΗΜΠ». Έκανα ένα χρόνο για να μάθω νέα της, όταν μου έγραψε ένα σπαρακτικό γράμμα αναφέροντας ότι η κόρη της είχε πεθάνει και πόσο άσχημα ένιωθε που δεν μετακόμισε από το διαμέρισμα.

Σε μια άλλη περίπτωση, μου τηλεφώνησε ένας άντρας με τρεις κόρες, η μια από τις οποίες είχε μόλις εμφανίσει λευχαιμία και μια άλλη άρχισε να εμφανίζει συμπτώματα της αρρώστιας. Ο οικογενειακός γιατρός τους είπε ότι ήταν «κάτι κληρονομικό», αλλά ο άντρας ένιωθε ότι είχε σχέση με την μεγάλη κεραία ραδιοφωνικών σταθμών που βρίσκονταν περίπου 1,5 χιλιόμετρο από το σπίτι του. Αγόρασε διάφορους μετρητές, οι οποίοι δίνανε μετρήσεις πολύ παραπάνω από το όριο ασφαλείας των 0,1 μικροβάτ ανά τετραγωνικό εκατοστό που προτείνω και μέσα σε μια εβδομάδα μετακόμισε την οικογένειά του σε μια άλλη περιοχή στην εξοχή, χωρίς καθόλου έκθεση σε ΗΜΠ, με καθαρό αέρα και νερό. Μέσα σε ένα χρόνο οι δύο κόρες του είχαν αναρρώσει πλήρως χωρίς να εμφανίζουν κανένα σημάδι της νόσου. Αργότερα άρχισε να μελετάει τα γραπτά του Βίλχελμ Ράιχ και αν και η συνήθης συμβουλή είναι να *μην* κουράρεται η λευχαιμία με τον συσσωρευτή οργόνης – είναι μια υπερφορτισμένη βιοπάθεια που δεν απαιτεί υποχρεωτικά επιπρόσθετη ζωική ενέργεια – σήμερα είναι πολύ ενθουσιασμένος με το όλο θέμα και συνεχώς συμβουλεύει τους φίλους του στην παλιά του γειτονιά. Εκείνοι πιστεύουν ότι είναι μισότρελος, αλλά δεν μπορούν να παραβλέψουν την ανάρρωση των κοριτσιών του.

Από τα παραπάνω, είναι φανερό ότι μπορεί να κάνει κανείς πολλά για να μηδενίσει τις τοξικές ενεργειακές διαταραχές στο σπίτι του. Η αντιμετώπιση αυτών των προβλημάτων έξω από το σπίτι, στη γειτονιά, είναι θέμα μεγαλύτερης δυσκολίας. Μερικές φορές η λύση είναι η μετακόμιση σε άλλη περιοχή.

Μια άλλη απόφαση που παίρνουν κάποιοι άνθρωποι, όταν

119

Εγχειρίδιο του Συσσωρευτή Οργόνης

ανακαλύπτουν ότι το περιβάλλον τους ακτινοβολείται από κεραίες κινητής τηλεφωνίας ή κοντινές πυρηνικές εγκαταστάσεις είναι να οργανωθούν με στόχο τις κοινωνικές αλλαγές. Αυτό είναι πολύ πιο δύσκολο από τις προσωπικές αλλαγές. Και συνήθως, όταν αντιμετωπίζει κανείς τέτοια ζητήματα, είναι βασικά μόνος του και τα βάζει με τις κυβερνητικές πολιτικές που αλλάζουν εξαιρετικά δύσκολα. Για παράδειγμα, οι περισσότερες περιβαλλοντικές ομάδες έχουν πουληθεί σε ζητήματα όπως η ασφάλεια από τα ΗΜΠ, όπως ακριβώς έχουν κάνει σχετικά με τη θεωρία του διοξειδίου του άνθρακα και της υπερθέρμανσης του πλανήτη, έτσι ώστε οι κύριοι ωφελημένοι είναι πάντα οι πωλητές πυρηνικών εργοστασίων και οι χρηματιστές της Γουόλ Στριτ. Οι περισσότερες οργανώσεις υπέρ του Μεγάλου Περιβάλλοντος φαίνεται ότι έχουν σοσιαλιστικούς σκοπούς, στοχεύουν να βοηθήσουν την Κυβέρνηση του Μεγάλου Αδελφού να αποκτήσει περισσότερη ισχύ για να σου λέει τι να κάνεις και ακόμα να αρπάξει περισσότερα χρήματα από τις τσέπες σου και να τα βάλει στις δικές της.

Όσο ευγενής και αν ακούγεται η «κοινωνική αλλαγή», η πρώτη και βασική σου προτεραιότητα πρέπει να είναι η εξασφάλιση της δικής σου υγείας και των αγαπημένων σου. Κατόπιν μπορείς να σκεφτείς την κοινωνική δράση και την αφιέρωση μέρος του χρόνου σου στην συλλογική εργασία με ανθρώπους που έχουν τον ίδιο τρόπο σκέψης με εσένα. Ακόμη και για τη λύση μικρών προβλημάτων μπορεί να απαιτηθεί εκτεταμένη αυτοεκπαίδευση και εκπαίδευση άλλων. Μερικοί άνθρωποι έχουν το δυναμικό και χαίρονται να τα βάζουν με το Δήμαρχο, ή να καταλαμβάνουν ένα τοπικό εργοστάσιο ή κάποια εγκατάσταση. Αν λοιπόν έχετε το χρόνο και την ζωτική ενέργεια για να το κάνετε, όλα καλά. Αλλά, πρώτα σώστε τους εαυτούς σας και τις οικογένειές σας. Ένα πράγμα είναι σίγουρο: το πρόβλημα με την πυρηνική και την ηλεκτρομαγνητική μόλυνση και την συνεπακόλουθη ντορ και το όρανουρ που σχετίζεται μαζί τους, θα χειροτερέψει στο άμεσο μέλλον. Για να αρχίσετε, δικτυωθείτε με ενδιαφερόμενους ανθρώπους στην περιοχή σας. Αρχίστε να ρωτάτε και να ενημερώνεστε από τα καταστήματα υγιεινών και φυσικών τροφών, ή τη δημόσια βιβλιοθήκη της περιοχής σας για να δείτε τι θα μάθετε. Έχω συλλέξει κάποια στοιχεία για αυτά τα θέματα στον ιστότοπο:

www.orgonelab.org/cart/emfieldsafety.htm

Καθαρισμός Περιβάλλοντος

Εγχειρίδιο του Συσσωρευτή Οργόνης

10. Φυσικά Ζωντανά Θεραπευτικά Νερά

Όποτε κάνουμε ένα μπάνιο μεγάλης διάρκειας στη μπανιέρα, ή χαλαρώνουμε με ένα ποδόλουτρο, αποκτούμε εν μέρει την αίσθηση της χαλάρωσης λόγω της ικανότητας του ίδιου του νερού να απορροφά ενέργεια. Ο Ράιχ παρατήρησε ότι το νερό έχει μια δυνατή αμοιβαία συγγένεια και έλξη με την οργονική ενέργεια. Επομένως το νερό έχει μια ιδιαίτερη ικανότητα να απομακρύνει την βιοενεργειακή ένταση και στασιμότητα, συμπεριλαμβανομένου αυτού που ο Ράιχ ονόμαζε *ντορ*, τη νεκρωμένη, ακινητοποιημένη μορφή της ενέργειας της ζωής. Επίσης, το νερό μεταφέρει τη δική του φόρτιση και το δικό του παλμό, έτσι που όταν κάνουμε μπάνιο σε ιδιαίτερα *ζωντανό νερό*, αναζωογονούμαστε.

Ένα ζεστό μπάνιο μειώνει τόσο την εσωτερική μας οργονοτική φόρτιση όσο και την βιοενεργειακή ένταση και έτσι χαλαρώνουμε. Το αποτέλεσμα αυτό μπορεί εν μέρει να ερμηνευθεί με την αύξηση της θερμοκρασίας των σωμάτων μας και την διέγερση του παρασυμπαθητικού μας συστήματος που προκαλεί χαλάρωση και διαστολή, αλλά είναι φανερό, ότι υπάρχουν και άλλοι παράγοντες που επενεργούν. Μπαίνοντας σε μια μπανιέρα με νερό, το ενεργειακό δυναμικό του σώματος θα μειωθεί ενώ το ενεργειακό δυναμικό του νερού θα αυξηθεί. Κυριολεκτικά, αποβάλλουμε ενέργεια προς το νερό και χαλαρώνουμε, όπως ένα φουσκωμένο μπαλόνι που έχει χάσει λίγο από τον αέρα του.

Το φαινόμενο της απορρόφησης ή *έλξης* της ενέργειας από το νερό, μπορεί να αλλάξει χαρακτηριστικά και να γίνει ένα συνδυασμένο αποτέλεσμα *έλξης και ενεργοποίησης* με τη χρήση διαλυμένων κρυστάλλων όπως τα κρυσταλλικά άλατα, τα οποία αυξάνουν το ενεργειακό δυναμικό του νερού κάνοντάς το με τον τρόπο αυτό να έλκει και να κινητοποιεί πιο αποτελεσματικά την δική μας βιολογική ενέργεια. Ένα παρόμοιο αποτέλεσμα ενεργοποίησης και έλξης μπορεί να προκληθεί μπαίνοντας σε μια μπανιέρα με νερό που περιέχει μισό κιλό θαλασσινό αλάτι και μισό κιλό σόδα φαγητού. Τα μπάνια με αλάτι και σόδα που διαρκούν γύρω στα 20 λεπτά μπορούν να χρησιμοποιηθούν για να μειώσουν την ένταση και την υπερφόρτιση, ή για να τραβήξουν ένα τοξικό φορτίο ενέργειας, όπως και για να αναζωογονήσουν και να παράσχουν φρέσκια ζωική ενέργεια που απελευθερώνεται από τα κρυσταλλικά υλικά.

Τα λουτρά με μεταλλικά άλατα σε διάφορες φυσικές θερμές πηγές όπου το νερό έχει, όπως έχει παρατηρηθεί, θεραπευτικές ιδιότητες,

123

Εγχειρίδιο του Συσσωρευτή Οργόνης

φαίνεται να βασίζονται σε παρόμοιες αρχές της ζωικής ενέργειας. Πολλά θέρετρα και θεραπευτικά λουτρά έχουν χτισθεί σε τοποθεσίες όπου υπάρχουν θερμές πηγές ή άλλα νερά ή είδη χώματος (λάσπες, πηλοί, στάχτες) που έχουν μια ασυνήθιστη ποιότητα. Οι Γηγενείς Αμερικάνοι χρησιμοποιούσαν τα θερμά ιαματικά νερά και συχνά κατασκεύαζαν μια καλύβα εφίδρωσης κοντά στις πηγές αυτές όπου κατεύθυναν τα υψηλής ενέργειας και πλούσια σε ιχνοστοιχεία νερά, πάνω στις ζεστές πέτρες που βρίσκονταν εκεί μέσα. Ο ατμός που απελευθερώνεται και η ενέργεια είχε θεραπευτικές ιδιότητες, κατά ένα τρόπο παρόμοιο με τις σύγχρονες φυσικές θεραπευτικές μεθόδους που χρησιμοποιούν σάουνες και ατμόλουτρα, με αρώματα και ατμούς.

Οι Ευρωπαίοι άποικοι συχνά αντέγραφαν τις μεθόδους των Γηγενών Αμερικάνων και, έτσι, σε όλη την Αμερικάνικη ιστορία μέχρι και τη δεκαετία του 1940 υπήρχαν πολλά θεραπευτικά θέρετρα σε φυσικές θερμές πηγές που προσέλκυαν επισκέπτες από τις γύρω περιοχές. Είναι συνηθισμένο στον κόσμο να μπαίνει σε αυτά τα μεταλλικά νερά, ή σε ειδικά λουτρά λάσπης ή στάχτης και ύστερα να αισθάνονται πολύ χαλαρωμένοι, ασυνήθιστα ενεργοποιημένοι ή ακόμη και θεραπευμένοι από χρόνιες ασθένειες. Με αυτά τα λουτρά, διάφορες παθήσεις μπορούν να ανακουφιστούν προσωρινά ή μόνιμα.

Αυτά τα θεραπευτικά νερά συχνά αποκαλούνταν «νερά ραδίου», εξαιτίας της ανακάλυψης του χημικού στοιχείου ραδίου στις αρχές του $20^{ου}$ αιώνα από το ζεύγος Κιουρί στην Ευρώπη και τον επακόλουθο εκτεταμένο ενθουσιασμό (και την συχνή κατάχρηση) των θεραπειών με πυρηνική ακτινοβολία στα νοσοκομεία. Η ποσότητα ραδίου ή του αερίου ραδονίου στα φυσικά θερμά νερά συνήθως είχε εκτιμηθεί ότι ήταν χαμηλή, αλλά απουσία κάποια άλλης γνωστής εξήγησης για τη θεραπευτική φύση των νερών, αυτή η ανεπαρκής εξήγηση καθιερώθηκε. Σε άλλες περιπτώσεις, όπως η μεγάλη σπηλαιοπηγή στη Λούρδη της Γαλλίας, δόθηκε μια υπερφυσική εξήγηση στη θεραπευτική ιδιότητα των νερών.

Σήμερα μπορούμε να δεχτούμε ότι πρόκειται για νερά φορτισμένα με οργόνη που ανέρχονται από μεγάλα βάθη της Γης. Δύο μορφές αποδείξεων έχουν βρεθεί γι' αυτό. Η πρώτη είναι η συχνή εμφάνιση της χαρακτηριστικής βαθυγάλαζης λάμψης ή φωτοβολίας αυτών των θερμών ιαματικών νερών και η δεύτερη είναι τα άφθονα ημι-ζωντανά κυστίδια που συναντώνται συνήθως σε τέτοια νερά, τα οποία συχνά αναδύονται από τεράστια βάθη μεγάλης πίεσης και υψηλής θερμοκρασίας, όπου δεν αναμένεται η ύπαρξη μικροβίων. Και είναι, πραγματικά, πολύ παράξενα «μικρόβια». Οι σύγχρονοι μικροβιολόγοι τα ονομάζουν *θερμόφιλα* ή *εξτρεμόφιλα*, θεωρούνται συχνά ότι παράγουν την γαλάζια λάμψη, αλλά περιέργως δεν προκαλούν τα συνήθη φαινόμενα βιοφωσφορισμού στο μικροσκόπιο, ούτε

124

Φυσικά Ζωντανά Θεραπευτικά Νερά

«θολώνουν» τα νερά στα οποία βρίσκονται, όπως παρατηρείται όταν ένας καθαρός ζωμός γίνεται αδιαφανής λόγω μόλυνσης από μικρόβια.

Αντίθετα, οι θερμές πηγές διατηρούν μια διαύγεια βαθιού γαλάζιου χρώματος ακόμα και αν έχουν βάθος λιγότερο από ένα μέτρο, κάτι που αντιβαίνει και στα επιχειρήματα περί «διάθλασης του φωτός» που χρησιμοποιούνται για να εξηγήσουν ένα παρόμοιο υπέροχο ζωντανό και έντονο γαλάζιο χρώμα που παρατηρείται σε βαθιές λίμνες και στους ωκεανούς. Η εργασία του Ράιχ παρέχει μια θεμελιώδη ερμηνεία για τα αποτελέσματα των φυσικών θεραπευτικών νερών και των αμμόλουτρων.

Ο Ράιχ ανακάλυψε την οργονική ενέργεια, ή ενέργεια της ζωής, κατά την διάρκεια πειραμάτων τα οποία απέδειξαν ότι μικροσκοπικές κύστες που ακτινοβολούν ενέργεια, μπορούν να παραχθούν από την αποσύνθεση διάφορων οργανικών και ανόργανων υλικών. Πηλός, χώμα, τριμμένος βράχος, άμμος θαλάσσης και ρινίσματα σιδήρου ήταν κάποια από τα ανόργανα υλικά τα οποία, όταν τα άφηναν να αποσυντεθούν και να φουσκώσουν μέσα σε νερό ή σε αποστειρωμένα διαλύματα ζωμού κρέατος, σχημάτιζαν τις μικρές ακτινοβολούσες κύστες, τις οποίες αργότερα ονόμασε *βιόντα*. Η διαδικασία σχηματισμού βιόντων μπορούσε να επιταχυνθεί αν, πριν εισαχθούν στα θρεπτικά διαλύματα, τα ορυκτά υλικά θερμαίνονταν μέχρι να ερυθροπυρωθούν.

Ορισμένα είδη άμμου από ακτές της Σκανδιναβίας βρέθηκε ότι σχηματίζουν βιόντα με εξαιρετικά δυνατή, γαλαζωπή ακτινοβολία. Τα γαλάζια βιόντα από αυτά τα παρασκευάσματα ανέπτυσσαν ενεργειακά πεδία τα οποία μπορούσαν να ακτινοβολήσουν ανθρώπους και αντικείμενα. Μάλιστα για μια χρονική περίοδο, ο Ράιχ χρησιμοποίησε πειραματικά τα ενεργειακά διαλύματα βιόντων για την αγωγή συμπτωμάτων διαφόρων ασθενειών. Διαλύματα βιόντων ενέθηκαν σε πειραματόζωα και είχαν αποτέλεσμα να ακινητοποιήσουν παθογόνα βακτήρια και καρκινικά κύτταρα. Αργότερα, κατασκευάστηκαν καταπλάσματα φτιαγμένα από βιόντα, με τα οποία η ενέργεια που απελευθερωνόταν από το αποσυντιθέμενο υλικό μπορούσε να χρησιμοποιηθεί για να ακτινοβολήσει το σώμα.

Παράλληλα με την ανακάλυψη των βιόντων από τον Ράιχ, ο Αυστριακός φυσιοδίφης Βίκτωρ Σαουμπέργκερ έκανε μια σειρά ανακαλύψεων σχετικά με τη ζωντανή φύση του φυσικού νερού πηγής, σε αντιπαραβολή με το επεξεργασμένο νερό των πόλεων. Κατά τη διάρκεια της διαβίωσής του στην περιοχή των Άλπεων όταν ήταν νέος, αποκαλούσε αυτό το φυσικό, γεμάτο ζωή νερό, *ζωντανό νερό*. Ο καθένας μπορεί να εκτιμήσει τις αναζωογονητικές ιδιότητες αυτού του φυσικού νερού πηγής σε σύγκριση με το χλωριωμένο νερό της πόλης ή το νερό από πλαστικό μπουκάλι, αν και οι σύγχρονοι χημικοί και

125

Εγχειρίδιο του Συσσωρευτή Οργόνης

κυβερνητικοί γραφειοκράτες χλευάζουν αυτή την ιδέα. Αλλά, τόσο ο Ράιχ όσο και ο Σαουμπέργκερ φαίνεται ότι προσδιόρισαν, από διαφορετικούς ερευνητικούς δρόμους, μια βασική αλήθεια για το νερό, τον παγκόσμιο διαλύτη, ο οποίος ακόμα και σήμερα δεν είναι απόλυτα κατανοητός. Όπως σημειώθηκε στο Κεφάλαιο 6, ειδικά στην εργασία του Πικάρντι, γνωρίζουμε ότι το νερό είναι μια ουσία που αντιδρά στις ηλιακές κηλίδες, το μαγνητισμό και σε άλλα κοσμικά φαινόμενα. Δεν θα ήταν περίεργο να κουβαλάει μια φόρτιση ζωικής ενέργειας, της οργόνης, μαζί με γαλαζωπό λαμπερό βιοντικό υλικό και βέβαια κάτι τέτοιο θα εξηγούσε πολλά.

Μετά την ανακάλυψη του συσσωρευτή οργονικής ενέργειας, ο οποίος ανέπτυσσε την φόρτισή του απ' ευθείας από την ατμόσφαιρα, ο Ράιχ σταμάτησε την πειραματική ανάπτυξη των πακέτων βιόντων για τους σκοπούς αυτούς. Εντούτοις, τα μετέπειτα χρόνια, με την ενεργειακή και χημική μόλυνση της ατμόσφαιρας και το συνεπαγόμενο πρόβλημα μόλυνσης του συσσωρευτή, το ενδιαφέρον για τα πακέτα βιόντων έχει αναζωπυρωθεί.

Η ακόλουθη απλή συνταγή για τη δημιουργία ενός πακέτου βιόντων έχει προκύψει από διάφορες πηγές. Ένα πακέτο βιόντων μπορεί να γίνει από καθαρή άμμο θαλάσσης ή άλλα υλικά από χώμα ή πηλό που είναι γνωστό ότι έχουν θεραπευτικές ιδιότητες. Μια γεμάτη χούφτα από το παραπάνω υλικό τυλίγεται σε μια χοντρή κάλτσα, ή άλλο χοντρό κομμάτι υφάσματος, όπως ένα λουκάνικο, με μήκος γύρω στα 30 εκατοστά και πλάτος 15. Πρέπει να κλεισθεί με δέσιμο ή ράψιμο έτσι ώστε να μην μπορεί να χυθεί έξω το περιεχόμενο. Μετά, το πακέτο βιόντων βρέχεται καλά και βράζεται μέσα σε νερό, ή σε χύτρα ταχύτητας, για περίπου 15 λεπτά. Μην χρησιμοποιείτε φούρνο μικροκυμάτων γιατί θα διαταράξει τις ενεργειακές ιδιότητες. Μετά απ' αυτό τυλίγεται με φύλλο από κερί ή πλαστικό και αφήνεται στην κατάψυξη να παγώσει καλά μέχρι να γίνει στερεό. Για την πρώτη χρήση του πακέτου βιόντων, η διαδικασία βρασμού και κατάψυξης πρέπει να επαναληφθεί αρκετές φορές. Δεν πρέπει να βραστεί μέσα σε ένα φούρνο μικροκυμάτων. Το πακέτο χρησιμοποιείται μετά από έναν από τους βρασμούς, αφού αφεθεί να κρυώσει και έχει στραγγιστεί το νερό που περισσεύει. Το πακέτο τότε εφαρμόζεται στο σώμα, με πρόσθετη μόνωση από πανί σε περίπτωση που είναι πολύ ζεστό. Καθώς η άμμος θαλάσσης αποσυντίθεται από το βρασμό και το πάγωμα, θα σχηματισθούν μικροσκοπικά ακτινοβολούντα γαλαζωπά βιόντα. Η ακτινοβολία από ένα πακέτο βιόντων θα συνεχίσει ακόμη και όταν το πακέτο έχει κρυώσει και μπορεί να αναζωογονηθεί μετά το στέγνωμα με επανάληψη του βρασμού. Μπορεί να ληφθεί ακτινοβολία οργόνης από αυτή την φυσική πηγή, ακόμη και σε μολυσμένες ατμόσφαιρες με πολλή ντορ, όπου η χρήση μιας κουβέρτας οργόνης ή

Φυσικά Ζωντανά Θεραπευτικά Νερά

ενός συσσωρευτή θα ήταν προβληματική. Το φαινόμενο ανακαλύφθηκε από τον Ράιχ στα πρώτα χρόνια των ερευνών του και τόσο η ύπαρξη όσο και η συμπεριφορά των βιόντων έχουν επιβεβαιωθεί από άλλους επιστήμονες.

Πριν από την σύγχρονη εποχή των φαρμάκων, οι επαγγελματίες που ασχολούνταν με την υγεία χρησιμοποιούσαν για θεραπεία πληγών και μολύνσεων ειδικούς τρόπους θέρμανσης, πηλό που ακτινοβολεί, πακέτα άμμου, ή έμπλαστρα τα οποία χρησιμοποιούνταν για ανακούφιση από πόνους. Πολλά από αυτά τα έμπλαστρα έγιναν γνωστά από ιθαγενείς θεραπευτές, οι οποίοι ήξεραν ποιες λάσπες ή φυτά έδιναν τα καλύτερα αποτελέσματα. Κάποια από αυτά τα είδη πακέτων ή εμπλάστρων είναι ακόμη διαθέσιμα στο εμπόριο, αλλά χωρίς να συνοδεύονται από κάποιες πληροφορίες για τις θεραπευτικές τους ιδιότητες. Πρέπει κανείς να τα αναζητήσει σε βιβλία σχετικά με την ιατρική βοτανολογία ή να τα ψάξει σε καταστήματα υγιεινής διατροφής. Υπάρχουν πολλά πλαστικά ή ελαστικά «έμπλαστρα», ή «πακέτα ζέστης» που διατίθενται στα φαρμακεία αλλά αυτά βασίζονται αποκλειστικά σε θερμικά φαινόμενα. Αλλά, τα διάφορα ιαματικά λουτρά και τα θέρετρα με μεταλλικές πηγές όπου οι άνθρωποι μπαίνουν σε ειδικές λάσπες, πηλούς, ή λουτρά στάχτης, χρησιμοποιούν τις αρχές της ακτινοβόλησης με ζωική ενέργεια, η οποία απελευθερώνεται από αυτά τα φυσικά υλικά της Γης σύμφωνα με τις αρχές της βιοντικής αποσύνθεσης. Μια παρόμοια βιοντική διεργασία, ίσως να συμβαίνει και κατά την χρήση σκόνης από βράχια για την αναζωογόνηση δασών και λιμνών που πεθαίνουν, καθώς και στα «προσωπεία λάσπης» ή στις «μάσκες πηλού» που εφαρμόζονται για το φρεσκάρισμα του προσώπου και την σύσφιξη του χαλαρού δέρματος.

Αυτή η παράδοση των θεραπευτικών νερών και των καταπλασμάτων εισέπραξε την εχθρότητα των Αμερικανών νοσοκομειακών Γιατρών, στα πλαίσια του πολέμου, κατά τον 20ο αιώνα, του συμπλέγματος που αποτελείται από την Υπηρεσία Τροφίμων και Φαρμάκων (FDA), τον Αμερικάνικο Ιατρικό Σύλλογο (AMA) και την Φαρμακοβιομηχανία ενάντια στις φυσικές θεραπευτικές μεθόδους. Όσοι έμπαιναν σε τέτοια νερά ή σε μεταλλικά ή αργιλικά λουτρά, είχαν ξεκάθαρα και αποδεδειγμένα οφέλη στην υγεία τους – όπως η εξαφάνιση της χρόνιας αρθρίτιδας και των ρευματισμών. Τα νερά αυτά ήταν κατά κανόνα πολύ μεταλλικά, κάποιες φορές είχαν άσχημη μυρωδιά εξαιτίας ενώσεων του θείου αλλά μπορούσαν – εν μέρει εξαιτίας αυτών των μετάλλων – όταν έκανε κανείς μπάνιο σε αυτά ή αν τα έπινε να ανακουφίσουν διάφορα προβλήματα υγείας. Μέχρι τη δεκαετία του 1940, οι εταιρείες που διαχειρίζονταν αυτές τις θερμές πηγές και τα μεταλλικά νερά τα οποία

127

Εγχειρίδιο του Συσσωρευτή Οργόνης

εμφιάλωναν για πόση, διαφήμιζαν τα ωφελήματα που είχαν για την υγεία. Για παράδειγμα, ο Πρόεδρος Φράνκλιν Ντ. Ρούσβελτ, πήγαινε συχνά στα θεραπευτικά νερά του Γουόρμ Σπρινγκς στην πολιτεία της Τζόρτζια, τα οποία συνεχίζουν να χρησιμοποιούνται σαν θεραπευτικά για την υδροθεραπεία της πολιομυελίτιδας. Το κέντρο αυτό σώθηκε εξαιτίας του γεγονότος ότι ο Ρούσβελτ το αγόρασε και δημιούργησε ένα ίδρυμα για την επιβίωσή του. Ωστόσο, πέρα από αυτό, μόνο κάποιες λίγες κλινικές και θέρετρα ιαματικών λουτρών επιβιώνουν στην εποχή μας.

Εξαιτίας των απαιτήσεων από την FDA, τον AMA και τους τοπικούς νοσοκομειακούς γιατρούς και στην προσπάθειά τους να αντιμετωπίσουν διεφθαρμένους ή κακόβουλους μηνυτές που απειλούσαν τους ιδιοκτήτες των ιαματικών λουτρών με φυλάκιση, οι θερμές ιαματικές πηγές υψηλής ενέργειας έχουν ελαττωθεί δραματικά και έχουν περιοριστεί σε σχέση με τι μπορούν να λένε ή να γράφουν σχετικά με τα ωφέλη που μπορούν να προσφέρουν. Σπάνια υπάρχουν κλινικές στα μέρη αυτά και πολλές έχουν μετατραπεί σε μουσεία ή

*Φωτογραφία από Καρτ-Ποστάλ του Θερμών Πηγών Ραδίου, στο Όλμπανι της Τζόρτζια, που χαρακτηρίζονται από **βαθυγάλαζα νερά** όπου συνέρρεαν οι άνθρωποι αναζητώντας θεραπεία και αναζωογόνηση. Σήμερα έχουν εξαφανιστεί και η περιοχή έχει γίνει γήπεδο τένις όπου «απαγορεύεται το μπάνιο». Εκατοντάδες τέτοιες φυσικές θεραπευτικές θερμές πηγές, λουτρά και κλινικές υπήρχαν στις ΗΠΑ πριν τη δημιουργία του μονοπωλίου των FDA, AMA και των Νοσοκομειακών Γιατρών, το οποίο προσπάθησε σκληρά για να τις κλείσει.*

128

Φυσικά Ζωντανά Θεραπευτικά Νερά

εθνικά πάρκα, τόπους ιστορικού ενδιαφέροντος όπου μπορεί κανείς να περπατήσει και να δει φωτογραφίες ανθρώπων να κάνουν το μεταλλικό μπάνιο τους, αλλά δεν μπορεί να κάνει ο ίδιος μπάνιο. Η απαγόρευση αυτή της μακροχρόνιας παράδοσης της χρήσης των ιαματικών νερών συνέβη περίπου δέκα χρόνια πριν την επίθεση της FDA και των νοσοκομειακών γιατρών στη δουλειά του Ράιχ. Με λίγο ψάξιμο, όμως, μπορεί ακόμα να βρει κανείς αυτές τις παλιές θερμές πηγές. Σε κάποιες ελάχιστες περιπτώσεις και ενώ τους απαγορεύεται να υποστηρίξουν ότι θεραπεύουν αρρώστιες, έχουν ενσωματωθεί σε αναβιούμενες φυσικές θεραπευτικές μεθόδους όπως είναι η θεραπεία με μασάζ, οι οποίες δεν είναι ιδιαίτερα απειλητικές για τα φάρμακα που συνταγογραφούν οι γιατροί.

Στην Ευρώπη, αντίθετα, διατηρούνται οι παραδόσεις των θερέτρων. Όπως οι Γηγενείς Αμερικάνοι, η Ευρώπη έχει μακρά ιστορία χρήσης *ιαματικών μεταλλικών πηγών* ή *θεραπευτικών λουτρών.* Μόνο στη Γερμανία, για παράδειγμα, υπάρχουν εκατοντάδες, ονομαζόμενες *Heilbäder,* όπου υπάρχουν θεράποντες ιατροί που βοηθούν τους ασθενείς που πήγαν για να βρουν μια φυσική θεραπεία, πάντα υπό την αιγίδα του επίσημου συστήματος υγείας. Οι Γερμανοί γιατροί μπορούν να συνταγογραφήσουν επισκέψεις σε ένα τέτοιο θέρετρο θερμών ιαματικών νερών οι οποίες πληρώνονται από το σύστημα υγείας της Γερμανίας. Και η επιστήμη έχει προχωρήσει τόσο που όλα τα Heilbäder θεωρούνται επισήμως ότι ωφελούν συγκεκριμένα συστήματα του σώματος και διεγείρουν θεραπευτικά φαινόμενα για αντίστοιχες ασθένειες. Οι γιατροί γράφουν τις συνταγές τους υπό αυτό το πρίσμα.

Υπάρχουν έξι αναγνωρισμένες κατηγορίες θεραπευτικών λουτρών: τα μεταλλικά θεραπευτικά λουτρά, τα λουτρά θεραπευτικής τύρφης, τα θεραπευτικά λουτρά του ωκεανού, τα θεραπευτικά λουτρά αλάτων, τα λουτρά των μεθόδων του Δρ. Κνάιπ και λουτρά αφιερωμένα σε εφαρμογές του φυσικού αερίου ραδονίου.

Η τελευταία εφαρμογή αερίου ραδονίου συνιστά ένα είδος «ομοιοπαθητικής δόσης» ακτινοβολίας, μέσω ενός φαινομένου που η κλασσική βιοφυσική των ακτινοβολιών το ονομάζει «όρμιση», για να διεγείρει ολόκληρο το σύστημα του οργανισμού. Φαίνεται να αποτελεί ένα ελαφρύ *φαινόμενο όρανουρ,* το οποίο όπως ανακάλυψε ο Ράιχ, μπορεί σε μικρές δόσεις να έχει θεραπευτική αξία. Ωστόσο, αυτά τα φαινόμενα που ενισχύουν την ζωή φαίνεται ότι περιορίζονται σε σύντομες εκθέσεις από μικρής έντασης φυσικές πηγές ακτινοβολίας, ειδικά έκθεση στο αέριο ραδόνιο και όχι από οποιαδήποτε παρατεταμένη έκθεση σε σκληρές ακτινοβολίες από κατεργασμένο μετάλλευμα ουρανίου ή τα παραπροϊόντα του. Σε μικρές προσεκτικές δόσεις, η όρμιση (ή η *ιατρική όρανουρ,* όπως την αποκάλεσε ο Ράιχ)

Εγχειρίδιο του Συσσωρευτή Οργόνης

μπορεί να επιφέρει ένα θεραπευτικό αποτέλεσμα.

Αυτό είναι σε αρμονία με τις παρατηρήσεις αρχαίων λαών, ως μέρος της λαϊκής γνώσης και των φυσικών θεραπευτικών μεθόδων που αποτέλεσαν το έναυσμα για τις ιδέες του Χάνεμαν ο οποίος ανακάλυψε τις αρχές της ομοιοπαθητικής ιατρικής. Τα «ιατρικά σακουλάκια» που κρεμούσαν στο λαιμό του κάποιοι Γηγενείς Αμερικάνοι συχνά περιείχαν μικρά κομματάκια ορυκτών και φυτών οι ασθενείς ακτινοβολίες των οποίων τους έκαναν να αισθάνονται πιο δυνατοί ή πιο ζωηροί. Οι προσωπικές μου συζητήσεις με κάποιους μεταλλοδίφες του παλιού καιρού δείχνουν ότι κάποιες κατηγορίες ραδιενεργών μετάλλων «τους έκαναν να αισθάνονται καλά», σαν να δημιουργούσαν μια ισχυρή βιοενεργειακή διαστολή, ενώ άλλες κατηγορίες δεν προκαλούσαν τόσο ευχάριστες αισθήσεις. Και είναι ακόμα αλήθεια ότι πριν χρόνια, οι άνθρωποι πήγαιναν και έμεναν σε σπηλιές ή σε εγκαταλημένα ορυχεία και ανέπνεαν τον αέρα, έχοντας την άποψη ότι θα θεράπευαν τις αναπνευστικές τους παθήσεις. Όλα αυτά είναι παλιές θεραπευτικές μέθοδοι που κατά βάση έχουν πλέον χαθεί, αλλά θα έπρεπε να μελετηθούν. Θα πρέπει να διευκρινίσουμε εδώ, ότι αναφέρομαι σε ορυχεία όπου έχουν σταματήσει οι εργασίες εξόρυξης μετάλλων. Επομένως, ο αέρας σε αυτά δεν είναι πλέον γεμάτος σκόνη και σωματίδια.

Ένας άλλος τρόπος καθαρισμού της ενεργειακής ατμόσφαιρας μέσα στο σπίτι ή στο διαμέρισμα είναι μέσω σωλήνων έλξης ή κουβάδων έλξης. Όπως και ο συσσωρευτής, αυτές οι συσκευές είναι πολύ απλά, παθητικά όργανα που λειτουργούν στηριγμένα σε βασικές ενεργειακές αρχές. Οι σωλήνες έλξης είναι κούφιοι μεταλλικοί σωλήνες, φτιαγμένοι από γαλβανισμένους σιδηροσωλήνες διαμέτρου 3/4 ή 1 ίντσας που χρησιμοποιούνται από τους ηλεκτρολόγους για τη διέλευση καλωδίων, με μήκος περίπου 60 εκατοστών. Ο κουβάς έλξης είναι ένας απλός πλαστικός ή μεταλλικός κουβάς, που τοποθετείται σε έναν πάγκο από όπου στραγγίζουν τα νερά ή σε ένα νεροχύτη, ή στη μπανιέρα, όπου από μια βρύση μπαίνει νερό, κυκλοφορεί αργά και υπερχειλίζει. Οι σωλήνες έλξης τοποθετούνται κατά το ήμισυ μέσα στον κουβά και στερεώνονται έτσι ώστε να δείχνουν προς διάφορα τμήματα του δωματίου ή του διαμερίσματος τα οποία χρειάζονται ενεργειακό καθάρισμα.

Καθώς το νερό κυκλοφορεί αργά στον κουβά, τοξικές μορφές οργανικής ενέργειας αποβάλλονται από το δωμάτιο και πιθανώς από τα γειτονικά δωμάτια. Η ντορ έχει τη τάση να είναι εξαιρετικά διψασμένη για νερό και θα αποβληθεί από το δωμάτιο, αν υποθέσουμε ότι δεν δημιουργούνται επιπρόσθετες ποσότητες. Το όρανουρ, επίσης, θα μειωθεί και οι σωλήνες έλξης μαζί με τον κουβά βαθμιαία χαμηλώνουν την στάθμη της ενέργειας στα δωμάτια, μειώνοντας την

Φυσικά Ζωντανά Θεραπευτικά Νερά

διέγερση και την υπερφόρτιση. Όταν το σύστημα έλξης έχει τοποθετηθεί στη θέση του και βρίσκεται για λίγο σε λειτουργία, μπορείτε να βάλετε το χέρι σας μπροστά από τους σωλήνες και μερικές φορές να αισθανθείτε ένα φαινόμενο σαν ελαφρά τσιμπήματα ή «δροσερής αύρας». Συνιστάται οι σωλήνες να έχουν κατεύθυνση μακριά από σημεία ξεκούρασης ή ύπνου. Επίσης δεν πρέπει να κατευθύνονται προς οποιοδήποτε μέρος του σώματος για περισσότερο από μερικά δευτερόλεπτα. Οι σωλήνες μπορούν να τεθούν σε συνεχή χρήση σε ένα γραφείο ή χώρο εργασίας, για να μειώνουν την υπερφόρτιση και τη διέγερση από την όρανουρ. Σε αρκετές περιπτώσεις, έχω δει ένα τέτοιο σύστημα να χρησιμοποιείται για να μειώνει την όρανουρ σε δωμάτια που λειτουργούν ηλεκτρονικοί υπολογιστές. Στις περιπτώσεις αυτές, όπου δεν υπάρχει νεροχύτης ή αποχέτευση κοντά στις περιοχές που θα καθαρισθούν, μπορούμε να χρησιμοποιήσουμε εύκαμπτους γαλβανισμένους σωλήνες με αρκετό μήκος για να μεταφέρουμε το αποτέλεσμα έλξης από ένα νεροχύτη ή μια μπανιέρα γεμάτη νερό προς τα γειτονικά δωμάτια. Τοποθετήστε τα άκρα των εύκαμπτων σωλήνων στις περιοχές που θέλετε να καθαρίσετε. Αυτό το είδος εύκαμπτων σωλήνων χρησιμοποιείται για κάλυμμα ηλεκτρικών καλωδιώσεων και μπορούμε να τους αγοράσει κανείς στα περισσότερα μεγάλα καταστήματα σιδηρικών ή καταστήματα ηλεκτρολογικού υλικού. Μην χρησιμοποιείσετε εύκαμπτους σωλήνες αλουμινίου και να μην περάσετε καλώδια μέσα από αυτούς.

Είναι βασικό το νερό της γείωσης να είναι όσο πιο καθαρό γίνεται και να κυκλοφορεί ή να κινείται. Πρέπει να ανανεώνεται συνεχώς, ακόμη και με λίγες μόνο σταγόνες από φρέσκο νερό. Μια καλή μέθοδος είναι να βάλει κανείς ένα κουβά σε έναν νεροχύτη ή μπανιέρα, να τον γεμίσει και να αφήσει το νερό να ξεχειλίζει. Μπορείτε τότε να μειώσετε τη ροή του νερού σε λίγες σταγόνες. Οι σωλήνες πρέπει να είναι βυθισμένοι στο νερό. Πρέπει να είναι από γαλβανισμένο σίδηρο, χωρίς σκόνη ή βρωμιά στο εσωτερικό τους. Το ένα άκρο του κάθε σωλήνα πρέπει να είναι τελείως βυθισμένο μέσα στο νερό και πρέπει να χρησιμοποιηθούν αρκετοί σωλήνες. Θα μπορούσαν να έχουν πλαστική επικάλυψη στην εξωτερική πλευρά τους.

Όταν οι σωλήνες και οι κουβάδες έλξης λειτουργήσουν σε ένα δωμάτιο για αρκετές ώρες ή ημέρες, το δωμάτιο αποκτά μια κατάσταση απαλότερης αίσθησης και πιο γλυκιάς μυρωδιάς. Οι μεταλλικοί σωλήνες ενισχύουν τη φυσική ιδιότητα έλξης του νερού, γειώνοντας πολυκαιρισμένες και τοξικές μορφές της οργονικής ενέργειας, αλλάζοντας τον χαρακτήρα της από αρνητικό σε θετικό προς τη ζωή. Πρέπει να λειτουργήσουν για μια δύο μέρες το πολύ και

131

μετά πρέπει να αποσυναρμολογηθούν. Χρησιμοποιήστε τις περιοδικά και όχι μόνιμα, εκτός και αν ο χώρος είναι πάρα πολύ μολυσμένος.

Οι αρχές των σωλήνων και του κουβά έλξης βασίζονται στις ανακαλύψεις του Ράιχ ότι το νερό έχει την ικανότητα να έλκει με δύναμη και να απορροφά την οργονική ενέργεια και ότι οι σωλήνες έχουν την ιδιότητα να εστιάζουν ή να επεκτείνουν την έλξη του νερού σε αρκετά μεγάλη απόσταση. Σε κάποια φάση των ερευνών του ο Ράιχ ανέπτυξε μια συσκευή που την ονόμασε *ιατρικός απορροφητής ντορ*, η οποία χρησιμοποιήθηκε πειραματικά σε ασθενείς, για να αφαιρέσει την υπερφόρτιση και την ντορ από το σώμα.

11. Φυσιολογικά και Βιοϊατρικά Αποτελέσματα της Χρήσης του Συσσωρευτή

Θα ήταν χρήσιμο να γίνει μια ανασκόπηση των βιολογικών αποτελεσμάτων του συσσωρευτή οργόνης όπως έχουν καταγραφεί από διάφορους ανθρώπους που έχουν δουλέψει μ' αυτόν και ξέρουν ακριβώς τι μπορεί και τι δεν μπορεί να κάνει. Εντούτοις, το κεφάλαιο αυτό δεν πρέπει να θεωρηθεί σαν μια οριστική ή μια ευρεία ανακεφαλαίωση των ευρημάτων του Ράιχ για τον καρκίνο, τις βιοπάθειες, ή ακόμη, για τα βιολογικά αποτελέσματα του συσσωρευτή. Δεν είναι κάτι τέτοιο αλλά αποτελεί μόνο μια περίληψη, για να πληροφορήσει τον αναγνώστη σχετικά με το τι είδους πράγματα να περιμένει εάν ο συσσωρευτής χρησιμοποιηθεί για ζητήματα που σχετίζονται με την υγεία. Επιλεγμένες αναφορές για τα θέματα που αναφέρονται περιληπτικά πιο κάτω περιέχονται στο τμήμα της Βιβλιογραφίας.

Η ανακάλυψη της οργονικής ενέργειας και του συσσωρευτή ανακοινώθηκε για πρώτη φορά από τον Ράιχ στο τεύχος του 1942 (Τόμος 1) του *Διεθνούς Περιοδικού της Σεξουαλικής Οικονομίας και Οργονικής Έρευνας*, σε ένα άρθρο σχετικά με «Την Κατασκευή ενός Ακτινοβολούντος Κλειστού Περιβλήματος». Το περιοδικό εκείνο εστιαζόταν επίσης στις *συναισθηματικές* πλευρές της βιοπάθειας του καρκίνου, την σχέση του καρκίνου με την συναισθηματική παραίτηση, την σεξουαλική στέρηση και την χρόνια απώλεια ενέργειας. Ο Ράιχ δημοσίευσε επίσης τις ανακαλύψεις του σχετικά με την αυθόρμητη οργάνωση των καρκινικών κυττάρων από τους ίδιους τους ιστούς του ασθενή οι οποίοι αποσυντίθονταν βιοντικά. Επιπρόσθετες πληροφορίες δημοσιεύθηκαν αργότερα στο βιβλίο *Η Βιοπάθεια του Καρκίνου*, στο περιοδικό *Δελτίο Οργονικής Ενέργειας* και στο άρθρο *Οργονομική Διάγνωση της Βιοπάθειας του Καρκίνου*. Οι ανακαλύψεις του Ράιχ για τον καρκίνο επιβεβαιώθηκαν από άλλους, οι οποίοι επίσης δημοσίευσαν εργασίες τους στα περιοδικά του. Αλλά ποτέ δεν είδε τον συσσωρευτή σαν μια μέθοδο «θεραπείας» του καρκίνου, κάτι που δήλωσε κατηγορηματικά σε πολλές περιπτώσεις. Εν τούτοις διεκδίκησε την πατρότητα των ακόλουθων ανακαλύψεων:

1) Ο καρκίνος είναι μια διαταραχή ολόκληρου του οργανισμού και όχι απλώς και μόνο ένας εντοπισμένος όγκος.

2) Η βιοπάθεια του καρκίνου αρχίζει νωρίς στη ζωή, με μια κύρια συνιστώσα της να σχετίζεται με κάποιο πρώιμο τραύμα της παιδικής ηλικίας. Σχετίζεται επίσης με τον επακόλουθο φραγμό της αναπνοής

133

Εγχειρίδιο του Συσσωρευτή Οργόνης

και την κατάπνιξη των συναισθημάτων. Αργότερα στην εφηβεία και την ενηλικίωση το άτομο έχει μεγάλη δυσκολία στη δημιουργία σχέσεων αγάπης στη ζωή του και τελικά παραιτείται από τη σεξουαλική ευχαρίστηση και από τη χαρά και το νόημα της ζωής.

3) Ο καρκινοπαθής έχει σημαντική βιοενεργειακή νευρομυϊκή συστολή και ένταση (θωράκιση) η οποία παρεμποδίζει την κυκλοφορία και την οξυγόνωση ορισμένων περιοχών του σώματος, ιδιαίτερα των σεξουαλικών οργάνων.

4) Ο καρκινοπαθής υποφέρει από χρόνια απώλεια και βαθμιαία εξάντληση της βιοενεργειακής φόρτισης των ιστών του σώματος.

5) Λίγο πριν από την έναρξη ανάπτυξης του όγκου το άτομο βιώνει ένα ισχυρό συναισθηματικό χτύπημα όπως η απώλεια ενός πολύ αγαπημένου προσώπου, το οποίο ενισχύει την συναισθηματική του παραίτηση.

6) Το καρκινικό κύτταρο προέρχεται από βιοντικές διαδικασίες που προκύπτουν από την αποσύνθεση των ίδιων των ενεργειακά εξασθενημένων ιστών του ασθενούς,

7) Ένας συγκεκριμένος βάκιλος, *ο βάκιλος-T* βρίσκεται σε μεγάλες ποσότητες στους ιστούς και στο αίμα των καρκινοπαθών. Οι βάκιλοι-Τ μπορούν να καλλιεργηθούν και όταν ενεθούν σε ποντίκια προκαλούν σχηματισμό όγκων.

8) Η χρήση του συσσωρευτή δεν μπορεί από μόνη της να αντιστρέψει την βαθύτερη βιοπαθητική φύση της ασθένειας του καρκίνου. Εντούτοις μπορεί, σε περιορισμένη έκταση, να προκαλέσει τη διαστολή του βιοενεργειακού συστήματος, να επαναφορτίσει τους ιστούς, ακόμα και να αποσυνθέσει όγκους.

Ενώ αυτό το τελευταίο σημείο μπορεί να ακούγεται σαν θεραπεία του καρκίνου, ο Ράιχ ήταν επιφυλακτικός γύρω απ' αυτό, αν και ήταν σαφώς αισιόδοξος. Στα ιστορικά περιπτώσεων που αναφέρονται στα γραπτά του, έδωσε έμφαση περισσότερο στις αποτυχίες παρά στις επιτυχίες του. Έκανε συνεχώς προσεκτικές αναλύσεις του αίματος των ασθενών και ανέπτυξε ένα νέο βιοενεργειακό τεστ αίματος, το οποίο επέτρεπε την αναγνώριση ακόμα και προκαρκινικών τάσεων. Επίσης παρατήρησε ότι η απαλή παρασυμπαθητική διέγερση που προκαλούσε ο συσσωρευτής συχνά έκανε βαθύτερη την αναπνοή των ασθενών και βοηθούσε να έλθουν στην επιφάνεια συναισθήματα θαμμένα από πολύ καιρό. Ο Ράιχ επίσης δούλεψε χαρακτηρολογικά με τους ασθενείς του, για να υπερνικήσει το συγκινησιακό και αναπνευστικό μπλοκάρισμα και την σεξουαλική λίμναση που σχετίζονται με τον καρκίνο. Το καλά φορτισμένο αίμα διαμοίραζε φρέσκια βιολογική ενέργεια από τον συσσωρευτή σε όλο το σώμα, προς κάθε όργανο και ιστό, καθώς οι

134

Αποτελέσματα της Χρήσης του Συσσωρευτή

μορφές συγκινησιακού κρατήματος χαλάρωναν με τη σειρά τους και η αναπνοή γινόταν βαθύτερη.

Ήταν φανερό ότι ο συσσωρευτής μπορούσε να επαναφορτίσει τον οργανισμό και να βοηθήσει, ως ένα βαθμό, στην αντιμετώπιση πολλών δευτερευουσών επιπλοκών της πάθησης. Οι άνθρωποι συχνά επανακτούσαν χαμένες οργανικές λειτουργίες και η ενέργειά τους αυξάνονταν για μερικά χρόνια, Μερικές φορές αυτό συνέβαινε σε συνδυασμό με την πλήρη υποχώρηση των συμπτωμάτων. Αλλά συχνά, τουλάχιστον στις περιπτώσεις που δημοσιεύτηκαν, συνέβαινε υποτροπή. Σε μερικές περιπτώσεις ήταν προφανές ότι καθώς οι όγκοι άρχιζαν να αποσυντίθενται, οι ασθενείς εξουθενώνονταν από τα τοξικά προϊόντα διάλυσης των όγκων και πέθαιναν από δευτερεύουσες επιπλοκές, όπως νεφρική ή ηπατική ανεπάρκεια. Αυτό ήταν ένα πρόβλημα στις περιπτώσεις που διαλύονταν όγκοι βαθιά μέσα στο σώμα και δεν ήταν δυνατή η εύκολη αποβολή των τοξικών καταλοίπων.

Σε μερικές περιπτώσεις όταν το επίπεδο της βιοενέργειας των ασθενών επανερχόταν λόγω του συσσωρευτή, άρχιζαν να εμφανίζουν θαμμένα συναισθήματα, τα οποία συχνά δεν ήθελαν να αντιμετωπίσουν. Σε μερικές περιπτώσεις καθώς άρχιζαν να αναρρώνουν, είχαν πόνους στην περιοχή των γεννητικών οργάνων και των μηρών, σχετιζόμενους με την σεξουαλική τους λίμναση. Ο Ράιχ βρήκε ότι σχεδόν όλοι οι ασθενείς του που υπέφεραν από καρκίνο δεν είχαν σεξουαλικές σχέσεις για χρόνια και ήταν παγιδευμένοι σε έναν τυραννικό γάμο χωρίς αγάπη. Σε τέτοιες περιπτώσεις, η υπερνίκηση του εμποδίου της σεξουαλικής λίμνασης και των φραγμένων συγκινήσεων, καθώς και η αποκατάσταση της επιθυμίας τους να ζήσουν ήταν το κλειδί για την υποχώρηση της ασθένειας. Σε κάποιες λίγες περιπτώσεις, όταν αυτά τα συγκινησιακά προβλήματα έρχονταν στην επιφάνεια, οι ασθενείς του σταματούσαν τη θεραπεία τους με τον συσσωρευτή παρ' όλο που είχε επιτευχθεί σημαντική μείωση των όγκων και αποκατάσταση της λειτουργίας τους σώματος.

Για τους λόγους αυτούς, αλλά και για να δώσει έμφαση στο ενδιαφέρον του για την *πρόληψη* του καρκίνου, ο Ράιχ εστίασε την προσοχή του στον κεντρικό ρόλο της συναισθηματικής και σεξουαλικής παραίτησης των καρκινοπαθών. Όταν η παραίτηση από τη ζωή και τις συγκινήσεις μπορούσε να υπερνικηθεί, ο Ράιχ παρατήρησε ότι η πρόγνωση ήταν καλύτερη από τις περιπτώσεις όπου η παραίτηση παρέμενε άθικτη. Αυτός ο παράγοντας φαίνεται να επεξηγεί την κοινή διαπίστωση ότι οι καρκινοπαθείς που *δραστηριοποιούνται συγκινησιακά*, που μαθαίνουν να εκφράζουν τη θλίψη, το θυμό και τον τρόμο τους και επανακτούν την επιθυμία να ζήσουν, έχουν καλύτερη πρόγνωση.

Εγχειρίδιο του Συσσωρευτή Οργόνης

Γνωρίζοντας τα ευρήματα του Ράιχ σχετικά με την συγκινησιακή συνιστώσα του καρκίνου, πρέπει να διατυπωθεί η ακόλουθη ερώτηση: Τι επίδραση έχει στη συγκινησιακή και σεξουαλική παραίτηση του ατόμου μια ριζική χειρουργική επέμβαση σε καρκινικό όγκο που παραμορφώνει ή αχρηστεύει τα σεξουαλικά όργανα ή άλλες περιοχές του σώματος; Ή ακόμα, τι συμβαίνει συγκινησιακά όταν το σώμα δέχεται την φριχτή επίθεση των καυστικών χημικών και της ακτινοβολίας, που επιφέρουν ορατή, τρομακτική παραμόρφωση, ενώ παράλληλα, φυσιολογικές λειτουργίες του σώματος, όπως λήψη τροφής, αφόδευση, ή σεξουαλική διέγερση, δεν είναι πλέον δυνατές; Βέβαια, το μόνο που μπορούν να κάνουν τέτοιες τρομακτικές θεραπείες εκφυλιστικών ασθενειών είναι να *αυξήσουν* την συγκινησιακή παραίτηση και την σεξουαλική λίμναση. Αφού το κάνουν αυτό, δεν μπορούν παρά να *αυξήσουν* τόσο τον ρυθμό της αποσύνθεσης, όσο και τον ρυθμό υποτροπών και μεταστάσεων. Μέσα σ' αυτό το πλαίσιο, δεν είναι να απορεί κανείς από το γεγονός ότι οι χειρουργικές επεμβάσεις ακρωτηριασμού και οι τοξικές χημειοθεραπείες που υποστηρίζονται σήμερα από τους ειδικούς γιατρούς για την θεραπεία του καρκίνου δεν δίνουν καθόλου μεγαλύτερο όφελος στους ασθενείς από ότι οι θεραπείες που γίνονταν πριν από 30 ή ακόμη και 50 χρόνια!

Βέβαια, οι πιο γνωστές μη καθιερωμένες θεραπείες, τις οποίες συχνά απαγορεύουν στις περισσότερες χώρες μπορούν να πετύχουν πολύ καλύτερα αποτελέσματα. Συνήθως προσφέρουν στον ασθενή φυσικές τροφές και φυσικά ιάματα τα οποία ενεργοποιούν και αποτοξινώνουν, με ένα τρόπο παρόμοιο με τα λουτρά βιόντων και τα πακέτα βιόντων που αναφέρθηκαν παραπάνω. Ο Ράιχ, δυστυχώς, ήταν πολύ απασχολημένος με την ανακάλυψη της ζωικής ενέργειας και άλλα ζητήματα και αφιέρωσε πολύ λίγο χρόνο στις μεθόδους αποτοξίνωσης. Στην *Βιοπάθεια του Καρκίνου*, απέδειξε με τη χρήση ενός ειδικού φθοριοφωτόμετρου ότι το μέλι έχει *οκτώ φορές* μεγαλύτερη φόρτιση οργόνης από την κατεργασμένη ζάχαρη και ότι το μη παστεριωμένο γάλα είχε *διπλάσια φόρτιση* από το παστεριωμένο γάλα. Το συμπέρασμα απ' αυτά είναι ότι οι φυσικές τροφές έχουν υψηλότερη φόρτιση ζωικής ενέργειας, συγκρινόμενες με συνθετικές, απονεκρωμένες και κατεργασμένες τροφές. Με τις θεραπείες που αναπτύχθηκαν, μεταξύ άλλων, από τους Γκέρσον, Χόξεϊ, Λίβινγκστον φαίνεται ότι ανακαλύφθηκαν ανεξάρτητα από τον καθένα τους, με εμπειρικά μέσα, αυτές οι διαφορές στις τροφές και είναι σαφώς πιο προχωρημένες από του Ράιχ πάνω στα αποτελέσματα της δίαιτας και της αποτοξίνωσης. Αυτοί οι γιατροί, χρησιμοποιούν ειδικές φυτικές και θρεπτικές θεραπείες στις οποίες φαίνεται πως ο βιοενεργειακός παράγοντας έχει σημαντικό ρόλο.

Αποτελέσματα της Χρήσης του Συσσωρευτή

Χωρίς να μειώσουμε καθόλου την αξία αυτών των μεθόδων εναλλακτικής θεραπείας, *τα ευρήματα του Ράιχ παρέχουν σαφέστερη επιστημονική βάση για την προέλευση της βιοπάθειας του καρκίνου και του καρκινικού κυττάρου.* Οι αναλύσεις του για τα συγκινησιακά αίτια του καρκίνου έχουν επιβεβαιωθεί από ανεξάρτητους ερευνητές και θα έπρεπε να συμβάλλουν στην παροχή συγκινησιακής αναζωογόνησης στους καρκινοπαθείς. Τα ευρήματα του Ράιχ είναι επίσης συμβατά με διάφορες απόψεις που ερμηνεύουν την πρόκληση του καρκίνου ως αποτέλεσμα ανεπαρκούς διατροφής ή περιβαλλοντικών τοξινών, μέσω της έννοιας του *ενεργειακού επιπέδου.* Το μετρήσιμο ενεργειακό επίπεδο ενός ατόμου φαίνεται να είναι λειτουργικά ταυτόσημο με την κλασική έννοια της *ανοσίας* ή της *ανθεκτικότητας προς την ασθένεια* και είναι κρίσιμο στην κατανόηση του λόγου που ένα άτομο αρρωσταίνει, ενώ ένα άλλο όχι, κάτω από παρόμοιες τοξικές περιβαλλοντικές ή διαιτητικές επιδράσεις. Κοινωνικοί, συγκινησιακοί, όπως και κληρονομικοί παράγοντες έχουν μια πολύ ισχυρή επίδραση πάνω στην ενεργειακή στάθμη, ή τη φόρτιση των ιστών. Παρομοίως, η ανακάλυψη της ιδιότητας του πλεομορφισμού των ιών και των βακτηρίων (ικανότητα των μικροβίων να αλλάζουν μορφή: οι ιοί μετατρέπονται σε βακτήρια και αντίστροφα), οι παρατηρήσεις των βακίλων-Τ από ανεξάρτητους επιστήμονες και η εκ νέου ανακάλυψη των βιόντων από διάφορους ερευνητές στο χώρο της βιογένεσης, επιβεβαιώνουν τις θέσεις του Ράιχ πάνω στην βιοντική, αυτοπαραγόμενη φύση του καρκινικού κυττάρου. Πρέπει να δώσουμε τη μέγιστη δυνατή έμφαση στο ακόλουθο γεγονός: **η ανακάλυψη της αιτιολογίας του καρκίνου, η διαδικασία ανάπτυξής του αλλά και ορισμένες πολύ ικανοποιητικές, μη-τοξικές θεραπείες για την πάθηση αυτή έχουν επιτευχθεί πριν από δεκαετίες, από τη δεκαετία του 1940.** Αυτό που συνιστούσε εμπόδιο εμπόδιο δεν ήταν μια αποτυχία της επιστήμης, αλλά *ο μεγάλος αριθμός αλαζόνων Γιατρών ειδικών στο ζήτημα του καρκίνου, η επίδραση της πολιτικής και της Ιατρικής των Τεράστιων Προϋπολογισμών που διαφθείρουν, η δουλική στάση του μέσου ανθρώπου μπροστά στην αμφισβητούμενη ιατρική αυθεντία (δηλαδή, η συναισθηματική παραίτηση και ανικανότητα, σε συνδυασμό με την στάση «οι Γιατροί πάντα ξέρουν καλύτερα»), μαζί με την κατάχρηση των δικαστηρίων και της αστυνομίας από το ιατρικό κατεστημένο.* Αν ο αναγνώστης βρει τα λόγια μου ενοχλητικά, τότε προτείνω να ενημερωθεί για την αυθεντική ιστορία της ιατρικής, όπως αποκαλύπτεται στις βιογραφίες πρωτοπόρων της ιατρικής που καταπιέστηκαν και έγιναν αντικείμενο επιθέσεων, όπως ο Ιγκνάζ Σέμελβαϊς, ο Χάρι Χόξεϊ, ο Μαξ Γκέρσον, ο Ρόγιαλ Ράιφ ή ο Βίλχελμ Ράιχ.

Παρά τις πολλές δυσκολίες, έχουν συγκεντρωθεί πολλές εξαιρετικά

Εγχειρίδιο του Συσσωρευτή Οργόνης

σαφείς και θετικές αποδείξεις της αποτελεσματικότητας του συσσωρευτή για την αγωγή ενός μεγάλου φάσματος συμπτωμάτων και διαταραχών. Έχει αναφερθεί πολύ αποτελεσματική ανακούφιση από πόνο που προκαλείται από εγκαύματα βαριάς μορφής και γρήγορη επούλωσή τους. Επίσης, έχει αναφερθεί μεγάλη μείωση των πόνων όταν ο συσσωρευτής χρησιμοποιήθηκε από καρκινοπαθείς με όγκους, και από ασθενείς που πάσχουν από αρθρίτιδα. Εκτός από τον Ράιχ, άλλοι γιατροί που είχαν σχέση με τις έρευνές του δημοσίευσαν μελέτες σχετικά με την αγωγή του καρκίνου με τον συσσωρευτή. Αυτές οι δημοσιευμένες αναφορές απέδειξαν ότι η χρήση του συσσωρευτή είναι μια σημαντική και γεμάτη υποσχέσεις θεραπευτική αγωγή για την ασθένεια. Σπάνια παρατηρούνταν πλήρης υποχώρηση της ασθένειας, αλλά πάντοτε οι άνθρωποι βίωναν μείωση του πόνου και άλλων συμπτωμάτων και είχαν παράταση της ζωής τους από μερικούς μήνες μέχρι και χρόνια πέρα από το χρόνο επιβίωσης που είχε προβλεφθεί συμβατικά. Και άλλα ιατρικά προβλήματα, όπως ο διαβήτης, η αρθρίτιδα, η φυματίωση, ο ρευματικός πυρετός, η αναιμία, τα αποστήματα, τα έλκη και η ιχθύωση προσεγγίσθηκαν πειραματικά. Στις περιπτώσεις αυτές, φάνηκε ότι υπήρχαν ευεργετικές επιδράσεις από την ακτινοβολία της οργόνης. Ο Ράιχ επίσης έγραψε για την πολλά υποσχόμενη εφαρμογή της αγωγής αυτής στην λευχαιμία. Στις σελίδες των ερευνητικών του περιοδικών αναλύθηκαν επιπρόσθετα ευεργετήματα όπως ανοσία στην γρίπη και τα κρυολογήματα, εξαφάνιση προβλημάτων του δέρματος και γενικευμένη αύξηση του σφρίγους και της στάθμης της ενέργειας.

Από όσα γνωρίζω, από τότε που ο Ράιχ πέθανε στην φυλακή δεν έχουν γίνει κλινικές μελέτες στις Η.Π.Α. που να αφορούν την αγωγή ανθρώπων με τον συσσωρευτή. Έχουν γίνει μόνο έρευνες με ζώα, κυρίως σχετικά με τα αποτελέσματα του συσσωρευτή σε ποντίκια με καρκίνο και στη αγωγή ποντικών με πληγές. Αυτές οι εργαστηριακές δοκιμές με ποντίκια επιβεβαιώνουν την αποτελεσματικότητα του συσσωρευτή στη θεραπεία πληγών, καθώς και την αντικαρκινική του δράση. Ωστόσο, κλινικές δοκιμές με ανθρώπους έγιναν σε νοσοκομεία στην Γερμανία όπου η σύσταση της *αγωγής με συσσωρευτή οργόνης* είναι μια συνηθισμένη διαδικασία για ορισμένους γιατρούς. Αρκετοί από τους Γερμανούς γιατρούς που γνώρισα μου είπαν ότι *τα σωματικά αποτελέσματα του συσσωρευτή οργονικής ενέργειας ήταν πιο ισχυρά στην θεραπεία του καρκίνου από οποιαδήποτε άλλη μορφή συμβατικής ή φυσικής θεραπείας είχαν δοκιμάσει*. Μου ανέφεραν τις ακόλουθες επιδράσεις του συσσωρευτή σε καρκινοπαθείς:

1. Ο πόνος ανακουφίζονταν, η όρεξη αυξάνονταν και οι ασθενείς γίνονταν πιο ζωηροί και δραστήριοι και συχνά εγκατέλειπαν το κρεβάτι του νοσοκομείου ή και το ίδιο το νοσοκομείο, για να

Αποτελέσματα της Χρήσης του Συσσωρευτή

ξαναρχίσουν δραστηριότητες που τους ενδιέφεραν.

2. Η εικόνα του αίματος καθάριζε, τα ερυθρά αιμοσφαίρια έδειχναν ισχυρότερη ενεργειακή φόρτιση και λιγότερους βακίλους-Τ.

3. Οι όγκοι σταματούσαν να μεγαλώνουν και σε μερικές περιπτώσεις μειώνονταν δραματικά το μέγεθός τους.

4. Ενώ κάποιοι ασθενείς συνέρχονταν δραματικά, άλλοι είχαν μόνο την εξωτερική *εμφάνιση* ενός «θεραπευμένου». Η θεραπεία μόνο με συσσωρευτή δεν μπορούσε να αγγίξει την μακρόχρονη συγκινησιακή πλευρά της βιοπάθειας, η οποία συνέχιζε να εξαντλεί τον ασθενή με ένα τρόπο που δεν μπορούσε να αντισταθμιστεί πέρα από ένα σημείο. Το σημείο αυτό ήταν άγνωστο. Σε εκείνες τις περιπτώσεις, ενώ ο συσσωρευτής μπορούσε συνήθως να παρατείνει τη ζωή του ασθενή για μήνες ή ακόμη και χρόνια, ελαττώνοντας τους πόνους και βελτιώνοντας δραματικά την ζωή του, ο ασθενής κάποια στιγμή βίωνε υποτροπή με ξαφνική επανεμφάνιση όλων των συμπτωμάτων και ένα γρήγορο, αλλά όχι τόσο οδυνηρό θάνατο. Δυστυχώς, δεν διαθέτουμε στατιστικές μετρήσεις για να γνωρίζουμε το ποσοστό των ασθενών που ξεπέρασαν την πάθηση σε σύγκριση με εκείνο όσων υποτροπίασαν, δεδομένης της εχθρότητας της «επίσημης ιατρικής» για τη μέθοδο.

5. Οι Γερμανοί γιατροί ανέφεραν επίσης ότι οι καρκινοπαθείς ασθενείς τους δεν είχαν τα χαρακτηρολογικά γνωρίσματα μιας πλήρως ανεπτυγμένης καρκινικής βιοπάθειας, όπως αυτή που περιέγραψε ο Ράιχ την δεκαετία του 1940. Ειδικότερα, πολλοί νεότεροι άνθρωποι και παιδιά πήγαν σ' αυτούς με όγκους, με πολύ άσχημη εικόνα του αίματός τους και με ενδείξεις μιας πολύ εξαντλημένης ενεργειακής στάθμης. Αλλά δεν είχαν την πλήρη σεξουαλική λίμναση ή την συγκινησιακή παραίτηση που είναι χαρακτηριστική για την ασθένεια αυτή μεταξύ των πιο ηλικιωμένων ατόμων. Αυτό το απέδωσαν στην προηγούμενη έκθεση των ασθενών σε περιβαλλοντικές τοξίνες και ρυπαντές και στην όλο και περισσότερο αποδυναμωμένη φύση των συνηθισμένων τροφών. Αυτές οι παρατηρήσεις υπέδειξαν ότι υπό συνθήκες περιβαλλοντικής και διαιτητικής πίεσης, ενεργειακά ασθενή άτομα έχουν τάση προς αποσύνθεση των ιστών τους και σχηματισμό όγκων, ενώ ενεργειακά δυνατά άτομα δεν έχουν τέτοια τάση. Σε τέτοιες περιπτώσεις, η θεραπεία με συσσωρευτή έφερε εξαιρετικά αποτελέσματα, με πολύ καλύτερη πρόγνωση για ανάρρωση μεγάλης διάρκειας.

Παρακάτω παραθέτω μια λίστα από δημοσιευμένες εργασίες, με διάφορες καταστάσεις ή ασθένειες που είχαν θετική ανταπόκριση στον συσσωρευτή οργόνης – πλήρεις παραπομπές δίνονται στο τμήμα της Βιβλιογραφίας ή στον σχετικό ιστότοπο. Ο συσσωρευτής οργόνης

Εγχειρίδιο του Συσσωρευτή Οργόνης

χρησιμοποιείται καλύτερα σε συνδυασμό με την αναζωογονητική μέθοδο του Ράιχ της *θεραπείας με χαρακτηραναλυτική απελευθέρωση συναισθημάτων*, ώστε να βοηθηθούν οι άνθρωποι να αναπνεύσουν πιο βαθιά, να έρθουν σε επαφή με θαμμένα συναισθήματα και να αντιμετωπίσουν καταπιεστικές κοινωνικές συνθήκες που ίσως να αποτελούν τον πυρήνα της συναισθηματικής-ενεργειακής λίμνασης και του μπλοκαρίσματός τους. Πρέπει να επιστήσω την προσοχή στο γεγονός ότι το υλικό που αναφέρεται περιληπτικά σε αυτό το *Εγχειρίδιο* είναι μόνο μια εισαγωγή. Ο συσσωρευτής πρέπει να χρησιμοποιείται με προσοχή και γνώση και όχι να αντικαταστήσει τα «χάπια του γιατρού», μια κατάσταση όπου ο ασθενής κάθεται περιοδικά μέσα σ' αυτόν και δεν κάνει τίποτε άλλο. Είναι απαραίτητο να μελετήσει κανείς τις αυθεντικές εργασίες του Ράιχ και, για περισσότερες πληροφορίες, τις διάφορες εργασίες που αναφέρω και όπου είναι δυνατόν, να τον συνδυάσει με άλλες φυσικές θεραπευτικές μεθόδους. Δυστυχώς, για τους περισσότερους που προσεγγίζουν το ζήτημα, τουλάχιστον στις ΗΠΑ, η προσπάθεια είναι ατομική και ο ενδιαφερόμενος πρέπει να εφαρμόσει κάπως αποκομμένος μια αυτο-νοσηλεία, εξαιτίας του γεγονότος ότι η FDA και οι φιλικές της οργανώσεις έχουν καταστρέψει με μανία τη μέθοδο αυτή. Ωστόσο, όπως περιγράφω σε άλλο σημείο, υπάρχουν ουσιαστικοί λόγοι για προσδοκίες καλών, αν όχι δραματικά θετικών προς την ζωή αποτελεσμάτων από τον συσσωρευτή οργόνης.

Κλινικές Μελέτες Νοσηλειών Ασθενειών

Παραθέτουμε μια λίστα δημοσιευμένων εργασιών που περιλαμβάνει την ασθένεια που αντιμετωπίστηκε μαζί με το όνομα του γιατρού που έγραψε το άρθρο και το έτος δημοσίευσής του. Για παραπομπές συμβουλευτείτε την λίστα κατά έτος και συγγραφέα, εδώ: www.orgonelab.org/bibliog.htm

Ασθένεια	Γιατρός/Συγγραφέας	Έτος
Βιοπάθεια του Καρκίνου	Βίλχελμ Ράιχ	1943-48
Καρκίνος, Εγκαύματα	Βάλτερ Χόπε	1945
Κακοήθεια στο Μεσοθωράκειο	Σίμεον Τρόπ	1949
Πολλαπλά Συμπτώματα	Βάλτερ Χόπε	1950
Πολλαπλά Συμπτώματα	Βίκτορ Σόμπι	1950
Ρευματικός Πυρετός	Γουίλιαμ Άντερσον	1950
Καρκίνος του Μαστού	Σίμεον Τροπ	1950
Ιχθύωση	Άλαν Κοτ	1951
Μανιοκατάθλιψη	Φίλιπ Γκολντ	1951

Αποτελέσματα της Χρήσης του Συσσωρευτή

Υπερτασική Βιοπάθεια	Ιμάνουελ Λιβάιν	1951
Λευχαιμία	Βίλχελμ Ράιχ	1951
Καρκίνος	Σίμεον Τροπ	1951
Διαβήτης	Ν. Γουίβερικ	1951
Απόφραξη Στεφανιαίας	Ιμάνουελ Λιβάιν	1952
Πολλαπλά Συμπτώματα	Κένεθ Μπρέμερ	1953
Καρκίνος του Δέρματος	Βάλτερ Χόπε	1955
Φυματίωση	Βίκτωρ Σόμπι	1955
Καρκίνος Ουροδόχου Κύστης	Ε. Ράιχ, Β. Ράιχ	1955
Καρκίνος Ουροδόχου Κύστης	Τσέστερ Ρέιφελ	1956
Ρευματοειδής Αρθρίτιδα	Βίκτωρ Σόμπι	1956
Κακοήθες Μελάνωμα	Βάλτερ Χόπε	1968
Βιοπάθεια του Καρκίνου	Ρίτσαρντ Μπλάσμπαντ	1975
Βιοπάθεια του Καρκίνου	Ρόμπερτ Ντιού	1981
Πολλαπλά Συμπτώματα	Ντοροθέα Φούκερτ	1989
Μολύνσεις του Δέρματος	Μάιρον Μπρένερ	1991
Βιοπάθεια του Καρκίνου	Χάικο Λάσεκ	1991
Πολλαπλά Συμπτώματα	Γιώργος Κάβουρας	2005

Συγκριτικές Μελέτες σχετικά με την Ανθρώπινη Φυσιολογία

Εκτός από τις πολλές κλινικές μελέτες που δημοσιεύτηκαν από τον Ράιχ και τους συνεργάτες του, που παραθέσαμε παραπάνω, υπάρχουν πολλές έξοχες διπλές τυφλές και συγκριτικές μελέτες των ανθρώπινων φυσιολογικών αποκρίσεων στον συσσωρευτή οργόνης. Οι μελέτες αυτές δεν κατευθύνονται στην αγωγή κάποιας συγκεκριμένης ασθένειας ή προβλήματος, αλλά οργανώθηκαν για να αξιολογήσουν τους αρχικούς ισχυρισμούς του Ράιχ σχετικά με τη βασική παρασυμπαθητική διέγερση που προκαλεί ο συσσωρευτής οργόνης στους ανθρώπους.

Μια από τις πρώτες μελέτες αυτού του είδους, που έγινε ως διδακτορική διατριβή στο Πανεπιστήμιο του Μάρμπουργκ της Γερμανίας, δημοσιεύτηκε αργότερα με τίτλο *Τα Ψυχο-Φυσιολογικά Αποτελέσματα του Συσσωρευτή Οργονικής Ενέργειας του Ράιχ.* Επιβεβαίωσε πλήρως τον Ράιχ. Μια επανάληψη της μελέτη αυτής – επίσης ελεγχόμενη και διπλή-τυφλή – διεξήχθη στο Πανεπιστήμιο της Βιέννης, στην Αυστρία, λίγα χρόνια αργότερα. Και αυτή επιβεβαίωσε τον Ράιχ και αναφέρεται και αυτή στο τμήμα της Βιβλιογραφίας, όπως και άλλες μελέτες που αποδεικνύουν ότι η οργονική ενέργεια είναι η από παλιά αναζητούμενη ενέργεια του βελονισμού και της Κινέζικης Ιατρικής. Ίσως τελικά να αποδειχτεί ότι είναι και η ενέργεια των ομοιοπαθητικών φαινομένων. Πολλά πρέπει να ανακαλυφτούν, αλλά πολλά έχουν ήδη αποδειχτεί.

Εγχειρίδιο του Συσσωρευτή Οργόνης

Συγκριτικά Εργαστηριακά Πειράματα με Ποντίκια

Πολλές συγκριτικές πειραματικές εργαστηριακές μελέτες έχουν γίνει με ποντίκια, για να εκτιμηθεί η επίδραση του συσσωρευτή οργόνης ή του ιατρικού απορροφητή της ντορ (μια συναφής συσκευή) στην υγεία και το χρόνο επιβίωσής τους. Οι μελέτες περιελάμβαναν είτε ποντίκια με γενετική προδιάθεση για ανάπτυξη αυθόρμητων καρκίνων ή ποντίκια στα οποία έγιναν μεταμοσχεύσεις καρκινικών ιστών.

Όπως αναφέρθηκε, οι μελέτες αυτές έδειξαν σημαντική βελτίωση της υγείας αυτών των ποντικιών που είχαν δεχτεί ανοσολογική επίθεση ή είχαν εξασθενήσει τεχνητά, όταν τους παρασχέθηκε ημερήσια αγωγή με τον συσσωρευτή οργόνης, σε σύγκριση με ομάδες ελέγχου που δεν δέχτηκαν την αγωγή με τον συσσωρευτή. Αυτό αντανακλάται στις γενικές περιγραφές τους και στους παράγοντες ζωτικότητας που αναφέρονται λεπτομερώς στις διάφορες εργασίες, αλλά κυρίως αντικειμενικοποιείται από την πολύ αυξημένη διάρκεια ζωής τους. Η χρήση του συσσωρευτή οργόνης αύξησε τη διάρκεια ζωής των ποντικιών κατά 1,6 ως 3 φορές σε σχέση με τη διάρκεια ζωής των ποντικιών ελέγχου. Για παράδειγμα:

1. Βίλχελμ Ράιχ: «Πειράματα Αγωγής με Οργόνη», στο βιβλίο *Η Βιοπάθεια του Καρκίνου*, Εκδόσεις Ινστιτούτου Οργόνης, Ρέιντζλι, Μέιν 1948 (Farrar, Straus & Giroux, 1973, σελ. 290-309).

Η μελέτη αυτή έγινε από τον Βίλχελμ Ράιχ, όπου χρησιμοποιήθηκαν τρεις ομάδες ποντικιών με καρκίνο. Στη μία ομάδα ενέθηκε μια ειδική μορφή βιόντων από πακέτα άμμου (SAPA) που ακτινοβολούσαν οργόνη, ενώ μια άλλη ομάδα δέχτηκε αγωγή με τον συσσωρευτή οργόνης. Αυτές οι δύο ομάδες συγκρίθηκαν με μια ομάδα ελέγχου που δεν δέχτηκε καμία αγωγή. Συνολικά χρησιμοποιήθηκαν 164 ποντίκια. Οι μέσες διάρκειες ζωής ήταν ως ακολούθως:

Διάρκεια Ζωής των Ποντικιών	Μέση Τιμή	Μέγιστο
Ομάδα Ελέγχου Χωρίς Αγωγή	3,9 εβδομάδες	11 εβδομάδες
Ένεση με βιόντα SAPA	9,1 εβδομάδες	28 εβδομάδες
Συσσωρευτής Οργόνης	11,1 εβδομάδες	38 εβδομάδες

Ο συσσωρευτής οργόνης σχεδόν τριπλασίασε τη διάρκεια ζωής των ποντικιών.

Αποτελέσματα της Χρήσης του Συσσωρευτή

2. Ρίτσαρντ Α. Μπλάσμπαντ: «Ο Συσσωρευτής Οργόνης ως Αγωγή Ποντικιών με Καρκίνο», *Περιοδικό της Οργονομίας*, 7(1): 81-85, 1973.

Στη μελέτη αυτή, εννιά καρκινικά ποντίκια αιμομικτικής αναπαραγωγής (C3H) με όγκο από μεταμόσχευση, χωρίστηκαν τυχαία σε μια ομάδα ελέγχου (5 ποντίκια) και μια ομάδα που θα δέχονταν αγωγή (4 ποντίκια). Τα ποντίκια που δέχτηκαν την αγωγή τοποθετήθηκαν στον συσσωρευτή για 80 ως 120 λεπτά ημερησίως. Τα ποντίκια ελέγχου που κατά τ' άλλα είχαν την ίδια μεταχείριση, έζησαν κατά μέσο όρο 54,4 ημέρες μετά τη μεταμόσχευση, ενώ τα ποντίκια που δέχτηκαν την αγωγή κατά μέσο όρο έζησαν 87,3 ημέρες.

Διάρκεια Ζωής των Ποντικιών	Μέσος Όρος
Ομάδα Ελέγχου	54,4 ημέρες
Συσσωρευτής Οργόνης	87,3 ημέρες

Η ομάδα που δέχτηκε αγωγή με τον συσσωρευτή οργόνης έζησε 1,6 φορές περισσότερο.

3. Ρίτσαρντ Α. Μπλάσμπαντ: «Αποτελέσματα του Συσσωρευτή Οργόνης στον Καρκίνο Ποντικιών: Τρία Πειράματα», *Περιοδικό της Οργονομίας*, 18(2): 202-211, 1984.

Μόνο το πρώτο από τα τρία πειράματα μπορεί να συγκριθεί με δοκιμές σε ανθρώπους, όπως εξηγώ παρακάτω. Μόνο στο Πείραμα 1 υπήρξε σύντομη αγωγή των ποντικιών και χρήση ποντικιών που ανέπτυσσαν αυθόρμητους όγκους. Στα Πειράματα 2 και 3 οι αγωγές καθυστέρησαν κατά 9-10 κρίσιμες μέρες μέρες. Στο Πείραμα 2 χρησιμοποιήθηκαν μεταμοσχευμένοι όγκοι.

Η ομάδα του Πειράματος 1 αποτελούνταν από 8 καρκινικά ποντίκια C3H με αυθόρμητους όγκους, από τα οποία τα τέσσερα δέχτηκαν αγωγή με τον Συσσωρευτή Οργόνης ξεκινώντας αμέσως μετά την ανάπτυξη του όγκου και τέσσερα δεν δέχτηκαν καμία αγωγή, ως ομάδα ελέγχου.

Διάρκεια Ζωής των Ποντικιών	Μέσος Όρος
Ομάδα Ελέγχου	38 ημέρες
Συσσωρευτής Οργόνης	69 ημέρες

Τα ποντίκια που δέχτηκαν αγωγή με τον συσσωρευτή οργόνης, που είχαν αναπτύξει αυθόρμητους όγκους και δέχτηκαν αγωγή άμεσα, έζησαν σχεδόν το διπλάσιο χρόνο.

Εγχειρίδιο του Συσσωρευτή Οργόνης

4. Τρότα, Ε. Ε. & Μάρερ Ε.: «Η Αγωγή με Οργόνη Μεταμοσχευμένων Όγκων και Σχετιζόμενων Ανοσολογικών Λειτουργιών», *Περιοδικό της Οργονομίας,* 24(1): 39-44, 1990.

Σε αυτή τη μελέτη 50 ποντίκια με μεταμοσχευμένους όγκους χωρίστηκαν σε δύο ομάδες, η μια ήταν η ομάδα Ελέγχου και η άλλη η ομάδα Αγωγής με τον συσσωρευτή οργόνης. Τα αποτελέσματα ήταν:

Διάρκεια Ζωής των Ποντικιών	Μέσος Όρος
Ομάδα Ελέγχου	4 εβδομάδες
Συσσωρευτής Οργόνης	8,7 εβδομάδες

Ο συσσωρευτής οργόνης υπερδιπλασίασε τη διάρκεια ζωής των ποντικιών που δέχτηκαν την αγωγή.

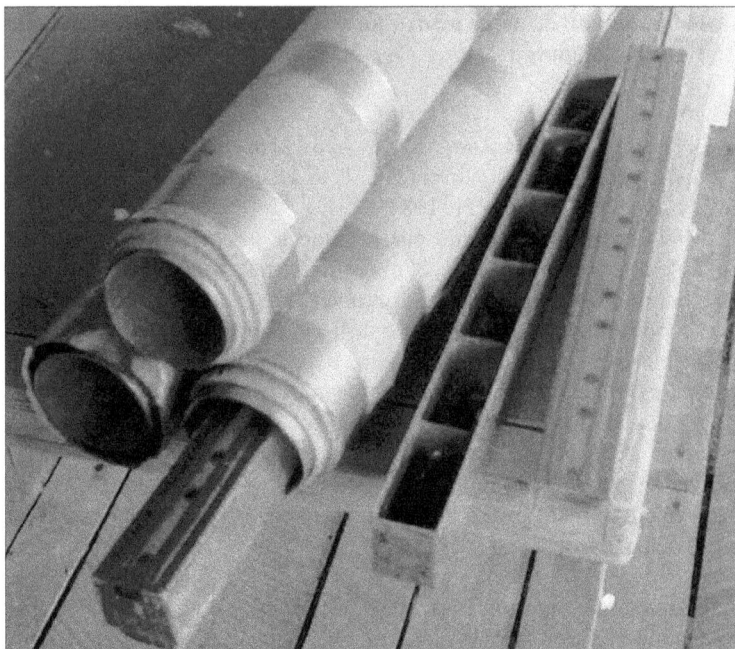

Ειδικά διαμορφωμένοι συσσωρευτές οργόνης σε μέγεθος ποντικιού που χρησιμοποιήθηκαν στο εργαστήριο του Μπλάσμπαντ στην Πενσιλβάνια το 1976. Κάθε μακρόστενο κουτί έχει έξι αεριζόμενους χώρους για ποντίκια. Το κουτί με τους χώρους αυτούς τοποθετήθηκε μέσα σε ένα μακρύ κυλινδρικό συσσωρευτή οργόνης πολλών στρώσεων για περίπου μια ώρα κάθε μέρα.

Αποτελέσματα της Χρήσης του Συσσωρευτή

Αυτές οι ελεγχόμενες μελέτες σε καρκινικά ποντίκια, σε συνδυασμό με τα σαφή ευεργετήματα στην υγεία που αναφέρουν ασθενείς και θεραπευτές στις κλινικές μελέτες, που υποστηρίζονται περαιτέρω από τις διάφορες διπλές-τυφλές και ελεγχόμενες μελέτες σχετικά με την ανθρώπινη φυσιολογία, είναι αυτό που τροφοδότησε ένα συνεχόμενο και αυξανόμενο ενδιαφέρον για τα ευρήματα του Ράιχ, πολλά χρόνια μετά το θάνατό του το 1957 και παρά τις απειλές της FDA, την εχθρότητα και την καταπίεση από τους ακαδημαϊκούς και τους γιατρούς, καθώς και του καψίματος βιβλίων.

Οι επόμενες μελέτες είτε αναλύουν την επίδραση του ιατρικού απορροφητή της ντορ σε ποντίκια με καρκίνο, ή εστιάζονται στην επίδραση του συσσωρευτή οργόνης σε ποντίκια με λευχαιμία, μια πολλή πιο δύσκολη να νοσηλευτεί πάθηση, καθώς, σύμφωνα με την ανάλυση του Ράιχ, είναι αποτέλεσμα μιας βιοπαθητικής υπερφόρτισης του ερυθρού αιμοσφαιρίου και έτσι δεν είναι κάτι που μπορεί να ωφεληθεί άμεσα από τον συσσωρευτή οργόνης.

5. Ρίτσαρντ Α. Μπλάσμπαντ: «Ο Ιατρικός Απορροφητής της Ντορ στη Νοσηλεία Ποντικιών με Καρκίνο», *Περιοδικό της Οργονομίας*, 8(2): 173-180, 1974.

Σε αυτή την εργασία περιγράφτηκε με λεπτομέρεια η χρήση του Ιατρικού Απορροφητή Ντορ και όχι του συσσωρευτή οργόνης.

Παρουσιάστηκε μια γραφική παράσταση που εμφάνιζε έναν αρχικό περιορισμό του όγκου στην ομάδα που νοσηλεύτηκε που ακολουθήθηκε από μια επιστροφή της ανάπτυξης του όγκου μέχρι την στιγμή του θανάτου. Αλλά το πιο σημαντικό συμπέρασμα δεν παρουσιάστηκε συνοπτικά σε κανένα Πίνακα ή Γράφημα, αλλά γράφτηκε στην σελίδα 178 σχετικά με τη μέση διάρκεια ζωής. Ο συγγραφέας δεν ανέφερε μέσες τιμές, γι' αυτό τις υπολόγισα εγώ, ως εξής:

Διάρκεια Ζωής των Ποντικιών	Μέση Τιμή	Διάμεσος
Ομάδα Ελέγχου	70,7 ημέρες	66 ημέρες
Ιατρικός Απορροφητής Ντορ	107 ημέρες	102 ημέρες

Η αγωγή μόνο με τον ιατρικό απορροφητή της ντορ είχε ως αποτέλεσμα μια σημαντική, μεγαλύτερη από 50%, αύξηση του χρόνου ζωής.

Εγχειρίδιο του Συσσωρευτή Οργόνης

6. Μπέρναρντ Γκραντ: «Η Επίδραση του Συσσωρευτή σε Ποντίκια με Λευχαιμία», *Περιοδικό της Οργονομίας*, 26(2): 199-218, 1992.

Ο Γκραντ ήταν Καθηγητής Βιολογίας στο Πανεπιστήμιο ΜακΓκιλ και συνεργάτης του Ράιχ. Ανέλαβε να κάνει πειράματα με τον συσσωρευτή οργόνης σε ποντίκια με λευχαιμία και τα αποτελέσματά του ήταν υποστηρικτικά του Ράιχ σχετικά με τις βιολογικές επιδράσεις του συσσωρευτή, αλλά έδειξαν ακόμα πόσο σημαντική είναι η μέθοδος που χρησιμοποιείται για την επίτευξη της δημιουργίας όγκου, καθώς και άλλους παράγοντες. Στα πειράματά του χρησιμοποίησε περίπου 260 ποντίκια, που είχαν λευχαιμία εξαιτίας αιμομιξίας πολλών γενεών. Το πείραμα του Γκραντ διήρκησε πολλά χρόνια εξετάζοντας τους απογόνους. Τα ποντίκια με λευχαιμία, αντίθετα από τα ποντίκια με καρκίνο που χρησιμοποίησε ο Ράιχ και άλλοι, δε εμφάνισαν αύξηση της διάρκειας ζωής. Ωστόσο, **η αγωγή με τον συσσωρευτή οργόνης ελάττωσε τα περιστατικά λευχαιμίας κατά 20%** (από 90% στα ποντίκια ελέγχου σε 70% στα ποντίκια που δέχτηκαν την αγωγή). Αυτό έδειχνε μια επίδραση του συσσωρευτή οργόνης στην κατεύθυνση της βελτίωσης της υγείας, αν και χωρίς να επιδρά στη διάρκεια ζωής στο συγκεκριμένο πείραμα. Ο Ράιχ θεωρούσε ότι η λευχαιμία σε ανθρώπους είναι μια υπερφορτισμένη βιοπάθεια που επηρεάζει πρωταρχικά το ερυθρό αιμοσφαίριο, το οποίο μέσω της διεγερμένης κατάστασής του μέσα στο πλάσμα του αίματος προκαλεί την υπερδραστήρια αντίδραση των λευκών αιμοσφαιρίων του ανοσοποιητικού συστήματος. Επομένως, συνέστησε για τη λευχαιμία τη χρήση του συσσωρευτή οργόνης μόνο για σύντομες περιόδους, ή και καθόλου σε κάποιες περιπτώσεις. Τα ποντίκια με λευχαιμία εμφανίζουν μια κατάσταση πολύ διαφορετική από την αντίστοιχη κλινική εικόνα των ανθρώπων, καθώς οι άνθρωποι δεν αιμομικτούν για σειρά γενεών όπως τα ποντίκια.

Η επόμενη και τελευταία μελέτη δεν έχει άμεση σχέση με τον καρκίνο, αλλά ήταν μια εκτίμηση της επούλωσης πληγών σε ποντίκια και αξίζει να αναφερθεί.

7. Κόρτνεϊ Φ. Μπέικερ και άλλοι: «Επούλωση Πληγών σε Ποντίκια, Μέρος 1°», *Χρονικά του Ινστιτούτου της Οργονομικής Επιστήμης*, 1(1): 12-23,1984. «..., Μέρος 2°», *Χρονικά του Ινστιτούτου της Οργονομικής Επιστήμης*, 2(1): 7-24,1985.

Η μελέτη αυτή κάλυψε περίπου επτά χρόνια με διαφορετικούς τρόπους αγωγής και μεθόδων σε 42 διαφορετικές πειραματικές διαδικασίες όπου χρησιμοποιήθηκαν περίπου 1600 ποντίκια. Το 1° Μέρος αφιερώθηκε στην ανάλυση των διαδικασιών επούλωσης και σε

Αποτελέσματα της Χρήσης του Συσσωρευτή

παρατηρήσεις σχετικά με τον τρόπο που επουλώθηκαν φυσικά οι πληγές ελέγχου που δεν δέχτηκαν αγωγή. Στο 1° Μέρος δεν παρουσιάστηκαν καθόλου δεδομένα αγωγής με οργόνη. Στο 2° Μέρος, στην περίληψη υποστηρίζεται (σελ. 7) «*Τα ευρήματά μας αποδεικνύουν ότι ο ρυθμός επούλωσης αυξάνεται και από τον συσσωρευτή οργόνης και από τον ιατρικό απορροφητή της ντορ· τα αποτελέσματα είναι σημαντικά με πιθανότητα τυχαίου αποτελέσματος μικρότερη του 0,002.*»

Οι συγγραφείς αναγνωρίζουν ότι υπήρχαν διακυμάνσεις στα αποτελέσματα που τους αποδίδουν σε εποχιακούς παράγοντες που θα μπορούσαν να επηρεάσουν τις ικανότητες φόρτισης του συσσωρευτή οργόνης. Έκαναν επίσης αλλαγές στις πειραματικές διαδικασίες και στην αγωγή των ποντικιών στις διάφορες σειρές πειραμάτων, οι οποίες ονομάστηκαν «Α, Β και Γ» για να τις διαχωρίσουν. Σημειώνουν ότι η σειρά «Γ» αντανακλούσε το τελικό και καλύτερο πειραματικό τους πρωτόκολλο και έτσι τόνιζαν ότι οι σειρές Γ είχαν τη μεγαλύτερη σημασία και σιγουριά για οφέλη από τις αγωγές με τις συσκευές οργόνης, που ήταν ο ιατρικός απορροφητής της ντορ και ο συσσωρευτής οργόνης. Τα αποτελέσματα της σειράς «Γ» που αποτελούνταν από 18 πειραματικές διαδικασίες (42 ποντίκια σε κάθε διαδικασία, δηλαδή 756 ποντίκια) έδειξαν **αυξημένη επούλωση από τη αγωγή με τον συσσωρευτή οργόνης με ονομαστική αύξηση από 1% ως 12% του Θεραπευτικού Δείκτη και είχαν στατιστική αξία.** Δυστυχώς, οι συγγραφείς δεν παρείχαν ξεχωριστά γραφήματα αποκλειστικά για τις διαδικασίες πειραμάτων «Γ». Όταν συνυπολογιστούν με τις διαδικασίες Α και Β, το γράφημα δείχνει μια μεγάλη μεταβλητότητα των αποτελεσμάτων, όπου τα αποτελέσματα που παρατηρήθηκαν στη διαδικασία «Γ» έχουν επικαλυφθεί.

Συμπεράσματα: Συνολικά, οι μελέτες αυτές δείχνουν ότι *ο συσσωρευτής οργόνης είναι περισσότερο ευεργετικός όταν εφαρμόζεται αμέσως μετά την αναγνώριση της ασθένειας ή του τραύματος. Τα αντικαρκινικά αποτελέσματα που αναπαράγονται πιο εύκολα παρατηρήθηκαν πρωτίστως εκεί όπου εμφανίστηκε αυθόρμητη ανάπτυξη όγκων. Ένα μικρότερο αλλά σαφές και σημαντικό αντικαρκινικό αποτέλεσμα παρατηρήθηκε στην περίπτωση των μεταμοσχευμένων όγκων.* Αυτό είναι σε αρμονία με παρατηρήσεις από δημοσιευμένες κλινικές μελέτες περιπτώσεων αγωγής ανθρώπων που έπασχαν από καρκίνο οι οποίοι δέχτηκαν αγωγή με συσσωρευτή οργόνης.

Ο αναγνώστης ίσως, ορθά, να παραπονεθεί ότι υπάρχουν λίγες μελέτες για να αναφέρει κανείς τόσα χρόνια μετά το θάνατο του Ράιχ. Ωστόσο, πρέπει να εκτιμηθεί ότι όλοι αυτοί οι γιατροί και επιστήμονες πήραν μεγάλο προσωπικό και επαγγελματικό ρίσκο αναλαμβάνοντας

147

αυτού του είδους την έρευνα. Η χρόνια ανοιχτή διαμάχη ενάντια στην οργονομία από την FDA και τις ιατρικές ομάδες, που συνεχίζεται από τη δεκαετία του 1940, έχει το τίμημά της. Ωστόσο, *όλα όσα αναφέρθηκαν επιβεβαιώνουν τις αρχικές θέσεις του Βίλχελμ Ράιχ και συστήνουν με έμφαση τη διαθεσιμότητα του συσσωρευτή οργόνης για χρήση σε κάθε σπίτι, κλινική ή νοσοκομείο, σε όλο τον κόσμο.*

Βασισμένοι σε αυτά τα δημοσιευμένα αποτελέσματα, μπορούμε ακόμη μια φορά να συνοψίσουμε τα βιολογικά αποτελέσματα μιας ισχυρής οργονοτικής φόρτισης:

Α) Γενικό παρασυμπαθητικοτονικό, διασταλτικό αποτέλεσμα σε ολόκληρο τον οργανισμό.

Β) Αισθήσεις τσιμπημάτων και ζέστης στην επιφάνεια του δέρματος.

Γ) Αυξημένη θερμοκρασία τόσο εσωτερικά όσο και στο δέρμα· ξάναμα.

Δ) Μετρίαση της πίεσης του αίματος και του αριθμού των σφυγμών.

Ε) Αυξημένη περίσταλση, βαθύτερη αναπνοή.

ΣΤ) Αυξημένη βλάστηση, μπουμπούκιασμα, άνθηση και καρποφορία των φυτών.

Ζ) Αυξημένοι ρυθμοί ανάπτυξης και επούλωσης ιστών, όπως αποδείχτηκε με έρευνες σε ζώα και σε κλινικές δοκιμές με ανθρώπους.

Η) Αυξημένη ένταση πεδίου, φόρτιση και ακεραιότητα των ιστών καθώς και ανοσία.

θ) Μεγαλύτερο ενεργειακό επίπεδο, δραστηριότητα και ζωντάνια.

Δεδομένων αυτών των γεγονότων, δεν αποτελεί έκπληξη ότι ο συσσωρευτής μπορεί να προκαλέσει την υποχώρηση οποιουδήποτε συμπτώματος που σχετίζεται με χαμηλό ενεργειακό επίπεδο στο αίμα, στους ιστούς, ή με χρόνια υπερδιέγερση του συμπαθητικού νευρικού συστήματος. Εν τούτοις, ορισμένα ιατρικά προβλήματα είναι το αποτέλεσμα μιας χρόνιας υπερφόρτισης και στις περιπτώσεις αυτές, αντενδείκνυται η χρήση συσσωρευτή, ή συνιστάται μόνο με προσοχή, όπως αναφέρθηκε προηγουμένως.

Για να επαναλάβουμε, ο Ράιχ προειδοποίησε άτομα με ιστορικό υπέρτασης, μη εξισορροπημένες καρδιοπάθειες, εγκεφαλικούς όγκους, αρτηριοσκλήρωση, γλαύκωμα, επιληψία, μεγάλη παχυσαρκία, αποπληξία, ερεθισμό του δέρματος ή επιπεφυκίτιδα να μην χρησιμοποιούν τον συσσωρευτή, ή να το κάνουν με μεγάλη προσοχή και για μικρότερα χρονικά διαστήματα, λόγω των κινδύνων της υπερφόρτισης σ' αυτές τις περιπτώσεις. Δεν υποφέρουν όλοι οι άνθρωποι

Αποτελέσματα της Χρήσης του Συσσωρευτή

από έλλειψη ενέργειας, ή ακόμη και από «χαμηλή ενέργεια». Αρκετά συχνά, οι άνθρωποι υποφέρουν από κατάπνιξη ή κράτημα της συγκινησιακής ενέργειας την οποία ήδη έχουν. Σε μερικές περιπτώσεις, η επιπρόσθετη ενέργεια από ένα συσσωρευτή μπορεί απλά να δώσει σε ένα άτομο περισσότερη ενέργεια την οποία θα πρέπει να καταπνίξει. Θα πρέπει να αναγνωρίσουμε αυτό το γεγονός και να κατανοήσουμε ότι η συστηματική χρήση του συσσωρευτή δεν ενδείκνυται για όλους, ούτε είναι πανάκεια.

Εγχειρίδιο του Συσσωρευτή Οργόνης

12. Προσωπικές Παρατηρήσεις με τον Συσσωρευτή Οργόνης

Στις αρχές της δεκαετίας του 1970, γνώρισα μια νέα γυναίκα που είχε θεραπεύσει την κύστη των ωοθηκών της με ένα συσσωρευτή. Ο γιατρός της της είχε συστήσει επείγουσα χειρουργική επέμβαση, αλλά δεν ήταν ασφαλισμένη ούτε είχε πολλά χρήματα και αποφάσισε αντί γι' αυτό να δοκιμάσει τον συσσωρευτή. Η γυναίκα είχε χρησιμοποιήσει συσσωρευτή, που ήταν τριών στρώσεων και αρκετά μεγάλος για να κάθεται κανείς μέσα, για 45 λεπτά την ημέρα για δύο ή τρεις εβδομάδες. Γύρω στο μέσο της τρίτης εβδομάδας, είχε μια κολπική έκκριση από πολύ σκούρο αίμα, που ήταν ο αποσυνθεμένος όγκος που έβγαινε μέσα από την κοιλότητα της μήτρας. Η γυναίκα αισθανόταν τελείως υγιής κατά την διάρκεια όλης της διαδικασίας, εκτός από κάποια ενόχληση κατά τη φάση της έκκρισης. Λίγο καιρό μετά απ' αυτό, πήγε πάλι στον γιατρό, ο οποίος δεν μπόρεσε να βρει ούτε ίχνος από τον όγκο. Όταν του είπε για την μορφή της θεραπείας, ο γιατρός ήταν ειρωνικός και δεν έδειξε ενδιαφέρον.

Την ίδια χρονική περίοδο, κατασκεύασα ένα μικρό αλλά πολύ ισχυρό συσσωρευτή, όταν κατοικούσα μόλις 13 χιλιόμετρα από τα δύο πυρηνικά εργοστάσια παραγωγής ενέργειας του Τέρκι Πόιντ, στη Νότια Φλόριντα. Με είχαν συμβουλεύσει να μην φτιάξω συσσωρευτές τόσο κοντά σε πυρηνικό εργοστάσιο και είχα διαβάσει την αναφορά του Ράιχ για το όρανουρ. Παρ' όλα αυτά, θυμάμαι ότι σκεφτόμουν: «είναι ένας μικρός συσσωρευτής και δεν μπορεί να κάνει πολύ κακό». Άφησα τον συσσωρευτή στο γκαράζ μαζί με άλλα μεταλλικά αντικείμενα και συσκευές, όπως ένα πλυντήριο και στεγνωτήριο ρούχων, ένα ψυγείο, ένα φοριαμό για φακέλους. Μια εβδομάδα μετά απ' αυτό, ολόκληρο το γκαράζ απέκτησε τόσο υψηλή φόρτιση που ήταν αδύνατο να μείνει κανείς εκεί για πολύ. Η αισθητή διαταραχή και υπερφόρτιση που προκλήθηκε και ενισχύθηκε από τα πυρηνικά εργοστάσια, άρχισε να εξαπλώνεται μέσα στο σπίτι και ολόκληρη η περιοχή έδινε συχνά την αίσθηση ότι υπήρχε μια ελαφριά δόνηση. Ακόμα θυμάμαι πολύ καθαρά αυτό το φαινόμενο, το οποίο ήταν πολύ εμφανές τη νύχτα, όταν οι άνεμοι σταματούσαν και η πόλη είχε σχετική ησυχία. Στο μεταξύ, τα φυτά μέσα στο σπίτι άρχισαν να πεθαίνουν και τα λευκά αιμοσφαίρια των μελών της οικογένειας άρχισαν να αυξάνονται. Ένας μικρός μετρητής Γκάιγκερ άρχισε να

Εγχειρίδιο του Συσσωρευτή Οργόνης

δείχνει αλλοπρόσαλλες και υπερβολικές ενδείξεις όσον αφορά την ακτινοβολία «υποβάθρου». Σε κατάσταση πανικού, διέλυσα τον μικρό συσσωρευτή και απομάκρυνα τα άλλα μεταλλικά αντικείμενα από το γκαράζ. Τοποθέτησα εκεί έναν μικρό κουβά έλξης και η διαταραχή σιγά - σιγά εξαφανίστηκε. Παρ' όλα αυτά, τα πυρηνικά εργοστάσια ήταν μια συνεχής αιτία ανησυχίας και μετακομίσαμε από την περιοχή αυτή.

Μερικά χρόνια αργότερα, κατασκεύασα ένα άλλο ισχυρό συσσωρευτή δέκα στρώσεων, με χωνί εκπομπής οργόνης, όπως περιγράφεται στα επόμενα κεφάλαια. Μια ημέρα κατά την οποία δούλευα στο ύπαιθρο, ξυπόλητος, πάτησα τυχαία πάνω σε ένα καυτό ηλεκτρόδιο από ηλεκτροκόλληση που είχε αφεθεί στο έδαφος από απροσεξία. Η σάρκα κάηκε άσχημα και πονούσα πολύ. Ωστόσο, ο νέος συσσωρευτής και το χωνί εκπομπής οργόνης ήταν ευτυχώς κοντά, έτσι έβαλα το καμένο πόδι μέσα στο χωνί εκπομπής οργόνης. Μέσα σε δευτερόλεπτα ο πόνος υποχώρησε και μέσα σε λίγα λεπτά δεν υπήρχε καθόλου πόνος! Χωρίς να πονάω πια, μπόρεσα να καθαρίσω το σοβαρό έγκαυμα, που μου είχε αφαιρέσει όλα τα στρώματα του δέρματος. Η πληγή έκλεισε πολύ γρήγορα μετά απ' αυτό και αργότερα έμαθα ότι η ανακούφιση πόνων από εγκαύματα και η γρήγορη αποκατάσταση νέου δέρματος, ήταν ένα από τα πιο ισχυρά αποτελέσματα του συσσωρευτή.

Αφού κατασκεύασα ένα συσσωρευτή που ήταν αρκετά μεγάλος ώστε να μπορώ να κάθομαι μέσα, μπόρεσα να επιβεβαιώσω ένα πλήθος υποκειμενικών και αντικειμενικών ιδιοτήτων που παρατηρήθηκαν πρώτα από τον Ράιχ. Πραγματικά σε κάνει να αισθάνεσαι πιο αναζωογονημένος και ζεστός, με ξαναμμένο δέρμα. Δεν πάθαινα πια κρυολογήματα ή γρίπη όπως πριν. Δεν έχω ποτέ αρρωστήσει από σοβαρή ασθένεια και έτσι δεν έχω καμία σοβαρή «θεραπεία» του εαυτού μου να αναφέρω. Τελικά σταμάτησα να κάθομαι στον συσσωρευτή σε τακτική βάση, επειδή δεν αισθανόμουν ότι είχα την ανάγκη για κάτι τέτοιο. Πιο συχνά χρησιμοποιώ την κουβέρτα οργανικής ενέργειας. Είναι πιο εύκολη στην αποθήκευσή της (συνήθως στην πλάτη μιας καρέκλας, ή πάνω σε ένα κρεβάτι που βρίσκεται δίπλα σε ένα ανοιχτό παράθυρο) και μπορεί να ξανα-χρησιμοποιηθεί πολύ γρήγορα. Το πιο εκπληκτικό αποτέλεσμα της κουβέρτας που βρήκα, ήταν η ικανότητά της να σταματά ένα κρυολόγημα του κεφαλιού, ή τουλάχιστον να εμποδίζει την εξέλιξή του σε κρυολόγημα του στήθους. Πριν να ανακαλύψω τον συσσωρευτή και την κουβέρτα, όλα τα κρυολογήματα που πάθαινα εξαπλώνονταν από το κεφάλι, προς το λαιμό και μετά στο στήθος. Από τότε που χρησιμοποιώ την κουβέρτα, σπάνια παθαίνω κρυολόγημα του κεφαλιού και όταν αυτό συμβεί, εμποδίζω την εξάπλωσή του, απλά,

Προσωπικές Παρατηρήσεις

ξαπλώνοντας έχοντας την κουβέρτα πάνω από το στήθος και τον λαιμό μου. Κατά καιρούς είχα επίσης διάφορα μικρά κοψίματα και μώλωπες, ή ραγίσματα στα δάκτυλα των ποδιών από κτυπήματα σε πόδια τραπεζιών (περπατάω ακόμη πολύ ξυπόλητος) και όλα θεραπεύτηκαν με το χωνί εκπομπής οργόνης ή την κουβέρτα, με μεγάλη ανακούφιση από τον πόνο και άλλα θεραπευτικά οφέλη.

Μόνο σε μια περίπτωση ο συσσωρευτής δεν μπόρεσε να με βοηθήσει σε κάποιο πρόβλημα υγείας. Με τσίμπησε στο πόδι μια δηλητηριώδης *καφετιά* αράχνη-ερημίτης, η τοξίνη της οποίας νέκρωσε ένα τμήμα της γάμπας μου με διάμετρο περίπου 5 εκατοστών. Δεν ήξερα τους κινδύνους απ' αυτό το είδος αράχνης και άρχισα να φροντίζω το τσίμπημα αφού το δέρμα είχε γίνει βυσσινί και είχε μουδιάσει. Η πληγή ακτινοβολήθηκε αρκετές φορές την ημέρα με το χωνί εκπομπής οργόνης, ενώ καθόμουν μέσα στον μεγάλο συσσωρευτή. Αυτές οι αγωγές δεν επανέφεραν την αίσθηση ή το φυσιολογικό χρώμα και ολόκληρο το τμήμα του νεκρωμένου δέρματος τελικά μαύρισε, σκλήρυνε και αποκολλήθηκε από το πόδι μου, αφήνοντας μια ανοικτή πληγή για αρκετές εβδομάδες. Μια δευτερεύουσα μόλυνση του αίματος θεραπεύτηκε με αντιβιοτικά και περπατούσα με πατερίτσες επί εβδομάδες. Η πληγή, εντούτοις, έκλεισε και το πόδι μου λειτουργεί σήμερα χωρίς κανένα πρόβλημα. Μόνο μια μικρή ουλή υπάρχει για να θυμίζει το τσίμπημα. Μια έρευνα της ιατρικής βιβλιογραφίας για αυτό το είδος τσιμπήματος αράχνης δείχνει ότι δεν υπάρχει γνωστό φάρμακο εκτός από αμφισβητούμενες ενέσεις κορτιζόνης μέσα στο τσίμπημα αμέσως μετά το συμβάν.

Σε αρκετές περιπτώσεις, φίλοι μου που ήξεραν για τους συσσωρευτές μου, με ρωτούσαν εάν αυτοί ή οι φίλοι τους μπορούσαν να τους χρησιμοποιήσουν. Σε μια τέτοια περίπτωση, μια κοπέλα 19 ετών είχε καλοήθη όγκο στο στήθος της, μέσα σε κύστη, σχήματος δίσκου και διαμέτρου περίπου 2,5 εκατοστών. Ο όγκος άρχισε να αναπτύσσεται όταν έμεινε έγκυος χωρίς να είναι παντρεμένη πριν από κάποια χρόνια. Οι γονείς της της είχαν συμπεριφερθεί απαίσια εξαιτίας αυτού του γεγονότος και την έβριζαν πολύ άσχημα. Η εγκυμοσύνη διακόπηκε, αλλά η συναισθηματική κακομεταχείριση που είχε υποστεί οδήγησε σε ισχυρή βιοενεργειακή συστολή και στην ανάπτυξη του όγκου. Όπως είναι κατανοητό, δεν είπε στους γονείς της τίποτε για τον όγκο και απέφυγε τους γιατρούς επειδή φοβόταν μήπως χάσει το στήθος της. Ακολούθησε αγωγή για τον όγκο της με μια χορτοφαγική δίαιτα επί αρκετά χρόνια και ο όγκος δεν είχε μεγαλώσει, ούτε είχε γίνει μικρότερος. Αφού συζητήσαμε το ζήτημα, άρχισε την χρήση του συσσωρευτή οργόνης όπου κάθονταν επί περίπου 45 λεπτά την ημέρα, με ένα χωνί μεγάλου εκπομπού οργόνης πάνω στο στήθος της. Μετά από τρεις τέτοιες συνεδρίες, ο όγκος άρχισε να διαλύεται και να αποσυντίθεται σε μικρότερα τμήματα. Στο σημείο αυτό όμως άρχισε να ανησυχεί και ήταν φανερά ταραγμένη και αναστατωμένη από την χρήση του συσσωρευτή και αρνιόταν να μπει ξανά μέσα. Άρχισαν να έρχονται στην επιφάνεια συναισθήματα αναστάτωσης σχετιζόμενα με την μεταχείριση που είχε υποστεί κατά την διάρκεια της εγκυμοσύνης της.

Σπούδαζε Βιολογία και, ενώ ένιωθε απελπισμένη για την κατάστασή της, είχε κρατήσει μια επιφανειακή, χιουμοριστική στάση λέγοντας ότι θα δοκίμαζε τον συσσωρευτή μόνο και μόνο για να «κάνει το χατίρι» των φίλων της που νοιάζονταν για εκείνη. Το γεγονός ότι ο συσσωρευτής φαινόταν πράγματι να ενεργεί, εκεί που τίποτε άλλο δεν είχε αποτέλεσμα, της προκάλεσε μια διανοητική σύγχυση που, απλά, δεν μπορούσε να αντέξει. Ποτέ δεν ζήτησε επιπρόσθετη χρήση του συσσωρευτή, αλλά όπως πληροφορήθηκα από φίλους, λίγο μετά, ο όγκος είχε εξαφανισθεί σχεδόν τελείως. Εδώ είναι σπουδαίο να επισημάνουμε την παρατήρηση του Ράιχ ότι, παρά τις συγκινησιακές συνιστώσες του υποβάθρου της βιοπάθειας του καρκίνου (η οποία εμφανίσθηκε καθαρά στην παραπάνω περίπτωση), κάποια είδη επιφανειακών όγκων, όπως καρκίνοι του στήθους ή του δέρματος μπορούν να θεραπευθούν αποτελεσματικά με την οργονική ενέργεια.

Σε μια άλλη περίπτωση μια κοπέλα 23 ετών έκανε συμβατική ιατρική θεραπεία για οξύ έρπη των γεννητικών οργάνων επί αρκετά χρόνια, αλλά χωρίς καμία ανακούφιση από αυτά τα επίμονα έλκη. Μπήκε στον συσσωρευτή μια φορά, χρησιμοποιώντας ένα κολπικό σωλήνα εκπομπής οργόνης τύπου δοκιμαστικού σωλήνα. Μέσα σε λίγες μέρες, τα έλκη άρχισαν να ξεραίνονται και να κλείνουν και για πρώτη φορά μετά από χρόνια, δεν είχε συμπτώματα. Τα συμπτώματα δεν επανήρθαν για αρκετά χρόνια αργότερα τουλάχιστον.

Γνωρίζω αρκετές περιπτώσεις όπου ως αγωγή χρησιμοποιήθηκε κουβέρτα οργόνης αντί ενός μεγάλου συσσωρευτή. Σε μια ηλικιωμένη γυναίκα δόθηκε μια κουβέρτα οργόνης για να διαπιστωθεί αν θα την βοηθούσε στην αρθρίτιδα της. Την χρησιμοποίησε και είδε πως πράγματι την ανακούφιζε από τη δυσφορία και τον πόνο και επανέκτησε λίγη κινητικότητα στις προσβεβλημένες περιοχές. Μετά από αυτό, δυστυχώς την χρησιμοποίησε μαζί με μια ηλεκτρική κουβέρτα με αποτέλεσμα τα συμπτώματα αρθρίτιδας να επανέρθουν στην αρχική τους κατάσταση. (Δείτε τις προφυλάξεις στο κεφάλαιο 9.) Απογοητευμένη αρνήθηκε να έχει οποιαδήποτε σχέση πια με την κουβέρτα οργόνης.

Σε μια άλλη περίπτωση, μια γυναίκα κουράρισε το μωρό της, το οποίο είχε επίμονο χαμηλό πυρετό και κρυολόγημα. Απλά έβαλε το παιδί πάνω στην κουβέρτα στην κούνια του και το άφησε εκεί για 15 ή 20 λεπτά περίπου. Όταν επέστρεψε, το παιδί είχε θερμοκρασία περίπου

Προσωπικές Παρατηρήσεις

39 βαθμών. Γρήγορα έβγαλε την κουβέρτα οργόνης από την κούνια πήρε το μωρό στην αγκαλιά της και περπάτησε για λίγο. Η θερμοκρασία του μωρού έπεσε γρήγορα στη φυσιολογική, αλλά και τα συμπτώματα του κρυολογήματος είχαν εξαφανιστεί. Ο Ράιχ σημείωσε ότι η ακτινοβόληση με οργονική ενέργεια θα αυξήσει λίγο τον πυρετό, ακόμη και σε ενήλικες, επιταχύνοντας έτσι τη διαδικασία της θεραπείας. Τα μικρά παιδιά που κουράρονται για οποιοδήποτε ασθένεια με μια κουβέρτα ή συσσωρευτή θα πρέπει προφανώς να παρακολουθούνται προσεκτικά. Επίσης, κανένα μικρό παιδί δεν θα αισθανθεί καλά αν το βάλουν μόνο του μέσα σε ένα μεγάλο συσσωρευτή. Αλλά εάν η μητέρα του καθίσει μαζί του και το κάνει να φαίνεται σαν παιχνίδι, μπορεί να καθίσει στα πόδια της και έτσι να έχει τα ίδια αποτελέσματα.

Σε μια άλλη περίπτωση, ένας ηλικιωμένος άνδρας με ίνωση του πνεύμονα, η οποία είχε σχέση με κάπνισμα μιας ολόκληρης ζωής και συγκινησιακό κράτημα στο στήθος, επρόκειτο κατά την πρόβλεψη του γιατρού να πεθάνει μέσα σε μερικές εβδομάδες. Έπαιρνε οξυγόνο, δεν μπορούσε να πει περισσότερες από λίγες λέξεις κάθε φορά, δεν μπορούσε να περπατήσει πολύ, δεδομένης της αδυναμίας του να παίρνει βαθιές ανάσες. Άρχισε να χρησιμοποιεί μια κουβέρτα οργόνης σχήματος γιλέκου και ένα μεγάλο συσσωρευτή σχήματος κουτιού. Μέσα σε μερικές εβδομάδες, ήταν στο πόδι και πήγαινε για ψάρεμα κωπηλατώντας με την μικρή βάρκα του. Ανέφερε ότι μπορούσε να πάρει βαθιά ανάσα μόνο όταν ήταν μέσα στον συσσωρευτή, ή όταν φορούσε την κουβέρτα οργόνης σχήματος γιλέκου. Πολλά από τα συμπτώματά του ανακουφίσθηκαν από την αγωγή οργόνης και παρέμεινε δραστήριος για πολλούς μήνες μετά. Εντούτοις η κατάστασή του χειροτέρευσε όταν οι γιατροί του που περιφρονούσαν τον συσσωρευτή οργόνης άρχισαν να του χορηγούν ένα πειραματικό φάρμακο (Prednisone). Πέθανε σε σύντομο διάστημα μετά απ' αυτό. Βλέπουμε και πάλι, ότι δεν παρατηρήθηκαν θαύματα, δεδομένου ότι η πάθηση είχε φτάσει στο τελευταίο στάδιό της, αλλά παρατηρήθηκε σημαντική ανακούφιση και παράταση της ζωής του κατά 6 μήνες.

Κάποτε αλληλογραφούσα με ένα αγρότη που είχε μια αγελάδα με μια μεγάλη βαθιά πληγή στην πλευρά της, η οποία είχε μολυνθεί πολύ άσχημα και έτρεχε πύον, χωρίς να μπορεί να κλείσει. Οι κτηνίατροι είχαν δοκιμάσει όλα τα διαθέσιμα αγωγές, αλλά τίποτε δεν φαινόταν ότι μπορούσε να βοηθήσει και το κακόμοιρο ζώο εξασθενούσε συνεχώς. Αφού δοκίμασε όλα τα άλλα, ο αγρότης έφτιαξε μια κουβέρτα οργόνης με τέσσερις στρώσεις και την στερέωσε με ισχυρή αυτοκόλλητη ταινία στην μολυσμένη πλευρά της αγελάδας. Άφησε την κουβέρτα στερεωμένη στην αγελάδα μην περιμένοντας να δει οποιαδήποτε θεραπεία και περίμενε έναν οδυνηρό θάνατο για το ζώο.

155

Εγχειρίδιο του Συσσωρευτή Οργόνης

Εν τούτοις, μέσα σε λίγες ημέρες η κουβέρτα είχε ξεκολλήσει από την αγελάδα, αποκαλύπτοντας μια μεγάλη κρούστα πάνω από την πληγή. Κουράρισε την αγελάδα μερικές φορές ακόμη με μια καινούργια κουβέρτα και λέει ότι σήμερα δύσκολα μπορείς να βρεις μια ουλή πάνω στο γεμάτο ζωντάνια ζώο.

Σε έναν άλλο αγρότη που γνώρισα είχε διαγνωστεί μια γρήγορα εξαπλωνόμενη μορφή καρκίνου του ήπατος. Ο γιατρός του είπε να τακτοποιήσει τις υποθέσεις του, επειδή θα πέθαινε μέσα σε 6 μήνες. Ο αγρότης έφτιαξε ένα συσσωρευτή από δύο σιδερένια βαρέλια πετρελαίου, αφαιρώντας τα καπάκια και τους πάτους τους, καθαρίζοντας καλά το εσωτερικό με αμμοβολή και συγκολλώντας την κορυφή του ενός με τον πυθμένα του άλλου κυλίνδρου. Κατόπιν, τύλιξε στρώματα από σύρμα κουζίνας και υαλοβάμβακα γύρω από τον σιδερένιο σωλήνα που είχε κατασκευάσει. Έχοντας ακουμπισμένο τον συσσωρευτή σε οριζόντια θέση, ξάπλωνε μέσα και έπαιρνε πότε-πότε έναν υπνάκο: «*Δρ. ΝτεΜέο*», μου είπε, «*δεν συμφωνώ με την προειδοποίησή σας να μην μένουμε μέσα στον συσσωρευτή για περισσότερο από 30 ή 45 λεπτά. Έχω μείνει μέσα στον συσσωρευτή μου για 7 ώρες συνέχεια χωρίς προβλήματα, όταν με πήρε ο ύπνος εκεί μέσα!*». Λοιπόν, δεν ήξερα τι να σκεφτώ γι αυτόν τον άνθρωπο, επειδή όταν τον γνώρισα ήταν πολύ αδύνατος, κινιόταν πολύ αργά και χρειάζονταν βοήθεια για να εξυπηρετηθεί. Φαινόταν να έχει τόσο χαμηλή ενέργεια ώστε, στην περίπτωσή του, δεν υπήρχε ο κίνδυνος υπερφόρτισης. Εκείνη την περίοδο είχε ζήσει για περίπου ένα χρόνο περισσότερο απ' την πρόγνωση του γιατρού του. Του ευχήθηκα να είναι καλά και του ζήτησα να με ενημερώνει πως τα πάει.

Αρκετά χρόνια αργότερα, έλαβα ένα υπέροχο γράμμα απ' αυτόν τον αγρότη, που έλεγε ότι ήθελε να παρακολουθήσει ένα από τα εργαστηριακά μου σεμινάριά. Όταν τελικά τον ξανασυνάντησα, έμεινα έκθαμβος από την κατάστασή του. Είχε πάρει περίπου 20 κιλά, το πρόσωπό του ήταν κοκκινωπό και ηλιοκαμένο, στέκονταν σταθερός και δυνατός στα πόδια του και κυριολεκτικά ξεχείλιζε από ενέργεια. Μερικές φορές, εντούτοις, το πρόσωπο γινόταν κατακόκκινο, σαν να επρόκειτο να εκραγεί και όταν άρχιζε να μιλάει δεν σταμάταγε. Από χαρακτηρολογική άποψη, είχε περάσει από κατάσταση υποφόρτισης σε κατάσταση υπερφόρτισης. Του επεσήμανα αυτό τον κίνδυνο και πραγματικά ελάττωσε τον χρόνο χρήσης του συσσωρευτή. Ωστόσο, η ιστορία δεν τελειώνει εδώ. Φαίνεται ότι ξαναπήγε στον γιατρό του, ο οποίος είδε τη μεταβολή της κατάστασής του και δεν μπορούσε να βρει κάποιο ίχνος καρκίνου του ήπατος. Ο γιατρός έγινε έξω φρενών μαζί του και τον κατηγόρησε ότι «πήγε σε κάποιο νοσοκομείο μεγάλης πόλης για κάποιο θαυματουργό φάρμακο». Είπε στον γιατρό του για τον συσσωρευτή αλλά εκείνος δεν τον πίστεψε. Από τη στιγμή που

Προσωπικές Παρατηρήσεις

αυτά συνέβαιναν σε μια μικρή πόλη των Μεσοδυτικών πολιτειών, το γεγονός ότι ο αγρότης είχε επιζήσει παρά την πρόγνωση θανάτου του πιο αξιοσέβαστου γιατρού της πόλης και είχε ζήσει ευτυχισμένος σε πείσμα αυτής της θανατικής καταδίκης, έγινε η αιτία σημαντικού ενδιαφέροντος και συζητήσεων. Με πληροφορούν ότι υπάρχει έλλειψη σε σιδερένια βαρέλια πετρελαίου και σύρματος κουζίνας στην πόλη αυτή, καθώς οι φίλοι και γείτονες αυτού του ανθρώπου φτιάχνουν με ζέση τους συσσωρευτές τους!

Εγχειρίδιο του Συσσωρευτή Οργόνης

13. Μερικά Απλά και άλλα Λίγο Πιο Σύνθετα Πειράματα με τον Συσσωρευτή Οργόνης

Αφού κατασκευάσετε ένα ή περισσότερους από τους συσσωρευτές που περιγράφονται σ' αυτό το *Εγχειρίδιο*, μπορείτε να εκτελέσετε μερικά απλά πειράματα ώστε να επιβεβαιώσετε εσείς οι ίδιοι τα φαινόμενα. Βεβαιωθείτε ότι ελέγχετε τις περιβαλλοντικές συνθήκες κατά τη διάρκεια των πειραμάτων, ως προς τους παράγοντες που αναφέρθηκαν ήδη. Συμβουλευθείτε, τις διάφορες παραπομπές που δίνονται στο βιβλίο αυτό για περισσότερες πληροφορίες.

Α) Επιβεβαίωση Υποκειμενικών Αισθήσεων: Εάν είσθε ο τύπος του ατόμου που εργάζεται με τα χέρια και γενικά είστε χαλαρός με βαθιά, πλήρη αναπνοή, τότε είναι πολύ πιθανό να μπορέσετε να επιβεβαιώσετε τα ακόλουθα αποτελέσματα. Βάλτε την ανοιχτή χαλαρή παλάμη σας μέσα στον συσσωρευτή οργόνης, περίπου 2 με 3 εκατοστά από τα μεταλλικά τοιχώματα. Θα αισθανθείτε μια αίσθηση διαπεραστικής ακτινοβολούσας ζέστης, ή μια αίσθηση ελαφρών τσιμπημάτων. Το αποτέλεσμα μπορεί επίσης να επιβεβαιωθεί με τη χρήση του μεταλλικού χωνιού ενός *εκπομπού οργόνης*, το οποίο μπορεί να μεταφέρει οργονοτική φόρτιση από τον συσσωρευτή, εκεί που επιθυμούμε μ' έναν τρόπο κατευθυνόμενο ή ενός *σωλήνα εκπομπής οργόνης* ο οποίος είναι ένας γυάλινος δοκιμαστικός σωλήνας γεμάτος με σύρμα κουζίνας και φορτισμένος μέσα σ' ένα συσσωρευτή. Αν κρατήσετε αυτούς τους εκπομπούς οργόνης κοντά στο χέρι σας, στο πάνω χείλος σας, στο ηλιακό πλέγμα, ή σε άλλη ευαίσθητη περιοχή του σώματος, θα προκύψουν ευδιάκριτες αισθήσεις. Βεβαιωθείτε ότι κάνετε αυτές τις δοκιμές σε καθαρές ηλιόλουστες ημέρες όταν το φορτίο οργόνης είναι ισχυρό στην επιφάνεια της Γης. Σε υγρές, βροχερές ημέρες, τα αποτελέσματα είναι ελάχιστα ή δεν υπάρχουν. Άτομα με ρηχή αναπνοή, τα οποία εργάζονται περισσότερο με το μυαλό τους παρά με τα χέρια τους, ή εκείνα που έχουν μεγαλύ-τερη συγκινησιακή ένταση, θα χρειαστούν περισσότερο χρόνο και προσπάθεια για να επιβεβαιώσουν αυτές τις αισθήσεις. Ένας γενικός εμπειρικός κανόνας είναι: εάν δεν μπορείτε να αισθανθείτε τις αρνητικές για την ζωή διαταραχές που προκαλούν οι δέκτες τηλεοράσεων και οι υπολογιστές με οθόνες καθοδικού σωλήνα ή τα φώτα φθορισμού, είναι απίθανο να μπορέσετε να αισθανθείτε αυτά τα οργονοτικά φαινόμενα χαμηλής έντασης.

Εγχειρίδιο του Συσσωρευτή Οργόνης

B) Παρατηρήσεις σε Σκοτεινά Δωμάτια: Πολλοί άνθρωποι θυμούνται από τα παιδικά τους χρόνια την ικανότητα να βλέπουν διάφορα ομιχλώδη σχήματα ή φωτεινά φαινόμενα με «κουκίδες που χορεύουν» μέσα σε σκοτεινά δωμάτια. Ο Ράιχ απέδειξε ότι αυτά τα υποκειμενικά φαινόμενα ήταν πραγματικά και όχι φανταστικά και ότι δε βρίσκονταν μόνο «μέσα στα μάτια». Για να αναπαραγάγετε αυτές τις παρατηρήσεις, πρέπει να μπορείτε να ξεχωρίζετε τα ενεργειακά φαινόμενα από τις σκόνες ή τα «αιωρούμενα σημεία» μέσα στο μάτι σας ή στην επιφάνεια του. Ο Ράιχ αναγνώρισε μία *ομιχλώδη* μορφή της ενέργειας και μια μορφή με σχήμα *σημείων* ή *κουκίδων*, η οποία ήταν μια έκφραση υψηλότερης διέγερσης. Από τον 18° αιώνα μέχρι και σήμερα έχουν γίνει αναφορές ευαίσθητων ατόμων τα οποία μπορούσαν να δουν στο σκοτάδι ή στο μισοσκόταδο ακτινοβολούντα ενεργειακά πεδία γύρω από ζωντανά πλάσματα και άλλα αντικείμενα. Ευαίσθητα άτομα έχουν παρατηρήσει επίσης σε σκοτεινά δωμάτια, ενεργειακά πεδία γύρω από μαγνήτες, ή ασθενώς φορτισμένα ηλεκτρικά σύρματα. Αυτά τα φαινόμενα ενισχύονται από την παρουσία ισχυρής οργονοτικής φόρτισης, όπως συμβαίνει όταν στο χώρο υπάρχουν συσσωρευτές. Ενεργειακά φαινόμενα μέσα σε συσσωρευτές μπορούν, επίσης, να παρατηρηθούν άμεσα. Για να τα δείτε σωστά, αφήστε τα μάτια σας να προσαρμοσθούν στο πλήρες σκοτάδι για 30 λεπτά περίπου. Για παροχή επιστημονικής βάσης στις παρατηρήσεις αυτές, ο αναγνώστης παραπέμπεται στις αρχικές αναφορές του Ράιχ στο βιβλίο *Η Βιοπάθεια του Καρκίνου*.

Γ) Παρατηρήσεις στον Ουρανό της Ημέρας: Είναι δυνατό να παρατηρηθεί στον ουρανό κατά τη διάρκεια της ημέρας ένα φαινόμενο κουκίδας-που-χορεύει ή μιας μονάδας οργόνης. Αυτό μπορεί να γίνει καλύτερα ορατό όταν υπάρχει ένα ομοιόμορφο φόντο από συμπαγή σύννεφα ή ουρανός με συνεχόμενο γαλάζιο χρώμα. Τα δένδρα συχνά εμφανίζονται σαν να βγάζουν αυτή την ενέργεια προς τον ουρανό με τη μορφή φλόγας, ή να την τραβούν προς τον εαυτό τους, όπως σε έναν πίνακα του Βαν Γκογκ. Όταν κάποιος κάνει τις παρατηρήσεις αυτές πρέπει να είναι χαλαρός. Μπορεί επίσης να «μαλακώσει» την εστίαση των ματιών, κοιτάζοντας σκόπιμα στον ανοικτό χώρο που βρίσκεται μεταξύ του ιδίου και του απείρου. Η παρατήρηση του ουρανού μέσω ενός ανοικτού, μεταλλικού, πλαστικού ή χαρτονένιου σωλήνα διευκολύνει αυτές τις παρατηρήσεις. Το φαινόμενο είναι περισσότερο εμφανές όταν οι παρατηρήσεις γίνονται μέσα από πλαστικά πλαίσια παραθύρων ή από φεγγίτες και ιδιαίτερα όταν κοιτάμε προς τα έξω από τα παράθυρα ενός αεροπλάνου που πετάει σε μεγάλο ύψος. Να θυμάστε ότι μερικά από τα φαινόμενα αυτά συμβαίνουν στο

Σύνθετα Πειράματα

εσωτερικό του βολβού του ματιού, αν και για τα περισσότερα δεν ισχύει αυτό. Και πάλι, οι αναφορές του Ράιχ γι' αυτά τα υποκειμενικά φαινόμενα είναι πολύ αποκαλυπτικές.

Σύμφωνα με την εμπειρία μου, περίπου οι μισοί άνθρωποι μπορούν να δουν το φαινόμενο αυτό αν τους το δείξει κάποιος. Κάποιοι θα το απορρίψουν αμέσως, υποστηρίζοντας «αυτό είναι απλά κάτι που επιπλέει στο μάτι μου», ενώ άλλοι θα ενθουσιαστούν. Μια κυρία που παρακολουθούσε το θερινά μου σεμινάρια σχετικά με την έρευνα για την οργόνη, ανέφερε μια θλιβερή ιστορία, σχετικά με το πώς είχε δει αυτό το φαινόμενο όταν ήταν μικρό κορίτσι και το είπε στη μητέρα της. Η μητέρα της ανησύχησε και την πήγε στον οφθαλμίατρο, ο οποίος δεν βρήκε κανένα πρόβλημα. Κατόπιν, την πήγαν στο ψυχίατρο, ο οποίος διέγνωσε ψυχωτικές παραισθήσεις και συνταγογράφησε αντιψυχωτικά φάρμακα. Έτσι η άτυχη αυτή κοπέλα έπαιρνε τα χάπια που της έδωσε ο γιατρός που επηρέαζαν τον εγκέφαλό της, για πολλά χρόνια πριν διαβάσει για την ανακάλυψη της οργονικής ενέργειας από τον Βίλχελμ Ράιχ και για το αντικειμενικό φωτεινό φαινόμενο. Σταμάτησε τα φάρμακα χωρίς να έχει καμία επίπτωση παρά μόνο την ανακάλυψη της ικανότητάς της να θεραπεύει ανθρώπους με τα χέρια της, την ικανότητά της να μεταφέρει ζωική ενέργεια από το δικό της ενεργειακό πεδίο στο πεδίο ενός άλλου. Και αυτό το γεγονός αποκτά μια λογική εξήγηση από την ανακάλυψη του Ράιχ. Έχει ενδιαφέρον να τονίσουμε ότι και ο Βαν Γκογκ διαγνώστηκε ως «ψυχωτικός» από τους σύγχρονους ψυχιάτρους που προωθούν τα χάπια, σε ένα από τα περιοδικά τους, εν μέρει εξαιτίας της ταραχώδους ζωής του και τις διακηρύξεις ότι «έβλεπε πράγματα». Ελπίζουμε ότι η ανακάλυψη της ζωικής ενέργειας από τον Ράιχ τελικά θα γίνει αποδεκτή από την επιστημονική, την ιατρική και την κοινή λογική, με τρόπο ώστε να εκτιμηθούν παρά να καταδικαστούν όσοι μπορούν να αισθανθούν, να δουν ή ακόμα να εκπέμψουν την ζωική ενέργεια με τα χέρια τους.

Παρατηρήσιμες φωτοβολούσες μονάδες οργόνης πάλλονται και κινούνται τυχαία στον ουρανό, με διάρκεια ζωής περίπου ένα δευτερόλεπτο

161

Εγχειρίδιο του Συσσωρευτή Οργόνης

**Ένα Ελεγχόμενο Πείραμα Φόρτισης
Σπόρων Φασολιών (Mung Beans)**
*Τα φασόλια στο δίσκο στα αριστερά βλάστησαν όσο βρίσκονταν
σε ένα κυβικό φορτιστή οργόνης ακμής 30 εκατοστών, παρόμοιο
με αυτόν που περιγράφεται στα κεφάλαια 16 και 17, ενώ οι άλλοι
βλάστησαν μέσα σε ένα δοχείο ελέγχου που δεν ήταν
συσσωρευτής. Απέναντι: Ανάλυση μέσω Ιστογραμμάτων των
δεδομένων από πειράματα διάρκειας τριών ετών σχετικά με τη
βλάστηση σπόρων. Οι σπόροι που ήταν στον συσσωρευτή
βλάστησαν σε μέσο μήκος 200 χιλιοστών, ενώ οι σπόροι ελέγχου
σε μέσο μήκος 149 χιλιοστών, μια συνολική αύξηση της τάξης του
34% λόγω της φόρτισης με οργόνη, με πιθανότητα τυχαίου
γεγονότος p<0,0001* (Τζέιμς ΝτεΜέο: «Διέγερση Βλάστησης
Φασολιών Μέσω του Συσσωρευτή Οργόνης», *Παλμός του
Πλανήτη* 5:168-175, 2002)

Δ) Πειράματα Βελτίωσης της Ανάπτυξης των Φυτών: Τα θετικά
προς την ζωή αποτελέσματα του συσσωρευτή μπορούν να
παρατηρηθούν στην φόρτιση που παρέχει σε σπόρους φυτών με την
επακόλουθη αύξηση της ανάπτυξής τους όταν φυτευτούν. Πάρτε
σπόρους του κήπου σας και χωρίστε κάθε τύπο σε δύο ξεχωριστές
ομάδες, Α και Β. Βάλτε τους σπόρους της ομάδας Α μέσα σε ένα
συσσωρευτή οργόνης για μια ή δύο μέρες ως μια εβδομάδα, ακριβώς
πριν τους φυτέψετε. Αποθηκεύστε τους σπόρους, της ομάδας Β σε μία
θέση μακριά από τον συσσωρευτή, αλλά με παρόμοια θερμοκρασία,

Σύνθετα Πειράματα

ORGONE-CHARGED MUNG BEAN SPROUTS
3-TRIALS COMBINED (n=600)

Histogram

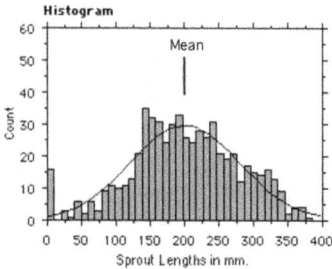

ΒΛΑΣΤΑΡΙΑ ΦΑΣΟΛΙΩΝ
ΦΟΡΤΙΣΜΕΝΩΝ ΜΕ
ΟΡΓΟΝΗ
ΣΥΝΔΙΑΣΜΟΣ 3 ΔΟΚΙΜΩΝ
(n=600) Μέση Τιμή περίπου
200 χιλιοστά μήκος

CONTROL (Not Charged) MUNG BEAN SPROUTS
3-TRIALS COMBINED (n=600)

Histogram

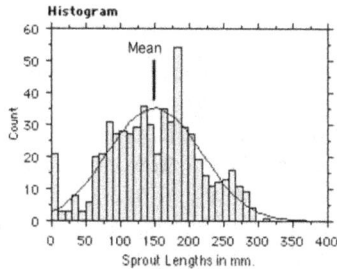

ΒΛΑΣΤΑΡΙΑ ΦΑΣΟΛΙΩΝ
ΕΛΕΓΧΟΥ (ΜΗ
ΦΟΡΤΙΣΜΕΝΑ)
ΣΥΝΔΙΑΣΜΟΣ 3 ΔΟΚΙΜΩΝ
(n=600) Μέση Τιμή περίπου
150 χιλιοστά

υγρασία και συνθήκες φωτισμού. Μπορείτε να αφήσετε τους σπόρους μέσα στις πλαστικές ή τις χάρτινες συσκευασίες τους κατά την διάρκεια του πειράματος, αλλά βεβαιωθείτε ότι καμία από τις δύο ομάδες δεν είναι κοντά σε δέκτη τηλεόρασης, λαμπτήρες φθορισμού, φούρνο μικροκυμάτων, υπολογιστή ή άλλες συσκευές που δημιουργούν όρανουρ. Μετά την φόρτισή τους, φυτέψτε τους διάφορους σπόρους με τρόπο που να μπορείτε να αναγνωρίσετε τις δύο ομάδες. Παρακολουθήστε και μετρήστε την ανάπτυξη και των δύο ομάδων, φωτογραφίζοντάς τες και κρατώντας σημειώσεις. Μετρήστε τις αποδόσεις κάθε ομάδας. Η ομάδα του συσσωρευτή αναμένεται να έχει μεγαλύτερη ανάπτυξη και απόδοση. Ελεγχόμενες μελέτες που έχουν γίνει από βιοκαλλιεργητές και ιδιαίτερα εκείνες της Γιούτα Εσπάνκα από την Πορτογαλία έχουν δείξει πολύ σημαντικά αποτελέσματα λόγω της φόρτισης με οργόνη. Η Εσπάνκα βρήκε ότι η βέλτιστη διάρκεια φόρτισης σπόρων κήπου είναι μόνο για μια ημέρα, ή ακόμη και για λίγες ώρες. Αλλά αυτό πρέπει να γίνει μόνο κατά μια πολύ ζωηρή, καθαρή και αστραφτερή ημέρα, όταν η φόρτιση της οργόνης στην επιφάνεια της Γης και μέσα στον συσσωρευτή είναι αρκετά ισχυρή και ζωηρή. Διαφορετικά, η φόρτιση ίσως να πρέπει να γίνει για λίγο μεγαλύτερες περιόδους. Σημειώστε, επίσης, ότι οι σπόροι μπορεί να υπερφορτιστούν. Προσπάθειες φόρτισης των σπόρων για 30 ημέρες ή περισσότερες, συχνά προκαλούν πολύ μικρή διαφορά μεταξύ των σπόρων ελέγχου και των φορτισμένων σπόρων, ή ακόμη και κάτσιασμα.

Φορτίζοντας με Οργόνη Φυτά σε Γλάστρες: Αυτό μπορεί να γίνει με

163

Εγχειρίδιο του Συσσωρευτή Οργόνης

φόρτιση σπόρων πριν να φυτευτούν, όπως αναφέρθηκε πιο πάνω, ή με φόρτιση του χώματος ή του νερού πριν από τη χρήση τους. Μπορεί επίσης να φτιάξει κανείς έναν συσσωρευτή - «περιτύλιγμα», χρησιμοποιώντας ένα μεταλλικό δοχείο με κομμένες τις πάνω και κάτω επιφάνειες και στρώματα από πλαστικό και σύρμα κουζίνας τυλιγμένα γύρω από την εξωτερική επιφάνεια. Βεβαιωθείτε ότι το εξωτερικό τελικό στρώμα πλαστικού είναι αρκετά παχύ και ότι δεν χρησιμοποιείτε υλικά από αλουμίνιο. Αφήστε το σύρμα κουζίνας σε μια αφράτη κατάσταση· μην το συμπιέζετε.

Πειράματα Βλάστησης Σπόρων στο Σπίτι: Τα θετικά για την ζωή αποτελέσματα του συσσωρευτή μπορούν να παρατηρηθούν και στον τρόπο με τον οποίο επαυξάνει την βλάστηση σπόρων. Κατασκευάστε ένα συσσωρευτή που να χωράει τη συσκευή βλάστησης σπόρων που έχετε. Βάλτε ένα δοχείο βλάστησης σε μια σκοτεινή μεριά μακριά από τον συσσωρευτή οργόνης κι ένα άλλο μέσα στον σκοτεινό συσσωρευτή. Βεβαιωθείτε ότι η υγρασία, ο αερισμός και η έκθεση σε φως των δύο ομάδων είναι οι ίδιες και, φροντίστε και πάλι οι ομάδες να είναι μακριά από συσκευές που δημιουργούν όρανουρ. Μετρήστε την ποσότητα των σπόρων που βρίσκονται σε κάθε δοχείο και βεβαιωθείτε ότι η ποσότητα νερού του καθενός είναι περίπου η ίδια. Παρατηρήστε και σημειώστε οποιεσδήποτε επακόλουθες διαφορές στην ανάπτυξη και στην γεύση. Η ομάδα του συσσωρευτή αναμένεται να έχει μεγαλύτερη ανάπτυξη και απόδοση.

Πειράματα Βλάστησης Σπόρων στο Εργαστήριο: Προμηθευτείτε δύο μικρούς ρηχούς γυάλινους δίσκους με επίπεδο πυθμένα, ή δύο ρηχούς γυάλινους δίσκους για εργαστηριακές καλλιέργειες, με διάμετρο περίπου 10 εκατοστά και ύψος 2 με 3 εκατοστά. Μέσα σε κάθε δίσκο βάλτε γύρω στα 20 με 30 ξερά φασόλια, ώστε να σχηματισθεί ένα μονό στρώμα φασολιών στον πυθμένα κάθε δίσκου. Προσθέστε μια συγκεκριμένη ποσότητα νερού σε κάθε δίσκο, έτσι ώστε να σκεπάζει μόνο κατά το μισό τα φασόλια. Το επάνω μέρος των φασολιών πρέπει να είναι εκτεθειμένο στον αέρα, ενώ τα κάτω μέρος τους να είναι υγρό. Τοποθετήστε ένα δίσκο με φασόλια μέσα σε ένα μικρό αλλά ισχυρό συσσωρευτή και τον άλλο μέσα σε ένα ξύλινο ή χαρτονένιο θάλαμο ελέγχου ίδιων διαστάσεων, αλλά χωρίς μεταλλικά τμήματα. Σκεπάστε τον συσσωρευτή και τον θάλαμο ελέγχου με ένα στρώμα από μαύρο πλαστικό, για να εμποδίζετε την είσοδο φωτός. Τοποθετείστε τους θαλάμους σε περιοχές που αερίζονται καλά, έχουν ίσες θερμοκρασίες και δεν εκτίθενται άμεσα στο ηλιακό φως. Οι θάλαμοι πρέπει να βρίσκονται σε κατά το δυνατόν ίδιο περιβάλλον σχετικά με το φωτισμό και την θερμοκρασία τους, αλλά να μην τοποθετούνται πλησιέστερα από ένα μέτρο, ο ένας με τον άλλο. Και πάλι, δεν πρέπει να βρίσκονται κοντά σε συσκευές που δημιουργούν όρανουρ. Κάθε

164

Σύνθετα Πειράματα

μέρα, ανοίγετε τους θαλάμους και προσθέτετε τόσο νερό όσο είναι απαραίτητο για να διατηρήσετε τους δίσκους με τα φασόλια υγρούς με περίπου το ίδιο ύψος νερού που ήταν αναγκαίο αρχικά για να καλύψει τα φασόλια μέχρι την μέση τους. Εάν σε ένα δίσκο η ανάπτυξη είναι πιο γρήγορη, αυτό θα απαιτήσει περισσότερο νερό και πρέπει να το προσφέρετε. Όταν σε ένα από τους δίσκους τα βλαστάρια φθάσουν σε ύψος 10 εκ. καταγράψτε τις παρατηρήσεις σας, για τον ρυθμό βλάστησης, το μήκος ή το βάρος των βλασταριών, την γενική τους εμφάνιση και άλλα χαρακτηριστικά. Συγκρίνετε τις δύο ομάδες. Η ομάδα του συσσωρευτή αναμένεται να έχει μεγαλύτερη ανάπτυξη και ρυθμό βλάστησης. Για να κάνετε το πείραμα αυτό με σοβαρότητα και ενδιαφέρον, συμβουλευτείτε πρώτα τα πρωτόκολλα που αναφέρονται στην ερευνητική εργασία μου που αναφέρεται στην σελίδα 162.

E) <u>Το Φαινόμενο της Θερμοκρασιακής Διαφοράς στον Συσσωρευτή</u>: Ο Ράιχ απέδειξε ότι το φαινόμενο της θερμής λάμψης που αισθάνεται κανείς μέσα στον συσσωρευτή είχε μια συνιστώσα που μπορούσε να μετρηθεί με ένα ευαίσθητο θερμόμετρο. Ένας αεροστεγής συσσωρευτής μπορεί να θερμάνει, από μόνος του, τον αέρα που βρίσκεται στο εσωτερικό του, από μερικά δέκατα του βαθμού ως αρκετούς βαθμούς. Αυτή η αύξηση θερμοκρασίας καθιστά το εσωτε-ρικό του συσσωρευτή ελαφρά θερμότερο από την θερμοκρασία του αέρα που βρίσκεται στο περιβάλλον του ή από τη θερμοκρασία του αέρα που βρίσκεται μέσα σε ένα θερμικά ισορροπημένο θάλαμο ελέγχου για την κατασκευή του οποίου δεν χρησιμοποιήθηκε μέταλλο. Αυτό το πείραμα, που ονομάσθηκε *To-T* (η θερμοκρασία στον συσσωρευτή οργόνης μείον τη θερμοκρασία του θαλάμου ελέγχου) θεωρήθηκε από τον Ράιχ ότι ήταν μία απόδειξη ύπαρξης της οργονικής ενέργειας και παραβίαση του δεύτερου νόμου της θερμοδυναμικής. Ο Άλμπερτ Αϊνστάιν κάποτε επανέλαβε το πείραμα αυτό και το απεκάλεσε μία «βόμβα στην Φυσική». Ένα συναρπαστικό βιβλίο με τίτλο *Η Υπόθεση Αϊνστάιν* τεκμηριώνει την αλληλογραφία μεταξύ Ράιχ και Αϊνστάιν πάνω στο θέμα. Μία οριστική εκτίμηση του πειράματος T_o-T απαιτεί την κατασκευή ενός θερμικά ισορροπημένου συσσωρευτή και ενός αντίστοιχου θαλάμου ελέγχου, προσεκτική παρακολούθηση του καιρού και των θερμοκρασιών περιβάλλοντος, ευαίσθητα θερμόμετρα ικανά να καταγράφουν μέχρι και δέκατα του βαθμού και παρατεταμένες συστηματικές μετρήσεις. Όποιος επιθυμεί να επαναλάβει το πείραμα θα πρέπει να συμβουλευτεί τις δημοσιευμένες εργασίες, στο τμήμα της Βιβλιογραφίας για λεπτομέρειες. Είναι μια περιοχή κατάλληλη για καινοτόμο έρευνα και συνιστώ ένθερμα σε κάθε πειραματιζόμενο να εξερευνήσει αυτό το φαινόμενο.

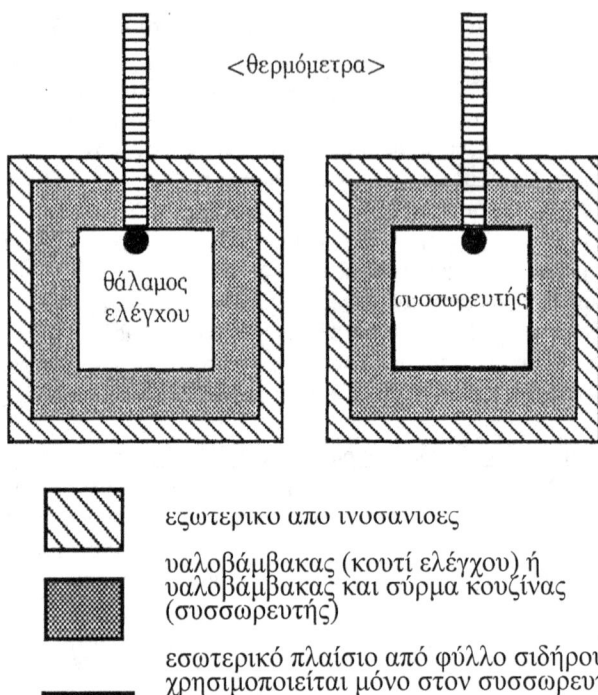

<θερμόμετρα>

θάλαμος
ελέγχου

συσσωρευτής

εξωτερικο απο ινοσανιοες

υαλοβάμβακας (κουτί ελέγχου) ή
υαλοβάμβακας και σύρμα κουζίνας
(συσσωρευτής)

εσωτερικό πλαίσιο από φύλλο σιδήρου που
χρησιμοποιείται μόνο στον συσσωρευτή

βαθμού και παρατεταμένες συστηματικές μετρήσεις. Όποιος επιθυμεί να επαναλάβει το πείραμα θα πρέπει να συμβουλευτεί τις δημοσιευμένες εργασίες, στο τμήμα της Βιβλιογραφίας για λεπτομέρειες. Είναι μια περιοχή κατάλληλη για καινοτόμο έρευνα και συνιστώ ένθερμα σε κάθε πειραματιζόμενο να εξερευνήσει αυτό το φαινόμενο..

ΣΤ) Τα Ηλεκτροστατικά Αποτελέσματα του Συσσωρευτή: Προμηθευτείτε ή κατασκευάστε ένα απλό ηλεκτροσκόπιο με φύλλα αλουμίνιου ή χρυσού. Εάν δεν γνωρίζετε τι είναι αυτό, μπορείτε να βρείτε οδηγίες σε μια καλή βιβλιοθήκη. Το ηλεκτροσκόπιο πρέπει να διαθέτει υποδιαιρέσεις σε μοίρες, από 0^0 μέχρι 90^0, έτσι ώστε η απόκλισή του να μπορεί να μετρηθεί με ακρίβεια. Τρίβοντας μια πλαστική ράβδο ή μια χτένα στα στεγνά μαλλιά σας, μπορείτε να συγκεντρώσετε ένα σημαντικό στατικό ηλεκτρικό φορτίο και να το μεταφέρετε στο ηλεκτροσκόπιο. Χρησιμοποιώντας ένα χρονόμετρο, ή ένα ρολόι με δείκτη δευτερολέπτων, μετρήστε πόσος χρόνος απαιτείται

166

Σύνθετα Πειράματα

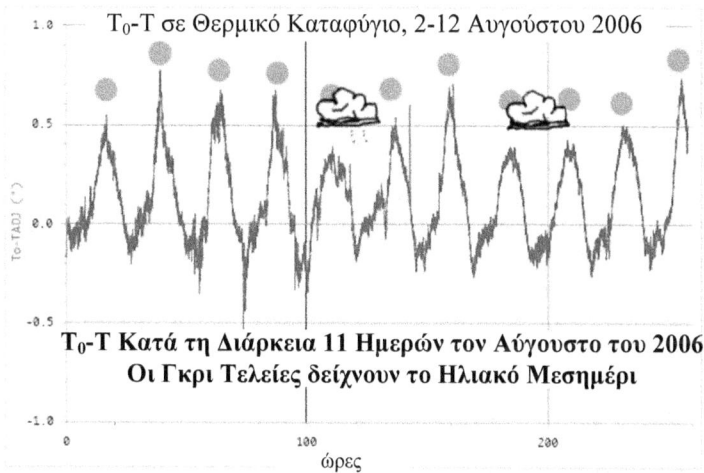

T_0-T σε Θερμικό Καταφύγιο, 2-12 Αυγούστου 2006

T_0-T Κατά τη Διάρκεια 11 Ημερών τον Αύγουστο του 2006
Οι Γκρι Τελείες δείχνουν το Ηλιακό Μεσημέρι

ώρες

Θερμική Ανωμαλία μέσα στον Συσσωρευτή Οργόνης, με μέγιστο στο Ηλιακό Μεσημέρι κατά $0,5^0C$ μεγαλύτερη από ότι σε ένα πανομοιότυπο κουτί ελέγχου, κατά τη διάρκεια 11 ημερών του Αυγούστου του 2006. Σημειώστε την κυριαρχούσα θετική φύση της ανωμαλίας και τη μείωση που συμβαίνει κατά τη διάρκεια συννεφιασμένων ή βροχερών ημερών.

για να αποβάλλει το ηλεκτροσκόπιο, το φορτίο του στον αέρα, για μια προκαθορισμένη γωνία απόκλισης. Για παράδειγμα, αναζητείστε το χρόνο που θα χρειαστεί ώστε το ηλεκτροσκόπιο να εκφορτισθεί από μια γωνία 50 μοιρών σε μια γωνία 30 μοιρών. Επομένως πρέπει να φορτίσετε το ηλεκτροσκόπιο μέχρι μια γωνία απόκλισης μεγαλύτερης από 50 μοίρες και να περιμένετε μέχρι να εκφορτιστεί και να φτάσει στις 50 μοίρες. Ξεκινώντας από την στιγμή αυτή, μετρήστε τον αριθμό των δευτερολέπτων που περνούν μέχρι να φτάσει στις 30 μοίρες. Ο χρόνος που περνά εκφράζει το ρυθμό εκφόρτισης του ηλεκτροσκοπίου. Σε ηλιόλουστες ημέρες, ο ρυθμός εκφόρτισης θα είναι πολύ αργός, ενώ σε βροχερές ημέρες ο ρυθμός εκφόρτισης θα είναι πολύ γρήγορος, τόσο που τις περισσότερες φορές ίσως δεν μπορείτε να τον μετρήσετε. Εάν χρονομετρήσετε τον ρυθμό ηλεκτροσκοπικής εκφόρτισης μέσα σε συσσωρευτή οργόνης, θα βρείτε ότι, εκεί, χρειάζεται μεγαλύτερος χρόνος για την εκφόρτιση από ότι έξω από αυτόν. Η διαφορά μεταξύ του ρυθμού εκφόρτισης μέσα στον συσσωρευτή και του ρυθμού εκφόρτισης έξω από αυτόν ονομάζεται *διαφορά ρυθμού ηλεκτροσκοπικής εκφόρτισης*. Η διαφορά αυτή θα είναι μεγάλη τις ηλιόλουστες ημέρες και μικρή ή μηδενική τις συννεφιασμένες και τις

167

βροχερές ημέρες. Σε σπάνιες περιπτώσεις, ένα ηλεκτροσκόπιο που έχει αδύνατη φόρτιση, ή έχει εκφορτιστεί πλήρως, μπορεί - εάν το αφήσουμε μέσα σε ένα συσσωρευτή οργόνης - να φορτισθεί από μόνο του σε υψηλότερο επίπεδο. Όλα αυτά τα φαινόμενα εξαφανίζονται σε βροχερές και συννεφιασμένες μέρες. Για περισσότερες λεπτομέρειες, κοιτάξτε τις αναφορές στο τμήμα της Βιβλιογραφίας.

Ζ) <u>Το Φαινόμενο Μειωμένης Εξάτμισης Μέσα Στον Συσσωρευτή</u>: Αυτό το πείραμα απαιτεί μια ευαίσθητη ζυγαριά που μπορεί να μετρήσει μέχρι και κλάσματα του γραμμαρίου. Επίσης απαιτεί έναν συσσωρευτή και ένα θερμικά ισορροπημένο θάλαμο παρομοίων διαστάσεων. Για τον συγκεκριμένο θάλαμο ελέγχου μην χρησιμοποιήσετε στο εσωτερικό του υλικά που απορροφούν το νερό. Αντίθετα, επενδύστε το εσωτερικό του με μη-μεταλλικό αδιάβροχο υλικό όπως πλαστικό, σμάλτο ή βερνίκι. Προμηθευτείτε και ζυγίστε μικρά γυάλινα δοχεία του ίδιου σχήματος και μεγέθους, διαμέτρου

Διαφορά Εξάτμισης στον Συσσωρευτή Οργόνης, EV_0-EV

Διαφορά κατά την Εξάτμιση Νερού μέσα στον Συσσωρευτή Οργόνης. Ποσότητα νερού που εξατμίστηκε κάθε ημέρα από ένα ανοιχτό δοχείο μέσα σε συσσωρευτή οργόνης μείον την ποσότητα που εξατμίστηκε από ένα κουτί ελέγχου, σε γραμμάρια νερού ανά ημέρα. Ο συσσωρευτής περιορίζει την εξάτμιση κατά τις λαμπερές και ηλιόλουστες ημέρες. Παρατηρείστε ότι η διαφορά διαταράχθηκε όταν ραδιενεργή σκόνη (ημέρες με βέλη) από μια πυρηνική δοκιμή της Κίνας που έγινε στην ατμόσφαιρα έφθασε στην περιοχή του εργαστήριου. (Τζ. ΝτεΜέο: «Εξάτμιση Νερού Μέσα στον Συσσωρευτή Οργόνης», Περιοδικό της Οργονομίας, 14: 171-175, 1980).

Σύνθετα Πειράματα

περίπου 10 εκατοστών και ύψους περίπου 2,5 εκατοστών. Ζυγίστε τα δοχεία όταν είναι άδεια, καθαρά και στεγνά. Κατόπιν, προσθέστε τις ίδιες ποσότητες νερού σε κάθε δοχείο, γεμίζοντάς τα περίπου μέχρι τη μέση και ζυγίστε τα ξανά, υπολογίζοντας με αφαίρεση το βάρος του νερού σε κάθε δοχείο. Τοποθετήστε το ένα δοχείο με νερό μέσα στον συσσωρευτή οργόνης, πάνω σε ένα κομμάτι ξύλο, έτσι ώστε ο πυθμένας του δοχείου να μην έρχεται σε άμεση επαφή με το μεταλλικό εσωτερικό του συσσωρευτή. Το καπάκι του συσσωρευτή πρέπει να είναι κλειστό, αλλά στερεωμένο έτσι που να αφήνει μία χαραμάδα ανοικτή ώστε μπορεί να κυκλοφορεί ο αέρας. Δεν πρέπει, εν τούτοις, να τοποθετηθεί σε περιοχή όπου φυσάει ή έχει ήλιο. Τοποθετήστε το δεύτερο δοχείο με νερό μέσα στον θάλαμο ελέγχου με παρόμοιο τρόπο πάνω σε ένα όμοιο κομμάτι ξύλου και στερεώστε και σε αυτό το καπάκι του ώστε να υπάρχει μια ανοιχτή χαραμάδα. Βάλτε το σε μια θέση, τουλάχιστον ένα μέτρο μακριά από τον συσσωρευτή οργόνης, αλλά με παρόμοιο φωτισμό, θερμοκρασία και άνεμο. Θα μπορούσατε, αν θέλετε, να απλώσετε ένα κομμάτι μαύρο πλαστικό φύλλο πάνω από τον συσσωρευτή και τον θάλαμο ελέγχου, προκειμένου να απαλείψετε μικροδιαφορές στον φωτισμό. Περιμένετε ακριβώς 24 ώρες και βγάλτε τα δοχεία, προσέχοντας να μην χυθεί καθόλου νερό. Ζυγίστε με προσοχή τα δοχεία και υπολογίστε την απώλεια λόγω εξάτμισης για την περίοδο των 24 ωρών. Κάνετε αυτήν την μέτρηση μια φορά την ημέρα, κατά προτίμηση αργά το απόγευμα, έτσι ώστε να μπορείτε να καθορίσετε την ποσότητα νερού που εξατμίσθηκε κάθε μέρα από κάθε δοχείο. Αναμένεται να βρείτε ότι στον θάλαμο ελέγχου εξατμίζεται σημαντικά περισσότερο νερό σε ηλιόλουστες μέρες με καθαρό ουρανό, καθώς ο συσσωρευτής παρεμποδίζει την εξάτμιση νερού. Τις βροχερές μέρες, όταν ο συσσωρευτής δεν δημιουργεί μεγάλη φόρτιση, η εξάτμιση στον συσσωρευτή και στο θάλαμο ελέγχου θα είναι σχεδόν ίδιες. Αφαιρέστε την ποσότητα νερού που εξατμίσθηκε στον συσσωρευτή οργόνης από την ποσότητα που εξατμίσθηκε στον θάλαμο ελέγχου για κάθε περίοδο 24 ωρών. Αυτή η ποσότητα, που ονομάζεται EV_0-EV, θα εκφράσει τη διαφορά στον βαθμό φόρτισης οργονικής ενέργειας μεταξύ της τοπικής ατμόσφαιρας και του συσσωρευτή. Οι τιμές εξάτμισης για μια οποιαδήποτε μέρα δεν έχουν τόσο ενδιαφέρον όσο ο δυναμικός τρόπος με τον οποίο αυξάνεται ή μειώνεται η διαφορά εξάτμισης, ανάλογα με τη φόρτιση της οργονικής ενέργειας στην επιφάνεια της Γης.

Η) <u>Πειραματικός Μετρητής Πεδίου Οργονικής-Ζωικής Ενέργειας</u>.
Για να κάνει κάποιος πειράματα σχετικά με αυτό το ζήτημα, πρέπει να κατασκευάσει το δικό του μετρητή οργονοτικού πεδίου, χρησιμοποιώντας τις οδηγίες του Ράιχ στο βιβλίο του με τίτλο *Η*

169

Εγχειρίδιο του Συσσωρευτή Οργόνης

Βιοπάθεια του Καρκίνου. Χρειάζεται ένα επαγωγικό πηνίο ή πηνίο Τέσλα, ορισμένες μεταλλικές επιφάνειες, μονωτικά πλαίσια και ένα φωτόμετρο φωτογράφου. Από αρκετές απόψεις, αυτή η συσκευή μοιάζει με μια συσκευή «Κίρλιαν» με τη διαφορά ότι δεν μετράς ενεργειακά πεδία με τη βοήθεια ενός φωτογραφικού φιλμ, αλλά με μια αναλογική μέτρηση που βασίζεται στο πόσο έντονα, το ενεργειακό πεδίο του σώματός σου κάνει έναν αναμμένο λαμπτήρα να φωτοβολεί. Απαιτούνται κάποιοι πειραματισμοί με το κατάλληλο είδος λαμπτήρα, καθώς όπως ανακάλυψα αρκετά χρόνια παλαιότερα, μόνο ορισμένα είδη κάνουν για τη δουλειά αυτή (ένας λαμπτήρας χαμηλής τάσης φαίνεται να είναι ο καλύτερος). Ή μπορεί να αγοράσει κανείς τον έτοιμο *Πειραματικό Μετρητή Πεδίου Ζωικής Ενέργειας* που υπάρχει στη φωτογραφία στο τέλος του Κεφαλαίου 4. Η συσκευή αυτή στηρίζεται στην τεχνολογία στερεού σώματος για να αναπαράγει την αρχική ανακάλυψη του Ράιχ και δουλεύει πολύ καλά. Είναι η μόνη συσκευή που γνωρίζω η οποία αποδεικνύει την σχετική ισχύ ή φόρτιση του ανθρώπινου ενεργειακού πεδίου με συστηματικό τρόπο. Δείχνει διαφορές μεταξύ ανθρώπων και αν είναι κανείς δεξιόχειρας (ή αριστερόχειρας) το χέρι αυτό θα δείξει μεγαλύτερη φόρτιση από το άλλο. Οι πιο ζωντανοί και ζωηροί άνθρωποι προκαλούν πιο μεγάλες μετρήσεις από αδύναμα ή άρρωστα άτομα, σε πλήρη αντιστοιχία με το τεστ αίματος του Ράιχ που αποκάλυψε την ενεργειακή παράμετρο που βρίσκεται στη βάση της υγείας και της ασθένειας. Το ζωντανό νερό από φυσικές πηγές δίνει ελαφρά μεγαλύτερες μετρήσεις από το νεκρωμένο νερό των σωληνώσεων των πόλεων. Προβλέπω ότι σε κάποιο αιώνα στο μακρινό μέλλον, οι ανακαλύψεις του Ράιχ θα αποτελέσουν την κεντρική ιδέα γύρω από την οποία θα αναπτυχθεί ένας φουτουριστικός τρόπος διάγνωσης και θεραπείας, τύπου «Σταρ Τρεκ».

14. Ερωτήσεις και Απαντήσεις

Ε: Εάν η οργονική ενέργεια υπάρχει πραγματικά, γιατί δεν ακούμε γι' αυτήν από επιστήμονες που εργάζονται στα πανεπιστήμια;
Α: Επιστήμονες που εργάζονται σε πανεπιστήμια και σε ερευνητικά ιδρύματα έχουν πραγματοποιήσει έρευνες για την επαλήθευση των ιδιοτήτων των βιόντων, του συσσωρευτή οργόνης, του νεφοδιαλυτή, όπως και των βιοηλεκτρικών απόψεων της ζωής, των οποίων ο Ράιχ υπήρξε επίσης πρωτοπόρος. Για παράδειγμα, ο Δρ. Τζέιμς ΝτεΜέο, συγγραφέας αυτού του *Εγχειριδίου*, έκανε έρευνες σχετικά με τις ανακαλύψεις του Ράιχ που έχουν σχέση με τον καιρό ενώ ήταν μεταπτυχιακός φοιτητής και Διδάσκων στο Πανεπιστήμιο του Κάνσας. Συνέχισε την έρευνα την περίοδο που ήταν Καθηγητής στο Πανεπιστήμιο της Πολιτείας του Ιλινόις και στο Πανεπιστήμιο του Μαϊάμι. Οι Μούσενιχ και Γκεμπάουερ, του Πανεπιστημίου του Μάρμπουργκ της Γερμανίας, ολοκλήρωσαν μια διπλή-τυφλή ελεγχόμενη μελέτη για τα αποτελέσματα του συσσωρευτή σε ανθρώπους. Ο Δρ. Μπέρναρντ Γκραντ, ένας από τους συνεργάτες του Ράιχ, συνέχισε να κάνει καινοτόμο εργασία σχετικά με τα βιόντα και την ζωική ενέργεια, πολύ ανοιχτά, επί δεκαετίες στο Πανεπιστήμιο ΜακΓκιλ του Καναδά. Άλλοι μελετητές με ερευνητικό ή ιστορικό ενδιαφέρον στο έργο του Βίλχελμ Ράιχ κατείχαν θέσεις στο Πανεπιστήμιο του Χάρβαρντ, στο Πανεπιστήμιο Τεμπλ, στο Πανεπιστήμιο της Πολιτείας της Νέας Υόρκης, στο Πανεπιστήμιο Γιορκ, στο Πανεπιστήμιο Ρούτγκερς, στο Πανεπιστήμιο της Βιέννης και αλλού. Εργαστήρια και μαθήματα αφιερωμένα στο έργο του Ράιχ γίνονται τώρα σε ορισμένα κολέγια και πανεπιστήμια της Βόρειας Αμερικής και της Ευρώπης. Παρ' όλα αυτά, η ιστορία της επιστήμης δείχνει επανειλημμένα ότι τα μεγάλα ιδρύματα δύσκολα φιλοξενούν πρωτότυπες έρευνες οι οποίες μπορεί να προκαλέσουν ριζικές αλλαγές στις κυρίαρχες επιστημονικές θεωρίες.

Ε: Μπορεί ένας συσσωρευτής να χρησιμοποιηθεί κατά τη διάρκεια υγρού ή συννεφιασμένου καιρού;
Α: Η χρήση ενός συσσωρευτή κατά τη διάρκεια υγρών καιρικών συνθηκών δεν είναι βλαβερή, αλλά είναι λιγότερο αποτελεσματική, επειδή η φόρτιση είναι σημαντικά μικρότερη ή απούσα στις συνθήκες αυτές. Είναι καλύτερο να τον χρησιμοποιούμε σε ηλιόλουστες μέρες με καθαρό ουρανό όταν το ατμοσφαιρικό συνεχές της οργονικής

171

ενέργειας είναι ισχυρό και σε διαστολή και το φορτίο στην επιφάνεια της Γης είναι μεγαλύτερο.

Ε: Αυτές οι συσκευές συγκέντρωσης είναι πολύ απλές στην κατασκευή τους. Μήπως υπάρχουν κάποιες που κατασκευάζονται τυχαία;
Α: Πολλοί «συσσωρευτές» κατασκευάζονται, χωρίς να το ξέρουν οι εμπλεκόμενοι.

Κάθε αυτοκινούμενο τροχόσπιτο ή σπίτι με μεταλλικό περίβλημα ή μεταλλικά πλευρικά τοιχώματα δημιουργεί μια φόρτιση και μάλιστα εάν χρησιμοποιείται αλουμίνιο η φόρτιση είναι τοξική. Σε τέτοια σπίτια φαίνεται να δημιουργείται, άμεσα, όρανουρ και άλλα τοξικά αποτελέσματα, καθώς είναι γεμάτα με όλες τις σύγχρονες ηλεκτρομαγνητικές συσκευές που διαταράσσουν την οργόνη, όπως δέκτες τηλεόρασης φούρνοι μικροκυμάτων, φώτα φθορισμού και ούτω καθεξής. Επιδημιολογικές μελέτες αφιερωμένες σ' αυτές τις γενικές παρατηρήσεις δεν έχουν γίνει ως τώρα.

Ε: Έχω ένα παλιό ψυγείο αναψυκτικών από αφρώδες πλαστικό. Μπορώ να το επενδύσω με φύλλο αλουμινίου και να κατασκευάσω έναν συσσωρευτή;
Α: Μην περιμένετε καλά αποτελέσματα. Μπορείτε να το δοκιμάσετε, αλλά μην περιμένετε κάποια σταθερά αποτελέσματα εκτός εάν κατανοήσετε και λάβετε υπόψη σας όλες τις διαδικασίες και τις προφυλάξεις που αναφέρονται σ' αυτό το *Εγχειρίδιο*. Το αφρώδες πλαστικό και το αλουμίνιο είναι υλικά με ποιότητα συσσώρευσης αρνητική για την ζωή. Εάν κάνετε ένα βιολογικό πείραμα, πιθανόν να καταλήξετε στην επίδειξη ενός αποτελέσματος αρνητικού για τη ζωή. Για τον επιστήμονα που ενδιαφέρεται για την οργονική ενέργεια, αυτά τα ζητήματα είναι εξαιρετικά κρίσιμα και δεν μπορούν να αγνοηθούν.

Ε: Ο συσσωρευτής μου έδινε πολύ καλή φόρτιση τους πρώτους μήνες της χρησιμοποίησής του, αλλά όχι τώρα πια. Γιατί συμβαίνει αυτό;
Α: Είναι πιθανό να έχει μολυνθεί ο συσσωρευτής σας με ντορ. Αυτό το φαινόμενο έχει παρατηρηθεί από ορισμένους ερευνητές, κατά το οποίο ο συσσωρευτής «νεκρώνεται» προσωρινά και γι' αυτό το λόγο έχουν τους συσσωρευτές τους στην ύπαιθρο, προστατευμένους από τη βροχή, αλλά στον καθαρό αέρα, με τα καπάκια ή τις πόρτες ανοικτές ώστε ο αέρας να μπορεί να κυκλοφορεί ελεύθερα. Ίσως να μπορέσετε να αναζωογονήσετε ένα «νεκρό» συσσωρευτή, σκουπίζοντάς τον μέσα και έξω με ένα υγρό πανί, κάθε μέρα για μια εβδομάδα περίπου. Επίσης, βάλτε μια λεκάνη με νερό, ή έναν κουβά έλξης με σωλήνες έλξης μέσα στον συσσωρευτή όταν δεν χρησιμοποιείται. Αλλάξτε το νερό σ' αυτόν τον κουβά κάθε μέρα.

Ερωτήσεις και Απαντήσεις

Επίσης, βεβαιωθείτε ότι ο συσσωρευτής δεν βρίσκεται κοντά σε οποιεσδήποτε συσκευές που προκαλούν όρανουρ και αναφέρθηκαν προηγουμένως και ότι η γειτονιά σας είναι όσο το δυνατό πιο απαλλαγμένη από όρανουρ. Ο συσσωρευτής μπορεί επίσης να φορτισθεί από τον Ήλιο, βγάζοντάς τον στο άμεσο ηλιακό φως για μερικές ημέρες. Αυτές οι ενέργειες μπορούν να απαλείψουν οποιεσδήποτε τάσεις για δημιουργία ντορ και να «αναζωογονήσουν» τη φόρτιση.

Ε: Έχω ακούσει ότι με το να κάθεται ένα άτομο μέσα σ' ένα συσσωρευτή θα γίνει πιο ικανό σεξουαλικά. Είναι αλήθεια αυτό; Κάποτε μάλιστα είδα μια ταινία που παρουσίαζε τον Ράιχ ως πορνογράφο.

Α: Υπάρχουν πολλές ψευδείς φήμες που διαδόθηκαν από τους εχθρούς του Ράιχ οι οποίοι έγραψαν δυσφημιστικά άρθρα αρχίζοντας από τις δεκαετίες του 1940 και του 1950, όταν του επιτέθηκαν χαρακτηρίζοντάς τον ίδιο ως παράφρονα και τον συσσωρευτή ως ένα «κουτί του σεξ» βάζοντας στο στόμα του λόγια που δεν είπε σχετικά με την υποτιθέμενη ιδιότητα του συσσωρευτή να επαναφέρει την χαμένη σεξουαλική ικανότητα. Εν τούτοις, ο Ράιχ ποτέ δεν ισχυρίστηκε κάτι τέτοιο. Στην πραγματικότητα έδινε συνεχώς έμφαση στο συγκινησιακό και ψυχολογικό υπόβαθρο της σεξουαλικής δυσλειτουργίας, τα οποία δεν μπορούσαν να επηρεασθούν με την αγωγή στον συσσωρευτή. Ο Ράιχ ήταν επίσης ενάντιος της πορνογραφίας και τη θεωρούσε ελκυστική μόνο σε σεξουαλικά καταπιεσμένους ανθρώπους. Η ταινία που αναφέρεστε πιθανότατα έχει τίτλο *Βίλχελμ Ράιχ, Τα Μυστήρια του Οργανισμού* που την σκηνοθέτησε ένας κομμουνιστής πορνογράφος που μισούσε τον Ράιχ και έφτιαξε μια εσκεμμένη παρωδία της δουλειάς του. Περισσότερες πληροφορίες για αυτή την ταινία βρίσκονται εδώ: www.orgonelab.org/makavejev.htm

Ε. Τι είναι οι πυραμίδες οργονίτη, οι γεννήτριες οργόνης και οι διασκορπιστές χημικών ουρών; Μπορούν στ' αλήθεια να μου φέρουν περισσότερα «χρήματα, σεξ και δύναμη» όπως αναφέρεται σε μια διαφήμιση στο διαδίκτυο; Μας προστατεύουν από τις ακτινοβολίες που προέρχονται από τις κεραίες κινητής τηλεφωνίας;

Α. Δυστυχώς όχι. Πρόκειται για συσκευές που δεν πραγματοποιούν αυτό που υποστηρίζουν που κατασκευάστηκαν από μυστικιστές ή από άτομα που βρίσκονται σε σύγχυση ξεκινώντας περίπου από το 1995 και πουλιούνται από διάφορους ιστότοπους. Δεν έχουν ανακαλυφθεί από τον Δρ. Ράιχ ούτε από κανένα από τους επαγγελματικούς του συνεργάτες. Οι άνθρωποι που φτιάχνουν και πουλάν αυτά τα πράγματα κακομεταχειρίζονται το όνομά του και τους όρους που

173

Εγχειρίδιο του Συσσωρευτή Οργόνης

έθεσε, χωρίς καμία δικαιολογία, διατυπώνοντας πολύ πομπώδεις και αστήριχτους ισχυρισμούς σχετικά με τις υποτιθέμενες «δυνάμεις» των συσκευών τους. Δείτε για περισσότερες πληροφορίες:
www.orgonelab.org/orgonenonsense.htm
www.orgonelab.org/chemtrails.htm

Ε. Είναι αλήθεια ότι ο Δρ. Ράιχ δέχτηκε την επίθεση δεξιών συντηρητικών «Μακαρθικών» στις ΗΠΑ;
Α. Όχι και τόσο. Όπως αναφέρθηκε στο τμήμα της Εισαγωγής με τίτλο *Νέες Πληροφορίες για τη Δίωξη του Ράιχ*, τα αρχικά δυσφημιστικά άρθρα που επιτίθονταν στον Δρ. Ράιχ γράφτηκαν από την κομμουνίστρια συγγραφέα Μίλντρεντ Μπρέιντι και δημοσιεύτηκαν στο περιοδικό *Νέα Δημοκρατία* της ριζοσπαστικής αριστεράς, που είχε εκδότη τον σοβιετικό πράκτορα Μάικλ Στρέιτ. Ο αριστερός Μάρτιν Γκάρντνερ έγραψε επίσης ένα βιβλίο που επιτέθηκε στον Ράιχ το οποίο επηρέασε πολλούς. Τα δυσφημιστικά τους άρθρα αναδημοσιεύτηκαν σε ευρεία κλίμακα και τελικά τράβηξαν το ενδιαφέρον της αριστερού προσανατολισμού, «ακτιβίστριας των καταναλωτών», Υπηρεσίας Τροφίμων και Φαρμάκων (FDA). Ένας από τους δικηγόρους του Ράιχ είχε καλυμμένη συμπάθεια προς τους Σοβιετικούς. Πρόσφατα, οι αριστερών αντιλήψεων «σκεπτικιστικές» οργανώσεις επιτέθηκαν σε πολλές μεθόδους φυσικής θεραπείας και σε ανορθόδοξες επιστημονικές ανακαλύψεις, περιλαμβανομένων επιστημόνων και γιατρών που τόλμησαν να ερευνήσουν με σοβαρότητα τις ανακαλύψεις του Ράιχ. Αν και η ομάδα του Ράιχ και των υποστηρικτών του περιλαμβάνει και κεντρο-αριστερούς της παλιάς σχολής και μετριοπαθείς συντηρητικούς, οι κύριοι δυσφημιστές του ήταν αριστεροί «ακτιβιστές», πληρωμένοι συγγραφείς της Κομιντέρν και Σοβιετικοί κατάσκοποι. Είναι οι ίδιοι που προσπάθησαν να σκοτώσουν τον Ράιχ στην Ευρώπη. Στις ΗΠΑ χειρίστηκαν με δόλιο τρόπο τους Αμερικάνικους κοινωνικούς θεσμούς για να πετύχουν τον στόχο τους.

Ε. Δεν είναι η οργονική ενέργεια ταυτόσημη με το Τσι ή το Πράνα; Και ακόμα, οι ψυχικοί θεραπευτές που δουλεύουν με την συνειδητή πρόθεση δεν κάνουν το ίδιο πράγμα;
Α. Η οργονική ενέργεια είναι μια φυσική και απτή ζωική ενέργεια και επομένως είναι ορατή, είναι αισθητή και έχει χρησιμοποιηθεί από διάφορους πολιτισμούς σε όλο τον κόσμο. Το ίδιο ισχύει και για την Κίνα και την Ινδία όπου το *Τσι* και το *Πράνα* είναι τμήματα των θεραπευτικών και μυστικιστικών παραδόσεών τους. Ωστόσο, σε αυτές τις μυστικιστικές παραδόσεις, υποστηρίζεται ότι η ενέργεια δεν είναι κάτι απτό και πραγματικό, δεν βρίσκεται «εδώ και τώρα». Επομένως,

174

Ερωτήσεις και Απαντήσεις

αναγκάζεται κανείς να την πλησιάσει μέσω πνευματιστικών ασκήσεων, ή να σπουδάσει δίπλα σε ένα γκουρού πριν θεωρηθεί εφικτή μια βαθύτερη κατανόησή της. Ο Ράιχ είναι μοναδικός γιατί πέτυχε ξεκάθαρες επιστημονικές αποδείξεις της ζωικής ενέργειας, ως κάτι πραγματικό και όχι αποκομμένο σε ένα απώτερο κόσμο πνευμάτων, δαιμόνων ή αγγέλων. Κατέστησε την ζωική ενέργεια προσιτή στον καθένα χωρίς να χρειάζονται αναφορές σε θρησκευτικές πεποιθήσεις. Οποιοσδήποτε μπορεί να φτιάξει και να χρησιμοποιήσει μια κουβέρτα οργόνης ή έναν συσσωρευτή, ακόμα και, ή ιδιαίτερα τα «πνευματικά πεφωτισμένα» άτομα, χωρίς να χρειάζεται να αποδίδει λατρεία πεσμένος στα πόδια ζωντανών ή πέτρινων ειδώλων.

Τα πειράματα με την συνειδητή πρόθεση, που έγιναν και δημοσιεύτηκαν στη βιβλιογραφία της παραψυχολογίας, είναι συναρπαστικά και ίσως τελικά να δουλεύουν με άμεση επίδραση του ανθρώπου στην ζωική ενέργεια. Στο Εργαστήριο PEAR του Πανεπιστημίου του Πρίνστον, για παράδειγμα, μελέτες με Γεννήτριες Τυχαίων Γεγονότων (REGs) αποδεικνύουν ότι συνηθισμένοι άνθρωποι μπορούν να επηρεάσουν με το πνεύμα τους τις γεννήτριες αυτές που, κανονικά, παράγουν σειρές από εντελώς τυχαίους αριθμούς, ώστε να παράξουν πολύ οργανωμένες, στατιστικά σημαντικές παραλλαγές στα εξερχόμενα σήματά τους. Ωστόσο, έχει αποδειχθεί επίσης ότι άνθρωποι που εκφράζουν έντονα συναισθήματα, όπως κλάμα ή οργή, προκαλούν πιο ισχυρές επιδράσεις από ότι μόνο του το μυαλό. Αυτό υποδεικνύει ότι το αυθόρμητο συναίσθημα – που αποτελείται, όπως γνωρίζουμε από τον Ράιχ, από άμεσες εκφράσεις της οργονικής ενέργειας μέσα στο σώμα – έχει μεγαλύτερη επιρροή από τη νοητική πρόθεση ή το διαλογισμό.

Κάποιοι ψυχικοί θεραπευτές, αναγνωρίζουν ανοιχτά την ζωική ενέργεια ως «λεπτή ενέργεια», ειδικά εκείνοι που χρησιμοποιούν τις μεθόδους *τοποθέτησης των χεριών* ή *περάσματος με τα χέρια* που χρονολογούνται από την εποχή της εργασίας του Φραντς Μέσμερ με τον ζωικό μαγνητισμό. Σε κάποιες περιπτώσεις, έχουν αποδειχτεί επιδράσεις από μεγάλη απόσταση σε πολύ καλά ελεγχόμενα πειράματα. Σήμερα υπάρχουν σχολές που προσπαθούν να διδάξουν αυτές τις μεθόδους και πολλοί συνηθισμένοι άνθρωποι μπορούν να τις χρησιμοποιήσουν για να προσφέρουν οφέλη στην υγεία άλλων ανθρώπων. Τα σώματά μας είναι φορτισμένα με ζωική ενέργεια και με πολλές και απλές μεθόδους μπορούμε να μάθουμε να μεταφέρουμε αυτή τη φόρτιση σε άλλους. Κάποιες νοσοκόμες από τις ομάδες που άρχισαν να εφαρμόζουν απλές θεραπευτικές μεθόδους τοποθέτησης χεριών ή περάσματος χεριών στους ασθενείς, συχνά, χωρίς να το πουν στους γιατρούς, φέρνουν στο δωμάτιο του νοσοκομείου μια κουβέρτα οργόνης. Η κουβέρτα οργόνης μπορεί να προκαλέσει ίδια ή και

175

Εγχειρίδιο του Συσσωρευτή Οργόνης

μεγαλύτερα αποτελέσματα. Πολλά θα αποσαφηνιστούν όταν η επιστήμη και η ιατρική μπορέσουν να ανεχτούν σοβαρές και ανοιχτές έρευνες.

Αν και η ψυχική θεραπεία με τη χρήση τοποθέτησης των χεριών φαίνεται ότι είναι προφανώς μια επίδραση μεταφοράς ενέργειας, η ψυχική θεραπεία από απόσταση δεν φαίνεται τόσο σαφής και έτσι έχει προταθεί η θεωρία της *συνειδητής πρόθεσης*. Αλλά δεν έχουν αποδειχτεί με τόσο ξεκάθαρο τρόπο τα βιολογικά αποτελέσματα αυτής της θεραπείας, ώστε να διαχωριστούν από ψυχοσωματικά φαινόμενα ή φαινόμενα ψευτοφάρμακου, τα οποία από μόνα τους μπορεί να είναι πολύ ισχυρά. Έχοντας αυτά κατά νου, έγιναν πειράματα που στόχευαν στην αύξηση της ανάπτυξης των φυτών. Αυτές οι μελέτες αποδεικνύουν την ύπαρξη των ψυχικών φαινομένων από μεγάλη απόσταση, αλλά χρειάζονται από 100 ως 1000 επαγγελματίες θεραπευτές, που να είναι βυθισμένοι σε βαθιά έντονη σκέψη ή διαλογισμό με «μυαλά που ιδρώνουν», για να αποφέρουν την κατά 30% ή 40% αύξηση στη βλάστηση των σπόρων που επιτυγχάνεται συνήθως στο ινστιτούτο OBRL μέσα σε έναν ισχυρό συσσωρευτή οργονικής ενέργειας και χωρίς κανένα διαλογισμό ή ασκήσεις πρόθεσης (δες τις σελίδες 162-163). Αυτό μας οδηγεί στο συμπέρασμα ότι η συνειδητή πρόθεση και ο διαλογισμός *επιδρούν μόνο έμμεσα στην ζωική ενέργεια*, ενώ ο συσσωρευτής οργόνης – που είναι προϊόν των λειτουργικών φυσικών επιστημονικών ερευνών του Ράιχ στη βιοενέργεια – επηρεάζει την ζωή πολύ πιο άμεσα. Έτσι, ο συσσωρευτής οργονικής ενέργειας είναι πιο κοντά σε λειτουργικές φυσικές θεραπευτικές μεθόδους ενεργειακής ιατρικής, όπως είναι ο βελονισμός και η ομοιοπαθητική, που ομοίως δεν χρειάζονται διαλογισμό ή πρόθεση.

Ε: Είναι ο συσσωρευτής οργόνης νόμιμος; Μπορεί να έχω προβλήματα με το νόμο λόγω της κατασκευής και της χρήσης ενός συσσωρευτή;

Α: Δεν υπάρχει νόμος εναντίον της οργονικής ενέργειας ή του συσσωρευτή οργονικής ενέργειας. Μπορείτε να κατασκευάσετε, να κατέχετε και να χρησιμοποιείτε την κουβέρτα ή τον συσσωρευτή στο σπίτι σας ή όπου αλλού θέλετε. Μπορεί να τον χρησιμοποιήσει κανείς, νόμιμα για αυτοαγωγή οποιασδήποτε κατάστασης που σχετίζεται με την υγεία, όπως μπορεί να φτιάξει πολύ ωφέλιμες σούπες, να αγοράσεις βιταμίνες, ή να κάνει μπάνια, χωρίς να χρειάζεται να ρωτήσει το γιατρό ή την αστυνομία. Επιπρόσθετα, την εποχή που ο Ράιχ άσκησε έφεση για την καταδικαστική απόφαση εναντίον του, προς το Ανώτατο Δικαστήριο των ΗΠΑ, μια ομάδα γιατρών κατέθεσε μια *Αίτηση* για να παρέμβει στην υπόθεσή του, υποστηρίζοντας ότι η

Ερωτήσεις και Απαντήσεις

οποιαδήποτε απαγόρευση του συσσωρευτή οργόνης θα επηρέαζε αρνητικά την άσκηση του λειτουργήματός τους και την υγεία των ασθενών τους. Το δικαστήριο αποφάσισε, μετά από εισήγηση του ενάγοντος, που ήταν η Υπηρεσία Τροφίμων και Φαρμάκων (FDA), ότι δεν ενδιαφέρονται για το τι κάνουν άλλοι άνθρωποι με τον συσσωρευτή, παρά μόνο τι έκανε ο Ράιχ. Η απόφαση αυτή κατ' αρχήν ξεκαθάρισε ότι η FDA είχε σκοπό να «τσακώσει τον Ράιχ» και δεν την ενδιέφερε αν η οργονική ενέργεια ή ο συσσωρευτής δούλευε ή όχι, ούτε για το, με κυβερνητική έγκριση, κάψιμο των βιβλίων. Αλλά άνοιξε και το δρόμο στον καθένα για να τον χρησιμοποιεί ελεύθερα και ανοιχτά.

Ωστόσο, πρέπει να γίνει κατανοητό ότι δυνάμεις μέσα στην ιατρική κοινότητα, τις βιομηχανίες φαρμάκων και την κυβέρνηση προσπαθούν σκληρά να καταστήσουν παράνομη την ενασχόληση με αυτά τα θέματα. Όταν η FDA κάνει, σήμερα, μια επιδρομή σε μια κλινική φυσικής θεραπευτικής, δεν ενδιαφέρεται καθόλου αν ένα νέο προϊόν ή μια νέα μέθοδος είναι ωφέλιμη ή όχι, αλλά στην πραγματικότητα μεταχειρίζεται το νομικό σύστημα ως ρόπαλο, με το οποίο χτυπάει τους ανθρώπους για να τους υποτάξει. Αν ενδιαφέρεστε να προστατέψετε τις ελευθερίες που σχετίζονται με την υγεία σας, πρέπει να ενώσετε τις δυνάμεις σας με εκείνες τις κοινωνικές οργανώσεις που εργάζονται για να διατηρήσουν ή να επεκτείνουν αυτές τις ελευθερίες. Το αντίτιμο για την ελευθερία είναι η αιώνια εγρήγορση! Για περισσότερες πληροφορίες, δείτε το άρθρο μου *Αντι-Συνταγματικές Δραστηριότητες και Κατάχρηση Αστυνομικής Εξουσίας από την Υπηρεσία Τροφίμων και Φαρμάκων των ΗΠΑ και Άλλων Ομοσπονδιακών Υπηρεσιών*, εδώ: www.orgonelab.org/fda.htm

ΜΕΡΟΣ III:

Σχέδια Κατασκευής Συσκευών

Συσσώρευσης Οργόνης

15. Κατασκευή μιας Κουβέρτας Οργονικής Ενέργειας 2 Στρώσεων

Η κουβέρτα οργόνης είναι η πιο εύκολη στην κατασκευή από όλες τις συσκευές φόρτισης και συσσώρευσης οργόνης. Μπορεί να κατασκευασθεί σε οποιοδήποτε μέγεθος και μπορεί να μεταφερθεί εύκολα. Μπορείτε να χρησιμοποιείτε μικρές κουβέρτες καθώς ξαπλώνετε, ή να τοποθετήσετε μια από κάτω και μια από πάνω από ένα άτομο που είναι ακινητοποιημένο στο κρεβάτι. Όπως και ο συσσωρευτής, οι κουβέρτες οργόνης δεν πρέπει να χρησιμοποιούνται για μεγάλα χρονικά διαστήματα, αν και μπορεί κανείς να ξεκουραστεί ή να πάρει έναν υπνάκο έχοντας μια κουβέρτα οργόνης πάνω του αν υπάρχει ανάγκη. Σύμφωνα με την εμπειρία μου, οι άνθρωποι απομακρύνουν την κουβέρτα ακόμα και όταν κοιμούνται όταν νιώσουν άβολα, ακριβώς όπως θα έκαναν και με μια απλή κουβέρτα. Μια κουβέρτα οργόνης με διαστάσεις 60 εκ. x 60 εκ. φτιάχνεται εφαρμόζοντας τα ακόλουθα βήματα:

Α) Προμηθευθείτε αρκετό καθαρό μαλλί ή μάλλινη τσόχα για να φτιάξετε τρία τετράγωνα 60x60 εκατοστών. Το μαλλί δεν θα πρέπει να είναι πολύ ραφιναρισμένο, αλλά να έχει τραχιά ύφανση, όπως είναι μια άνετη κουβέρτα κατασκήνωσης. Επίσης προμηθευθείτε αρκετά ρολά πολύ λεπτού σύρματος κουζίνας (αυτό που δεν έχει καθόλου σαπούνι).

Β) Απλώστε ένα κομμάτι υφάσματος 60x60 εκατοστά σε μια επίπεδη επιφάνεια. Καλύψτε την πάνω επιφάνεια αυτού του κομματιού με ένα στρώμα σύρματος κουζίνας. Απλώστε το σύρμα κουζίνας με τέτοιο τρόπο ώστε να μην είναι πολύ παχύ. Πρέπει να μπορείτε να διακρίνετε, εδώ κι εκεί, το ύφασμα που βρίσκεται από κάτω.

Γ) Πάνω από το σύρμα κουζίνας τοποθετήστε ένα άλλο κομμάτι μαλλιού διαστάσεων 60x60 εκ.

Δ) Σκεπάστε την πάνω επιφάνεια αυτού του δεύτερου υφάσματος με άλλο ένα στρώμα από σύρμα κουζίνας.

Ε) Τελειώστε με άλλο ένα μάλλινο κομμάτι 60 x 60 εκ., τοποθετημένο πάνω από το τελευταίο στρώμα σύρματος κουζίνας. Θα πρέπει τώρα να έχετε τρία κομμάτια μάλλινου υφάσματος με δύο στρώματα σύρματος κουζίνας κλεισμένα ανάμεσά τους σαν σάντουιτς.

Εγχειρίδιο του Συσσωρευτή Οργόνης

Συναρμολόγηση μιας κουβέρτας οργόνης. Απλώστε μάλλινο ύφασμα και από επάνω ένα αφράτο στρώμα σύρματος κουζίνας. Απλώστε το και αφήστε ένα περιθώριο για ράψιμο όπως στην εικόνα.

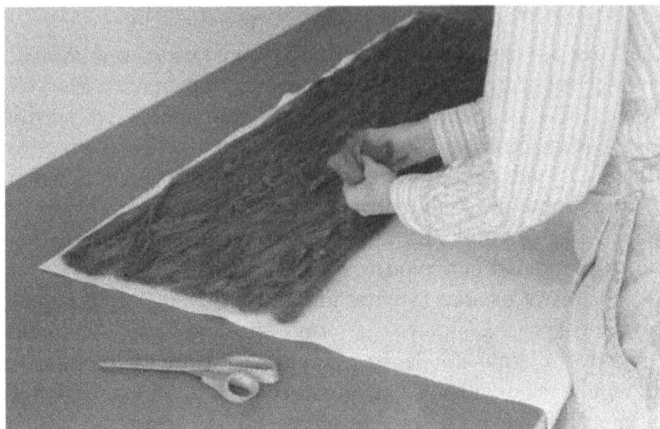

ΣΤ) Ράψτε και στερεώστε τα άκρα, σύμφωνα με τις προτιμήσεις σας και τις ικανότητές σας στο ράψιμο.

Ζ) Διατηρήστε και χρησιμοποιήστε την κουβέρτα σε ένα περιβάλλον παρόμοιο με εκείνο που συστήνεται για έναν συσσωρευτή, μακριά από δέκτες τηλεόρασης, φούρνους μικροκυμάτων, φώτα φθορισμού ή άλλες ηλεκτρομαγνητικές ή ραδιενεργές συσκευές. Ποτέ μην χρησιμοποιήσετε κουβέρτα οργόνης με ηλεκτρική κουβέρτα. Μπορεί να αποθηκευθεί σε μία κρεμάστρα στον καθαρό αέρα, ή ακόμη και μέσα σε ένα μεγαλύτερο συσσωρευτή για μεγαλύτερη φόρτιση.

Η) Μην πλύνετε ποτέ και μην στείλετε στο καθαριστήριο την οργονοκουβέρτα σας, επειδή το σύρμα κουζίνας θα σκουριάσει! Καθαρίστε τη μόνο τοπικά με ένα ελαφρά υγρό σφουγγάρι.

Θ) Ο Ράιχ κάποτε έφτιαξε πολύ βαριές κουβέρτες οργόνης, που αποτελούνταν από πλέγμα γαλβανισμένου σύρματος και εναλλασσόμενα στρώματα μαλλιού και σύρματος κουζίνας. Αν και δούλευαν πολύ καλά, τις βρίσκω άβολες και δύσκολες στη χρήση. Δεν φαίνεται να είναι πιο αποτελεσματικές από το απλό σχέδιο που περιγράφεται εδώ.

180

Κατασκευή Κουβέρτας Οργόνης

Ρολά σύρματος κουζίνας μπορούν να αγοραστούν από το naturalenergyworks.net, ή από καταστήματα ειδών οικιακής χρήσης. Απλώστε το σύρμα κουζίνας στο διπλάσιο ή τριπλάσιο πλάτος από το πλάτος του ρολού.

Χρησιμοποιήστε ρολά τύπου «000» ή «0000» και πριν τη χρήση απλώστε τα στον ήλιο για μια ή δύο ημέρες για να στεγνώσουν τυχόν υπολείμματα λαδιού. Κατά την κατασκευή πρέπει να φοράτε μάσκες σωματιδίων για να μην εισπνεύσετε πολύ λεπτή σιδηρόσκονη. Το ίδιο ισχύει και όταν κατασκευάζετε πλαίσια για συσσωρευτή οργόνης με υαλοβάμβακα.

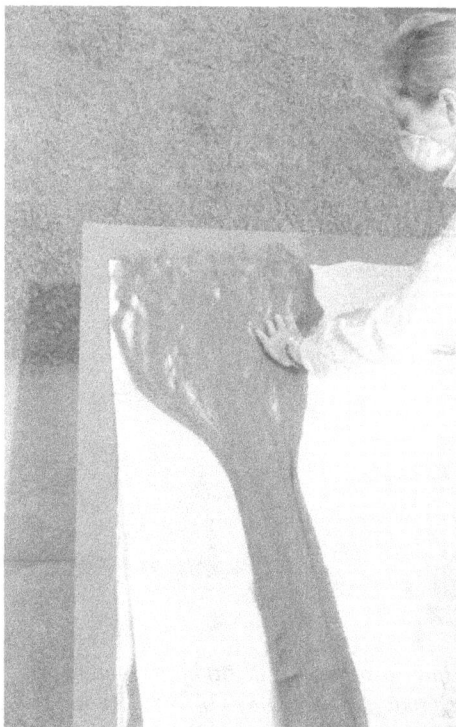

Εγχειρίδιο του Συσσωρευτή Οργόνης

*Δίπλα: Μια
λειτουργική
κουβέρτα οργόνης
στην οποία
φαίνονται τα
εναλλασσόμενα
στρώματα σύρματος
κουζίνας και
μάλλινου
υφάσματος.*

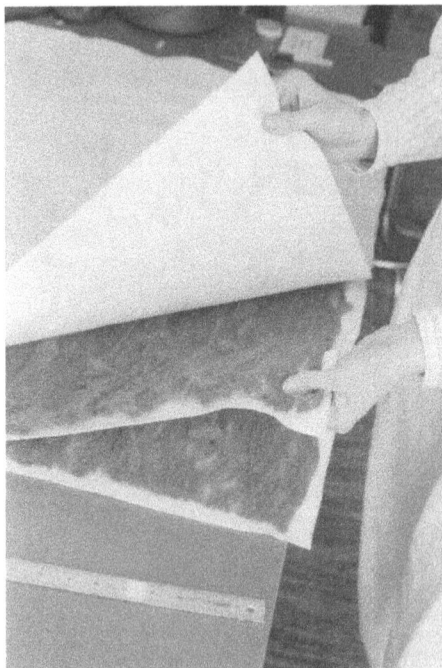

*Κάτω: Τελειώστε την
κουβέρτα σας με μία
ταινία ραμμένη γύρω
γύρω για να
συγκρατήσετε όλα τα
κομμάτια μαζί.
Πρέπει να
προστεθούν αρκετά
ράμματα
φοδραρίσματος για
να εμποδίσουν την
κίνηση των
τμημάτων που
βρίσκονται στο
εσωτερικό της
κουβέρτας.*

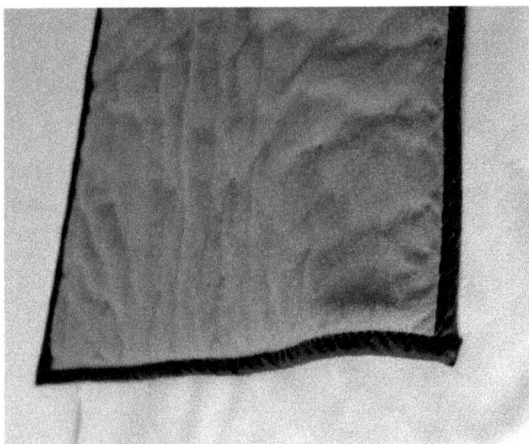

*Πριν κατασκευάσετε οτιδήποτε, μελετήστε με προσοχή το Μέρος ΙΙ,
σχετικά με τον Ασφαλή και Αποτελεσματικό Τρόπο Χρήσης των
Συσκευών Συσσώρευσης Οργόνης.*

182

16. Κατασκευή Φορτιστή Σπόρων, 5 στρώσεων – ο Συσσωρευτής Τύπου «Κουτιού του Καφέ»

Μπορεί να κατασκευάσει κανείς ένα απλό φορτιστή σπόρων από ένα καθαρισμένο σιδερένιο δοχείο τροφίμων ή ένα σιδερένιο κουτί του καφέ, χρησιμοποιώντας επιπλέον σύρμα κουζίνας και ύφασμα.

Α) Αδειάστε ένα μεγάλο κουτί του καφέ ή άλλο σιδερένιο ή επικασσιτερωμένο σιδερένιο δοχείο τροφίμων (ύψους περίπου 20 εκατοστών και διαμέτρου 15 εκατοστών. Χρησιμοποιήστε ένα μαγνήτη για να σιγουρευτείτε! Όχι κουτιά αλουμινίου!), καθαρίστε το, αφαιρέστε όλες τις ετικέτες και στεγνώστε το προσεκτικά. Βεβαιωθείτε ότι έχετε φυλάξει το κομμένο μεταλλικό καπάκι, ή φτιάξτε ένα όμοιο από άλλο δοχείο ή από γαλβανισμένη λαμαρίνα. Επίσης, βεβαιωθείτε ότι το εσωτερικό του κουτιού είναι από καθαρό μέταλλο, χωρίς επιστρώσεις. Χρησιμοποιείστε ένα δοχείο που να είναι αρκετά μεγάλο ώστε να χωρέσει όλους τους σπόρους που θα φορτίσετε.

Β) Προμηθευτείτε αρκετά μέτρα, καλή, 100% μάλλινη κουβέρτα κατασκήνωσης ή μάλλινη τσόχα. Θα χρειασθείτε αρκετό ύφασμα ώστε να τυλίξετε το δοχείο 5 φορές καθώς και για τα 5 κυκλικά τμήματα του πυθμένα και 5 όμοια για το καπάκι.

Γ) Αγοράστε αρκετά ρολά πολύ λεπτού σύρματος κουζίνας. Θα χρειαστείτε αρκετή ποσότητα ώστε να καλύψετε μια επιφάνεια ίση με αυτή του υφάσματος. Όπως και πριν, ξετυλίξετε όσο χρειάζεστε από τα ρολά του σύρματος κουζίνας και απλώστε το.

Δ) Κόψτε το ύφασμα σε μια πολύ μακριά λωρίδα της οποίας το πλάτος είναι ίσο με το ύψος του δοχείου. Το μήκος αυτής της μακριάς λωρίδας πρέπει να είναι περίπου 6 φορές το μήκος της περιφέρειας του δοχείου. Αν δεν έχετε μια μόνο λωρίδα υφάσματος τέτοιου μήκους, μπορείτε να ενώσετε αρκετά κομμάτια μαζί χρησιμοποιώντας αυτοκόλλητη ταινία για να στερεώσετε τα κομμάτια. Η ταινία μπορεί να μείνει στη θέση της και να καλυφθεί καθώς δεν παρεμποδίζει τη λειτουργία του συσσωρευτή οργόνης.

Ε) Τοποθετήστε την μακριά λωρίδα υφάσματος σε μια επίπεδη επιφάνεια και απλώστε ένα λεπτό στρώμα σύρματος κουζίνας πάνω της. Τοποθετήστε το άδειο δοχείο στο ένα άκρο της λωρίδας από μαλλί-σύρμα κουζίνας και κυλήστε το δοχείο μέσα στην λωρίδα. Σταματήστε όταν η λωρίδα έχει τυλιχθεί γύρω από το δοχείο τουλάχιστον πέντε φορές. Προσθέστε ένα ή και δύο τελικά στρώματα υφάσματος στην εξωτερική πλευρά, και ράψτε ή κολλήστε τα με ταινία έτσι ώστε να μην μπορούν να ξετυλιχθούν.

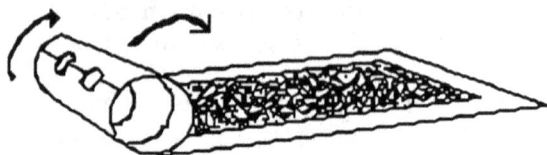

ΣΤ) Μετρήστε την διάμετρο της επάνω επιφάνειας του δοχείου, συμπεριλαμβανομένων των στρωμάτων υφάσματος και σύρματος κουζίνας. Κόψτε 10 κυκλικούς δίσκους από το ύφασμα με την διάμετρο αυτή, 5 για το καπάκι και 5 για τον πυθμένα.

Ζ) Παρεμβάλλετε σύρμα κουζίνας μεταξύ των κυκλικών δίσκων του υφάσματος έτσι ώστε να έχετε 4 στρώματα σύρματος κουζίνας μεταξύ 5 στρωμάτων υφάσματος. Φτιάξτε δύο τέτοια σάντουιτς υφάσματος - σύρματος κουζίνας, ένα από τα οποία θα χρησιμοποιηθεί για να καλύψει τον πυθμένα του δοχείου και το άλλο το καπάκι.

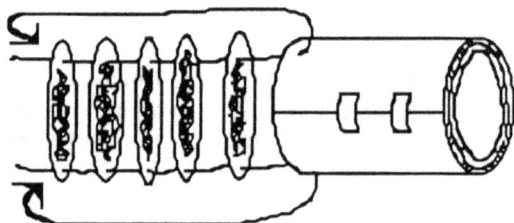

Η) Πάρτε τον μεταλλικό δίσκο που κόψατε από την επάνω πλευρά του κουτιού και λιμάρετε τις τυχόν προεξοχές του. Ανοίξτε με ένα καρφί δύο μικρές τρύπες κοντά στο κέντρο σε απόσταση περίπου 1 εκατοστού μεταξύ τους. Χρησιμοποιώντας μια χοντρή βελόνα περάστε ένα σπάγκο, σύρμα ή νήμα από το κέντρο του ενός από τα σάντουιτς από σύρμα κουζίνας και μαλλί και περάστε τον σπάγκο από τις τρύπες που έχετε ανοίξει στο καπάκι του κουτιού. Σταθεροποιήστε το καπάκι

Κατασκευή Φορτιστή Σπόρων

του κουτιού στο κέντρο του σάντουιτς. Η διάμετρος του σάντουιτς πρέπει να είναι περίπου 5 εκατοστά μεγαλύτερη από τη διάμετρο που έχει το μεταλλικό καπάκι.

Θ) Χρησιμοποιώντας γερή κλωστή, ράψτε χαλαρά μεταξύ τους τις άκρες του σάντουιτς σύρματος κουζίνας/υφάσματος της επάνω επιφάνειας (εκείνου που έχει ραφτεί με το μεταλλικό καπάκι). Ράψτε επίσης χαλαρά μεταξύ τους τις άκρες του σάντουιτς σύρματος κουζίνας/υφάσματος του πυθμένα και ράψτε το στην κάτω άκρη της λωρίδας σύρματος κουζίνας/υφάσματος που είναι τυλιγμένη γύρω από το δοχείο. Το μεταλλικό δοχείο πρέπει τώρα να είναι κλεισμένο μέσα στο υλικό σύρματος κουζίνας/υφάσματος εκτός από το άνοιγμα του επάνω μέρους.

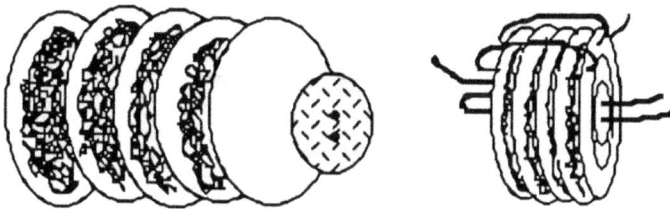

Ι) Βρείτε μια χοντρή μαξιλαροθήκη, σάκο για ρούχα πλυντηρίου, ή άλλο μεγαλύτερο μη μεταλλικό δοχείο όπου θα φυλάσσετε τον φορτιστή σας. Ή αν είσθε καλοί με την βελόνα και την κλωστή, ράψτε το δικό σας υφασμάτινο κάλυμμα για τον φορτιστή. Το βασικό σημείο είναι ότι το εξωτερικό στρώμα υφάσματος και οι οποιεσδήποτε ανοιχτές άκρες υφάσματος απ' όπου μπορεί να φαίνονται κομμάτια σύρματος κουζίνας δεν πρέπει να «στραπατσάρονται» ή να παίρνουν υγρασία, γιατί έτσι ο φορτιστής θα αρχίσει να διαλύεται ή να σκουριάζει.

ΙΑ) Ξαναδιαβάστε την παράγραφο για τη φόρτιση σπόρων, στο κεφάλαιο των «Απλών Πειραμάτων» για οδηγίες και επιπλέον ιδέες σχετικά με τη χρήση του φορτιστή σας. Σαν εναλλακτική επιλογή για την κατασκευή αυτού του συσσωρευτή, θα μπορούσατε να βάλετε τους σπόρους σας μέσα σε ένα μεγάλο μεταλλικό κουτί από μπισκότα το οποίο κατόπιν θα το τυλίξετε πολλές φορές μέσα σε μια πολύ μεγάλη κουβέρτα οργόνης, ή θα το τοποθετήσετε μέσα σε ένα

185

μεγαλύτερο συσσωρευτή. Να θυμάστε ότι όσο μεγαλύτερος είναι ο αριθμός των στρώσεων και όσο μεγαλύτερη είναι η ποσότητα των υλικών που χρησιμοποιήθηκαν για την κατασκευή της «στήλης» του συσσωρευτή, τόσο ισχυρότερη θα είναι η φόρτιση. Στο εργαστήριο του συγγραφέα, για παράδειγμα, ο μικρός φορτιστής 5 στρώσεων από κουτί του καφέ είναι τοποθετημένος μέσα σε ένα κυβικό συσσωρευτή πλευράς 30 εκατοστών και 10 στρώσεων, ο οποίος με τη σειρά του είναι τοποθετημένος μέσα σε ένα μεγάλο συσσωρευτή 3 στρώσεων. Αυτό μας κάνει ένα σύνολο 18 στρώσεων και δίνει μια φόρτιση που είναι άμεσα αισθητή.

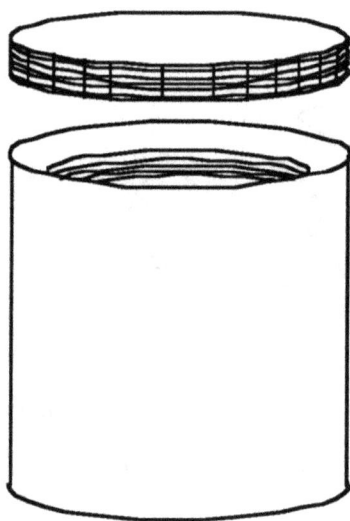

Πριν κατασκευάσετε οτιδήποτε, μελετήστε με προσοχή το Μέρος ΙΙ, σχετικά με τον Ασφαλή και Αποτελεσματικό Τρόπο Χρήσης των Συσκευών Συσσώρευσης Οργόνης.

17. Κατασκευή ενός Κουτιού-Φορτιστή ως Συσσωρευτή Οργονικής Ενέργειας 10 Στρώσεων

Ένας πολύ ισχυρός συσσωρευτής σχήματος κύβου ακμής 30 εκατοστών, 10 στρώσεων μπορεί να φτιαχτεί ακολουθώντας τις παρακάτω οδηγίες.

Α) Κόψτε έξι τετράγωνα από γαλβανισμένη λαμαρίνα πάχους 0,5 χιλιοστών με διαστάσεις 30x30 εκ. Χρησιμοποιήστε χοντρή συγκολλητική ταινία, μόνο στα εξωτερικά μεταλλικά τοιχώματα για να κατασκευάσετε ένα μεταλλικό κύβο. Αφήστε το πάνω μέρος του κύβου ανοικτό και μην το κολλήσετε με ταινία στη θέση του. Το εσωτερικό του κύβου πρέπει να είναι γυμνό μέταλλο χωρίς να φαίνεται καθόλου ταινία.

Β) Χρησιμοποιήστε πολύ λεπτό σύρμα κουζίνας και χοντρό διαφανές πλαστικό ακρυλικό υλικό προστασίας χαλιών (ή πλαστικά υλικά από στυρένιο) για την κατασκευή των στρώσεων. Το διαφανές πλαστικό προστασίας χαλιών είναι το ίδιο υλικό με εκείνο που χρησιμοποιείται σε πρότυπες κατοικίες για να προστατεύουν τα χαλιά από τη φθορά και συχνά πωλείται σε ρολά σε καταστήματα σιδηρικών και σε πολυκαταστήματα. Δεν είναι φθηνό, αλλά αποδίδει πολύ καλά. Το πλαστικό αυτό έχει σειρές από μικρές προεξοχές στην πλευρά που κοιτάει προς τα κάτω, προς το χαλί. Αυτές οι προεξοχές συγκρατούν πολύ καλά το σύρμα κουζίνας στη θέση του. Πλάκες από ινοσανίδες, μονωτικές πλάκες («ηχομονωτικές πλάκες») πρέπει να χρησιμοποιηθούν για το τελικό εξωτερικό στρώμα, με ξύλινες γωνίες. Το τελικό εξωτερικό στρώμα από ινοσανίδες μπορεί επιπλέον να επικαλυφτεί με κερί μελισσών ή και φυσικό βερνίκι για να αυξηθεί η φόρτιση.

Γ) Δέκα εναλλασσόμενα στρώματα πλαστικού και σύρματος κουζίνας έχουν πάχος περίπου 5 εκατοστά. Έτσι, πρέπει να κατασκευάσετε το εξωτερικό περίβλημα από πλάκες φυτικών ινών στο σχήμα κύβου με εσωτερικές διαστάσεις που θα είναι 40x40x40 εκατοστά. Κόψτε έξι κομμάτια αυτών των πλακών με τις ακόλουθες διαστάσεις:

Εγχειρίδιο του Συσσωρευτή Οργόνης

Κομμάτια από τις ινοσανίδες

Καπάκι: 42,5 x 42,5 εκατοστά
Πυθμένας: 42,5 x 42,5 εκατοστά
2 πλευρές: 42,5 x 40 εκατοστά
2 πλευρές: 40 x 40 εκατοστά
(Κατά προσέγγιση διαστάσεις μόνο!
Με βάση τα διαθέσιμα υλικά στις ΗΠΑ.)

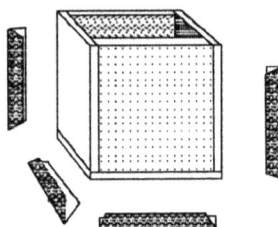

Δ) Χρησιμοποιήστε μικρά καρφιά και ξυλόκολλα για να στερεώσετε μεταξύ τους τα πέντε από τα έξι κομμάτια πλακών για να φτιάξετε έναν κύβο. Και πάλι, όπως και με το μεταλλικό κουτί, να μην συγκολλήσετε το κομμάτι του επάνω μέρους. Προσθέστε επί πλέον κόλλα στις άκρες του συναρμολογημένου κουτιού από τις πλάκες και αφήστε το να στεγνώσει πριν να συνεχίσετε.

Ε) Χρησιμοποιώντας ειδικό εργαλείο, κόψτε ξύλινες γωνιές για τις εξωτερικές ακμές του κουτιού από τις πλάκες. Καρφώστε ή βιδώστε και κολλήστε αυτές τις ξύλινες λωρίδες γωνιών στο κουτί από πλάκες για επιπρόσθετη αντοχή. Ανοίξτε κατάλληλες τρύπες για τα καρφιά ή για τις βίδες γιατί αλλιώς οι γωνίες θα ανοίξουν.

ΣΤ) Κόψτε 20 τετράγωνα κομμάτια από πλαστικό προστασίας χαλιών, διαστάσεων 40x40 εκατοστά. Τα δέκα από αυτά τα τετράγωνα βάλτε στην άκρη για να τα χρησιμοποιήσετε αργότερα. Βάλτε τα άλλα δέκα τετράγωνα ένα κάθε φορά στον πυθμένα του κουτιού, με τις προεξοχές τους να βλέπουν προς τα πάνω. Μεταξύ του κάθε πλαστικού τετραγώνου και του επομένου βάλτε ένα στρώμα σύρματος κουζίνας από ξετυλιγμένα ρολά. Όταν τελειώσετε, η επάνω πλευρά του τελευταίου πλαστικού τετραγώνου θα βλέπει προς τα πάνω μέσα στο κουτί από πλάκες ινών και πρέπει επίσης να είναι καλυμμένο με σύρμα κουζίνας.

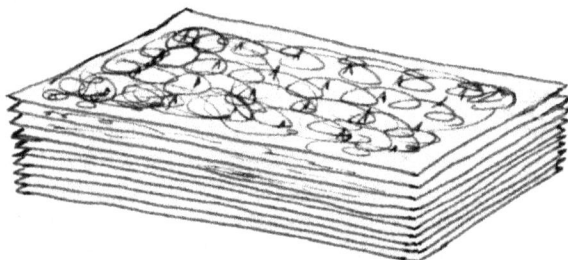

Κατασκευή Κουτιού-Φορτιστή

Ζ) Τοποθετήστε τον μεταλλικό κύβο από γαλβανισμένη λαμαρίνα μέσα στο κουτί από ινοσανίδα, πάνω από τις δέκα στρώσεις πλαστικού και σύρματος κουζίνας. Εάν έχετε κατασκευάσει σωστά το κουτί από ινοσανίδα, τότε η κορυφή του μεταλλικού κύβου πρέπει να είναι περίπου 5 εκατοστά κάτω από την κορυφή του κουτιού από ινοσανίδα και πρέπει να υπάρχει ένα κενό περίπου 5 εκατοστών μεταξύ των πλευρών του μεταλλικού κύβου και των εσωτερικών πλευρών του κουτιού από ινοσανίδα.

Η) Κόψτε 20 κομμάτια πλαστικού με διαστάσεις 30x40 εκατοστά και 20 ακόμη κομμάτια με διαστάσεις 30x30 εκατοστά. Αυτά τα κομμάτια θα χρησιμοποιηθούν για να γεμίσουν τους πλευρικούς χώρους μεταξύ του μεταλλικού κύβου και του κουτιού από ινοσανίδα. Απλώστε σύρμα κουζίνας πάνω σε κάθε κομμάτι πλαστικού και στοιβάξτε τα σε δεμάτια των δέκα στρώσεων το καθένα. Αυτό να το κάνετε πάνω σε μια οριζόντια επιφάνεια πριν προσπαθήσετε να το τοποθετήσετε σε κατακόρυφη θέση, μεταξύ του κουτιού από ινοσανίδα και του κουτιού από μέταλλο.

Θ) Τοποθετήστε τα δύο δεμάτια πλαστικού/σύρματος κουζίνας διαστάσεων 30x40 εκ. μεταξύ του κουτιού από ινοσανίδα και του μεταλλικού κύβου, σε απέναντι πλευρές του μεταλλικού κύβου. Ένα εξωτερικό στρώμα πλαστικού πρέπει να ακουμπάει πάνω στο εσωτερικό τοίχωμα του κουτιού από ινοσανίδα, ενώ ένα εσωτερικό στρώμα σύρματος κουζίνας πρέπει να ακουμπάει πάνω στο εξωτερικό του μεταλλικού κουτιού. Η πάνω πλευρά του πλαστικού πρέπει να είναι κατά το δυνατόν σε ευθυγράμμιση με την πάνω ακμή του μεταλλικού κύβου, καθώς και οι δύο αυτές ακμές πρέπει να είναι περίπου 5 εκατοστά πιο κάτω από την άνω ακμή του κουτιού από ινοσανίδα.

Ι) Τοποθετήστε τα δύο δεμάτια πλαστικού/σύρματος κουζίνας διαστάσεων 30x30 εκατοστών στους δύο κενούς χώρους μεταξύ του κύβου από ινοσανίδα και του μεταλλικού κύβου, όπως περιγράψαμε στο προηγούμενο βήμα.

ΙΑ) Πάρτε τα 10 τελευταία πλαστικά κομμάτια διαστάσεων 40x40 εκατοστών και καλύψτε τα με σύρμα κουζίνας. Στοιβάξτε τα το ένα επάνω στο άλλο και μετά βάλτε τα στην άκρη. Αντίθετα από τα προηγούμενα δεμάτια, μην καλύψετε το τελευταίο πλαστικό στρώμα με σύρμα κουζίνας.

Εγχειρίδιο του Συσσωρευτή Οργόνης

ΙΒ) Πάρτε το τελευταίο τετράγωνο από γαλβανισμένη λαμαρίνα και κάντε μικρές τρύπες στις γωνίες του σε απόσταση περίπου 1,5 εκατοστού από κάθε γωνία. Οι τρύπες πρέπει να είναι αρκετά μεγάλες ώστε να μπορεί να περάσει μια μακριά αλλά λεπτή βίδα.

ΙΓ) Βρείτε ένα σκληρό κομμάτι ξύλου ή μια επιφάνεια επενδυμένη με χαλί για να δουλέψετε. Βάλτε το δεμάτι από τετράγωνα πλαστικού/σύρματος κουζίνας πάνω από το τελευταίο κομμάτι ινοσανίδας. Κεντράρετέ το πάνω στην ινοσανίδα. Πρέπει να φαίνεται ένα τμήμα πλάτους 1με 1,5 εκατοστό από την ινοσανίδα γύρω-γύρω από το δεμάτι. Τώρα τοποθετήστε το μεταλλικό τετράγωνο (με τις τρύπες) πάνω από την στοίβα πλαστικού/σύρματος κουζίνας / ινοσανίδας και κεντράρετέ το και αυτό. Πρέπει να προεξέχει πλαστικό πλάτους περίπου 5 εκατοστών γύρω από κάθε πλευρά του μεταλλικού τετραγώνου. Χρησιμοποιήστε λίγη συγκολλητική ταινία για κρατήσετε μαζί προσωρινά την στοίβα ινοσανίδας / πλαστικού/λαμαρίνας.

ΙΔ) Χρησιμοποιώντας ένα μυτερό εργαλείο για διάνοιξη τρυπών κάνετε τέσσερις κατακόρυφες τρύπες διαμέσου του δεματιού πλαστικού/σύρματος κουζίνας και της ινοσανίδας, χρησιμοποιώντας σαν οδηγό τις γωνιακές τρύπες του μεταλλικού τετραγώνου. Μην χρησιμοποιήσετε δράπανο, επειδή το σύρμα κουζίνας θα τυλιχθεί γύρω από το τρυπάνι του δράπανου.

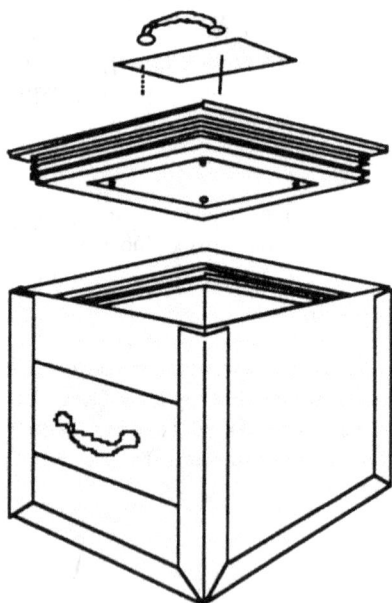

190

Κατασκευή Κουτιού-Φορτιστή

ΙΕ) Χρησιμοποιώντας τέσσερις λεπτές βίδες με παξιμάδια και ΜΕΓΑΛΕΣ ροδέλες, στερεώστε το μεταλλικό τετράγωνο και το δεμάτι πλαστικού/σύρματος κουζίνας στο τετράγωνο της ινοσανίδας. Χρησιμοποιήστε βίδες όχι μακρύτερες από όσο είναι απαραίτητο, έτσι ώστε να μην προεξέχουν σημαντικά. Όταν το τελειώσετε, ολόκληρο αυτό το σύστημα του καπακιού πρέπει να ταιριάζει εφαρμοστά στο πάνω μέρος του κουτιού από ινοσανίδα. Το κομμάτι της λαμαρίνας που είναι προσαρμοσμένο στο καπάκι πρέπει να ευθυγραμμίζεται αρκετά καλά, αλλά όχι τέλεια, με τον εσωτερικό μεταλλικό κύβο. Όταν το καπάκι είναι στη θέση του, το μόνο που πρέπει να βλέπει προς το εσωτερικό του συσσωρευτή είναι η λαμαρίνα.

ΙΣΤ) Για να βάλετε χερούλια, πρώτα κολλήστε από μια επίπεδη, πλατιά και μακριά σανίδα ξύλου σε δύο εξωτερικές πλευρές του κύβου από ινοσανίδα, κοντά στην κορυφή του. Όταν στεγνώσουν τελείως, βιδώστε ξύλινα ή μεταλλικά χερούλια σ' αυτές τις ξύλινες σανίδες. Ένα χερούλι θα πρέπει να μπει και στην από πάνω, εξωτερική επιφάνεια του καπακιού, χρησιμοποιώντας ένα παρόμοιο μηχανισμό στήριξης. Η ινοσανίδα είναι πολύ εύθραυστη για να κρατήσει μόνη της βίδες ή καρφιά. Μπορείτε επίσης να τοποθετήσετε ένα μεντεσέ μεταξύ του καπακιού και του κουτιού, ή ρόδες μεταφοράς στον πυθμένα του κουτιού, αλλά αυτά δεν είναι απαραίτητα.

ΙΖ) Για μεγαλύτερη φόρτιση, τα εξωτερικά τοιχώματα των ινοσανίδων μπορούν να επικαλυφτούν με αρκετά στρώματα προστατευτικού φυσικού βερνικιού.

Ένας συσσωρευτής οργόνης 10 στρώσεων σε σχήμα κυβικού κουτιού ακμής 30 εκατοστών, με προσαρμοσμένο χωνί εκπομπής οργόνης.

ΙΗ) Για περισσότερη φόρτιση, αποθηκεύστε αυτόν τον κυβικό συσσωρευτή μέσα σε ένα μεγαλύτερου μεγέθους συσσωρευτή που χωράει άνθρωπο, κάτω από τον πάγκο στον οποίο κάθεται ο χρήστης. Το κουτί φόρτισης, πιθανότατα, δεν είναι αρκετά στιβαρό για να αντέξει στο βάρος σας, οπότε μην κάθεστε επάνω του. Βεβαιωθείτε ότι το περιβάλλον του συσσωρευτή σας είναι καθαρό και όχι μολυσμένο, ως προς τους παράγοντες που αναφέρθηκαν στα προηγούμενα κεφάλαια. Αφήστε το καπάκι ανοικτό όταν δεν το χρησιμοποιείτε και αποθηκεύστε το σε ένα καθαρό, στεγνό μέρος, χωρίς μόλυνση από ηλεκτρομαγνητισμό ή ραδιενέργεια..

Πριν κατασκευάσετε οτιδήποτε, μελετήστε με προσοχή το Μέρος II, σχετικά με τον Ασφαλή και Αποτελεσματικό Τρόπο Χρήσης των Συσκευών Συσσώρευσης Οργόνης.

18. Κατασκευή ενός Χωνιού Εκπομπής Οργόνης

Το χωνί εκπομπής οργόνης είναι παρόμοιο με άλλες συσκευές συσσώρευσης, αλλά έχει ανοικτή πρόσοψη που επιτρέπει την εξωτερική ακτινοβόληση αντικειμένων. Συχνά συνδέεται με ένα μεγαλύτερο συσσωρευτή, αλλά αυτό δεν είναι απολύτως απαραίτητο.

Α) Προμηθευθείτε ένα χωνί από γαλβανισμένη λαμαρίνα με διάμετρο περίπου 15 εκατοστών, από καταστήματα σιδηρικών ή αγροτικών ειδών ή ειδών αυτοκινήτου. Τα καταστήματα ειδών αυτοκινήτου μερικές φορές πουλάνε αυτά τα χωνιά έχοντας ήδη προσαρμοσμένη έναν μεταλλικό εύκαμπτο σωλήνα, που χρησιμεύει για να γεμίζει κανείς με λάδι τη μηχανή του αυτοκινήτου και αυτό μπορεί να βοηθήσει στην προσαρμογή του αργότερα σε ένα κουτί συσσωρευτή. Ελέγξτε με ένα μαγνήτη για να βεβαιωθείτε ότι δεν είναι από αλουμίνιο.

Β) Τυλίξτε την εξωτερική επιφάνεια του χωνιού με ένα στρώμα λιωμένου κεριού μέλισσας (προσοχή: αυτό πρέπει να γίνει μόνο σε εξωτερικό χώρο πάνω σε ένα πυρίμαχο σκεύος λόγω κινδύνου πυρκαγιάς), ή με πλαστική μονωτική ταινία, αφήνοντας εκτεθειμένη την εσωτερική μεταλλική επιφάνεια του χωνιού.

Γ) Εάν θέλετε, το στενό άκρο του χωνιού μπορεί να προσαρμοσθεί, σε έναν εύκαμπτο μεταλλικό γαλβανιζέ ηλεκτρολογικό σωλήνα διαμέτρου 2 έως 2,5 εκατοστών. (Όχι αλουμινένιο!). Το άλλο άκρο του σωλήνα τοποθετείται στο εσωτερικό ενός μικρού συσσωρευτή μέσω μιας τρύπας σε μια πλευρά του ή στο καπάκι του (Δες τις σελίδες 43 και 192). Καλύψτε τον εύκαμπτο μεταλλικό σωλήνα με αυτοκόλλητη μονωτική ταινία. Έτσι, το χωνί εκπομπής θα διοχετεύει οργόνη κατά μήκος του σωλήνα προς το άνοιγμα του χωνιού, αυξάνοντας την ισχύ της ακτινοβολίας του. Ή απλά αποθηκεύστε το χωνί εκπομπής οργόνης μέσα σε ένα κουτί-συσσωρευτή, για να είναι φορτισμένο.

Εγχειρίδιο του Συσσωρευτή Οργόνης

19. Κατασκευή ενός Σωλήνα Εκπομπής Οργόνης

Ο σωλήνας εκπομπής είναι ένα πολύ απλό μέσο επίδειξης των υποκειμενικών αισθήσεων της οργονικής ακτινοβολίας, αλλά και για ακτινοβόληση οργονικής ενέργειας μέσα σε σωματικές κοιλότητες. Αποθηκεύστε τον σωλήνα εκπομπής οργόνης μέσα σε ένα συσσωρευτή που είναι σε καλή κατάσταση και βγάλτε τον για χρήση όταν είναι αναγκαίο. Όταν είναι χαλαροί, οι περισσότεροι άνθρωποι αν κρατήσουν αυτόν τον σωλήνα με το χέρι τους ή τον τοποθετήσουν στο ηλιακό πλέγμα ή στο πάνω χείλος τους αισθάνονται αμέσως την απαλή ακτινοβολούσα θέρμη της οργονικής ενέργειας.

Α) Προμηθευτείτε έναν ανθεκτικό δοκιμαστικό σωλήνα (τύπου πυρέξ ή κάτι παρόμοιο) διαμέτρου περίπου 2 με 2,5 εκατοστών και μήκους 15 με 23 εκατοστά, από ένα εργαστήριο ή μια εταιρεία προμήθειας ιατρικών ειδών.

B) Γεμίστε εντελώς τον δοκιμαστικό σωλήνα με λεπτό σύρμα κουζίνας. Συμπιέστε το μέχρι να γίνει σχετικά σφικτό.

Γ) Σφραγίστε το ανοικτό άκρο του δοκιμαστικού σωλήνα με ένα ελαστικό πώμα και κολλήστε γύρω απ' αυτό πλαστική μονωτική ταινία.

Δ) Τοποθετήστε τον σωλήνα εκπομπής μέσα σε ένα μικρό συσσωρευτή για μια περίοδο αρκετών ημερών ή εβδομάδων πριν να τον χρησιμοποιήσετε. Αποθηκεύετέ τον μέσα στον συσσωρευτή όταν δεν τον χρησιμοποιείτε.

Ε) Εάν χρησιμοποιείτε τον σωλήνα εκπομπής για να ακτινοβολήσετε το λαιμό ή άλλες σωματικές κοιλότητες ή εάν το γυαλί λερωθεί με κάποιο άλλο τρόπο, καθαρίστε το γυαλί και το εσωτερικό του συσσωρευτή με ισοπροπυλική αλκοόλη και αφήστε τον να στεγνώσει στον αέρα πριν να τον ξαναβάλετε μέσα στον συσσωρευτή. Όταν απαιτείται ένας καλός υγειονομικός καθαρισμός ο σωλήνας εκπομπής πρέπει πάντοτε να καθαρίζεται με οινόπνευμα και να στεγνώνει στον αέρα πριν ξανατοποθετηθεί μέσα στον συσσωρευτή για φόρτιση.

Εγχειρίδιο του Συσσωρευτή Οργόνης

20. Κατασκευή Ενός Μεγάλου Συσσωρευτή Οργόνης, 3 Στρώσεων, σε Μέγεθος Ανθρώπου

Αυτός ο συσσωρευτής είναι αρκετά μεγάλος για να καθίσει κανείς στο εσωτερικό του και αποτελείται από έξι μεγάλες έδρες σχήματος ορθογωνίου παραλληλογράμμου. Κάθε έδρα κατασκευάζεται από ένα ξύλινο πλαίσιο, γαλβανισμένη λαμαρίνα (πάχους 0,5 χιλιοστού), σύρμα κουζίνας, υαλοβάμβακα και ινοσανίδα. Η μια πλευρά του κάθε ξύλινου πλαισίου καλύπτεται με γαλβανισμένη λαμαρίνα, η άλλη με μια ινοσανίδα ή μονωτική πλάκα («ηχομονωτική πλάκα») και τα τρία εναλλασσόμενα στρώματα από υαλοβάμβακα και σύρμα κουζίνας τοποθετούνται ανάμεσά τους.

Α) Πρώτα υπολογίστε το μέγεθος των εδρών για ένα συσσωρευτή ο οποίος θα ικανοποιεί τις προσωπικές σας ανάγκες, προσθέτοντας τις διαστάσεις των απαραίτητων επικαλύψεων μεταξύ των διαφόρων εδρών. Οι πλευρικές έδρες και η πίσω έδρα θα πρέπει να επικάθονται στις άκρες της κάτω έδρας. Η πίσω έδρα πρέπει να εμπεριέχεται στις δύο πλευρικές έδρες. Η έδρα της κορυφής πρέπει να επικαλύπτει και να κάθεται πάνω, τόσο στις πλευρικές όσο και στην πίσω έδρα, καλύπτοντάς τες. Η έδρα της πόρτας πρέπει, όπως και η πίσω έδρα να εμπεριέχεται μεταξύ των πλευρικών εδρών όταν είναι κλειστή. Πιστεύω ότι αυτή η διάταξη είναι η απλούστερη δυνατή και η πιο αποδοτική που μπορεί να κατασκευαστεί. Παρακάτω δίνονται διαστάσεις για συσσωρευτές για ανθρώπους μέσου βάρους και διαφόρων υψών όταν είναι καθιστοί. Όσο η απόσταση της επιφάνειας του σώματος από τα μεταλλικά τοιχώματα αυξάνεται, θα μειώνεται η αποτελεσματικότητα του συσσωρευτή. Οι διαστάσεις του συσσωρευτή πρέπει να επιλεγούν προσεκτικά ώστε να καλύψουν τις ανάγκες σας. Ένα επιπλέον περιθώριο 1 με 1,5 εκατοστού δίνεται στην διάσταση του πλάτους (0,5 με 0,8 εκατοστά από κάθε πλευρά), έτσι ώστε η πόρτα να μπορεί να ανοίγει και να κλείνει ελεύθερα.

Εγχειρίδιο του Συσσωρευτή Οργόνης

Διαστάσεις Εδρών	Μεγάλο Μέγεθος	Μεσαίο Μέγεθος	Μικρό Μέγεθος
Επάνω έδρα:	75x89 εκατ.	67x81 εκατ.	60x71 εκατ.
Κάτω έδρα:	75x89 εκατ.	67x81 εκατ.	60x71 εκατ.
Αριστερή έδρα:	89x147 εκατ.	81x137 εκατ.	71x127 εκατ.
Δεξιά έδρα:	89x147 εκατ.	81x137 εκατ.	71x127 εκατ.
Πίσω έδρα:	64x147 εκατ.	56x137 εκατ.	49x127 εκατ.
Πόρτα:	64x132 εκατ.	56x122 εκατ.	49x112 εκατ.

Εσωτερικές Διαστάσεις:			
Ύψος:	147 εκατ.	137 εκατ.	127 εκατ.
Πλάτος:	64 εκατ.	56 εκατ.	49 εκατ.
Βάθος:	78 εκατ.	70 εκατ.	60 εκατ.

Υπολογίστε:
Ύψος = ύψος όταν κάθεστε στητός σε μια
καρέκλα + περίπου 7-8 εκατοστά
Πλάτος = πλάτος των ώμων + περίπου 10 εκατοστά
(5 εκατοστά από κάθε πλευρά)
Βάθος = απόσταση από τα γόνατα μέχρι την
πλάτη όταν κάθεστε + περίπου 7-8 εκατοστά

Οι περισσότεροι άνθρωποι επιλέγουν το μεγαλύτερο μέγεθος του συσσωρευτή, καθώς αυτό τον τρόπο όλοι στην οικογένεια μπορεί να το χρησιμοποιήσει. Ακόμη και μικρότερες οι άνθρωποι ή τα παιδιά θα επωφεληθούν από τα μεγαλύτερα μεγέθη.

Β) Κατασκευάστε ξύλινα πλαίσια διατομής 2x5 εκατοστών σαν κορνίζες ζωγραφικής, έτσι ώστε οι εξωτερικές ακμές τους να συμφωνούν με τις διαστάσεις που υπολογίσατε για τις έδρες του συσσωρευτή σας. Καρφώστε και κολλήστε όλες τις ενώσεις.

Οι περισσότεροι επιλέγουν το μεγαλύτερο μέγεθος συσσωρευτή καθώς με αυτό τον τρόπο μπορούν να τον χρησιμοποιούν όλα τα μέλη της οικογένειας. Ακόμα και οι πιο μικροκαμωμένοι άνθρωποι αλλά και τα μικρότερα παιδιά θα επωφεληθούν από συσσωρευτή μεγάλου μεγέθους.

Γ) Συναρμολογήστε πρόχειρα τα ξύλινα πλαίσια μαζί, όπως θα είναι όταν ο συσσωρευτής θα έχει ολοκληρωθεί, για να βεβαιωθείτε ότι όλοι οι υπολογισμοί των διαστάσεων και τα κοψίματα έχουν γίνει σωστά. Εάν υπάρχει κάποιο λάθος στους υπολογισμούς σας, πρέπει να το ανακαλύψετε τώρα, πριν να κόψετε τις πιο ακριβές ινοσανίδες και γαλβανισμένες λαμαρίνες.

Κατασκευή Συσσωρευτή σε Μέγεθος Ανθρώπου

Όταν τα έξι ξύλινα πλαίσια σχηματιστούν με κάρφωμα ή βίδωμα, συναρμολογήστε τα προσωρινά με κολλητική ταινία, ώστε να ταιριάξουν καλά μεταξύ τους. Με τον τρόπο αυτό θα ανακαλύψετε και θα διορθώσετε τυχόν λάθη στις μετρήσεις σας, πριν κόψετε τις ακριβές γαλβανισμένες λαμαρίνες και τις ινοσανίδες.

Δ) Κόψτε τα κομμάτια ινοσανίδων στις απαιτούμενες διαστάσεις, από σανίδες πάχους 1 έως 2 εκατοστών για να καλύψετε πλήρως την μία πλευρά κάθε ξύλινου πλαισίου. Καρφώστε και κολλήστε το κάθε κομμάτι ινοσανίδας στο αντίστοιχο ξύλινο πλαίσιο. Για την έδρα του πυθμένα χρησιμοποιήστε ξύλινη σανίδα πάχους 1 εκατοστού αντί για ινοσανίδα (και μόνο για την έδρα αυτή).

Ε) Κόψτε φύλλα από υαλοβάμβακα πάχους 0,5 εκατοστού στις αναγκαίες διαστάσεις και τοποθετήστε μια στρώση μέσα σε καθένα από τα ανοικτά ξύλινα πλαίσια. Χρησιμοποιήστε γάντια και μάσκα για να προστατευτείτε. Μην συμπιέζετε τον υαλοβάμβακα. Αποφύγετε τα σβολιάσματα και τις τρύπες. Μπορείτε, αντί για υαλοβάμβακα, εάν θέλετε, να χρησιμοποιήσετε αφράτο μαλλί, λεπτές μάλλινες κουβέρτες,

199

Εγχειρίδιο του Συσσωρευτή Οργόνης

Κάθετη Διατομή των Πλαϊνών, του Επάνω, του Πίσω Πλαισίου και της Πόρτας

Αυτή η πλευρά είναι προς το εσωτερικό του συσσωρευτή

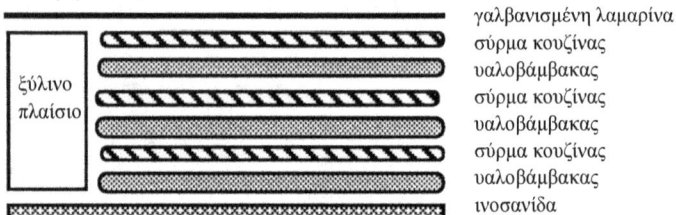

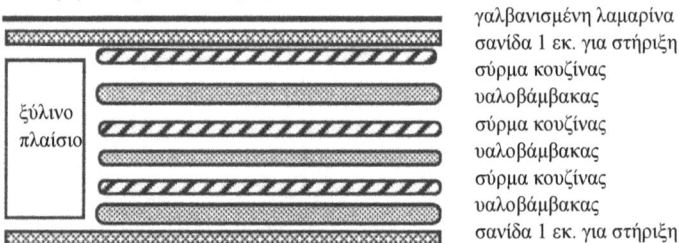

ξύλινο πλαίσιο		γαλβανισμένη λαμαρίνα
		σύρμα κουζίνας
		υαλοβάμβακας
		σύρμα κουζίνας
		υαλοβάμβακας
		σύρμα κουζίνας
		υαλοβάμβακας
		ινοσανίδα

Αυτή η πλευρά είναι προς το πάτωμα

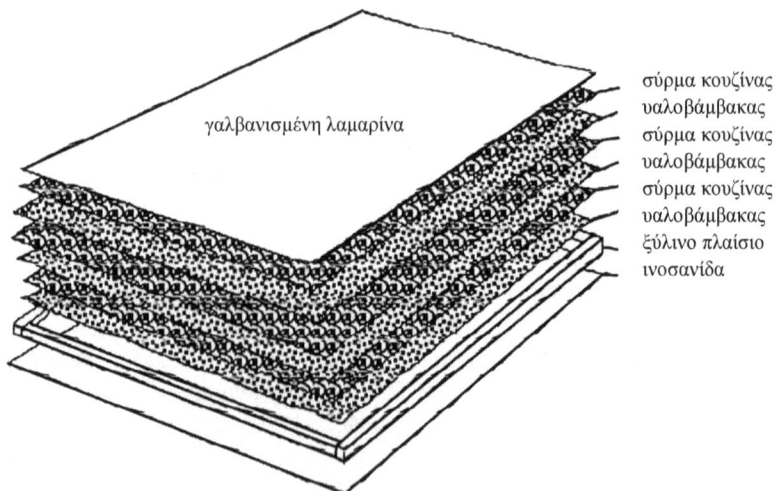

Κάθετη Διατομή του Πλαισίου της Βάσης του Συσσωρευτή

Αυτή η πλευρά είναι προς το εσωτερικό του συσσωρευτή

ξύλινο πλαίσιο		γαλβανισμένη λαμαρίνα
		σανίδα 1 εκ. για στήριξη
		σύρμα κουζίνας
		υαλοβάμβακας
		σύρμα κουζίνας
		υαλοβάμβακας
		σύρμα κουζίνας
		υαλοβάμβακας
		σανίδα 1 εκ. για στήριξη

Αυτή η πλευρά είναι προς το πάτωμα

γαλβανισμένη λαμαρίνα

σύρμα κουζίνας
υαλοβάμβακας
σύρμα κουζίνας
υαλοβάμβακας
σύρμα κουζίνας
υαλοβάμβακας
ξύλινο πλαίσιο
ινοσανίδα

200

Κατασκευή Συσσωρευτή σε Μέγεθος Ανθρώπου

αφράτο βαμβάκι, αλλά για ένα μεγάλο συσσωρευτή όπως αυτός, το κόστος θα είναι μεγαλύτερο και η συσσώρευση ενέργειας δεν θα είναι σημαντικά ισχυρότερη. Αυτά τα εναλλακτικά υλικά μπορούν να προκαλέσουν μια διαφορετική «αίσθηση» της φόρτισης της οργόνης και εάν αυτό είναι σπουδαίο για σας, τότε μπορεί να δικαιολογηθεί η αύξηση του κόστους.

ΣΤ) Ξετυλίξτε πολύ λεπτό σύρμα κουζίνας από ρολά και τοποθετήστε μια στρώση μέσα σε κάθε ανοιχτό ξύλινο πλαίσιο, πάνω από τον υαλοβάμβακα. Αφήστε το αφράτο, αλλά όχι υπερβολικά παχύ και όσο γίνεται πιο ομοιογενές. Το σύρμα κουζίνας πουλιέται σε μεγάλα ρολά τα οποία διευκολύνουν την κατασκευή μεγάλων συσσωρευτών. Οι στρώσεις γίνονται με τον ίδιο τρόπο με εκείνο που κατασκευάζουμε μια κουβέρτα οργόνης.

Ζ) Επαναλάβετε τα βήματα Ε και ΣΤ, τοποθετώντας ένα νέο στρώμα υαλοβάμβακα πάνω από το προηγούμενο στρώμα σύρματος κουζίνας και άλλο ένα στρώμα σύρματος κουζίνας πάνω απ' αυτό.

Η) Επαναλάβετε τα βήματα Ε και ΣΤ, τοποθετώντας ένα νέο στρώμα υαλοβάμβακα πάνω από το προηγούμενο στρώμα σύρματος κουζίνας και άλλο ένα στρώμα σύρματος κουζίνας πάνω απ' αυτό. Παρατηρείστε ότι στις οδηγίες που παραθέτω, συμβουλεύω να βάλετε μια στρώση υαλοβάμβακα κολλητά με την εξωτερική ινοσανίδα έτσι ώστε να διπλασιαστεί το εξωτερικό οργανικό κάλυμμα υψηλής διηλεκτρικής σταθεράς. Επίσης τοποθετώ μια στρώση σύρματος κουζίνας κολλητά με τη γαλβανισμένη λαμαρίνα, διπλασιάζοντας την εσωτερική μεταλλική στρώση. Έχω βρει ότι αυτό ενισχύει την συνολική δύναμη του συσσωρευτή.

Θ) Τώρα έχετε τρεις διαδοχικές στρώσεις υαλοβάμβακα και σύρματος κουζίνας μέσα στο ανοιχτό πλαίσιο της κάθε έδρας. Η τελική στρώση που είναι προς το μέρος σας πρέπει να αποτελείται από σύρμα κουζίνας. Πρέπει επίσης τα περιεχόμενα υλικά να ξεχειλίζουν από τα πλαίσιά τους ώστε να συμπιεσθούν ελαφρά προτού προσθέσουμε τη γαλβανισμένη λαμαρίνα. Εάν έχετε χρησιμοποιήσει κάποιο άλλο μη μεταλλικό υλικό αντί για υαλοβάμβακα και εάν το υλικό βρίσκεται χαλαρό μέσα στο πλαίσιο, υπάρχει ο κίνδυνος να πέσουν οι στρώσεις όταν οι έδρες τελικά σφραγιστούν και τοποθετηθούν σε όρθια θέση. Εάν συμβαίνει κάτι τέτοιο, τώρα είναι η ώρα για να κάνετε κάτι για να εμποδίσετε το πέσιμο των στρώσεων. Συνήθως αυτό μπορεί να αποφευχθεί χρησιμοποιώντας ένα «πιστόλι» συρραφής που έχουν οι

Εγχειρίδιο του Συσσωρευτή Οργόνης

μαραγκοί για να στηριχτούν τα υλικά στην επάνω πλευρά του πλαισίου.

Ι) Κόψτε τις γαλβανισμένες λαμαρίνες σε διαστάσεις τέτοιες ώστε να ταιριάζουν πάνω στο ανοιχτό μέρος της κάθε έδρας, επικαλύπτοντας τα ξύλινα πλαίσια. Χρησιμοποιήστε το λεπτότερο φύλλο λαμαρίνας που μπορείτε να βρείτε, κατά προτίμηση με πάχος 0,5 χιλιοστού το οποίο μπορεί να κοπεί με ψαλίδι χεριού για να πάρει το σχήμα που θέλουμε, αλλά παρ' όλα αυτά αυξάνει την στιβαρότητα των εδρών. Για την έδρα της βάσης (πατώματος), προσθέστε ένα ξύλινο κομμάτι πάχους 0,5 με 0,7 εκατοστά κάτω από τη λαμαρίνα για καλύτερη στήριξη του βάρους. Καρφώστε το σταθερά στα ξύλινα πλαίσια, χρησιμοποιώντας ένα μικρό τρυπάνι αν είναι αναγκαίο. Οι μικρές ατσάλινες βίδες διαπερνούν εύκολα το φύλλο λαμαρίνας. Μετά το βίδωμα, χρησιμοποιήστε λίμα ή μεγάλο ψαλίδι για να αφαιρέσετε όλες τις μεταλλικές προεξοχές (γρέζια) . Σαν εναλλακτικό υλικό αντί για γαλβανισμένη λαμαρίνα, μερικοί έχουν χρησιμοποιήσει, με καλά αποτελέσματα, γαλβανισμένο χαλύβδινο συρμάτινο πλέγμα ή συρμάτινη πλάκα. Αυτό είναι φθηνότερο και μπορεί να στερεωθεί στο ξύλινο πλαίσιο με το μεγάλο πιστόλι συρραφής που έχουν οι μαραγκοί. Το σύρμα κουζίνας πρέπει να είναι ορατό μέσα από το συρμάτινο πλέγμα.

ΙΑ) Συναρμολογήστε και στερεώστε τα πλαίσια μεταξύ τους. Αρχίστε στερεώνοντας ένα πλευρικό πλαίσιο στο πλαίσιο του πατώματος, χρησιμοποιώντας ένα μεταλλικό στήριγμα σχήματος «Γ» στην μπροστινή και την πίσω πλευρά του πλευρικού πλαισίου, κοντά στη βάση-πάτωμα. Χρησιμοποιήστε βίδες, έτσι ώστε να μπορείτε αν χρειαστεί να αποσυναρμολογήσετε τον συσσωρευτή αργότερα για να τον μεταφέρετε. Στερεώστε το άλλο πλευρικό πλαίσιο με παρόμοιο τρόπο και συνεχίστε με το πλαίσιο της πλάτης. Το πλαίσιο της πλάτης πρέπει να στερεωθεί ανεξάρτητα με μικρά μεταλλικά στηρίγματα, μεταξύ των ξύλινων πλαισίων του πατώματος και του πλαισίου της πλάτης. Προσθέστε το πάνω πλαίσιο και στερεώστε το στις πλευρές και το πλαίσιο της πλάτης με παρόμοιο τρόπο. Ο συσσωρευτής πρέπει τώρα να είναι αρκετά γερός και είναι σχεδόν ολοκληρωμένος.

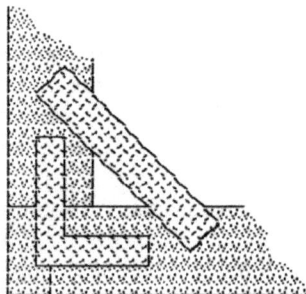

Κατασκευή Συσσωρευτή σε Μέγεθος Ανθρώπου

Μπροστινή Όψη, συσσωρευτής 3-στρώσεων μεγέθους ανθρώπου.

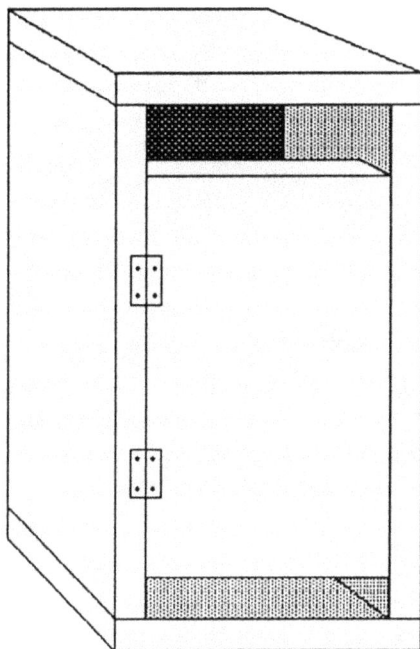

Για Πιο Θερμά, Τροπικά Κλίματα: *Χρησιμοποιήστε πόρτα με ανοίγματα 7-8 εκατοστών στο επάνω και στο κάτω μέρος που θα επιτρέπουν τον αερισμό, σύμφωνα με τις διαστάσεις στην σελίδα 198 (Φωτογραφία στην σελίδα 43). Αν χρειάζεται, στερεώστε με πινέζες στο επάνω και το κάτω μέρος της πόρτας ένα κομμάτι σίτας για να μην μπαίνουν έντομα.*
Για Λιγότερο Ζεστά ή για Ψυχρά Κλίματα: *Χρησιμοποιήστε πόρτα με μοναδικό άνοιγμα ένα μικρό παράθυρο. Η πόρτα μπορεί να κινείται στο εσωτερικό του συσσωρευτή οργόνης όπως φαίνεται στο σχέδιο, ή να παραμένει εξωτερικά και να κλείνει σφιχτά από έξω (δες για σύγκριση τις φωτογραφίες στις σελίδες 43, 46 και 206). Πριν συναρμολογήσετε την πόρτα, φτιάξτε κατάλληλα ανοίγματα με πλευρές περίπου 15 εκατοστών στη λαμαρίνα και το πλαίσιο από ινοσανίδες, κεντραρισμένα στο ύψος του προσώπου. Κατόπιν επενδύστε το άνοιγμα με κομμάτια ξύλου διαστάσεων 2x5 εκατοστά. Ολοκληρώστε την κατασκευή σύμφωνα με τις οδηγίες.*

Χρησιμοποιήστε μεντεσέδες με κινητούς πύρους για ευκολότερη συναρμολόγηση και αποσυναρμολόγηση. Βάλτε ένα γάντζο και κατάλληλη υποδοχή για την ασφάλιση της πόρτας.

Εγχειρίδιο του Συσσωρευτή Οργόνης

ΙΒ) Σημειώστε προσεκτικά και ανοίξτε τρύπες για τους μεντεσέδες και προσαρμόστε τους στην πόρτα και το πλευρικό πλαίσιο. Βεβαιωθείτε ότι κεντράρετε την πόρτα με τέτοιο τρόπο ώστε να μένει ίδιο κενό από πάνω και από κάτω, τόσο για να υπάρχουν κενά αερισμού, (για τον τύπο που έχει πόρτα που επιτρέπει αερισμό), όσο και για το απαραίτητο περιθώριο που θα επιτρέπει στην πόρτα να ανοίγει και να κλείνει ελεύθερα (για τον τύπο πόρτας με το μικρό παράθυρο). Χρησιμοποιήστε μεντεσέδες με αφαιρούμενους πείρους έτσι ώστε να μπορείτε εύκολα να βγάλετε την πόρτα όταν μετακινείτε τον συσσωρευτή. Αφού προσαρμόσετε την πόρτα στην πλευρική έδρα, πρέπει να ανοίγει και να κλείνει εφαρμοστά, αλλά να μην φρακάρει στην άλλη πλευρά.

ΙΓ) Βιδώστε ένα γάντζο και ένα δακτύλιο στην πόρτα και στο πλευρικό πλαίσιο που είναι απέναντι από τους μεντεσέδες, αντίστοιχα, έτσι ώστε αυτός που κάθεται μέσα να μπορεί να ασφαλίσει την πόρτα στην κλειστή θέση. Τέλος προσθέστε αρκετά στρώματα φυσικού βερνικιού στην εξωτερική εκτεθειμένη πλευρά της ινοσανίδας, για να την προστατέψετε από την υγρασία και για να ενισχύσετε την ικανότητα συσσώρευσης.

ΙΔ) Ο συσσωρευτής σας έχει τώρα ολοκληρωθεί, εκτός από το κάθισμα. Πρέπει να έχετε ένα κάθισμα το οποίο θα σας επιτρέπει να τοποθετείτε άλλες συσκευές συσσώρευσης από κάτω. Για τον σκοπό αυτό, ίσως να χρειαστεί να κατασκευάσετε ένα ειδικό ξύλινο πάγκο. Το ξύλο είναι ένα καλό υλικό, επειδή δεν απορροφά σημαντικά την οργονική ενέργεια και δεν είναι κρύο στην αφή. Μην χρησιμοποιείτε ξύλα που έχουν εμβαπτίσει σε συντηρητικά ή φορμαλδεΰδη. Οι μεταλλικές καρέκλες είναι καλές, αλλά θα είναι πολύ κρύες όταν θα κάθεστε εκτός εάν τις καλύψετε με κάποιο λεπτό ύφασμα.

ΙΕ) Μπορείτε επίσης να κατασκευάσετε μία σανίδα στήθους, ή ένα μαξιλάρι οργόνης, για χρήση μέσα στον συσσωρευτή. Όταν κάθεστε μέσα, παρατηρήστε ότι υπάρχει μεγάλη απόσταση από το στήθος σας μέχρι το μπροστινό μεταλλικό τοίχωμα. Αυτή η μεγάλη απόσταση εμποδίζει την ακτινοβόληση οργόνης προς το στήθος σας. Ένα πρόσθετο μικρό πλαίσιο συσσωρευτή, παρόμοιο με εκείνα που χρησιμοποιήθηκαν για τα πλευρικά πλαίσια, μπορεί να κατασκευαστεί για χρήση μέσα στον μεγαλύτερο συσσωρευτή, ώστε να φέρει την ακτινοβολία πιο κοντά στο στήθος. Ωστόσο, ένας απλούστερος τρόπος είναι να χρησιμοποιήσετε ένα δέμα σε σχήμα ενός μεγάλου μαξιλαριού αποτελούμενου από βαμβάκι, μαλλί, ή ακρυλική τσόχα, τυλιγμένο με ισάριθμα στρώματα σύρματος κουζίνας. Το τελικό εξωτερικό στρώμα

Κατασκευή Συσσωρευτή σε Μέγεθος Ανθρώπου

πρέπει να αποτελείται από σύρμα κουζίνας και ολόκληρο το δέμα τοποθετείται μέσα σε μία λεπτή βαμβακερή μαξιλαροθήκη. Πρέπει να είναι αρκετά μεγάλο ώστε να χωρά ίσα-ίσα στη μαξιλαροθήκη. Αυτό το μαξιλάρι οργόνης αν το κρατήσετε κοντά στο στήθος, ενώ βρίσκεστε μέσα στον συσσωρευτή, θα ακτινοβολήσει εκείνες τις περιοχές που δεν ακτινοβολούνται τόσο καλά από τα τοιχώματα του συσσωρευτή. Αφήστε το μαξιλάρι οργόνης μέσα στον συσσωρευτή όταν δεν το χρησιμοποιείτε, για να το διατηρήσετε φορτισμένο. Μπορείτε επίσης να χρησιμοποιήσετε αυτό το μαξιλάρι έξω από τον συσσωρευτή, κατά τρόπο παρόμοιο με την κουβέρτα οργόνης, με εξίσου καλά αποτελέσματα.

ΙΣΤ) Μην συνδέετε ηλεκτρικές συσκευές στον συσσωρευτή. Ακολουθείστε τις συμβουλές προφύλαξης που δόθηκαν στα προηγούμενα κεφάλαια. Μπορείτε να διαβάζετε ένα βιβλίο ενώ κάθεστε μέσα στον συσσωρευτή, αλλά πρέπει να χρησιμοποιείτε είτε μία δυνατή εξωτερική πηγή φωτός (ώστε να έρχεται μια φωτεινή δέσμη από λάμπα πυρακτώσεως μέσα στον συσσωρευτή), ή μπορείτε να χρησιμοποιήσετε ένα φακό μπαταρίας μέσα στον συσσωρευτή. Πρέπει να τονιστεί ξανά: όχι φώτα φθορισμού, δέκτες τηλεόρασης, ηλεκτρικές κουβέρτες, θερμαντικά σώματα ή άλλες ηλεκτρικές ή ηλεκτρομαγνητικές συσκευές!!

Άλλη Μια Φορά: Πριν κατασκευάσετε οτιδήποτε, μελετήστε με προσοχή το Μέρος II, σχετικά με τον Ασφαλή και Αποτελεσματικό Τρόπο Χρήσης των Συσκευών Συσσώρευσης Οργόνης.

Εγχειρίδιο του Συσσωρευτή Οργόνης

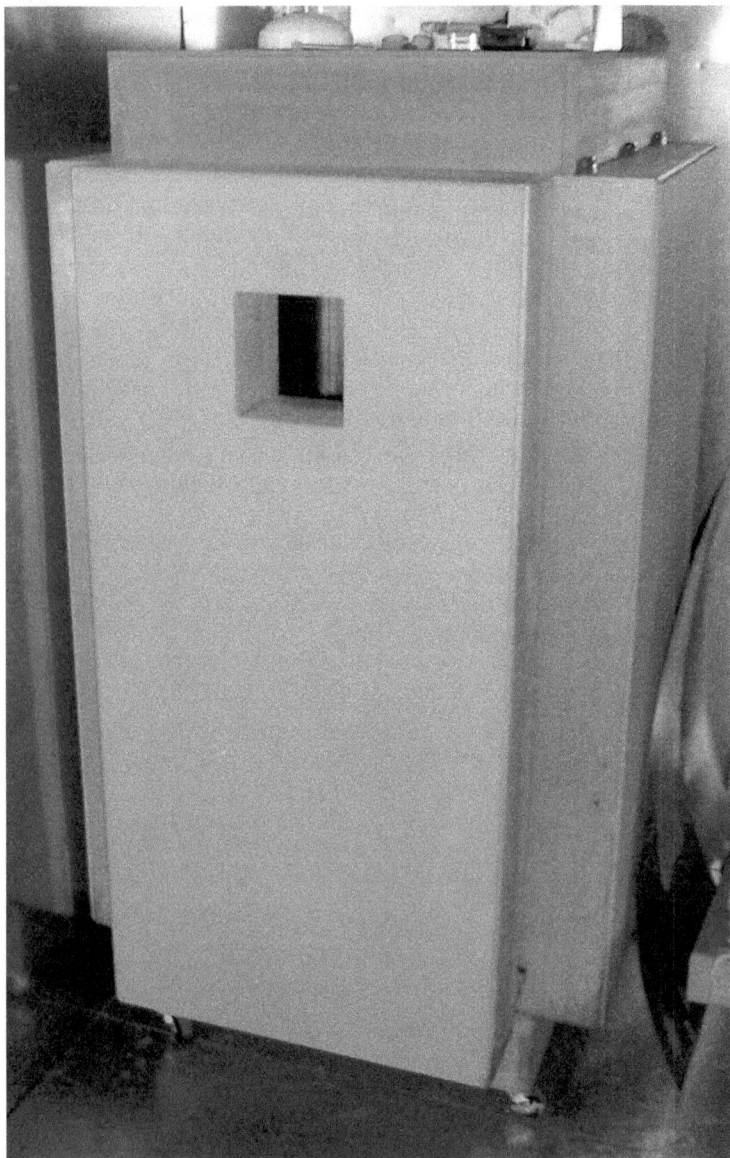

Ένας συσσωρευτής οργόνης 20 στρώσεων στο OBRL που κατασκευάστηκε από την εταιρεία orgonics.com. Δοκιμάστε τον αφού πρώτα αποκτήσετε αρκετή εμπειρία με όλα τα άλλα.

ΕΠΙΛΕΓΜΕΝΗ ΒΙΒΛΙΟΓΡΑΦΙΑ

Δείτε επίσης τη Βιβλιογραφία για την Οργονομία στην Ιστοσελίδα:
www.orgonelab.org/bibliog.htm

**Βιβλία του Βίλχελμ Ράιχ που επανεκδόθηκαν από τον Οίκο
Farrar Straus & Giroux**

Η Βιοηλεκτρική Έρευνα της Σεξουαλικότητας και του Άγχους
Τα Πειράματα Βιόντων
Η Βιοπάθεια του Καρκίνου (Ανακάλυψη της Οργόνης, Τόμος 2)
Η Ανάλυση του Χαρακτήρα
Τα Παιδιά του Μέλλοντος: Σχετικά με την Πρόληψη της Σεξουαλικής
Παθολογίας
Κοσμική Υπέρθεση: Οι Οργονοτικές Ρίζες του Ανθρώπου στη Φύση
Τα Πρώτα Γραπτά του Βίλχελμ Ράιχ
Ο Αιθέρας, ο Θεός και ο Διάβολος
Η Λειτουργία του Οργασμού (Ανακάλυψη της Οργόνης, Τόμος 1)
Η Γενετησιότητα στη Θεωρία και τη Θεραπεία των Νευρώσεων
Η Εισβολή της Καταπιεστικής Σεξουαλικής Ηθικής
Άκου Ανθρωπάκο!
Η Μαζική Ψυχολογία του Φασισμού
Η Δολοφονία του Χριστού (Η Συγκινησιακή Πανούκλα της
Ανθρωπότητας, Τόμος 2)
Το Πάθος της Νιότης
Άνθρωποι σε Μπελάδες (Η Συγκινησιακή Πανούκλα της Ανθρωπότητας,
Τόμος 1)
Η Καταγραφή μιας Φιλίας, Αλληλογραφία του Βίλχελμ Ράιχ και του
Α.Σ. Νιλ
Ο Ράιχ μιλάει για τον Φρόιντ
Επιλεγμένα Κείμενα
Η Σεξουαλική Επανάσταση
Που βρίσκεται η Αλήθεια;

**Σχετικά Βιβλία και Ειδικές Αναφορές του Βίλχελμ Ράιχ που
διατίθενται από το Μουσείο Βίλχελμ Ράιχ**
(Δες το τμήμα των Πηγών Πληροφόρησης που ακολουθεί.)

*Ο Συσσωρευτής Οργονικής Ενέργειας, η Επιστημονική και η Ιατρική του
Χρήση, Εκδόσεις Ινστιτούτου Οργόνης, Μέιν, 1951.*

*Το Πείραμα Όρανουρ, Πρώτη Αναφορά (1947-1951), Ίδρυμα Βίλχελμ
Ράιχ, Μέιν, 1951.*

*Η Υπόθεση Αϊνστάιν, 1939-1952, Βιογραφικό Υλικό του Βίλχελμ Ράιχ,
η Ιστορία της Ανακάλυψης της Ζωικής Ενέργειας, Τόμος
Αποδείξεων Α-IX-Ε, Εκδόσεις Ινστιτούτου Οργόνης, Ρέιντζλι,
Μέιν, 1953.*

Εγχειρίδιο του Συσσωρευτή Οργόνης

Σχετικά Επιστημονικά Άρθρα του Βίλχελμ Ράιχ:

«Οργονοτικός Παλμός: Η Διαφοροποίηση της Οργονικής Ενέργειας από τον Ηλεκτρομαγνητισμό», *Διεθνές Περιοδικό Σεξ-Οικονομίας και Οργονικής Έρευνας* III: 74-79, 1944.

«Βιοφυσική της Οργόνης, Μηχανιστική Επιστήμη και 'Ατομική Ενέργεια'», *Διεθνές Περιοδικό Σεξ-Οικονομίας και Οργονικής Έρευνας*, IV: 200-201, 1945.

«Λειτουργίες Οργονοτικού Φωτός 1: Φαινόμενα Προβολέων Αναζήτησης στο Περίβλημα Οργονικής Ενέργειας της Γης», *Δελτίο Οργονικής Ενέργειας*, I (1), 3-6, 1949.

«Λειτουργίες Οργονοτικού Φωτός 2: Μια Φωτογραφία με Ακτίνες -Χ του Διεγερμένου Πεδίου Οργονικής Ενέργειας Ανάμεσα σε Δύο Παλάμες», *Δελτίο Οργονικής Ενέργειας*, I (2) 49-51, 1949.

«Λειτουργίες Οργονοτικού Φωτός 3: Επιπρόσθετα Χαρακτηριστικά Φωτεινότητας σε Σωλήνες Κενού Φορτισμένους με Οργόνη», *Δελτίο Οργονικής Ενέργειας*, I (3): 97-99, 1949.

«Μετεωρολογικές Λειτουργίες σε Σωλήνες Κενού Φορτισμένους με Οργόνη», *Δελτίο Οργονικής Ενέργειας*, II (4): 184-193, 1950.

«Η Καταιγίδα της 25ης και της 26ης Νοεμβρίου, 1950», *Δελτίο Οργονικής Ενέργειας* III (2): 76-80, 1951.

«Τρία Ηλεκτροσκοπικά Πειράματα με Λαστιχένια Αντικείμενα», *Δελτίο Οργονικής Ενέργειας*, III (3): 144-145, 1951.

«Το Φαινόμενο Αντίδρασης της Κοσμικής Οργονικής Ενέργειας στην Πυρηνική Ακτινοβολία», *Δελτίο Οργονικής Ενέργειας*, III (1):61-63, 1951.

«'Καρκινικά Κύτταρα' στο Πείραμα ΧΧ», *Δελτίο Οργονικής Ενέργειας*, III (1):1-3, 1951.

«Το Πρόβλημα της Λευχαιμίας: Μια Προσέγγιση», *Δελτίο Οργονικής Ενέργειας*, III (2):139-144, 1951.

Βιβλία σχετικά με την Οργονομία και τον Βίλχελμ Ράιχ από Άλλους:

Baker, E.F.: «*Ο Παγιδευμένος Άνθρωπος*», Macmillan, Νέα Υόρκη, 1967.

Bean, O.: «*Εγώ και η Οργόνη*», St. Martin's Press, Νέα Υόρκη, 1971.

DeMeo, J. (Εκδότης): Σχετικά με τον Βίλχελμ Ράιχ και την Οργονομία (*Παλμός του Πλανήτη #4*), Natural Energy Works, Άσλαντ, Όρεγκον 1993.

DeMeo, J. (Εκδότης): *Το Σημειωματάριο του Αιρετικού: Συναισθήματα, Πρωτοκύτταρα, Ολίσθηση του Αιθέρα και Κοσμική Ζωική Ενέργεια, Με Νέα Έρευνα που Στηρίζει τον Βίλχελμ Ράιχ (Παλμός του Πλανήτη #5) Natural Energy Works*, Άσλαντ, Όρεγκον, 2002.

DeMeo, J. και Senf, B. (Εκδότες), *Nach Reich: New Forschungen zur Orgonomie: Sexualökonomie, Die Entdeckung Der Orgonenergie*, Zweitausendeins Verlag, Φραγκφούρτη, 1998.

Herskowitz, M.: «*Συγκινησιακή Θωράκιση*», Transaction Press, Νέα Υόρκη, 1998.

Κάβουρας, Γ.: *Heilen Mit Orgonenergie, Die medizinische Orgonomie*, Turm Verlag, 74321, Bietingheim, Γερμανία, 2005.

208

Επιλεγμενη Βιβλιογραφια

Müschenich, S.: *Der Gesundheitsbegriff im Werk des Arztes Wilhelm Reich (H Έννοια της Υγείας στην Εργασία του Δρ. Βίλχελμ Ράιχ)*, Verlag Görich & Weiershäuser, Μάρμπουργκ, 1995.

Ollendorff, I.: «*Βίλχελμ Ράιχ, Μια Προσωπική Βιογραφία*», St. Martin's Press, Νέα Υόρκη, 1969.

Raknes, O.: «*Ο Βίλχελμ Ράιχ και η Οργονομία*», St. Martins, Νέα Υόρκη, 1970.

Reich, P.: «*Ένα Βιβλίο Ονείρων*», Harper & Row, Νέα Υόρκη, 1973.

Sharaf, M.: «*Μανία στη Γη*», St. Martin's-Marek, Νέα Υόρκη, 1983.

Wyckoff, J.: «*Βίλχελμ Ράιχ, Εξερευνητής της Ζωικής Δύναμης*», Fawcett, Greenwich, Κονέκτικατ, 1973.

Εργασίες που Αναφέρονται στην Εκστρατεία Δυσφήμισης και τις Επιθέσεις της FDA εναντίον του Βίλχελμ Ράιχ κατά τη Δεκαετία του 1950

Baker, C.F.: «Μια Ανάλυση των Επιστημονικών Στοιχείων της Αμερικάνικης Υπηρεσίας Τροφίμων και Φαρμάκων Ενάντια στον Βίλχελμ Ράιχ, Μέρος ΙΙ, οι Φυσικές Έννοιες», *Περιοδικό της Οργονομίας*, 6(2):222-231, 1972· «...Μέρος ΙΙΙ, Φυσικές Αποδείξεις», *Περιοδικό της Οργονομίας*, 7(2): 234-245, 1973.

Blasband, D.: «Οι Ηνωμένες Πολιτείες της Αμερικής Ενάντια στον Βίλχελμ Ράιχ, Μέρος Ι», *Περιοδικό της Οργονομίας*, 1(1-2): 56-130, 1967, «...Μέρος ΙΙ, Η Έφεση», *Περιοδικό της Οργονομίας*, 2(1): 24-67, 1968.

Blasband, R.A.: «Μια Ανάλυση των Επιστημονικών Στοιχείων της Αμερικάνικης Υπηρεσίας Τροφίμων και Φαρμάκων Ενάντια στον Βίλχελμ Ράιχ, Μέρος Ι, Τα Βιοϊατρικά Στοιχεία», *Περιοδικό της Οργονομίας*, 6(2): 207-222, 1972.

DeMeo, J.: «Υστερόγραφο για τα Στοιχεία της Αμερικάνικης Υπηρεσίας Τροφίμων και Φαρμάκων Ενάντια στον Βίλχελμ Ράιχ», *Παλμός του Πλανήτη*, 1(1): 18-23, 1989.

Greenfield, J.: «*Ο Βίλχελμ Ράιχ Εναντίον των ΗΠΑ*», W.W. Norton, Νέα Υόρκη, 1974.

Martin, J.: «*Ο Βίλχελμ Ράιχ και ο Ψυχρός Πόλεμος*», Flatland Books, Μεντοτσίνο, Καλιφόρνια, 2000.

Reich, W.: «*Συνομωσία: Μια Συγκινησιακή Αλυσιδωτή Αντίδραση*», Βιογραφικό Υλικό του Βίλχελμ Ράιχ, Ιστορία της Ανακάλυψης της Ζωικής Ενέργειας (Αμερικάνικη Περίοδος 1942-54) Τόμος Αποδεικτικών Στοιχείων Α-ΧΙΙ-ΕΡ, Εκδόσεις Ινστιτούτου Οργόνης, Μέιν, 1954.

Wilder, J.: «*Η CSICOP, Το Περιοδικό Τάιμ και ο Βίλχελμ Ράιχ*», στο *Σημειωματάριο του Αιρετικού*, Εκδότης J. DeMeo, OBRL, σελ. 55-66, 2002.

Wolfe, T.: «*Η Συγκινησιακή Πανούκλα Ενάντια στη Βιοφυσική της Οργόνης: Η Εκστρατεία του 1947*», Εκδόσεις Ινστιτούτου Οργόνης, Νέα Υόρκη, 1948.

Επιλεγμένα Επιστημονικά Άρθρα για την Οργονική Ενέργεια:

Anderson, W.A: «Οργονική Θεραπεία Ρευματικού Πυρετού», *Δελτίο Οργονικής Ενέργειας*, ΙΙ (2): 71-73, 1950.

Atkin, R.H.: «Ο Δεύτερος Νόμος της θερμοδυναμικής και ο Συσσωρευτής Οργόνης», *Δελτίο Οργονικής Ενέργειας*, Ι (2): 52-60, 1949.

Εγχειρίδιο του Συσσωρευτή Οργόνης

Baker, C.F.: «Το Συνεχές της Οργονικής Ενέργειας», *Περιοδικό της Οργονομίας*, 14(1): 37-60, 1980.

Baker, C.F.: «Το Συνεχές της Οργονικής Ενέργειας: Αιθέρας και Σχετικότητα», *Περιοδικό της Οργονομίας*, 16(1) 41-67, 1982.

Baker, C.F., κ.α.: «Το Τεστ Αίματος Ράιχ», *Περιοδικό της Οργονομίας*, 15(2): 184-218, 1981.

Baker, C.F., κ.α.: «Το Τεστ Αίματος Ράιχ: 105 Περιπτώσεις», *Χρονικά του Ινστιτούτου Οργονομικής Επιστήμης*, 1 (1): 1-11, 1984.

Baker, C.F., κ.α.: «Επούλωση Πληγών σε Ποντίκια, Μέρος I», «... Μέρος II», *Χρονικά του Ινστιτούτου Οργονομικής Επιστήμης*, 1 (1): 12-32, 1984, 2 (1): 7-24, 1985.

Baker, C.F., κ.α.: «Το Τεστ Αίματος Ράιχ: Κλινική Συσχέτιση», *Χρονικά του Ινστιτούτου Οργονομικής Επιστήμης*, 2 (1): 1-6, 1985.

Baker, C.F. (Ψευδώνυμο: Rosenblum, C.F.): «Η Ερυθρή Μετατόπιση», *Περιοδικό της Οργονομίας*, 4:183-191, 1970.

Baker, C.F. (Ψευδώνυμο: Rosenblum, C.F.): «Το Ηλεκτροσκόπιο - Μέρη I-IV», *Περιοδικό της Οργονομίας*, 3 (2): 188-197, 1969· 4 (1): 79-90, 1970· 10 (1): 57-80, 1976· 11 (1): 102-109, 1977.

Baker, C.F. (Ψευδώνυμο: Rosenblum, C.F.): «Η Διαφορά Θερμοκρασίας: Ένα Πειραματικό Πρωτόκολλο», *Περιοδικό της Οργονομίας*, 6(1): 61-71, 1972.

Blasband, R.A.: «Θερμική Οργονομετρία», *Περιοδικό της Οργονομίας*, 5 (2): 175-188, 1971.

Blasband, R.A.: «Ο Συσσωρευτής Οργονικής Ενέργειας στην Αγωγή Ποντικών με Καρκίνο», *Περιοδικό της Οργονομίας*, 7 (1): 81-85, 1973.

Blasband, R.A.: «Αποτελέσματα του Συσσωρευτή Οργονικης Ενέργειας σε Καρκίνο Ποντικών: Τρία Πειράματα», *Περιοδικό της Οργονομίας*, 18 (2): 202-211, 1985.

Blasband, R.A.: «Ο Ιατρικός Απορροφητής της Ντορ στην Αγωγή Ποντικιών με Καρκίνο», *Περιοδικό της Οργονομίας*, 8(2): 173-180, 1974.

Bremmer, K.M.: «Ιατρικά Αποτελέσματα της Οργονικής Ενέργειας», *Δελτίο Οργονικής Ενέργειας*, V (1-2): 71-83, 1953.

Brenner, M.: «Βιόντα και Καρκίνος, Μια Επισκόπηση των Εργασιών του Ράιχ», *Περιοδικό της Οργονομίας*, 18 (2): 212-220, 1984.

Cott, A.A.: «Οργονομική Αγωγή Ιχθύωσης», *Δελτίο Οργονικής Ενέργειας*, III (3): 163-166, 1951.

DeMeo, J.: «Αποτελέσματα Λαμπτήρων Φθορισμού και Μεταλλικών Κουτιών σε Αναπτυσσόμενα Φυτά», *Περιοδικό της Οργονομίας*, 9 (1): 95-99, 1975.

DeMeo, J.: «Βλάστηση Σπόρων Μέσα σε Συσσωρευτή Οργόνης», *Περιοδικό της Οργονομίας*, 12 (2): 253-258, 1978.

DeMeo, J.: «Διέγερση της Βλάστησης Σπόρων Φασολιάς από τον Συσσωρευτή Οργόνης», στο *Σημειωματάριο του Αιρετικού*, J. DeMeo, Εκδ., σελ. 168-176, 2002.

DeMeo, J.: «Εξάτμιση Νερού Στον Συσσωρευτή Οργόνης», *Περιοδικό της Οργονομίας*, 14 (2): 171-175, 1980.

DeMeo, J.: «Έρευνα στα Βιόντα και τη Βιογένεση και Σεμινάρια στο OBRL: Αναφορά Προόδου», στο *Σημειωματάριο του Αιρετικού*, εκδ., J. DeMeo, εκδ., OBRL, σελ. 100-113, 2002.

DeMeo, J.: «Το Νερό ως Μέσο Αντήχησης Ασυνήθιστων Εξωτερικών

Επιλεγμενη Βιβλιογραφια

Περιβαλλοντικών Παραγόντων», *Water, Interdisc. Res. J.,* 3:1-47, 2011.

Dew, R.A.: «Η Βιοπάθεια του Καρκίνου του Βίλχελμ Ράιχ», στο *Ψυχοθεραπευτική Αγωγή Καρκινοπαθών,* Εκδότης J.G. Goldberg, Free Press, Νέα Υόρκη, 1980.

Espanca, J.: «Η Επίδραση της Οργόνης στη Ζωή των Φυτών, Μέρη I-VII» *Βλαστάρια Οργονομίας,* 3: 23-28, Φθινόπωρο 1981· 4: 35-38, Άνοιξη 1982· 6: 20-23, Άνοιξη 1983· 7: 36-37, Φθινόπωρο 1983· 8: 35-43, Άνοιξη 1984· 11: 30-32, Φθινόπωρο 1985· 12: 45-48, Άνοιξη 1986.

Espanca, J.: «Συσκευές Οργονικής Ενέργειας για την Ακτινοβόληση Φυτών», *Βλαστάρια Οργονομίας,* 9: 25-31, Άνοιξη 1984.

Grad, B.: «Το Πείραμα ΧΧ του Βίλχελμ Ράιχ», *Μηχανική Κοσμικής Οργόνης,* VII (3-4): 203-204, 1955.

Grad, B.: «Η Επίδραση του Συσσωρευτή σε Ποντίκια με Λευχαιμία», *Περιοδικό της Οργονομίας,* 26(2):199-218, 1992.

Hamilton, A.E: «Η Ροή Οργόνης με το Βλέμμα ενός Παιδιού», *Δελτίο Οργονικής Ενέργειας,* IV(4): 215-216, 1952.

Harman, R.A.: «Περαιτέρω Πειράματα με Αρνητική Διαφορά T₀ Μείον Τ», *Περιοδικό της Οργονομίας,* 20 (1): 67-74, 1986.

Hebenstreit, Gunter: *"Der Orgonakkumulator Nach Wilhelm Reich. Eine Experimentalle Untersuchung zur Spannungs-Ladungs-Formel",* Diplomarbeit, Fakultat der Universitat Wien, 1995.

Hoppe, W.: «Οι Πρώτες μου Εμπειρίες με τον Συσσωρευτή Οργόνης», *Διεθνές Περιοδικό Σεξουαλικής Οικονομίας και Οργονικής Έρευνας,* IV: 200-201, 1945.

Hoppe, W.: «Οι Εμπειρίες μου με τον Συσσωρευτή Οργόνης», *Δελτίο Οργονικής Ενέργειας,* I (1): 12-22, 1949.

Hoppe, W.: «Περαιτέρω Εμπειρίες με τον Συσσωρευτή Οργόνης», *Δελτίο Οργονικής Ενέργειας,* II (1): 16-21, 1950.

Hoppe, W.: «Οργονοθεραπεία Έναντι Ραδιοθεραπείας στον Καρκίνο του Δέρματος, Αναφορά μιας Περίπτωσης», *Οργονομική Ιατρική,* I (2): 133-138, 1955.

Hoppe, W.: «Η Αγωγή ενός Κακοήθους Μελανώματος με Οργονική Ενέργεια», περιέχεται στο βιβλίο *Μαζί με τον Ράιχ,* Εκδότης Ντ. Μποαντέλα, Covecture Press, Λονδίνο, 1976.

Hughes, D.C.: «Μερικές Παρατηρήσεις με τον Μετρητή Γκάιγκερ-Μίλερ Μετά τον Ράιχ», *Περιοδικό της Οργονομίας,* 16 (1): 68-73, 1982.

Konia, C.: «Μια Έρευνα των Θερμικών Ιδιοτήτων του Συσσωρευτή Οργόνης, Μέρη I & II», *Περιοδικό της Οργονομίας,* 8 (1): 47-64, 1974· 12 (2): 244-252, 1978.

Lance, L.: «Επιδράσεις του Συσσωρευτή Οργόνης σε Αναπτυσσόμενα Φυτά», *Περιοδικό της Οργονομίας,* 11 (1): 68-71, 1977.

Lassek, H.: «Αγωγή Σοβαρά Ασθενών Ανθρώπων με τον Συσσωρευτή Οργόνης», *Παλμός του Πλανήτη,* 3:39-47, 1991.

Lappert, P.: «Πρωταρχικά Βιόντα Μέσω Υπέρθεσης σε Αυξημένη Θερμοκρασία και Πίεση», *Περιοδικό της Οργονομίας,* 19 (1): 92-112, 1985.

Levine, E.: «Αγωγή μιας Υπερτασικής Βιοπάθειας με τον Συσσωρευτή Οργόνης», *Δελτίο Οργονικής Ενέργειας,* III (1): 53-58, 1951.

Εγχειρίδιο του Συσσωρευτή Οργόνης

Mannion, Μ.: «Βίλχελμ Ράιχ, 1897-1957: Μια Επανεκτίμηση για μια Νέα Γενιά», *Εναλλακτικές & Συμπληρωματικές Θεραπείες,* 3(3): 194-199, Ιούνιος 1997.

Müschenich, S. & Gebauer, R.: «Τα (Ψυχο-)Φυσιολογικά Αποτελέσματα του Συσσωρευτή Οργόνης του Ράιχ», Διατριβή, Πανεπιστήμιο του Μάρμπουργκ, Δυτική Γερμανία, 1985.

Opfermann-Fuckert, D.: «Αναφορές Αγωγής με Οργονική Ενέργεια: Δέκα Επιλεγμένες Περιπτώσεις», *Χρονικά του Ινστιτούτου Οργονομικής Επιστήμης,* 6(1): 33-52, Σεπτέμβριος 1989.

Raphael, C.M.: «Επιβεβαίωση Οργονομικών (Ράιχ) Τεστ για τη Διάγνωση Καρκίνου της Μήτρας», *Οργονομική Ιατρική,* II (1): 36-41, 1956.

Raphael, C.M. & Mac Donald, H.E.: *Οργονομική Διάγνωση της Βιοπάθειας του Καρκίνου,* Ίδρυμα Βίλχελμ Ράιχ, Μέιν, 1952.

Sharaf, Μ.: «Η Προτεραιότητα των Ευρημάτων του Βίλχελμ Ράιχ για τον Καρκίνο», *Οργονομική Ιατρική,* I (2): 145-150, 1955.

Seiler, H.: «Νέα Πειράματα Θερμικής Οργονομετρίας», *Περιοδικό της Οργονομίας,* 16 (2): 197-206, 1982.

Silvert, Μ.: «Περί της Ιατρικής Χρήσης της Οργονικής Ενέργειας», *Δελτίο Οργονικής Ενέργειας* IV (1): 51-54, 1952.

Sobey, V.M.: «Αγωγή Πνευμονικής Φυματίωσης με Οργονική Ενέργεια», *Οργονομική Ιατρική,* I (2): 121-132, 1955.

Sobey, V.M.: «Μία Περίπτωση Ρευματοειδούς Αρθρίτιδας που Δέχτηκε Αγωγή με Οργονική Ενέργεια», *Οργονομική Ιατρική,* II (1): 64-69, 1956.

Southgate, L.: «Η Κινέζικη Ιατρική και ο Βίλχελμ Ράιχ», *Ευρωπαϊκό Περιοδικό Κινέζικης Ιατρικής,* Τόμος 4(4): 31-41, 2003. Επίσης από τις Εκδόσεις Lambert Academic Publishing, Λονδίνο, 2009.

Tropp, S.J.: «Η Αγωγή μιας Κακοήθους Ανάπτυξης στο Μεσοθωράκιο με τον Συσσωρευτή Οργόνης», *Δελτίο Οργονικής Ενέργειας,* I (3): 100-109, 1949.

Tropp, S.J.: «Αγωγή με Οργόνη ενός Πρώιμου Καρκίνου του Στήθους», *Δελτίο Οργονικής Ενέργειας,* II (3): 131-138, 1950.

Trotta, E.E. & Marer, E.: «Η Οργονομική Αγωγή Μεταμοσχευμένων Όγκων και Σχετιζόμενων Ανοσολογικών Λειτουργιών», *Περιοδικό της Οργονομίας,* 24(1): 39-44, 1990.

Weverick, N.: «Αγωγή Διαβήτη με Συσσωρευτή Οργόνης», *Δελτίο Οργονικής Ενέργειας,* III (2): 110-112, 1951.

Εργασίες για Φυσικές Δυνάμεις Παρόμοιες με την Οργόνη

Alfven, Η.: «*Κοσμικό Πλάσμα*», Kluwer, Βοστώνη, 1981.

Arp, Η., κ.α.: «*Η Διαμάχη για την Ερυθρή Μετατόπιση*», W.A. Benjamin, Reading, Μασαχ. 1973.

Arp, Η.: «*Κβάζαρς, Ερυθρές Μετατοπίσεις και Διαμάχες*», Interstellar Media, Μπέρκλεϊ, Καλιφ., 1987.

Becker, R.O. & Selden, G.: «*Ο Ηλεκτρισμός του Σώματος: Ο Ηλεκτρομαγνητισμός και η Βάση της Ζωής*», Wm. Morrow, Νέα Υόρκη, 1985.

Bortels, V.H: 'Die hypothetische Wetterstrahlung als vermutliches Agens kosmo-meteoro-biologischer Reaktionen', *Wissenschaftliche Zeitschrift der Humboldt - Universit☐t zu Berlin,* VI: 115-124, 1956.

Επιλεγμενη Βιβλιογραφια

Brown, F.A.: «Αποδεικτικά Στοιχεία Εξωτερικού Χρονισμού σε Βιολογικά Ρολόγια», περιέχεται στο *Μια Εισαγωγή στους Βιολογικούς Ρυθμούς*, J. Palmer, εκδ., Academic Press, Νέα Υόρκη, 1975.

Burr, H.S.: «*Προσχέδιο για την Αθανασία*», Neville Spearman, Λονδίνο, 1971· «*Τα Πεδία της Ζωής*», Ballantine Books, Νέα Υόρκη, 1972.

Cope, F.W.: «Πειραματική Ανίχνευση Μαγνητικών Μονοπολικών Ρευμάτων σε Νερό που Ρέει...» *Φυσιολογική Χημεία & Φυσική*, 12: 21-29, 1980.

DeMeo, J.: «Μια Φρέσκια Ματιά στην Έρευνα του Ντέιτον Μίλερ για την Ολίσθηση του Αιθέρα», στο *Σημειωματάριο του Αιρετικού*, J. DeMeo, Εκδότης, OBRL, σελ. 114-130, 2002.

DeMeo, J.: «Ένας Δυναμικός και Αυθύπαρκτος Κοσμολογικός Αιθέρας», *Πρακτικά της Συμμαχίας για τη Φυσική Φιλοσοφία*, Εκδότης Cynthia Whitney, 1(1): 15-20, Άνοιξη 2004.

Dewey, E.R., εκδότης: «*Κύκλοι, Μυστηριώδεις Δυνάμεις που Προκαλούν Γεγονότα*», Hawthorn Books, Νέα Υόρκη, 1971.

Dudley, H.C.: «*Ηθική Πυρηνικού Σχεδιασμού*», Kronos Press, Γκλάσμπορο, Νέα Υερσέι, 1976.

Eden, J.: «*Ζωικός Μαγνητισμός και Ζωική Ενέργεια*», Exposition Press, Νέα Υόρκη, 1974.

Kervran, L.C.: «*Βιολογικές Μεταστοιχειώσεις*», Beekman Press, Γούντστοκ, Νέα Υόρκη, 1980.

Miller, D.: «Το Πείραμα της Ολίσθησης του Αιθέρα και ο Καθορισμός της Απόλυτης Κίνησης της Γης», *Reviews of Modern Physics*, 5: 203-242, Ιούλιος, 1933.

Moss, T.: «*Ο Σωματικός Ηλεκτρισμός, Ένα Προσωπικό Ταξίδι στα Μυστήρια της Παραψυχολογικής Έρευνας*», J. P. Tarcher, Λος Άντζελες, 1979.

Nordenstrom, B.: «*Βιολογικά Κλειστά Ηλεκτρικά Κυκλώματα: Κλινικά, Πειραματικά και Θεωρητικά Αποδεικτικά Στοιχεία για ένα Επιπρόσθετο Κυκλοφοριακό Σύστημα*», Nordic Medical Press, Στοκχόλμη, 1983.

Ott, J.: «*Υγεία και Φως*», Devin Adair, Όλντ Γκρίνουιτς, CT, 1973.

Piccardi, G.: «*Η Χημική Βάση της Ιατρικής Κλιματολογίας*», Charles Thomas Publishers, Σπρίνγκφιλντ, Ιλινόις, 1962.

Ravitz, L.J.: «Ιστορία, Μέτρηση και Δυνατότητες Εφαρμογής Περιοδικών Αλλαγών του Ηλεκτρομαγνητικού Πεδίου στην Υγεία και την Αρρώστια», *Annals, NY Acad. Science*, 98: 1144-1201, 1962.

Sheldrake, L.: «*Μία Νέα Επιστήμη Ζωής: Η Υπόθεση του Αιτιολογικού Σχηματισμού*», J. P. Tarcher, Λος Άντζελες, 1981.

Σχετικά με Φαινόμενα Όρανουρ από Πυρηνικές Δοκιμές και Πυρηνική Ακτινοβολία

DeMeo, J.: «Φαινόμενα Όρανουρ από το Ατύχημα στο Πυρηνικό Εργοστάσιο στο Θρι Μάιλ Άιλαντ», *Παλμός του Πλανήτη*, 3:26, 1991· και «Καιρικές Ανωμαλίες και Πυρηνικές Δοκιμές», στο *Για τον Ράιχ και την Οργονομία*, Εκδότης Τζ. ΝτεΜέο, 1993, σελ. 117-120.

Eden, J.: «Προσωπικές Εμπειρίες με το Όρανουρ», *Περιοδικό της Οργονομίας*, 5 (1). 88-95, 1971.

Gould, J.M.: «*Εχθρός Εντός των Τοιχών: Το Ψηλό Κόστος της Διαβίωσης*»

213

Εγχειρίδιο του Συσσωρευτή Οργόνης

Κοντά σε Πυρηνικούς Αντιδραστήρες», Four Walls Eight Windows, Νέα Υόρκη, 1996.

Graeub, M.: «Το Φαινόμενο Πετκάου: Πυρηνική Ακτινοβολία, Άνθρωποι και Δέντρα», Four Walls Eight Windows, Νέα Υόρκη, 1992.

Katagiri, M.: «Θρι Μάιλ Άιλαντ: Η Γλώσσα της Επιστήμης Ενάντια στην Πραγματικότητα των Ανθρώπων», Παλμός του Πλανήτη, 3:27-38, 1991 και: «Αναθεώρηση του Θρι Μάιλ Άιλαντ», στο Για τον Ράιχ και την Οργονομία, Εκδότης Τζ. ΝτεΜέο, 1993, σελ. 84-91.

Kato, Y.: «Πρόσφατα Αφύσικα Φαινόμενα στη Γη και Δοκιμές Πυρηνικών Βομβών», Παλμός του Πλανήτη 1:5-9, 1989.

Milian, V.: «Επιβεβαίωση μιας Ανωμαλίας Όρανουρ», Παλμός του Πλανήτη 5:182, 2002.

Sternglass, E: «Άγνωστο Ραδιενεργό Νέφος», MacGrow Hill, Νέα Υόρκη,1986· «Ακτινοβολία Χαμηλής Έντασης», Ballantine Books, Νέα Υόρκη, 1972.

Wassermann, H.: «Σκοτώνοντας τους Δικούς Μας», Doubleday, Νέα Υόρκη, 1985.

Whiteford, G.: «Σεισμοί και Πυρηνικές Δοκιμές: Επικίνδυνα Πρότυπα και Τάσεις», Παλμός του Πλανήτη 2:10-21, 1989.

Νέες Εκδόσεις

DeMeo, J.: In Defense of Wilhelm Reich: Opposing the 80-Years' War of Mainstream Defamatory Slander Against One of the 20th Century's Most Brilliant Natural Scientists, Natural Energy Works, Ashland 2013.

DeMeo, J., et al.: "In Defense of Wilhelm Reich: An Open Response to Nature and the Scientific /Medical Community", Water: A Multidisciplinary Research Journal, V.4, p.72-81, 2012. www.waterjournal.org/volume-4

DeMeo, J.: "Water as a Resonant Medium for Unusual External Environmental Factors", Water: A Multidisciplinary Research Journal, V.3, p.1-47, 2011. www.waterjournal.org/volume-3

DeMeo, J.: "Report on Orgone Accumulator Stimulation of Sprouting Mung Beans", Subtle Energies and Energy Medicine, 21(2):51-62, 2010. www.orgonelab.org/DeMeoSeedsSubtleEnergies.pdf

DeMeo, J.: "Following the Red Thread of Wilhelm Reich: A Personal Adventure", Edge Science, p.11-16, October-December 2010. www.orgonelab.org/DeMeoEdgeScience.pdf

DeMeo, J.: "Experimental Confirmation of the Reich Orgone Accumulator Thermal Anomaly", Subtle Energies and Energy Medicine, 20(3):17-32, 2009. www.orgonelab.org/DeMeoToTSubtleEnergies.pdf

DeMeo, J.: Saharasia: The 4000 BCE Origins of Child Abuse, Sex- Repression, Warfare and Social Violence, In the Deserts of the Old World, Revised 2nd Edition, Natural Energy Works, 2006.

DeMeo, J. (Editor): Heretic's Notebook: Emotions, Protocells, Ether- Drift and Cosmic Life Energy, with New Research Supporting Wilhelm Reich, Orgone Biophysical Research Lab, Ashland, 2002.

Jones, P.: Artificers of Fraud: The Origin of Life and Scientific Deception, Orgonomy UK, Preston 2013.

Maglione, R.: Methods and Procedures in Biophysical Orgonometry, ilmioilibro, Rome 2012.

ΠΗΓΕΣ ΠΛΗΡΟΦΟΡΗΣΗΣ

Για τον Βίλχελμ Ράιχ και την Οργονομία

Για επιπλέον σχετικούς καταλόγους, επισκεφτείτε την ιστοσελίδα:
www.orgonelab.org/resources.htm

Εργαστήριο Έρευνας στη Βιοφυσική της Οργόνης (OBRL),
Ερευνητικό και Εκπαιδευτικό Κέντρο του Γκρίνσπρινγκς:
PO Box 1148, Ashland, Oregon 97520 USA.
Ιστότοποι: www.orgonelab.org και www.saharasia.org
Email: info@orgonelab.org
OBRL News: www.orgonelab.org/OBRLNewsletter.htm

Natural Energy Works: PO Box 1148, Ashland, Oregon 97520 USA.
Email:info@naturalenergyworks.net
Ιστότοπος: http://www.naturalenergyworks.net
Πωλήσεις βιβλίων, προϊόντων, υλικών για κατασκευή
συσσωρευτή, ερευνητικών οργάνων και μετρητών ανίχνευσης
ακτινοβολίας, μέσω ταχυδρομείου.

Μουσείο Βίλχελμ Ράιχ: PO Box 687, Rangeley, Main 04970, U.S.A.
Email: wreich@rangeley.org   Ιστότοπος: www.wilhemreichtrust.org
Διατηρεί την κατοικία και το εργαστήριο του Βίλχελμ Ράιχ
(ονομάζεται Orgonon) για επισκέψεις από το κοινό. Εκδίδει ένα
Δελτίο με Νέα (Newsletter) και το περιοδικό *Οργονομικός
Λειτουργισμός*. Παρέχει φωτοαντίγραφα διαφόρων εξαντλημένων
βιβλίων, περιοδικών και φυλλαδίων του Βίλχελμ Ράιχ.
Διοργανώνει σεμινάρια και συμπόσια.

Orgonics: Ιστότοπος: www.orgonics.com Email: Orgonics@aol.com.
Πωλήσεις πειραματικών κουβερτών οργονικής ενέργειας
ποιότητας, φορτιστών σπόρων και συσσωρευτών οργόνης για
ανθρώπους.

Πληροφορίες για την Επιστήμη της Οργονομίας στην Ελλάδα:
Αθανάσιος Μανταφούνης, Φυσικός, MSc
email: thanmand@otenet.gr, tmandafounis@yahoo.com

YouTubes:
Wilhelm Reich and the Orgone Energy
www.youtube.com/watch?v=sPV-JExUPns
Wilhelm Reich's Bion-Biogenesis Discoveries
www.youtube.com/watch?v=-PVnS72IIY8

Εγχειρίδιο του Συσσωρευτή Οργόνης

Παράρτημα:
Ένας Δυναμικός και Υλικός Κοσμολογικός Αιθέρας[1] του Δρ. Τζέιμς ΝτεΜέο.

Περίληψη: Τα πειράματα της ολίσθησης του αιθέρα από τον Ντέιτον Μίλερ (από το 1906 ως το 1929) με τη χρήση ενός εξαιρετικά ευαίσθητου συμβολόμετρου φωτεινής ακτίνας του τύπου που επινόησε ο Μάικελσον, κατέληξαν σε συστηματικά θετικά αποτελέσματα. Μετέπειτα εργασίες από τους Μάικελσον-Πιζ-Πίρσον (1929), Γκαλάεφ (2001-2002) και άλλους επιβεβαίωσαν την πειραματική εργασία του Μίλερ, σύμφωνα με την οποία: 1) ο κοσμολογικός αιθέρας είναι υλικός με μια πολύ μικρή μάζα και μπορεί να εμποδιστεί ή να ανακλαστεί από πυκνά υλικά περιβλήματα, 2) υπάρχει συμπαρασυρμός από τη Γη και οι καλύτερες ανιχνεύσεις γίνονται σε μεγάλα υψόμετρα, 3) ο άξονας που υπολόγισε ο Μίλερ για την απόλυτη κίνηση της Γης ως προς την ολίσθηση του αιθέρα είναι σε πολύ καλή συμφωνία με ευρήματα από διάφορες επιστήμες, όπως η Βιολογία και η Φυσική, από φαινόμενα παρόμοια με τον αιθέρα με παρόμοιες διακυμάνσεις αστρικής μέρας και αστρικών εποχών. Αυτά τα αποτελέσματα δεν φαίνεται να συμβαδίζουν ούτε με έναν μη απτό, στατικό, ούτε με έναν απτό, παρασυρόμενο αλλά γενικά ακίνητο αιθέρα. Η εναλλακτική πρόταση είναι ένας δυναμικός αιθέρας που λειτουργεί σαν κοσμική «κύρια κινητήρια δύναμη», αλλά απαιτεί αφ' ενός να έχει κάποια πολύ μικρή μάζα, αφ' ετέρου εξειδικευμένες κινήσεις στο χώρο. Μια λύση έχει βρεθεί στις βιοφυσικές έρευνες του Βίλχελμ Ράιχ (1934-1957) που απέδειξαν την ύπαρξη ενός ενεργειακού συνεχούς με συγκεκριμένες βιολογικές και μετεωρολογικές ιδιότητες, που υπάρχει σε υψηλό κενό, αλληλεπιδρά με την ύλη, ανακλάται από τα μέταλλα και διαθέτει αυτο-ελκυόμενες (π.χ. βαρυτικές) σπειροειδείς ροές. Ο Τζιόρτζιο Πικάρντι (από το 1950 ως το 1970) και οι συνεχιστές του απέδειξαν ομοίως την ύπαρξη μιας ενέργειας που αντανακλάται από τα μέταλλα, επηρεάζεται από τον ήλιο και επηρεάζει τις φυσικοχημικές ιδιότητες του νερού, τις χημικές αντιδράσεις και τους ρυθμούς των ραδιενεργών διασπάσεων, που σχετίζεται με την σπειροειδή κίνηση της Γης διαμέσου του διαστρικού χώρου. Πρόσφατες έρευνες σχετικά με την ετήσια μεταβολή του «ανέμου σκοτεινής ύλης», δείχνουν και αυτές, πολύ παραπλήσιες μετατοπίσεις ταχύτητας που σχετίζονται με την

1. Πρώτη δημοσίευση στο: *Πρακτικά, Συμμαχία Φυσικής Φιλοσοφίας*, 1(1): 15-20, Άνοιξη 2004. Για περισσότερες πληροφορίες, δείτε:
www.orgonelab.org/miller.htm

Εγχειρίδιο του Συσσωρευτή Οργόνης

σπειροειδή κίνηση της Γης γύρω από τον Ήλιο, υποδεικνύοντας έτσι ότι η «σκοτεινή ύλη» είναι ένα παρεξηγημένο υποκατάστατο του δυναμικού και υλικού κοσμολογικού αιθέρα.

Πειράματα με Θετικά Ευρήματα για την Ολίσθηση του Αιθέρα κατά τον 20° Αιώνα

Το έργο του Ντέιτον Μίλερ είναι το πιο σημαντικό μεταξύ όλων των πειραμάτων για την ολίσθηση του αιθέρα, [1] με ξεκάθαρα θετικά αποτελέσματα από περισσότερες από 12000 περιστροφές ενός συμβολόμετρου δέσμης φωτός, τύπου Μάικελσον, με περισσότερες από 200.000 ξεχωριστές μετρήσεις που έγιναν σε διαφορετικούς μήνες του χρόνου ξεκινώντας το 1902 με τον Έντουαρντ Μόρλεϊ στην Σχολή Κέιζ στο Κλήβελαντ (τώρα ονομάζεται Πανεπιστήμιο Κέιζ Γουέστερν Ριζέρβ) και ολοκληρώθηκε το 1926 με τα πειράματα στο Όρος Γουίλσον. Ο Μίλερ έκανε, επίσης, αυστηρά πειράματα ελέγχου στο Τμήμα Φυσικής της Σχολής Κέιζ, από το 1922 ως το 1924. Περισσότερες από τις μισές μετρήσεις του Μίλερ έγιναν στο Όρος Γουίλσον τα έτη 1925-1926, όπου πάρθηκαν τα πιο αποκαλυπτικά θετικά αποτελέσματα. Το συμβολόμετρο του Μίλερ ήταν το μεγαλύτερο και το ακριβέστερο που είχε ποτέ κατασκευαστεί, με σιδερένια σταυρωτά μέρη μήκους 4,3 μέτρων το καθένα, σε ύψος 1,5 μέτρων από το έδαφος, που επέπλεε σε μια δεξαμενή γεμάτη με υδράργυρο για εύκολη και ομαλή περιστροφή. Τέσσερις ομάδες καθρεπτών είχαν στερεωθεί στα άκρα κάθε σκέλους ώστε η φωτεινή δέσμη να αντανακλάται 16 φορές σε οριζόντιο επίπεδο, με αποτέλεσμα να πετύχει συνολικό μήκος 64 μέτρων διαδρομής του φωτός. [2]. Ο Μίλερ πείστηκε κατά τη διάρκεια των πειραμάτων του και δεδομένου του μικρού (αλλά ποτέ «μηδενικού») αποτελέσματος που παρατηρήθηκε προηγούμενα από του Μάικελσον και Μόρλεϊ (Μ-Μ),[3] για την ύπαρξη ενός φαινομένου ολίσθησης σε σχέση με τη Γη. Αυτό έκανε απαραίτητη τη χρήση της συσκευής σε μεγαλύτερα υψόμετρα και μόνο μέσα σε κατασκευές όπου οι τοίχοι ήταν ανοιχτοί στο ύψος της φωτεινής δέσμης και έκλειναν μόνο με ελαφριά υλικά. Τα καλύμματα που χρησιμοποιήθηκαν στο επίπεδο της διαδρομής της δέσμης του φωτός του συμβολόμετρου του Μίλερ ήταν από τεντόπανα, γυαλί ή ελαφρύ χαρτί και είχαν απομακρυνθεί όλα τα καλύμματα από συμπαγές ξύλο, πέτρα ή μέταλλο. Τα πειράματά του στο Όρος Γουίλσον έγιναν σε ένα ειδικό χώρο που είχε κατασκευαστεί με αυτές τις προϋποθέσεις, σε υψόμετρο 1800 μέτρων, όπου δεν υπάρχουν κοντινά βουνά. [1,2]

Παράρτημα

Το Συμβολόμετρο Φωτεινής Δέσμης του Ντέιτον Μίλερ, η μεγαλύτερη και πιο ευαίσθητη συσκευή αυτού του τύπου που κατασκευάστηκε ποτέ, η οποία τοποθετήθηκε σε μια ειδική ελαφριά κατασκευή στην κορυφή του Όρους Γουίλσον. Κατά τη διάρκεια των πειραμάτων του τα έτη 1925-1926, ο Μίλερ ανίχνευσε μια ξεκάθαρη ολίσθηση του αιθέρα και δημοσίευσε τα αποτελέσματά του σε ευρεία κλίμακα σε κορυφαία επιστημονικά περιοδικά. Οι περισσότεροι Φυσικοί τον αγνόησαν, οι οποίοι εκείνη την εποχή είχαν σαγηνευτεί από τις θεωρίες του Άλμπερτ Αϊνστάιν, που απαιτούσαν να μην υπάρχει ούτε απτός κοσμικός αιθέρας, ούτε ολίσθηση του αιθέρα. Αν και ποτέ δεν αντικρούστηκε, ο Μίλερ πέθανε βασικά αγνοημένος με εξαίρεση τον Μάικελσον, ο οποίος επιβεβαίωσε ένα παρόμοιο φαινόμενο ολίσθησης του αιθέρα σε ξεχωριστά πειράματα (με τους Πιζ και Πίρσον) στην κορυφή του Όρους Γουίλσον λίγο μετά τον Μίλερ.

Για να μπορέσει να γίνει μια σύγκριση, σημειώνεται ότι το αρχικό συμβολόμετρο των Μ-Μ είχε διαδρομή της ακτίνας του φωτός 22 μέτρων [3, σελ. 153] και τα πειράματα έγιναν με ένα αδιαφανές ξύλινο κάλυμμα πάνω στην συσκευή, η οποία ήταν τοποθετημένη στο υπόγειο ενός μεγάλου πέτρινου κτηρίου της Σχολής Κέιζ του Κλήβελαντ (υψόμετρο περίπου 100 μέτρα). Τα δημοσιευμένα αποτελέσματα του πειράματος των Μ-Μ που έχουν κατά κόρον διαστρεβλωθεί, αντανακλούσαν έξι ώρες συλλογής δεδομένων κατά τη διάρκεια τεσσάρων ημερών (8,9,11 και 12 Ιουλίου) του 1887, με συνολικά μόλις 36 περιστροφές του συμβολόμετρού τους. Ακόμα και έτσι οι Μ-Μ

219

Εγχειρίδιο του Συσσωρευτή Οργόνης

βρήκαν ένα ελαφρά θετικό αποτέλεσμα και εξέφρασαν την ανάγκη για περισσότερη πειραματική εργασία σε διαφορετικές εποχές του έτους για να αποφευχθεί η «αβεβαιότητα». Ο Μίλερ χρησιμοποίησε ένα συμβολόμετρο με περίπου 3 φορές μεγαλύτερη ευαισθησία στη διαδρομή των φωτός από ότι οι Μ-Μ, με 333 φορές περισσότερες περιστροφές του συμβολόμετρου.

[2] Το 1928, από τα αποτελέσματα του συμβολόμετρού του όπως προέκυψαν από τις μετρήσεις, που κατέληξαν σε σχετική ταχύτητα περίπου 10 km/s, ο Μίλερ υπολόγισε ότι η Γη κινούνταν με ταχύτητα 208 km/s προς ένα σημείο του Βόρειου Ουράνιου Ημισφαιρίου, προς τον αστερισμό του Δράκοντα, με ορθή αναφορά 17h (255⁰) και απόκλιση +68⁰, κατεύθυνση που αποκλίνει κατά 6⁰ από το βόρειο πόλο της εκλειπτικής και 12⁰ από τον άξονα περιστροφής του Ήλιου. [4]

Ο Μίλερ πίστευε ότι η Γη έσπρωχνε «προς το Βορρά» διαμέσου ενός στάσιμου αλλά παρασυρόμενου από τη Γη αιθέρα προς την κατεύθυνση αυτή. Το 1933, για λόγους που θα αναπτυχθούν παρακάτω, άλλαξε την άποψή του και υποστήριξε ότι ενώ η ταχύτητα και ο άξονας της ολίσθησης ήταν σωστά, *η κατεύθυνση της κίνησης κατά μήκος του άξονα* ήταν προς ένα σημείο στο Νότιο Ουράνιο Ημισφαίριο, προς τον αστερισμό της Δοράδος, του Ξιφία, με ορθή αναφορά 4 ώρες και 54 λεπτά, απόκλιση -70⁰ 33´ (νότιο), στο μέσο του Μεγάλου Νέφους του Μαγγελάνου και 7⁰ από τον νότιο πόλο της εκλειπτικής. [1, σελ. 234]

Όσο ήταν ζωντανός, η δουλειά του Μίλερ απασχόλησε σοβαρά πολλούς επιστήμονες, μεταξύ αυτών και του Αϊνστάιν, που ορθά αντιλήφθηκε ότι η θεωρία της σχετικότητας που είχε διατυπώσει, απειλούνταν. (2, σελ. 114) Μετέπειτα εργασίες, περιλαμβανομένου του Μάικελσον, γενικά επιβεβαίωσαν τα ευρήματα του Μίλερ. Για παράδειγμα:

1. Στα τέλη της δεκαετίας του 1920, οι Μάικελσον-Πιζ-Πίρσον[5] (Μ-Π-Π) χρησιμοποίησαν συμβολόμετρα περιστρεφόμενων τεμνόμενων δεσμών φωτός τύπου Μάικελσον. Στις πρώτες δύο σειρές πειραμάτων τους, όπου χρησιμοποίησαν συμβολόμετρα με μήκος διαδρομής φωτεινής ακτίνας 22 και 32 μέτρων, αλλά σε χαμηλά υψόμετρα, «*δεν βρέθηκε καμία μετατόπιση της τάξης που αναμένεται*», ενώ στην τρίτη δοκιμή στην κορυφή του Όρους Γουίλσον χρησιμοποιώντας συμβολόμετρο μήκους διαδρομής φωτεινής δέσμης 52 μέτρων και επομένως πιο κοντά στον Μίλερ. Πήραν θετικά αποτελέσματα και συγκεκριμένα, μετατόπιση που αντιστοιχούσε σε ταχύτητα «όχι μεγαλύτερη από» περίπου 20km/s. Ωστόσο, αυτό το αποτέλεσμα απορρίφθηκε από τους Μ-Π-Π προφανώς εξαιτίας της *εκ προοιμίου* και αδικαιολόγητης απόρριψης ενός αιθέρα υλικού και παρασυρόμενου από τη Γη, κάτι που τον τους οδήγησε να περιμένουν ένα πολύ μεγαλύτερο αποτέλεσμα.

Παράρτημα

2. Οι Κένεντι και Θόρνταϊκ το 1932 ανέφεραν ένα αποτέλεσμα περίπου 24 km/s, αλλά επίσης *εκ προοιμίου* απέρριψαν έναν αιθέρα υλικό και παρασυρόμενο από τη Γη και προκατειλημμένα δήλωσαν ότι το αποτέλεσμά τους ήταν «μηδενικό».

3. Οι Μ-Π-Π το 1933 επιδίωξαν να υπολογίσουν την «ταχύτητα του φωτός» μέσα σε ένα μεταλλικό σωλήνα μήκους 1600 μέτρων με μερικό κενό, [7] που βρίσκονταν σε οριζόντιο επίπεδο στο έδαφος, αλλά ακόμα και σε αυτές τις αφιλόξενες συνθήκες για την παρατήρηση της ολίσθησης του αιθέρα παρατήρησαν - αλλά το παραδέχτηκαν μόνο σε μια αναφορά σε μια εφημερίδα – μεταβολές της τάξης των 20 km/s. [8]

Μετά το θάνατο του Μάικελσον το 1931 και του Μίλερ το 1941, επικράτησε μια σχεδόν απόλυτη σιωπή σχετικά με το ερώτημα της ολίσθησης του αιθέρα και ενός παρασυρόμενου, υλικού, κοσμολογικού αιθέρα στο διάστημα. Ο κόσμος της επιστήμης ακολούθησε το δρόμο του Αϊνστάιν και τη θεωρία της σχετικότητάς του που απαιτούσε να μην έχει ο χώρος κανένα αιθέρα με απτές ιδιότητες [9] και πολύ περισσότερο χωρίς καμία μεταβολή της ταχύτητας του φωτός.

«Σύμφωνα με τη γενική θεωρία της σχετικότητας ο χώρος είναι προικισμένος με φυσικές ποιότητες· επομένως, με αυτή την έννοια, υπάρχει ένας αιθέρας... Αλλά δεν πρέπει να σκεφτόμαστε ότι αυτός ο αιθέρας είναι προικισμένος με ιδιότητες χαρακτηριστικές των σταθμητών μέσων, ότι αποτελείται από σωματίδια που μπορούμε να παρακολουθήσουμε την κίνησή τους· ούτε μπορεί να εφαρμοστεί σε αυτόν η έννοια της κίνησης.»
-Άλμπερτ Αϊνστάιν, *Meine Weltbild* [9: σελ. 111]

Εξαιτίας των απαιτήσεων των θεωριών του Αϊνστάιν, τα πειράματα για την ολίσθηση του αιθέρα που έδιναν θετικά αποτελέσματα απλά αγνοούνταν ή ποτέ δεν αναφέρονταν, σαν να μην είχαν γίνει ποτέ. Τελικά, το 1955, με την συνεργασία και ενθάρρυνση του Αϊνστάιν, μια ομάδα υπό την ηγεσία ενός πρώην φοιτητή του Μίλερ, του Ρόμπερτ Σάνκλαντ, έκανε μια νέα ανάλυση των δεδομένων ολίσθησης του αιθέρα του Μίλερ, η οποία εξελίχθηκε σε μια, εκ των υστέρων, εξαιρετικά προκατειλημμένη και ανεπαρκή κριτική. [10] Το γεγονός που ήταν καταλυτικό αλλά αγνοήθηκε από την ομάδα του Σάνκλαντ, ήταν η εξαιρετικά δομημένη φύση των δεδομένων του Μίλερ, τα οποία και για τις τέσσερις εποχές του χρόνου έδειχναν, όσον αφορά την ολίσθηση του αιθέρα, προς τις ίδιες αστρικές συντεταγμένες – κάτι που εξαφανίζονταν αν τα ίδια δεδομένα οργανώνονταν με βάση την τοπική ώρα – γεγονός που αποδείκνυε την ύπαρξη μιας αδιαμφισβήτητης κοσμικής επίδρασης. [4, σελ. 362-363] Έχω ήδη αναπτύξει τα σοβαρά

221

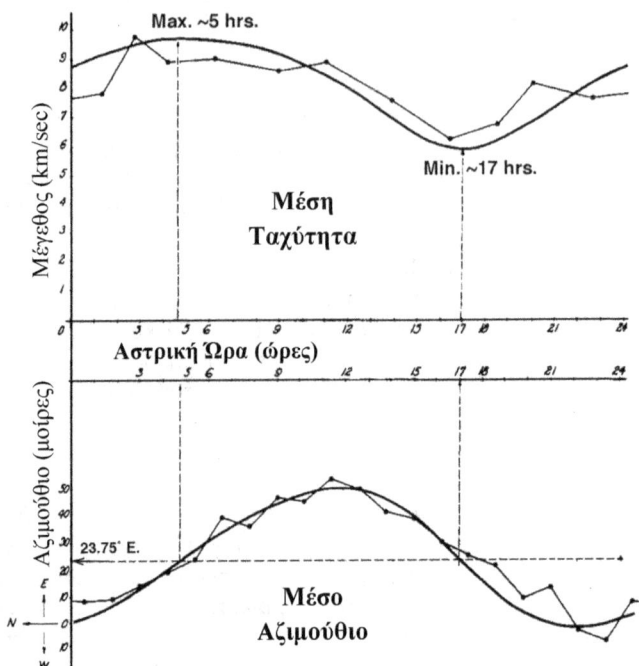

Σχήμα 1: Μέση Ταχύτητα και Αζιμούθιο από τα Δεδομένα για την Ολίσθηση του Αιθέρα, από τα Πειράματα του Μίλερ στο Όρος Γουίλσον. (1928) *Επάνω Γράφημα:* Μέσες μεταβολές στην παρατηρούμενη τιμή της ολίσθησης του αιθέρα για όλες τις εποχές που έγιναν μετρήσεις, σε Αστρική Ώρα. Η μέγιστη σχετική ταχύτητα του αιθέρα παρατηρήθηκε περίπου στις 5 η ώρα και η ελάχιστη περίπου στις 17 η ώρα, πάντα σε Αστρικές Ώρες. *Κάτω Γράφημα:* Μέσες μετρήσεις για το αζιμούθιο σε Αστρική Ώρα, όπου ο οριζόντιος άξονας είναι όπως παρουσιάστηκε στους αναθεωρημένους εποχιακούς μέσους όρους – δες το Σχήμα 2 στην επόμενη σελίδα [4, σελ. 365· 1, σελ. 234]. Οι μέσες τιμές για τις τέσσερις εποχές του έτους δίνουν μια μέση μετάπτωση 23,75⁰ βορειοανατολικά, πολύ κοντά στην κλίση του άξονα της Γης των 23,5⁰. Σύμπτωση;

Παράρτημα

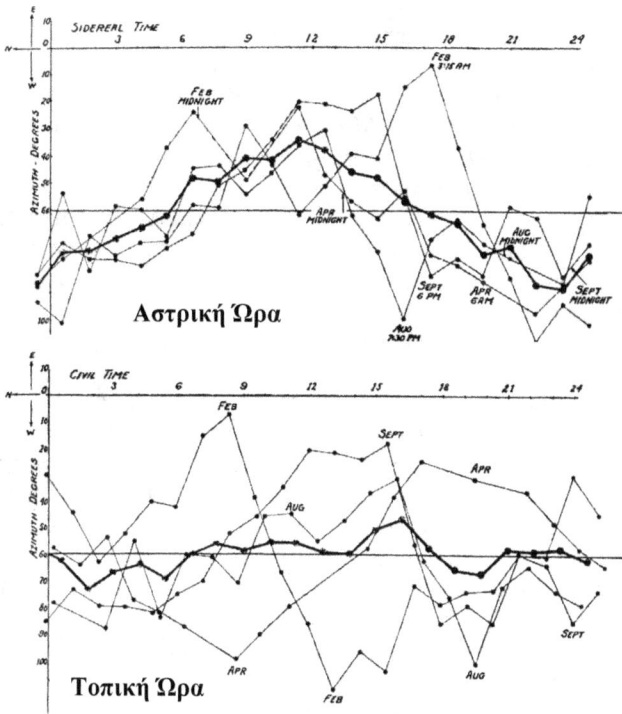

Αστρική Ώρα

Τοπική Ώρα

Σχήμα 2: Απόδοση των Δεδομένων της Ολίσθησης του Αιθέρα σε Αστρική και σε Τοπική Ώρα, από τα Πειράματα του Μίλερ στο Όρος Γουίλσον. (1928) *Επάνω Γράφημα:* Τα πειραματικά δεδομένα του Μίλερ οργανωμένα σύμφωνα με τον αστρικό χρόνο, δείχνουν μια μη ομαλή αλλά δομημένη διακύμανση των δεδομένων. Το Αζιμούθιο του σήματος κυμαίνεται από μια μέγιστη Ανατολική τιμή περίπου στις 12h Αστρική ώρα ως μια ελάχιστη Δυτική τιμή στις 22,5h Αστρική ώρα (το γράφημα είναι σε αρμονία με το Σχήμα 1 της προηγούμενης σελίδας). *Κάτω Γράφημα:* Τα ίδια δεδομένα οργανωμένα σε σχέση με την Τοπική Ώρα, όπου δεν εμφανίζεται καμία οργανωμένη δομή των δεδομένων. Αν οι μεταβολές στα σήματα οφείλονταν σε κάποιο ημερήσιο παράγοντα όπως η θέρμανση από τον Ήλιο, το γράφημα με την Τοπική Ώρα θα εμφάνιζε μια μη ομαλή αλλά συστηματική δομή.

223

Εγχειρίδιο του Συσσωρευτή Οργόνης

προβλήματα της κριτικής του Σάνκλαντ κ.α. στον Μίλερ [2] και έτσι δεν θα επαναλάβω αυτά τα ζητήματα εδώ, εκτός από την έμφαση στο γεγονός ότι ο ισχυρισμός τους ότι «αντέκρουσαν» τον Μίλερ είναι *αστήριχτος* και βασίστηκε σε προκατειλημμένη επιλογή δεδομένων, παραδοχές τις οποίες ο ίδιος ο Μίλερ είχε καταρρίψει αρκετά χρόνια πριν, καθώς και σε ελλειπή κατανόηση των βασικών γνώσεων της συμβολομετρίας της ολίσθησης του αιθέρα.

Στο τέλος της δεκαετίας του 1990, ο Μορίς Αλαί έκανε κι αυτός μια νέα έρευνα της εργασίας του Μίλερ σχετικά με την ολίσθηση του αιθέρα και βρήκε επιπρόσθετα μη τυχαία μοτίβα στα δεδομένα του Μίλερ, τα οποία συσχέτισε με τη δική του εργασία σχετικά με τη μη ομαλή συμπεριφορά του εκκρεμούς κατά τη διάρκεια των ηλιακών εκλείψεων. [11]

Την πιο σημαντική πρόοδο από την εποχή του Μίλερ αποτελούν τα πειράματα του Γιούρι Γκαλάεφ του Ινστιτούτου Ραδιοφυσικής και Ηλεκτρονικής της Ουκρανίας. Ο Γκαλάεφ έκανε ανεξάρτητες μετρήσεις της ολίσθησης του αιθέρα χρησιμοποιώντας τόσο περιοχές ραδιοσυχνοτήτων [12], όσο και ορατού φάσματος. [13] Η έρευνά του όχι μόνο *«επαλήθευσε τα αποτελέσματα του Μίλερ μέχρι την τελευταία λεπτομέρεια»*[14] αλλά έκανε εφικτό τον υπολογισμό της αύξησης της ολίσθησης του αιθέρα σε συνάρτηση με το ύψος πάνω από την επιφάνεια της Γης (υπολογίστηκε ότι είναι 8,6 m/s για κάθε μέτρο αύξησης του ύψους). Τα αποτελέσματα του ίδιου του Μίλερ που επηρεάζονταν από το υψόμετρο, δείχνουν ότι η ταχύτητα ολίσθησης του αιθέρα στο Όρος Γούίλσον ήταν περίπου το 5,14% της υπολογισμένης ταχύτητας του «ανέμου του αιθέρα» στον ανοιχτό χώρο (πρόκειται για τον παράγοντα ελάττωσης 'k' του Μίλερ, [1, σελ. 234-235]), αλλά με μεταβολές σύμφωνα με την εποχή και την Αστρική μέρα, όπως αναφέρθηκε παραπάνω.

Όλα τα πειράματα αυτά προτείνουν την ύπαρξη ενός αιθέρα σύμφωνου με την παλαιότερη έννοια ενός ρευστού μέσου, ενός απτού «πράγματος» που μπορεί να παρασυρθεί ή να επιβραδυνθεί όταν κινείται κοντά στην επιφάνεια της Γης. Αυτή η βασική ιδιότητα του αιθέρα, που εμφανίζεται επανειλημμένα στα πειραματικά αποτελέσματα – ότι είναι ένα ρευστό υλικό μέσο με πολύ μικρή μάζα που, επομένως, αλληλεπιδρά με την ύλη, το οποίο μπορεί να επιβραδυνθεί από ύλη που εμποδίζει την πορεία της και το οποίο επομένως μπορεί να *προσδώσει μια μικρή ορμή στην ύλη που το εμποδίζει* – έχει μεγάλη σημασία για την ενσωμάτωση της θεωρίας του αιθέρα στην σύγχρονη Κοσμολογία. Ίσως να μπορέσουμε να κατασκευάσουμε ένα μοντέλο, άμεσα, από αυτά τα αποτελέσματα, που

Παράρτημα

δεν απαιτεί αναφορές σε μεταφυσικές υποθέσεις όπως ο σχετικιστικά καμπυλωμένος χωρο-χρόνος, ή οι συστολές των ράβδων μέτρησης, τύπου Λόρεντς. Για να γίνει αυτό, πρέπει να αναφέρουμε άλλους ερευνητές που όπως ο Μίλερ, ανακάλυψαν ένα κοσμολογικό φαινόμενο μιας «αιθερικής» ποιότητας, που ωστόσο έχει μετρήσιμη ύλη.

Η Δυναμική *Οργόνη* του Ράιχ που μοιάζει με τον Αιθέρα

Από το 1934 ως το 1957 ο Ράιχ δημοσίευσε μια σειρά από αναφορές πειραμάτων με τις οποίες απέδειξε την ύπαρξη μιας ειδικής μορφής ενέργειας, που ονομάστηκε *οργόνη*. [15,16] Σύμφωνα με τα συμπεράσματά του, η οργονική ενέργεια φόρτιζε τους ιστούς του ανθρώπινου οργανισμού και έπαιζε έναν θεμελιώδη ρόλο στη διαδικασία της ζωής. Συμπέρανε επίσης ότι υπάρχει σε μια ελεύθερα κινούμενη δυναμική μορφή μέσα στην ατμόσφαιρα και μέσα σε σωλήνες υψηλού κενού. Από τα πειράματά του, ο Ράιχ συμπέρανε ότι η οργόνη γέμιζε τον κενό χώρο του σύμπαντος. [17,18] Οι ιδιότητες της οργόνης του Ράιχ ήταν πολύ κοντινές σε εκείνες του κοσμικού αιθέρα του Μίλερ:

Α) Οργονική ενέργεια που δεν είχε μάζα γέμιζε όλο το χώρο, όπως ο κοσμικός αιθέρας, αλλά βρίσκονταν σε μια συνεχή κίνηση *που ακολουθούσε συγκεκριμένους νόμους*, ακολουθώντας σπειροειδείς τροχιές, που ήταν δυνατόν να συγκεντρωθεί σε ένα μέρος, ενώ αραίωνε σε ένα άλλο. Η οργόνη μπορούσε να διαπεράσει, εύκολα, την ύλη αλλά και να αλληλεπιδρά ασθενώς μαζί της, ελκυόμενη από αυτήν και φορτίζοντάς την. Τα μέταλλα γρήγορα την εκφόρτιζαν ή την αντανακλούσαν, καθιστώντας δυνατόν να κατασκευαστούν ειδικά μεταλλικά-διηλεκτρικά περιβλήματα *(συσσωρευτές οργονικής ενέργειας)*, που εμφάνιζαν ασυνήθιστη αύξηση της ανάπτυξης των φυτών, αναγέννηση των ιστών και φαινόμενα επούλωσης, όπως και ασυνήθιστα φυσικά φαινόμενα όπως αυθόρμητη παραγωγή θερμότητας, ελαττωμένο ρυθμό εκφόρτισης του ηλεκτροσκοπίου, καθώς και ασυνήθιστα φαινόμενα ιονισμού μέσα σε σωλήνες υψηλού κενού και σωλήνες Γκάιγκερ που είχαν φορτιστεί με οργόνη. [16,19,20,21,22] Σχεδόν όλοι οι επιστημονικοί του ισχυρισμοί έχουν επαναληφθεί και επιβεβαιωθεί από ανεξάρτητους ερευνητές.

Β) Βασισμένος στις παρατηρήσεις του σχετικά με το *περίβλημα οργονικής ενέργειας* της Γης, που περιστρέφονταν από τη Δύση προς την Ανατολή *γρηγορότερα* από την περιστροφή της Γης και την ύπαρξη ενός συγκεκριμένου ρεύματος ενέργειας κινούμενου από ΝΔ προς ΒΑ μέσα στην ατμόσφαιρα, ο Ράιχ δέχτηκε την ύπαρξη μεγάλων σπειροειδών ρευμάτων οργόνης μέσα στο σύμπαν. Παρατήρησε μια σπειροειδή κίνηση στο επίπεδο του Γαλαξία μας (που ονομάστηκε

225

Εγχειρίδιο του Συσσωρευτή Οργόνης

Γαλαξιακό Ρεύμα), με δευτερεύοντα ρεύματα να ρέουν παράλληλα στην Εκλειπτική του Ηλιακού μας Συστήματος και στον ισημερινό της Γης (το *Ισημερινό Ρεύμα*). Ο Ράιχ υποστήριξε επίσης, βασισμένος σε ατμοσφαιρικές και τηλεσκοπικές παρατηρήσεις, ότι τα ρεύματα της κοσμικής ενέργειας έλκονται μεταξύ τους, υπερτίθενται σε μια σπειροειδή μορφή και συστέλλονται για να δημιουργήσουν καινούργια ύλη από το υπόστρωμα της κοσμικής ενέργειας. [18] Ο Ράιχ περιέγραψε αυτές τις σπειροειδείς κυματομορφές, δίνοντάς τους το Γερμανικό όνομα *Kreiselwelle* (*σπειροειδές κύμα ή κατά λέξη «γυροσκοπικό κύμα»*), οι οποίες πίστευε ότι βρίσκονταν στη βάση διαφόρων βιολογικών, ατμοσφαιρικών και κοσμικών κινήσεων. [18,23] Σύμφωνα με τη θεωρία της *Κοσμικής Υπέρθεσης* [18] του Ράιχ, η περιστροφή των πλανητών γύρω από τους άξονές τους, η περιφορά τους γύρω από τους ήλιους τους και των δορυφόρων γύρω από τους πλανήτες, ήταν αποτελέσματα γιγάντιων ρευμάτων κοσμικής ενέργειας που υπερτίθεντο.

Γ) Ο Ράιχ ποτέ δεν ανέφερε το έργο του Μίλερ, αλλά θεωρούσε την παλαιότερη θεωρία του αιθέρα ως μια *«χρήσιμη ιδέα»*. Όπως και ο Μίλερ, παρατήρησε και εκείνος ότι σε μεγαλύτερα υψόμετρα η οργονική ενέργεια κινούνταν γρηγορότερα και ήταν πιο ζωηρή και προσδιόρισε την Εαρινή Ισημερία του Βορείου Ημισφαιρίου όπως και το μέγιστο της δραστηριότητας των Ηλιακών κηλίδων ως εποχές αυξημένης φόρτισης και δραστηριότητας της οργονικής ενέργειας.

Τα ευρήματα του Ράιχ και η θεωρία της *Κοσμικής Υπέρθεσης* συμφωνούν με πολλά τμήματα της αναγνωρισμένης αστρονομίας, στο γεγονός ότι τα κινούμενα άστρα και οι περιφερόμενοι πλανήτες διαγράφουν μεγάλες ανοιχτές σπειροειδείς τροχιές στο σύμπαν. Ωστόσο, με δεδομένη την υπόθεση περί «κενού χώρου» δεν δίνεται ιδιαίτερη έμφαση στο γεγονός αυτό. Μόνο κάποια λιγοστά εγχειρίδια αναφέρουν αυτό το γεγονός. Ο Ράιχ, αντίθετα, επεξεργάστηκε τις δικές του ειδικές λειτουργικές εξισώσεις για τη βαρύτητα και την συμπεριφορά του εκκρεμούς, [25] βασισμένος τόσο στην άποψή του για το περιστρεφόμενο κύμα, όσο και σε εκείνη σύμφωνα με την οποία ο χώρος είναι γεμάτος από ένα υπόστρωμα πλούσιο σε ενέργεια. Τα ευρήματά του είναι σε πλήρη συμβατότητα με έναν δυναμικό αιθέρα, ο οποίος παίζει επίσης το ρόλο *της κύριας κοσμικής κινητήριας δύναμης*, αλλά είναι ασύμβατα με έναν *στατικό, στάσιμο και ακίνητο* αιθέρα, ακόμα και με τον *παθητικό* αιθέρα του Μίλερ ο οποίος *συμπαρασύρεται από τη Γη*. Το σύμπαν του Ράιχ ζωογονούνταν από ρεύματα παλλόμενης κοσμικής οργονικής ενέργειας τα οποία κινούν τα άστρα και τους πλανήτες καθώς ρέουν στον ουρανό, όπως μια μπάλα που επιπλέει παρασύρεται από τα κύματα του νερού. [18]

Παράρτημα

Αιθέρας: Στατικός, Παρασυρόμενος από τη Γη, ή Δυναμικός;

Από την εποχή του Ισαάκ Νεύτωνα, πολλοί Φυσικοί θεωρούσαν τον αιθέρα ότι ήταν ένα στατικό ή ακίνητο φαινόμενο, κάτι που εκτείνονταν σε όλο τον κόσμο, αλλά κυρίως ως ένα ακίνητο μέσο υποβάθρου. Ένας στατικός αιθέρας ή ο «Απόλυτος Χώρος», ήταν αναγκαιότητα για τον ηλικιωμένο Νεύτωνα, ο οποίος στην ουσία εξάλειψε όλες τις απτές του ιδιότητες εκτός από την ικανότητά του να μεταδίδει οπτικά κύματα.[2] Αυτό έγινε, σε μεγάλο βαθμό, για να συμφιλιώσει τις μαθηματικές του εξισώσεις *κίνησης* με τη θεολογία του. Ο Νεύτωνας εμφανίστηκε να θέλει να «θεραπεύσει το σχίσμα» μεταξύ της Επιστήμης και της Εκκλησίας, που ξεκίνησε από την εποχή του Γαλιλαίου, *απαλλάσσοντας το σύμπαν από οποιαδήποτε κίνηση κοσμικής κινητήριας δύναμης, διαφορετικής από τη θεότητα.* Από τότε, ο αιθέρας δηλώθηκε ως νεκρός, στατικός και χωρίς απτές ιδιότητες (με τις οποίες θα μπορούσε να επηρεάσει τα ουράνια σώματα) και ο Θεός σώθηκε από το ταμείο ανεργίας, διατηρώντας το ρόλο της πηγής όλων των παγκόσμιων κινήσεων.[24] Αυτή η άποψη δεν είναι φανερή από την πλευρά των μαθηματικών του, αλλά είναι τμήμα της βαθύτερης φιλοσοφίας του. Επομένως, οι Μ-Μ και πολλοί άλλοι έψαξαν να βρουν αλλά ποτέ δεν ανίχνευσαν έναν στατικό, άυλο αιθέρα που δεν έχει ιδιότητες ή χαρακτηριστικά, που δεν παρασύρεται από τη Γη καθώς κινείται γρήγορα μέσα από αυτόν.

Στην πραγματικότητα, η άποψη του Μίλερ διαφοροποιούνταν από την ιδέα του *στατικού* αιθέρα μόνο στο μέτρο που ήταν απαραίτητο για να ερμηνευτούν, αφ' ενός ένα φαινόμενο παρασυρμού από τη Γη και αφ' ετέρου η ιδιότητα της πυκνής ύλης να αντανακλά τον αιθέρα, όπως απέδειξαν οι μετρήσεις του. Ο αιθέρας του Μίλερ ήταν *ακίνητος*, αλλά ρευστός και με αρκετή ύλη ώστε να παρασύρεται στην επιφάνεια της Γης. Επομένως, ποτέ δεν αποδέχτηκε τα αρχικά αποτελέσματα του πειράματος των Μ-Μ και επεδίωξε να πραγματοποιήσει μετρήσεις της ολίσθησης του αιθέρα σε μεγαλύτερα ύψη και σε διαφορετικές εποχές. Το 1933 έφτασε στο συμπέρασμα ότι η Γη σπρώχνει έναν ακίνητο αλλά παρασυρόμενο από τη Γη αιθέρα, με κατεύθυνση τον αστερισμό της Δοράδος, κοντά στον Νότιο Πόλο της Εκλειπτικής. Αλλά αυτή η άποψη πάντα περιείχε τους σπόρους μιας θεμελιώδους αντίφασης.

---

2. Ο Ισαάκ Νεύτων σε νεαρή ηλικία πίστευε ένθερμα στην ύπαρξη του κοσμικού αιθέρα του διαστήματος. Αργότερα απέρριψε αυτή του την πίστη, όταν αφιέρωσε περισσότερο χρόνο και σκέψεις σε θεολογικά ζητήματα. Δείτε *Το Γράμμα του Ισαάκ Νεύτωνα στον Ρόμπερτ Μπόιλ, για τον Κοσμικό Αιθέρα του Διαστήματος,* εδώ: www.orgonelab.org/newtonletter.htm

Δράκων-Βέγας-Ηρακλής
Βόρειος Πόλος της Εκλειπτικής

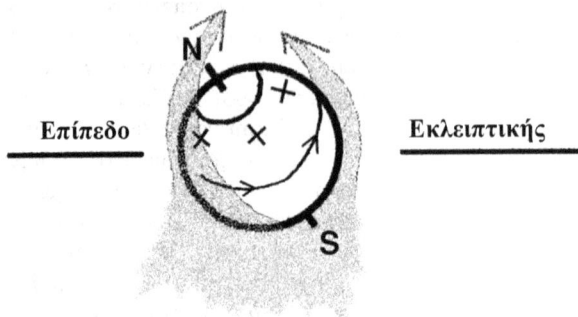

Επίπεδο

Εκλειπτικής

Δοράς – Μεγάλο Νέφος του Μαγγελάνου
Νότιος Πόλος Εκλειπτικής

Σχήμα 3: Σχετική Κίνηση Γης και Αιθέρα. Μήπως η Γη σπρώχνει προς το Νότο διαμέσου ενός παθητικού, στάσιμου αιθέρα, ή μήπως ο αιθέρας είναι δυναμικός, παρόμοιος με την οργόνη του Ράιχ, που ρέει προς τα Βόρεια με ένα υπερτιθέμενο σπειροειδές στροβιλιστικό κύμα και παρασύρει το σύστημα Γης-Ήλιου μαζί της; Τα σημάδια «x» στο διάγραμμα της Γης απεικονίζουν τα κάθετα μέρη του συμβολομέτρου του Μίλερ σε διάφορες ώρες της ημέρας, δείχνοντας πως θα μεταβάλλονταν η κίνηση του αιθέρα σε σχέση με την Ηλιακή-τοπική ώρα στις διάφορες εποχές, αλλά θα παρέμενε σταθερή σε σχέση με τη γαλαξιακή αστρική ημέρα.

Αν δεχτεί κανείς ότι ο αιθέρας είναι στάσιμος αλλά έχει κάποια μικρή μάζα και επομένως είναι απτό «πράγμα» που μπορεί να αλληλεπιδράσει με την ύλη και μπορεί να «παρασυρθεί» στην επιφάνεια της Γης, τότε εξ ορισμού αυτός ο «παρασυρόμενος αιθέρας» θα δρα σαν *επιβραδυντική δύναμη στην κίνηση των πλανητών μέσα στο χρόνο.* Και μετά από αρκετό χρόνο, αυτός ο παρασυρόμενος αλλά κατά βάση ακίνητος αιθέρας θα μπορούσε να εκμηδενίσει όλες τις ουράνιες κινήσεις. Για να μπορεί να λειτουργεί το σύμπαν, πρέπει κάποιος να θέσει αξιωματικά την ύπαρξη κάποιας άλλης ανεξάρτητης δύναμης ενεργοποίησης που να δημιουργεί όλη την κοσμική κίνηση και να αντιτίθεται στο «φρένο» ενός ακίνητου και παρασυρόμενου αιθέρα. Ή

Παράρτημα

πρέπει να εξαφανίσει κανείς όλες τις απτές ιδιότητες του αιθέρα και να τον καταστήσει μια αφηρημένη έννοια. Έτσι επιστρέφει κανείς πίσω στο ίδιο αξίωμα του Νεύτωνα: *την ανάγκη μιας δύναμης αντίδρασης στη φύση, πέρα από τον αιθέρα, η οποία θα ανανεώνει συνεχώς τις ουράνιες κινήσεις* ή τουλάχιστον έχει βάλει τα πάντα σε κίνηση με μια «μεγάλη έκρηξη».

Αναγκάζεται κανείς να επικαλεστεί μια μεταφυσική αρχή, κάτι πέρα από τις συνήθεις βαρυτικές δυνάμεις, που φαίνονται ανεπαρκείς να ξεπεράσουν εντελώς το μακροχρόνιο «κοσμολογικό φρένο» ενός παρασυρόμενου αλλά ακίνητου αιθέρα. Εναλλακτικά, ο αιθέρας πρέπει να γίνει κάτι αφηρημένο, μη απτό.

Μια τρίτη λύση, που φαίνεται ότι την απέφυγαν από την αρχή οι Νεύτωνας, Μάικελσον, Μίλερ, Αϊνστάιν και σχεδόν όλοι εκτός του Ράιχ είναι *να δοθεί στον κοσμολογικό αιθέρα όχι μόνο ύλη αλλά και δυναμικές ιδιότητες σπειροειδών κινήσεων, που αντανακλούν τις παρατηρούμενες πλανητικές κινήσεις.*

Τα Συμπεράσματα του Μίλερ του 1928 σε Σύγκριση με Εκείνα του 1933

Υπάρχει μια εκπληκτική *εμπειρική συμφωνία* μεταξύ του Μίλερ και του Ράιχ. Το Σχήμα 3 δείχνει μια χονδρική προσέγγιση των συμπερασμάτων του Μίλερ που προέκυψαν από τις παρατηρήσεις, τα οποία μπορούν να ερμηνευτούν, όπως πρότεινε ο Μίλερ ή όπως πρότεινε ο Ράιχ. Τα σημάδια «x» πάνω στη σφαίρα του Σχήματος 3 αναπαριστούν το συμβολόμετρο σε διάφορες θέσεις κατά τη διάρκεια της ημέρας και μπορεί να δει κανείς πως η ροή του αιθέρα θα έτεμνε τις κάθετες δέσμες υπό διαφορετικές γωνίες καθώς η Γη περιστρέφονταν.

Όπως σημειώθηκε παραπάνω, τα τελικά συμπεράσματα του Μίλερ του 1933 ήταν ότι η Γη κινείται προς ένα σημείο κοντά στον αστερισμό της Δοράδος, κοντά στο Νότιο Πόλο της Εκλειπτικής. [1, σελ. 234] Ωστόσο, σύμφωνα με τα *προγενέστερα συμπεράσματά του,* του 1928, από τα ίδια δεδομένα, η κατεύθυνση της κίνησής της ήταν κατά μήκος του *ίδιου άξονα σχετικής ολίσθησης* του αιθέρα, αλλά στην *αντίθετη κατεύθυνση,* προς το Βόρειο Πόλο της Εκλειπτικής.[4] Οι αρχικοί υπολογισμοί του Μίλερ που υπέδειξαν αυτό το βόρειο σημείο είναι περισσότερο συμβατοί με μια δυναμική θεωρία ολίσθησης του αιθέρα, όπου ο αιθέρας έρεε και κινούνταν, γενικά, *από τη Δοράδα προς το Βόρειο Πόλο της Εκλειπτικής (Δράκων),* μια κίνηση με την οποία θα μετακινούσε το σύστημα Ήλιου-Γης-Σελήνης μαζί του κατά την κίνησή του, αν και μόνο ένα μικρό τμήμα της ταχύτητας του αιθέρα θα μπορούσε να μετρηθεί (περίπου 10 km/s) εξαιτίας του συμπαρασυρμού της Γης. Το συμβολόμετρο, από μόνο του, όπως παρατήρησε, μπορούσε να καθορίσει «*...την ευθεία πάνω στην οποία*

229

Εγχειρίδιο του Συσσωρευτή Οργόνης

πραγματοποιείται η κίνηση της *Γης* σε σχέση με τον αιθέρα αλλά δεν καθορίζει την κατεύθυνση της κίνησης πάνω στην ευθεία αυτή.» [1, σελ. 231]

Σήμερα η αποδεκτή τοπική κίνηση του Ήλιου είναι προς τον Βέγα, στον αστερισμό Λύρα, που βρίσκεται στο εσωτερικό ενός μικρού τριγώνου που ορίζουν οι αστερισμοί του Δράκοντα, του Ηρακλή και του Κύκνου. Και οι τρεις αστερισμοί είναι αρκετά κοντά στον βόρειο πόλο της εκλειπτικής και στον βόρειο πολικό άξονα της ολίσθησης του αιθέρα του Μίλερ. Όλα τα σημεία αυτά βρίσκονται κοντά στο επίπεδο του Γαλαξία μας, σαν το Ηλιακό μας Σύστημα να στροβιλίζεται ευτυχισμένο, γαντζωμένο σε μια από τις τεράστιες σαρωτικές ενεργειακές κινήσεις ενός από τους βραχίονες του Γαλαξία. Τα Σχήματα 3 και 4 απεικονίζουν αυτές τις σχέσεις, στις οποίες μπορούν να προστεθούν οι ακόλουθες δομές και πρότυπα.

Τα δεδομένα του Μίλερ παρέχουν υπολογισμούς ταχυτήτων που εμφανίζουν αφ' ενός ωριαίες μεταβολές σε σχέση με την αστρική ώρα, αφ' ετέρου εποχιακές μεταβολές για τα τετράμηνα που έγιναν τα πειράματα στο Όρος Γουίλσον. Είναι ως εξής:

Μεταβολές Αστρικής Ώρας: Μίλερ 1928
(δες την Κορυφή του Σχήματος 1)
Μέγιστη Ταχύτητα: Περίπου 10 km/s στις 5h αστρικής ώρας
Ελάχιστη Ταχύτητα: Περίπου 6-7 km/s στις 17h αστρικής ώρας

Οι *Μεταβολές* της ταχύτητας ολίσθησης του αιθέρα *ως προς την Αστρική Ώρα* εξηγούνται πιο εύκολα ως οφειλόμενες αφ' ενός σε φαινόμενο προστασίας του συμβολόμετρο στις 17h από τη μάζα της Γης και αφ' ετέρου στην ευθυγράμμιση του συμβολόμετρου με τον άξονα της ολίσθησης του αιθέρα κατά τη μέγιστη τιμή της στις 5h. Μπορεί κανείς να κάνει μια χονδρική προσέγγιση αυτού του γεγονότος από το Σχήμα 3, όπου το «x» που ορίζει το συμβολόμετρο στην αριστερή άκρη του διαγράμματος της Γης είναι πλήρως εκτεθειμένο στον άνεμο του αιθέρα, ενώ το «x» στη δεξιά πλευρά, κατά ένα μεγάλο μέρος, προστατεύεται από τη μάζα της Γης. Στην πραγματικότητα, η ταχύτητα που μέτρησε ο Μίλερ και οι τιμές *του αζιμούθιου* κατά την Αστρική Μέρα ακολουθούν ένα τέτοιο πρότυπο. [25, σελ. 142-143]

Παράρτημα

Εποχιακές Μεταβολές   Μίλερ 1933 [1, σελ. 235]
15 Σεπτεμβρίου   9,6 km/s
2 Δεκεμβρίου – η ελάχιστη ταχύτητα που υπολογίστηκε
8 Φεβρουαρίου   9,3 km/s
1 Απριλίου   10,1 km/s
2 Ιουνίου – η μέγιστη ταχύτητα που υπολογίστηκε
1 Αυγούστου   11,2 km/s

Οι *Εποχιακές Μεταβολές* των ταχυτήτων ολίσθησης του αιθέρα, γίνονται επίσης εύκολα κατανοητές ως συνέπεια της συνδυασμένης κίνησης της Γης γύρω από τον Ήλιο και της μεταφορικής κίνησης του Ήλιου διαμέσου του Γαλαξία. Τα Σχήματα 4 και 5 που προέκυψαν από τον συνδυασμό των κοσμολογικών ιδεών του Μίλερ με εκείνες του Ράιχ, είναι σε συμφωνία με όσα είναι γνωστά από την Αστρονομία. Από τον Απρίλιο ως τον Αύγουστο, η Γη διαγράφει μια μεγάλη απόσταση στον ουρανό, ενώ το Δεκέμβρη και τον Ιανουάριο η Γη διανύει μια σχετικά μικρή απόσταση. Οι αποστάσεις B-C-D του Σχήματος 4 από την 21^η Μαρτίου ως την 21^η Σεπτεμβρίου, για παράδειγμα, είναι περίπου διπλάσιες από τις D-A-B που καλύπτουν την περίοδο από την 21^η Σεπτεμβρίου ως την 21^η Μαρτίου. Υπάρχει μια περίοδος που η Γη επιταχύνει και φτάνει τη μέγιστη ταχύτητά της ξεκινώντας περίπου από την Εαρινή Ισημερία (από το B προς το C), ενώ στην συνέχεια ακολουθεί επιβράδυνση (από το C προς το D) όπου η Γη μπαίνει σε μια περιοχή όπου κινείται σχετικά αργά σε σχέση με το υπόλοιπο σύμπαν (D-A-B). Όταν συμπληρωθεί ο κύκλος, τον επόμενο Μάρτιο ξεκινά μια σημαντική επιτάχυνση. Η παραπάνω περιγραφή δίνει την εντύπωση ενός ισχυρού ενεργειακού κύματος ή παλμού, ο οποίος προσδίδει ορμή στη Γη, *επιταχύνοντάς την προς το κέντρο του Γαλαξία κατά τους μήνες αμέσως μετά το Μάρτιο*, η οποία κατόπιν επιβραδύνεται όταν απομακρύνεται από το κέντρο του Γαλαξία μετά τον Σεπτέμβρη. Παρόμοιες μεταβολές της ταχύτητας επηρεάζουν όλους τους άλλους πλανήτες.

Ο Ράιχ παρατήρησε αυτή τη μεταβολή της ταχύτητας της Γης καθώς και της γωνίας των 62^0 μεταξύ του περιστρεφόμενου Γαλαξιακού Επιπέδου και του Επιπέδου Περιστροφής του Ηλιακού Συστήματος, της Εκλειπτικής. [18,25] Παρομοίως, το Επίπεδο της Εκλειπτικής έχει κλίση περίπου 60^0 σε σχέση με την πορεία του Ήλιου προς τον Βέγα. Μια παρόμοια σχέση γωνιακών συσχετίσεων υπάρχει και στις μετρήσεις του Μίλερ για την ολίσθηση του αιθέρα η οποία «...ταλαντώνεται πίσω- μπρος μέσα σε μια γωνία περίπου 60^0...». [4, σελ. 357] Τόσο ο Μίλερ όσο και ο Ράιχ έδωσαν έμφαση σε παρόμοιες μεταφορικές κινήσεις της Γης διαμέσου του σύμπαντος, όπως απαιτούσαν τα αντίστοιχα ευρήματά τους.

231

Εγχειρίδιο του Συσσωρευτή Οργόνης

Πλανητικές Σπειροειδείς Κινήσεις και η Ολίσθηση του Αιθέρα του Μίλερ

A= 21 Δεκ. Ηλιοστάσιο   D-A-B= Πιο αργές κινήσεις
B=21 Μάρτ. Ισημερία   B-C-D=Πιο γρήγορες κινήσεις
C=21 Ιούν. Ηλιοστάσιο   A-B-C=Επιτάχυνση
D=21 Σεπτ. Ισημερία   C-D-A= Επιβράδυνση

Σχήμα 4: Η Σπειροειδής Κίνηση της Γης Γύρω από τον Κινούμενο Ήλιο. Η Γη διανύει μεγαλύτερη απόσταση κατά την περίοδο Μαρτίου-Σεπτεμβρίου (B-C και C-D) συγκριτικά με την περίοδο Σεπτεμβρίου-Μαρτίου (D-A και A-B). Αυτή η εναλλαγή επιτάχυνσης και επιβράδυνσης κατά τη διάρκεια του χρόνου εμφανίζεται να σχετίζεται με την κίνηση προς και από το Κέντρο του Γαλαξία. Το γράφημα περιλαμβάνει τις μετρημένες εποχιακές διακυμάνσεις των ταχυτήτων ολίσθησης του αιθέρα από τα πειράματα στο Όρος Γουίλσον, που είναι σε αρμονία με το μοντέλο της σπειροειδούς μορφής. Σημείωση: Τα συγκεκριμένα συμπεράσματα αντανακλούν μετρήσεις στο συμβολόμετρο και λόγω της ύπαρξης του συμπαρασυρμού της Γης *δεν πρέπει να συγχέονται με την απόλυτη ταχύτητα του αιθερικού ανέμου ή της ίδιας της Γης διαμέσου του διαστήματος.* [25]

232

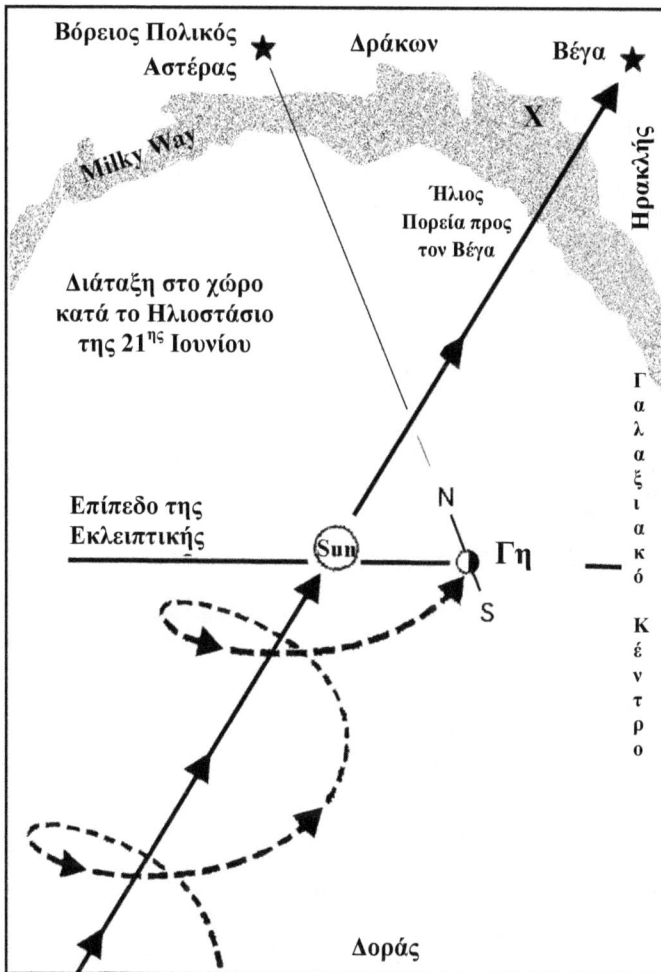

Βόρειος Πολικός Αστέρας ★   Δράκων   Βέγα ★

Milky Way

Διάταξη στο χώρο κατά το Ηλιοστάσιο της 21^{ης} Ιουνίου

Ήλιος
Πορεία προς τον Βέγα

Χ

Ηρακλής

Επίπεδο της Εκλειπτικής

Sun   Γη

Ν

S

Γαλαξιακό Κέντρο

Δοράς

Σχήμα 5: Σπειροειδής Κίνηση του Συστήματος Ήλιος-Γη. Η Γη (εμφανίζεται εδώ σε θέση καλοκαιρινού ηλιοστασίου) κινείται γύρω από τον Ήλιο σπειροειδώς, καθώς ο Ήλιος κινείται προς τον Βέγα. Ο αστερισμός του Δράκοντα ορίζει, κατά προσέγγιση, τη θέση του βόρειου πόλου του Επιπέδου της Εκλειπτικής, που βρίσκεται εντός 7^0 από το βόρειο πόλο του άξονα που υπολόγισε ο Μίλερ για την ολίσθηση του αιθέρα (στο «x»). Το επίπεδο της Εκλειπτικής σχηματίζει γωνία περίπου 60^0 με την πορεία του Ήλιου, προκαλώντας εποχιακές διακυμάνσεις στην ταχύτητα της κίνησης της Γης. [25]

233

Εγχειρίδιο του Συσσωρευτή Οργόνης

Η Βιομετεωρολογία του Πικάρντι και η «Σκοτεινή Ύλη»

Παρόμοιες παρατηρήσεις έγιναν από τον Ιταλό Χημικό Τζιόρτζιο Πικάρντι [26] σχετικά με κοσμικές επιρροές σε εργαστηριακά πειράματα αλλαγής φάσης υπό σταθερές περιβαλλοντικές συνθήκες (όπως η καθίζηση του διαλυμένου χλωριούχου βισμούθιου, σε νερό που βρίσκεται στο σημείο πήξης ή και κάτω από αυτό). Ο Πικάρντι κατέληξε στο συμπέρασμα ότι η ελικοειδής κίνηση της Γης γύρω από τον Ήλιο ήταν ο καθοριστικός παράγοντας που προκαλούσε τις μη ομαλές εποχιακές διακυμάνσεις στα πειράματά του, με μέγιστο κατά την Άνοιξη και το Καλοκαίρι του Βόρειου Ημισφαιρίου. Ο μη ομαλός κοσμικός παράγοντας του Πικάρντι μπορούσε να επηρεαστεί από μεταλλικά περιβλήματα που έμοιαζαν πολύ με τους συσσωρευτές οργονικής ενέργειας του Ράιχ ή το φαινόμενο-ασπίδας του αιθέρα που παρατήρησε ο Μίλερ και εμφανίζονταν σε όλη τη Γη. Δηλαδή, το συγκεκριμένο φαινόμενο επηρέασε, ταυτόχρονα, πειράματα και στο Βόρειο και στο Νότιο Ημισφαίριο με όμοιο τρόπο, κάτι που σημαίνει ότι το φαινόμενο επηρέαζε ολόκληρη τη Γη ταυτόχρονα και δεν σχετίζονταν με εποχιακούς περιβαλλοντικούς παράγοντες, όπως η θερμοκρασία και η υγρασία. Σημείωσε:

«Αν ο χώρος ήταν κενός, άδειος από πεδία από ύλη και αδρανής, μια μελέτη αυτού του τύπου θα ήταν χωρίς σημασία. Αλλά σήμερα, αντιθέτως, γνωρίζουμε ότι στο διάστημα υπάρχει και ύλη και πεδία.» [26, σελ. 97-98]

Με παρόμοιο τρόπο, ο Βιολόγος Φρανκ Μπράουν που εργάζονταν στο Ινστιτούτο Γουντς Χολ της Μασαχουσέτης παρατήρησε μεταβολές στο βιολογικό ρολόι ενός πλήθους ζωντανών οργανισμών που διατηρούνταν σε σταθερές περιβαλλοντικές συνθήκες, μεταβολές που σχετίζονταν με την κοσμική αστρική ώρα καθώς και τις εποχές. Οι περισσότερες από τις μεταβολές αυτές είναι σε αρμονία με το κοσμολογικό μοντέλο που παρουσιάστηκε εδώ. [27] Υπάρχει μια πλούσια διεπιστημονική βιβλιογραφία που αποδεικνύει παρόμοιες μεταβολές που σχετίζονται με την αστρική ώρα και τους εποχιακούς κύκλους, που υποδηλώνουν επιρροές από τον κοσμικό αιθέρα. [19]

Παράρτημα

Σχήμα 6: Το Παραστατικό Μοντέλο του Πικάρντι για την Ελικοειδή Κίνηση της Γης Γύρω από τον Ήλιο, όπως παρουσιάστηκε στο Γουόρλντ-Φερ των Βρυξελλών το 1958. [26, σελ. 98] Η Γη κινείται γρηγορότερα στο σύμπαν τον Ιούνιο από ότι τον Δεκέμβριο.

Τέλος, μπορούμε να θεωρήσουμε τις πολύ πρόσφατα μετρημένες διακυμάνσεις του «Ανέμου» της Σκοτεινής Ύλης», [28] που αναγνωρίζονται ως αποτέλεσμα της σπειροειδούς κίνησης του Γης στο σύμπαν, αν και δεν γίνεται καμία αναφορά στην ολίσθηση του αιθέρα. Όταν συνδυαστεί με την ταχύτητα της Γης γύρω από τον Ήλιο μεγέθους 30 km/s και των 232 km/s του Ηλιακού μας συστήματος διαμέσου του σύμπαντος, γίνεται η παραδοχή ενός μέγιστου της ταχύτητας του «ανέμου της σκοτεινής ύλης» στις 2 Ιουνίου και ενός ελαχίστου ταχύτητας στις 2 Δεκεμβρίου, σε αρκετά καλή συμφωνία με όσα παρουσιάστηκαν στα *Σχήματα 4,5 και 6*. Η «σκοτεινή ύλη» ήταν πάντα μια οντότητα που ήταν δύσκολο να προσδιοριστεί, που προτάθηκε εξαιτίας βαρυτικών ανωμαλιών που υποδηλώνουν μια πολύ αμυδρή μάζα μέσα στο διάστημα, αλλά ουσιαστικά διαφανή για τα φωτεινά κύματα εκτός από τις άλω των γαλαξιών. Προτείνω, ότι η «σκοτεινή ύλη» - που τώρα έχει φανεί ότι έχει μέγιστη «ταχύτητα ανέμου» σε συμφωνία με τις κοσμολογικές κινήσεις του αιθέρα όπως προσδιορίζονται από την σύνθεση των Μίλερ, Ράιχ και Πικάρντι – δεν είναι τίποτα άλλο από τον *υλικό και δυναμικό αιθέρα* του *σύμπαντος*.

235

Εποχιακές Διακυμάνσεις στα της «Σκοτεινής Ύλης» του DAMA

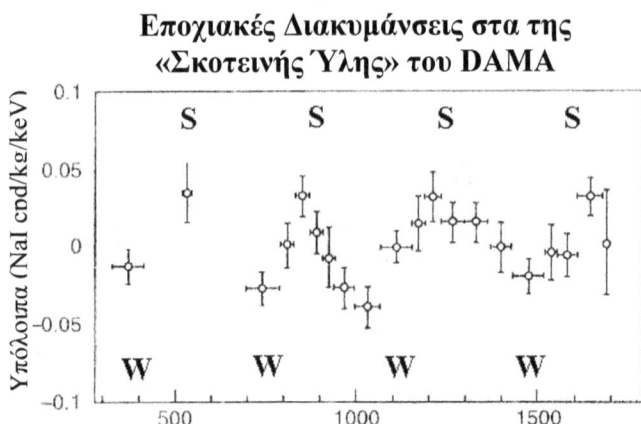

Χρόνος (ημέρες) Χειμώνας, Μετάβαση από την Άνοιξη στο Καλοκαίρι

Σχήμα 7: Ετήσιες Διακυμάνσεις (Βόρ. Ημισφ.) του «Ανέμου της Σκοτεινής Ύλης», από το Πρόγραμμα DAMA της Ιταλίας (του Μπερναμπέι) [28]. Ο κοσμικός άνεμος, είτε είναι αιθέρας, είτε είναι σκοτεινή ύλη ή οργονική ενέργεια, αυξάνεται τον Ιούνιο καθώς η ταχύτητα της Γης γίνεται μέγιστη και κατόπιν μειώνεται μέχρι να γίνει ελάχιστη τον Δεκέμβριο.

Αναφορές για την Εργασία σχετικά με την Ολίσθηση του Αιθέρα

[1] D. Miller, *Rev. Modern Physics,* Vol. 5(2), p. 203-242, Ιούλιος 1933.

[2] J. DeMeo «Η Έρευνα του Ντέιτον Μίλερ για την Ολίσθηση του Αιθέρα: Μια φρέσκια Ματιά» , *Παλμός του Πλανήτη,* 5, p. 114-130, 2002.
http://www.orgonelab.org/miller.htm

[3] A.A. Michelson & E. Morley, *Am. J. Sci.,* 3rd Ser., Vol. XXXIV (203), Νοέμ. 1887.

[4] D. Miller, *Astrophys. J.,*LXVIII (5), p.341-402, Δεκ. 1928

[5] A.A. Michelson, F.G. Pease, F. Pearson, «Επανάληψη του Πειράματος των Μάικελσον-Μόρλεϋ», *Nature,* 123:88, 19 Ιαν. 1929· επίσης στο J. Optical. Soc. Am., 18:181, 1929.

[6] J. Kennedy, E.M. Thorndike, *Phys. Rev.* 42: 400-418, 1932.

Παράρτημα

[7] A.A. Michelson, F.G. Pease, F. Pearson, «Μέτρηση της Ταχύτητας του Φωτός σε Μερικό Κενό», *Astrophysical J.,* 82:26-61, 1935.

[8] D. Deitz, «Ο Μίλερ του Κέιζ ως Ήρωας μια 'Επανάστασης'. Νέες Αποκαλύψεις για την Υπόνοια Μεταβολής της Ταχύτητας του Φωτός στην Θεωρία του Αϊνστάιν», *Cleveland Press,* 30 Δεκ. 1933.

[9] A. Einstein, «Η Σχετικότητα και ο Αιθέρας», *Essays in Science,* 1934, (μεταφρασμένο από τα Γερμανικά, περ. 1928;, δημοσιευμένο στο *Meine Weltbilt,* 1933.)

[10] R.S. Shankland, et. al., «Νέα Ανάλυση των Παρατηρήσεων με το Συμβολόμετρο του Ντέιτον Κ. Μίλερ», *Rev. Modern Physics,* 27(2): 167-178, Απρίλιος 1955.

[11] M. Allais, «*Η Ανισοτροπία του Χώρου*», Clement Juglar, Paris, 1997.

[12] Y. M. Galaev, «Αιθερικός Άνεμος με τη Χρήση της Διάδοσης Ραδιοκυμάτων Μήκους Κύματος της Τάξης Χιλιοστομέτρων», *Spacetime and Substance,* V. 2, No.5(10), 2000, p. 211-225. http://www.spacetime.narod.ru/0010-pdf.zip

[13] Y. M. Galaev, «Η Μέτρηση της Ταχύτητας Ολίσθησης του Αιθέρα και του Κινητικού Ιξώδους του Αιθέρα στο Ορατό Φάσμα», *Spacetime and Substance,* V. 3, No.5(15), 2003, p. 207-224. http://www.spacetime.narod.ru/0015-pdf.zip

[14] Y. M. Galaev, προσωπική επικοινωνία με τον συγγραφέα, στις 6 Απριλίου 2004.

[15] W. Reich, «*Η Ανακάλυψη της Οργόνης, Τόμ. 1: Η Λειτουργία του Οργασμού*», Farrar, Strauss & Giroux, NY, 1973 (επανεκδόσεις από το 1942).

[16] W. Reich, «*Η Ανακάλυψη της Οργόνης, Τόμ. 2: Η Βιοπάθεια του Καρκίνου*», Farrar, Strauss & Giroux, NY, 1973 (επανεκδόσεις από το 1948).

[17] W. Reich, «*Ο Αιθέρας, ο Θεός και ο Διάβολος*», Farrar, Strauss & Giroux, NY, 1973 (επανεκδόσεις από το 1951).

[18] W. Reich, «*Η Κοσμική Υπέρθεση*», Farrar, Strauss & Giroux, NY, 1973 (επανεκδόσεις από το 1951).

[19] J. DeMeo, «*Αποδείξεις Ύπαρξης μιας ...Αρχής Ατμοσφαιρικής Συνέχειας*»', υπό έκδοση.

[20] J. DeMeo, (εκδότης) *Το Σημειωματάριο του Αιρετικού,* Natural Energy, 2002.

[21] W. Reich, «*Το Πείραμα Όρανουρ*», Ίδρυμα Βίλχελμ Ράιχ, Ρέιντζλι, Μέιν, 1951.

[22] Η *Βιβλιογραφία της Οργονομίας* στο διαδίκτυο περιέχει εκατοντάδες αναφορές για έρευνα συγκεκριμένων όρων-κλειδιά: www.orgonelab.org/bibliog.htm.

Εγχειρίδιο του Συσσωρευτή Οργόνης

[23] W. Reich, «*Επαφή με το Διάστημα*», Farrar, Strauss & Giroux, NY, 1957, σελ. 95-110.

[24] L. Stecchini, «Ο Ασταθής Ουρανός», στο *Η Υπόθεση Βελικόφσκι: Διαμάχη Επιστήμης και Επιστημονισμού», Α. deGrazia, Ed., University Books, 1966.

[25] J. DeMeo, «Συμφιλιώνοντας την Ολίσθηση του Αιθέρα του Μίλερ με τον Δυναμικό Αιθέρα του Ράιχ», *Παλμός του Πλανήτη*, 5:137-146, 2002. http://www.orgonelab.org/MillerReich.htm.

[26] G. Piccardi, «*Η Χημική Βάση της Ιατρικής Κλιματολογίας*», Charles Thomas, Springfield, 1962.

[27] F. Brown, «Ενδείξεις Εξωτερικής Ρύθμισης Βιολογικών Ρολογιών» Στο *Μια Εισαγωγή στους Βιολογικούς Ρυθμούς*, J. Palmer (Ed.), Academic Press, Νέα Υόρκη, 1975.

[28] R. Bernabei, «Πείραμα DAMA: Κατάσταση και Αναφορές», Σεπτ. 2003 & R. Bernabei, «Αποτελέσματα DAMA/NaI», Φεβ. 2004. http://people.roma2.infn.it~dama/bernabei_alushta_dama.pdf http://people.roma2.infn.it~dama/belli_noon04.pdf http://www.lngs.infn.it/lngs/htexts/dama/

Για περισσότερες πληροφορίες για το θέμα του κοσμικού αιθέρα, δείτε:

J. DeMeo «Η Έρευνα του Ντέιτον Μίλερ για την Ολίσθηση του Αιθέρα: Μια Φρέσκια Ματιά», *Παλμός του Πλανήτη*, 5, σελ. 114-130, 2002. www.orgonelab.org/miller.htm

J. DeMeo, '«Συμφιλιώνοντας την Ολίσθηση του Αιθέρα του Μίλερ με τον Δυναμικό Αιθέρα του Ράιχ», *Παλμός του Πλανήτη*, 5:137-146, 2002. www.orgonelab.org/MillerReich.htm

Κοσμική Ολίσθηση του Αιθέρα και Δυναμική Ενέργεια στο Διάστημα: www.orgonelab.org/energyinspace.htm

238

ΕΥΡΕΤΗΡΙΟ

239

241

242

245

Σχετικά με τον συγγραφέα

Ο **Δρ. Τζέιμς ΝτεΜέο** είναι Διευθυντής του Εργαστηρίου Ερευνών στη Βιοφυσική της Οργόνης το οποίο ίδρυσε το 1978. Πήρε το Διδακτορικό του Δίπλωμα στη Γεωγραφία από το Πανεπιστήμιο του Κάνσας, όπου η έρευνά του επιβεβαίωσε διάφορες πλευρές των κοινωνικών και βιοφυσικών ανακαλύψεων του Βίλχελμ Ράιχ. Σπούδασε επίσης Περιβαλλοντικές Επιστήμες και Χημεία στα Πανεπιστήμια Φλόριντα Ιντερνάσιοναλ και Φλόριντα Ατλάντικ. Ο Δρ. ΝτεΜέο ήταν στο παρελθόν στο Τμήμα Γεωγραφίας του Πανεπιστημίου της Πολιτείας του Ιλινόις και του Πανεπιστημίου του Μαϊάμι. Η διεπιστημονική του έρευνα εκτείνεται σε κοινωνικά/πολιτιστικά και βιοφυσικά θέματα, περιλαμβανομένων διαπολιτισμικών, ιστορικών μελετών σχετικά με τις επιπτώσεις της ξηρασίας και της ερημοποίησης στην εμφάνιση πολέμων και κοινωνικής βίας, εργαστηριακών πειραμάτων σχετικά με τους κοσμικούς κύκλους και θέματα που αφορούν την ζωική ενέργεια και έρευνας πεδίου και εφαρμογών του νεφοδιαλυτή του Βίλχελμ Ράιχ για την ελάττωση της ξηρασίας και το πρασίνισμα ξηρών εκτάσεων. Έχει δημοσιεύσει περισσότερα από 100 άρθρα σε περιοδικά, καθώς και κεφάλαια βιβλίων σχετικά με τις ενεργειακές πηγές, την υγεία, την ιστορία των πολιτισμών, τα περιβαλλοντικά προβλήματα και την πειραματική βιοφυσική της οργόνης. Είναι συγγραφέας του δημοφιλούς βιβλίου *Εγχειρίδιου Συσσωρευτή Οργόνης* και του βιβλίου *Σαχαρασία: Η Προέλευση της Βίας Εναντίον Παιδιών, της Σεξουαλικής Καταπίεσης, των Εχθροπραξιών και της Κοινωνικής Βίας, στις Ερήμους του Παλαιού Κόσμου που ξεκίνησε πριν 4000 χρόνια*. Επίσης έχει εκδώσει το Περιοδικό *Το Σημειωματάριο του Αιρετικού: Συναισθήματα, Πρωτοκύτταρα, Ολίσθηση του Αιθέρα και Κοσμική Ζωική Ενέργεια, με Νέες Έρευνες που Υποστηρίζουν τον Βίλχελμ Ράιχ*, καθώς και το περιοδικό *Για τον Βίλχελμ Ράιχ και την Οργονομία* και συμμετείχε στην έκδοση του βιβλίου στην Γερμανική γλώσσα *Nach Reich: Neue Forschungen Zur Orgonomie*. Ζει στα βουνά του Νότιου Όρεγκον, περιοχή Σισκίγιου, όπου διατηρεί ένα ιδιωτικό εργαστήριο και εκπαιδευτικές εγκαταστάσεις.

www.orgonelab.org   www.saharasia.org
www.orgonelab.org/demeopubs.htm
www.researchgate.net/profile/James_DeMeo/

Πρόσθετες Δημοσιεύσεις Διαθέσιμες από το
Natural Energy Works   www.naturalenergyworks.net
In English Language (Αγγλική γλώσσα)

ΣΑΧΑΡΑΣΙΑ: Η Προέλευση της
Βίας Εναντίον Παιδιών, της
Σεξουαλικής Καταπίεσης, των
Εχθροπραξιών και της
Κοινωνικής Βίας, στις Ερήμους
του Παλαιού Κόσμου, που
ξεκίνησε πριν 4000 χρόνια,
του Τζέιμς ΝτεΜέο

Το *μέγα έργο* του Δρ. ΝτεΜέο σχετικά με
την προέλευση της ανθρώπινης βίας και
της βιοφυσικής θωράκισης, η πρώτη
γεωγραφική, διαπολιτισμική μελέτη της ανθρώπινης συμπεριφοράς σε
ολόκληρο τον κόσμο, χρησιμοποιώντας ως γραμμή εκκίνησης τις σεξ-
οικονομικές ανακαλύψεις του Βίλχελμ Ράιχ, όπου παρουσιάζονται
παγκόσμιοι χάρτες διαφορετικών συμπεριφορών και κοινωνικών
θεσμών. Προσδιορίστηκαν περιοχές-πηγές (Αραβία και Κεντρική
Ασία) για τον πατριαρχικό αυταρχικό πολιτισμό. Ανιχνεύτηκαν,
επίσης, παρελθοντικά πρότυπα μετανάστευσης-διάχυσης, ώστε να
εντοπιστεί ο τρόπος και ο τόπος από όπου ξεκίνησε η ανθρώπινη
τραγωδία. Λύνει το γρίφο της προέλευσης της ανθρώπινης βίας και
θωράκισης. Μια καινοτομία στην επιστημονική έρευνα της ανθρώπινης
σεξουαλικότητας, της ψυχολογίας και της ανθρωπολογίας και ένα έργο
που πρέπει να διαβάσει κάθε γονέας, φοιτητής, καθηγητής και κλινικός
επαγγελματίας στους χώρους της ανθρώπινης υγείας και
συμπεριφοράς. 464 σελίδες με περισσότερους από 100 χάρτες,
φωτογραφίες και απεικονίσεις. Μεγάλο μέγεθος με έγχρωμο εξώφυλλο,
εκτεταμένη βιβλιογραφία και ευρετήριο.

251

Για τον Βίλχελμ Ράιχ και την Οργονομία
Εκδότης Τζέιμς ΝτεΜέο

Περιέχει άρθρα - ορόσημα του Ράιχ σχετικά με ψυχικές και σωματικές (ψυχοσωματικές) διαδικασίες και με βιοηλεκτρικά ζητήματα των ανθρώπινων συναισθημάτων και της σεξουαλικότητας, με άρθρα του Ρ.Ν. Λενγκ για τον Ράιχ και μια ανάλυση της εργασίας του Ράιχ στη Δανία όπου διέφυγε από τον τρόμο των Ναζί στη Γερμανία και όπου εκδιώχτηκε από την Διεθνή Εταιρεία Ψυχαναλυτών. Άλλες εργασίες αναλύουν: την έρευνα του Ράιχ σχετικά με τη βιογένεση και την ανακάλυψη του μικροσκοπικού *βιόντος·* την ανακάλυψη της ενέργειας της οργόνης (ζωής) και του συσσωρευτή οργονικής ενέργειας. Υπάρχουν επίσης άρθρα για την επίθεση της Υπηρεσίας Τροφίμων και Φαρμάκων στον Ράιχ, αλλά και για την σύγχρονη επίθεσή της ενάντια στο κίνημα της φυσικής υγείας· τις θανατηφόρες επιπτώσεις των πυρηνικών εργοστασίων και μια διαφωτιστική επιστημονική πρόκληση στην θεωρία του HIV για το AIDS – καθώς και άλλες αναφορές στην σύγχρονη έρευνα για την ζωική ενέργεια, τις καιρικές διαταραχές εξαιτίας πυρηνικών δοκιμών, ένα πείραμα πρασινίσματος της ερήμου με τον νεφοδιαλυτή στο Ισραήλ, ενδιαφέρουσες βιβλιοκριτικές και πολλά άλλα! 176 σελίδες.

Το Σημειωματάριο του Αιρετικού: Συναισθήματα, Πρωτοκύτταρα, Ολίσθηση του Αιθέρα και Κοσμική Ζωική Ενέργεια, με Νέες Έρευνες που Υποστηρίζουν τον Βίλχελμ Ράιχ,
Εκδότης Τζέιμς ΝτεΜέο

Περιέχει 28 εμβριθή οξυδερκή δοκίμια και ερευνητικά άρθρα από 17 διαφορετικούς συγγραφείς, σχετικά με το φυσικό τοκετό, την σεξουαλικότητα, την αρχαιολογική ανάλυση της πρώιμης ανθρώπινης βίας, τον οργονομικό λειτουργισμό του Ράιχ, εκθέσεις των δυσφημιστών του Ράιχ, την εργασία του Τζιορντάνο

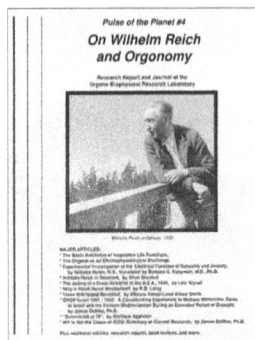

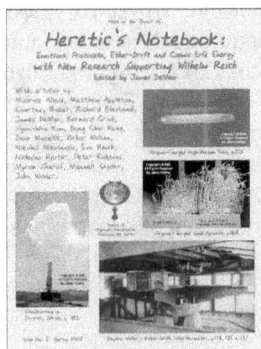

Μπρούνο, έρευνες σχετικά με τα βιόντα και τη βιογένεση, τις ανακαλύψεις του Μίλερ για την ολίσθηση του αιθέρα, τις συγκινησιακές επιδράσεις σε πειράματα με Γεννήτρια Τυχαίων Γεγονότων (ψυχοκίνηση), το νέο ανιχνευτή οργονικής ενέργειας, τη ραβδοσκοπική έρευνα, τα πειράματα για το πρασίνισμα ερήμων στην Αφρική με τον νεφοδιαλυτή, τη διέγερση της ανάπτυξης των φυτών με τον συσσωρευτή οργόνης, τον κινητήρα οργόνης και την «ελεύθερη ενέργεια», επί πλέον, έρευνα για τα ΑΤΙΑ (UFO), βιβλιοκριτικές και πολλά άλλα, με έγχρωμες φωτογραφίες εξωφύλλου, κειμένων και απεικονίσεων. 272 σελίδες.

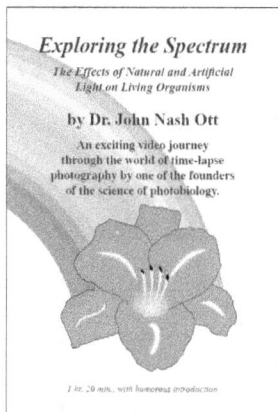

Τζον Οτ: Εξερευνώντας το Φάσμα. Ταινία σε DVD
Σκηνοθεσία από τον Τζον Οτ

Ένα συναρπαστικό ταξίδι μέσω της ταινίας στον κόσμο της φωτογράφισης-σε-τακτά- διαστήματα από έναν από τους ιδρυτές της επιστήμης της φωτοβιολογίας.
Οι λαμπτήρες φθορισμού προκαλούν καρκίνο και διαταραχές στη μάθηση και στην συμπεριφορά των παιδιών; Μπορεί η μακροχρόνια έκθεση στην ακτινοβολία χαμηλού επιπέδου από τις τηλεοράσεις, τους υπολογιστές, τους λαμπτήρες φθορισμού και παρόμοιες συσκευές να βλάψουν την υγεία σου; Επηρεάζεται η υγεία μας αν ζούμε πίσω από τζάμια και με γυαλιά ηλίου για πολλά χρόνια; Βλάπτουν τη υγεία μας το φυσικό ηλιακό φως και μικρές ποσότητες υπεριώδους ακτινοβολίας; Ή μήπως είναι απαραίτητες και ωφέλιμες; Πως αντιδρούν κύτταρα, φυτά και ζώα που εκτίθενται συνεχώς σε συχνότητες διαφορετικών χρωμάτων; Προκαλεί *ο κακός φωτισμός και η ηλεκτρο-μόλυνση* νευρική διέγερση και εξασθενημένο ανοσοποιητικό σύστημα; Αυτές και άλλες παρόμοιες ερωτήσεις είναι το αντικείμενο της πρωτοπόρας έρευνας του Δρ. Τζον Νας Οτ, στο χώρο της φωτοβιολογίας, χρησιμοποιώντας τις μεθόδους της φωτογράφισης-σε-τακτά-διαστήματα. Σε μια εποχή με αυξανόμενη ηλεκτρομαγνητική μόλυνση χαμηλής έντασης, όπου όλοι είναι «συνδεμένοι» στο διαδίκτυο 24 ώρες την ημέρα, 7 ημέρες την εβδομάδα, όπου ακόμα και τα παιδιά έχουν τα τελευταίου τύπου κινητά τηλέφωνα, iPods, blueberries και άλλα μαραφέτια ασύρματης

253

σύνδεσης, με τα μάτια τους να είναι κολλημένα στις οθόνες, ο Δρ. Ότ δείχνει ότι πληρώνουμε το τίμημα με την υγεία και τη βιολογία μας. Η συνήθεια να περνάμε μεγάλο χρόνο μέσα στο σπίτι και η χρόνια χρήση γυαλιών ηλίου και φακών επαφής που σταματούν τις υπεριώδεις ακτίνες, μας έχουν στερήσει το βιολογικά απαραίτητο φυσικό υπεριώδες και γαλάζιο ορατό φάσμα του φωτός, μέσω ενός παράλογου και σχεδόν προληπτικού φόβου για το φυσικό φως. Οι ταινίες με την τεχνική φωτογράφισης-σε-τακτά-διαστήματα από τον Δρ. Ότ, που παρουσιάζονται εδώ, δείχνουν πόσο βαθιά επηρεάζονται τα φυτά και τα ζώα όσον αφορά την κίνηση, την ανάπτυξη, τη μορφή και την σεξουαλική συμπεριφορά, από αυτές τις σημαντικές βιοενεργειακές αλλαγές στις φυσικές συνθήκες διαβίωσής μας. Πρόκειται για ένα υπέροχο βίντεο που δείχνει τις πρωτότυπες λήψεις του Δρ. Ότ, περιλαμβανομένων ολόκληρων φυτών να μεγαλώνουν από έναν σπόρο μέχρι να καρπίσει μέσα σε λιγότερο από ένα λεπτό. Μια συναρπαστική φυσική μελέτη που αφορά τόσο τους ενήλικες όσο και τα παιδιά. 80 λεπτά, με χιουμοριστική εισαγωγή. Για όλες τις περιοχές.

Σε Υπεράσπιση του Βίλχελμ Ράιχ: Η Αντίκρουση της 80-χρονης Εκστρατείας Δυσφήμισης των Μέσων Ενημέρωσης Ενάντια σε έναν από τους πιο Λαμπρούς Ιατρούς και Φυσικούς Επιστήμονες του 20ου Αιώνα, από

τον Δρ. Τζέιμς ΝτεΜέο. 269 σελίδες, με εικονογράφηση.

Σχεδόν όλοι εκστασιάζονται όταν μισούν τον Δρ. Βίλχελμ Ράιχ. Καμία άλλη προσωπικότητα του 20ου αιώνα στους χώρους της επιστήμης και της ιατρικής δεν διασύρθηκε τόσο βάναυσα από τα Μέσα Μαζικής Ενημέρωσης, ούτε έγινε αντικείμενο τόσο άθλιας κακομεταχείρισης από τις διψασμένες για εξουσία ομοσπονδιακές υπηρεσίες και από υπερόπτες δικαστές.

Δημόσια αποκηρυγμένος και δυσφημισμένος τόσο στην Ευρώπη όσο και στην Αμερική από τους Ναζί, τους Κομμουνιστές και τους ψυχαναλυτές, καταγεγραμμένος στις θανατικές λίστες τόσο του Χίτλερ, όσο και του Στάλιν, αλλά καταφέρνοντας να διαφύγει την τελευταία στιγμή στις Η.Π.Α., δέχτηκε νέες δημόσιες δυσφημίσεις και επιθέσεις από Αμερικάνους δημοσιογράφους και ψυχαναλυτές που εσκεμμένα διέδιδαν ψέματα και προκάλεσαν μια «έρευνα» από την Αμερικάνικη

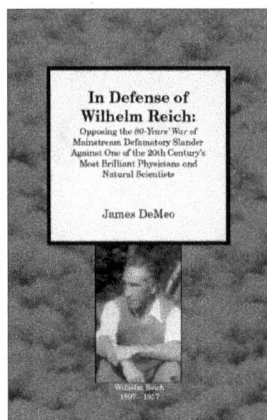

Υπηρεσία Τροφίμων και Φαρμάκων (FDA), στάλθηκε στη φυλακή από Αμερικάνικα δικαστήρια που αγνόησαν τις νόμιμες εκκλήσεις του σχετικά με την απάτη των κατηγόρων αλλά και της FDA, τις ενστάσεις του που απορρίφθηκαν από όλες τις βαθμίδες μέχρι το Ανώτατο Δικαστήριο των Η.Π.Α. που ενέκρινε χωρίς να εξετάσει τις απαιτήσεις της FDA για *την απαγόρευση και το κάψιμο των επιστημονικών του βιβλίων και των ερευνητικών του περιοδικών*, τελικά πέθανε στη φυλακή. Ποιος ήταν αυτός ο άντρας, ο Βίλχελμ Ράιχ και γιατί σήμερα, περισσότερα από 50 χρόνια μετά το θάνατό του, συνεχίζει να προκαλεί τέτοια συγκινησιακή αντιπάθεια; Πρόκειται για έναν *80-χρονο Πόλεμο* συνεχούς παρερμηνείας, συκοφάντησης και δυσφήμισης.

Ποιοι ήταν και είναι αυτοί που επιτέθηκαν και επιτίθενται σήμερα στον Ράιχ; Ο Συγγραφέας και Φυσικός Επιστήμονας Τζέιμς ΝτεΜέο τα βάζει με αυτούς που έκαψαν βιβλία, εκθέτοντας με σαφήνεια και με αποδεικτικά στοιχεία τις πολυάριθμες δυσφημιστικές τους πλαστογραφίες, τις μισές τους αλήθειες και τα ψέματά τους που συνοδεύονται από εσκεμμένες παραλείψεις. Με αυτόν τον τρόπο, συνοψίζει επίσης τα λιγότερο γνωστά γεγονότα σχετικά με τα σημαντικά κλινικά και πειραματικά ευρήματα του Ράιχ, που αφορούν την ζωική ενέργεια, επιβεβαιωμένα τώρα από επιστήμονες και γιατρούς σε όλο τον κόσμο, ευρήματα που αποτελούν μεγάλες ελπίδες για το μέλλον.

Η Ιστορία της Σύγχρονης Ηθικής,
του Μάξ Χόνταν, μιας κεντρικής φιγούρας του Ευρωπαϊκού κινήματος υπέρ των σεξουαλικών μεταρρυθμίσεων της εποχής της Δημοκρατίας της Βαϊμάρης. Περισσότερες από 350 σελίδες, με Καινούργια Εισαγωγή από τον Δρ. Τζέιμς ΝτεΜέο.

Ευρωπαίοι Αυτοκράτορες, Βασιλείς, Κάιζερ και Τσάροι καθώς και οι Εκκλησίες τους, απαγόρευαν την αντισύλληψη, την ισότητα μεταξύ των δύο φύλων και το διαζύγιο. Πιστοποιητικά Βάφτισης και ταξικοί περιορισμοί επέβαλλαν ποιος μπορεί να παντρευτεί νόμιμα, ποιος μπορεί να πάει στο Σχολείο ή στο Πανεπιστήμιο, να εξελιχθεί κοινωνικά και ποιος δεν μπορούσε. Τελικά, ο Πρώτος Παγκόσμιος Πόλεμος τους αφαίρεσε τις εξουσίες, αλλά οι υπαγορεύσεις τους συχνά παρέμεναν ως νόμοι, σε μια ταραγμένη

255

εποχή αγώνων υπέρ της ελευθερίας και της δημοκρατίας ενάντια στον αναδυόμενο φασισμό και την σκλαβιά.

Η *Ιστορία* του Χόνταν περιλαμβάνει μια ξεκάθαρη ανάλυση αυτών των ιστορικών εξελίξεων στα πλαίσια των κινημάτων για σεξουαλικές μεταρρυθμίσεις και για τα δικαιώματα των γυναικών στη Γερμανία της Βαϊμάρης αλλά και ολόκληρης της Ευρώπης, στις πρώτες δεκαετίες του 20^{ου} αιώνα. Περιγράφεται επίσης λεπτομερώς η παράλληλη ανάπτυξη της επιστημονικής γνώσης σχετικά με την ανθρώπινη σεξουαλικότητα. Αντίθετα με πολλές σύγχρονες εργασίες για αυτά τα ζητήματα η *Ιστορία της Σύγχρονης Ηθικής* γράφεται από ένα γιατρό που έζησε τους αγώνες, είχε σ' αυτούς ηγετικό ρόλο, εξαιτίας τους συνελήφθη από τους Ναζί και συνεργάστηκε στενά με άλλους επαγγελματίες που επίσης είχαν υποφέρει εξαιτίας της δουλειάς τους στο κίνημα για τις κοινωνικές-σεξουαλικές μεταρρυθμίσεις. Τα γραπτά του είναι γεμάτα από έντονο πάθος και ζωντάνια, καθώς και πολλές προσωπικές παρατηρήσεις, αυθεντικές περιγραφές και επεξηγηματικές πληροφορίες που δεν συναντώνται αλλού.

Η *Ιστορία* του Χόνταν είναι μοναδική εξαιτίας και του γεγονότος ότι αναλύει συχνά και με θετικό τρόπο τη δουλειά του Βίλχελμ Ράιχ που ήταν σύγχρονος και συνάδελφός του. Αυτό είναι ιδιαίτερα σημαντικό δεδομένης της θετικής προς την ζωή έμφασής τους στην αγάπη και το συναίσθημα στο τομέα της σεξουαλικότητας και του διαχωρισμού τους μεταξύ της φυσικής-υγιούς *ετεροσεξουαλικής γενετησιότητας* σε αντιπαράθεση με τις νευρωτικές και τις νοσηρές σεξουαλικές εκφράσεις. Στην σύγχρονη εποχή της «πολιτικά ορθής» ηθικής ισοπέδωσης, αυτή η θεμελιώδης ανάλυση έχει ελαττωθεί δραματικά ή και εξαφανιστεί από τη δημόσια συζήτηση.

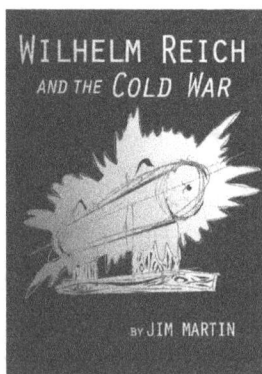

Ο Βίλχελμ Ράιχ και ο Ψυχρός Πόλεμος, από τον Τζέιμς Ε. Μάρτιν, επανέκδοση. Έρχεται σύντομα! Νέα Έκδοση. Διαθέσιμη σύντομα.

www.ingramcontent.com/pod-product-compliance
Lightning Source LLC
Chambersburg PA
CBHW061721270326
41928CB00011B/2072

* 9 7 8 0 9 8 0 2 3 1 6 9 4 *